全国优秀教材二等奖
"十三五"国家重点出版物出版规划项目
现代机械工程系列精品教材
"十二五"普通高等教育本科国家级规划教材

机械工程测试技术基础

第 4 版

主　编　熊诗波
副主编　熊晓燕　柳亦兵
参　编　武　兵　姚爱英　杨洁明　郝惠敏

机械工业出版社

本书为"十二五"普通高等教育本科国家级规划教材、"十三五"国家重点出版物出版规划项目——现代机械工程系列精品教材，并荣获首届全国教材建设奖全国优秀教材二等奖。按照教育部和国家新闻出版广电总局的要求，总结了编者多年来的教学经验以及许多高校使用本书的反馈建议，特对教材第3版进行了修订。

修订中删除了第3版的"计算机测试系统与虚拟仪器"一章，增加了"测量仪器与数字接口"和"智能仪器与虚拟仪器"两章，并对章节顺序和一些章节的个别内容做了调整和修改。

本书仍保持注重物理概念和工程应用的阐述、重点突出、条理清晰和分析透彻的优点，以便于师生的教与学。

本书内容包括：绪论，信号及其描述，测试装置的基本特性，常用传感器与敏感元件，信号的调理与记录，信号处理初步，测量仪器与数字接口，智能仪器与虚拟仪器，位移测量，振动测试，声学测量，应变、力与扭矩测量，流体参量测量共十三章。

本书可作为高等学校机械类专业及相近专业本科生的教材，也可供大专和成人教育相关专业选用，还可作为有关专业高等学校教师、研究生和工程技术人员的参考书。

图书在版编目（CIP）数据

机械工程测试技术基础/熊诗波主编 . —4 版 . —北京：机械工业出版社，2018.7（2024.11 重印）

全国优秀教材二等奖

"十三五"国家重点出版物出版规划项目　现代机械工程系列精品教材

"十二五"普通高等教育本科国家级规划教材

ISBN 978-7-111-59610-3

Ⅰ.①机… Ⅱ.①熊… Ⅲ.①机械工程-测试技术-高等学校-教学参考资料 Ⅳ.①TG806

中国版本图书馆 CIP 数据核字（2018）第 065937 号

机械工业出版社（北京市百万庄大街22号　邮政编码100037）
策划编辑：刘小慧　责任编辑：刘小慧　徐鲁融　王　荣
责任校对：张晓蓉　封面设计：张　静
责任印制：张　博
三河市宏达印刷有限公司印刷
2024 年 11 月第 4 版第 14 次印刷
184mm×260mm · 20.75 印张 · 509 千字
标准书号：ISBN 978-7-111-59610-3
定价：59.80 元

电话服务　　　　　　　网络服务
客服电话：010-88361066　　机 工 官 网：www.cmpbook.com
　　　　　010-88379833　　机 工 官 博：weibo.com/cmp1952
　　　　　010-68326294　　金 书 网：www.golden-book.com
封底无防伪标均为盗版　　机工教育服务网：www.cmpedu.com

第 4 版前言

本书第 3 版出版至今已 11 年，这期间机械工程测试的理论与技术和其他工程技术一样得到了快速发展。为适应机械工程类专业教学的需要，并参考读者使用中的意见与建议，对第 3 版进行补充与修订。

与第 3 版相比，第 4 版除了章节顺序有所调整外，还删除了第 3 版第十一章"计算机测试系统与虚拟仪器"，增加了第 7 章"测量仪器与数字接口"和第 8 章"智能仪器与虚拟仪器"。此外，对第 3 版的第八章"声与声发射测量"（现为第 11 章）和第十章"流体参量的测量"（现为第 13 章）也做了一些修改。本书为新形态教材，以二维码的形式链接了一些原理动画，便于学生学习和理解。此外，本书还以二维码的形式引入"科普之窗"模块，树立学生的科技自立自强意识，助力培养德才兼备的高素质人才。

本书由熊诗波主编，熊晓燕、柳亦兵为副主编，参加编写的有武兵、姚爱英、杨洁明、郝惠敏。

限于编者水平，书中疏漏之处在所难免，希望同行专家和读者不吝指教。

编　者

第 3 版前言

20 世纪是一个伟大的世纪，就制造业而言，各种各样的先进制造技术层出不穷，用这些技术制造了汽车、机床、机器人、飞机、火箭、计算机、电视机、移动通信设备等成千上万的机电产品，极大地改变和丰富了人类的生产和生活方式。而在这个过程中，机电产品本身也发生了重大变化，20 世纪 50 年代数控机床的发明揭开了机械发展史上新的一页，标志着机械制造业向着信息化迈出了第一步。随后，以计算机技术、网络技术、通信技术等为代表的信息技术被广泛应用于制造业的各个领域。于是信息这一要素取代历史上在制造系统占主导地位的物质和能量两大要素，而上升为制约现代制造系统的主导因素，并成为现代制造业中最重要的资源。进入 21 世纪，信息在制造业的作用更显重要，而试验和机器运行中的测试则是获取信息，特别是准确、定量信息的重要手段。

现代机械设备与机电系统的大型、大功率化和小型、精密或微型化是其发展的两个主要方面，但不论何种设备，大多是集机械、电子、信息、控制为一体的复杂机电系统。与这些设备的创新设计、运行监测、故障诊断与维护以及其他全寿命过程相关的问题，将涉及多学科理论知识和现代工程试验技术。鉴于问题的复杂性，现代工程试验显得尤其重要，试验开发已经成为机械工程领域创新设计过程中的一个不能回避的重要方面，也是获取信息的重要途径，同时经试验研究所获取的知识又不断地支持了设计的理论体系。

我国机械制造业远远落后于世界发达国家，特别是在高技术含量、大型高效或精密、复杂的机电新产品开发方面，缺乏现代设计理论和知识的积累，试验研究和开发能力较弱，停留在引进与仿制国外同类产品阶段，大部分关键机电产品不能自主开发和独立设计，仍需依靠进口或引进技术。造成这种情况的重要原因之一是缺乏掌握现代设计理论知识、具有试验研究和创新开发能力的人才。

在机械制造业信息化和创新型人才培养中，测试技术和测试技术课程起着极为重要的作用。因此，20 世纪五六十年代以后，在国外许多大学中，测量和仪表课程受到高度重视。我国在 1978 年正式将"测试技术"课程列入各机械类专业教学计划，20 世纪 80 年代初出版了各专业的测试技术教材。在此基础上，于 1985 年统编出版了《机械工程测试技术基础》，被广泛用作机械类专业的技术基础课教材。1994 年出版了《机械工程测试技术基础》（第 2 版）。该书第 1 版出版至今已近 20 年，第 2 版出版也已 12 年。经过 20 年来的教学实践，全国高校广大"测试技术"课程的教师积累了丰富的教学经验，对本教材提出了许多宝贵的意见和建议，特别是几年前我国新专业目录的公布实施，几个机械类专业合并为"机械设计制造及自动化"一个专业，课程内容也做了相应的调整，因此有必要在此基础上重新审视本书的全部内容，做一次全面的修改。况且从第 2 版至今，随着科学技术的飞速发展，"工程测试"作为一门技术科学也有了长足的发展，也有必要对它做一次大面积的更新，于是编写出版《机械工程测试技术基础》（第 3 版），以适应机械工程学科教学改革的需要。

自机械类专业设立"测试技术"课程以来，教材内容几经变革，但 20 多年来的教学经验证明，定位于技术基础课这一课程性质，并注意本课程特有的实践性、多学科交叉和与其他课程的衔接，以此来决定本教材的深度、广度和内容取舍是合适的，这也是本次重新修订的指导思想。

"测试技术"是测量与试验的统称，教材也理应包含这两方面的内容，但兼顾国内各类高等学校的实际情况和多年来的教学传统，本次修订仍沿用前两版的做法，只安排测量技术的内容。至于试验技术的内容，读者可参阅本书第 2 版编者于 2000 年出版的另一本教材——《机械工程测量和试验技术》。

修订后，本书仍是一部适用于高等学校各类机械设计制造及其自动化、机械工程及其自动化及相近专业的教材，也可作为有关专业研究生和从事机械工程测试的工程技术人员自学、进修用的参考书。

与第 2 版相比，除了各章内容编排、具体写法都有较大的变动外，同时增加了第八章"声与声发射测量"，并用新的第十一章"计算机测试系统与虚拟仪器"来代替原来的第十章"计算机辅助测试"，以适应当前科技的发展。

本次修订的第 3 版由熊诗波教授、黄长艺教授主编，程珩教授级高级工程师、李文英教授、杨洁明教授、熊晓燕副教授、郑渝副教授、马怀祥教授、博士生武兵参加编写。

作为教材，应当吸取各方面的观点和科研成果，因此在本书修订过程中，参阅了书后所列的许多文献，从中受益匪浅，在此特向有关作者深表谢意。尤其要对我们过去的合作者——《机械工程测试技术基础》（第 2 版）、《机械工程测量与试验技术》的全体作者表示深深的谢意，因为本书多处引用了两书的内容或观点。

限于编者学识和经验，本书疏漏之处在所难免，望同行专家和读者不吝指教。

编　者

第 2 版前言

在 1978 年前后，测试技术作为专业课开始列入部分机械类专业的教学计划，先后出版了一批试用教材，如《机械制造中的测试技术》（黄长艺、卢文祥编）、《液压测试技术》（熊诗波主编）、《试验技术》（丁汉哲主编），等等。这批教材适应了当时教学改革和科学技术发展的需要，对以后的课程建设、教材建设和师资培养有着深远的影响。

随着教学改革的深入，教学经验的积累，对测试技术课程在高等工业教育中的作用和地位有了新的认识。1985 年该课程被确认为重要的技术基础课。十多年来，由于各类教学实践的广泛开展，测试技术课在培养学生、改造专业和促进科技发展等方面的重要作用得到公认，并受到普遍的重视。许多高校纷纷将该课程列为本科教学中的主干课程和研究生的学位课程，并切实加强师资和改善实验条件，以提高其教学质量。在这种形势下，《机械工程测试技术基础》应运而生，于 1985 年出版，并为多种学制、多种专业所采用，深得广大师生和工程技术人员的欢迎。曾多次重印，发行数量较大。该书 1991 年荣获第二届全国高等学校机电、兵工类专业优秀教材二等奖。但在科技飞速发展和教学改革不断深入的今天，为了反映十余年来教学实践的新经验和教学研究新成果、吸取新技术和修改初版的缺点，修订该书显然是十分必要的。为此，机械工业部高等工业学校机电兵工类机制专业教学指导委员会"测试技术"课程教学指导小组和全国高校机械工程测试技术研究会曾做过多次研究和具体安排。

修订后，本书仍是一部适用作高等学校各种机械设计、机械制造、机械电子工程类专业以及相近专业的教材，也可作为有关专业研究生和从事机械工程测试技术的工程技术人员自学、进修用的参考书。

和初版相比，第 2 版在内容增删、具体写法等方面均有较大的变化。首先是各章的内容和具体写法都有较大的改动，以期能更好地适应大多数学校的教学需要和更便于学生的自学，其次，新增了"计算机辅助测试"一章。关于是否编入微机在测试中应用的内容和如何编写，自 1984 年初编写本书以来，就有各种不同的意见。几年来，微机已广泛用于科研和教学中，新版编入这方面的内容是必要和可能的。至于如何编写才合适，也只有通过实践并从中总结经验的办法来加以解决。现在书中的写法是在充分考虑计算机在测试中应用的实际、教学的方便和许多教师的意见的基础上提出的，我们希望以此推动计算机技术和测试技术的结合。

多年教学实践表明，各校的教学计划，特别是教学要求、课时数和课程安排次序有很大的差异。因此，任课老师可根据本校专业的特点、课时数的多少和前行课程来适当地删减、调整和补充教学内容，以便适应本校的教学实际。我们设想，一般可以讲授第一~五章为主，而后在其余各章中再选讲一两章即可。

测试技术是一门实践性很强的课程，为了保证教学质量，必须开设适量的实验。有关本课程教学实验的内容，可参阅配套教材《机械工程测试技术基础实验》（杜润生、王崇义编，机械工业出版社出版）。

参加本书第 2 版编写的有北京机械工业学院翁善惠、上海交通大学洪迈生、华中理工大学卢文祥、重庆大学梁德沛、山西矿业学院熊诗波、厦门大学黄长艺等教授和浙江大学陆乃炎、南京理工大学梁人杰、清华大学吴正毅等副教授。由厦门大学黄长艺和清华大学严普强教授主编，最后由黄长艺教授统稿。

本书第 2 版由烟台大学施雄茂教授和华北工学院潘德恒教授主审。

本书在编写过程中，得到机电部高等工业学校机电兵工机制专业教学指导委员会"测试技术"课程教学指导小组各位委员的指导，得到全国高校机械工程测试技术研究会广大会员的支持，在此一并表示衷心的感谢。

作为教材，势必应当吸取各方面的观点和成就，因此在本书编写过程中，参阅了许多文献，尤其是书后所列的文献，从中得益匪浅，在此特向有关作者致谢。

由于编者水平所限，书中肯定存在诸多缺点和错误，恳切希望读者批评指正。

编　者

第1版前言

本书系根据 1983 年 4 月机械制造（冷加工）类专业教材编审委员会的测试技术教材编审小组筹建组扩大会议所审订的《机械工程测试技术基础课程大纲》而编写的试用教材，适用于高等学校各种机械设计和机械制造类专业，也可作为从事机械工程测试技术的工程技术人员自学、进修用的参考书。

"机械工程测试技术基础"是一门技术基础课。本书前七章着重介绍从事测试工作，特别是动态测试工作所必需的基础知识。这部分内容包括：测试信号的描述、分析和处理，测试装置的静、动态特性的评价方法，常用的传感器、中间转换电路及记录仪器的工作原理及其特性。

为了加深对上述基础知识的理解，本书后几章介绍了几种典型参数的测试方法。这部分内容可以看作是上述基础知识的应用举例，不同的专业可以根据其教学要求从中选择一章进行讲授。

书中标以"＊"的章节可视为参考、补充的内容。

本书由华中工学院等 11 所院校的有关教师协力编写。参加编写的有齐永顺、翁善惠、洪迈生、卢文祥、吴正毅、蔡鹤皋、陆乃炎、梁德沛、施雄茂、戚昌滋、熊诗波等同志，由清华大学严普强和华中工学院黄长艺主编。

本书由唐统一教授和程高棣教授主审。参加审稿的还有邬惠乐、邓延光、艾茂生、冯国华、郭之璜、张松涛、杨仁逊、傅庭和、杜永祚、孙鲁杨等同志。

本书在编写过程中参考了一些兄弟院校的讲义和资料，并得到许多同志的关心、帮助和指正，谨表谢意。本书在正式出版前，为了满足部分院校的使用要求，也为了更广泛地征求意见，曾由"全国高校机械工程测试技术研究会"组织印刷"试用本"。但由于时间紧迫，未能广泛汇集试用意见进行修改。恳切希望教师、学生和读者对本书的内容编排、材料取舍以及书中的错误、欠妥之处提出批评、指正和修改意见。

严普强　黄长艺

1984 年 11 月

目 录

第 4 版前言
第 3 版前言
第 2 版前言
第 1 版前言
第 1 章　绪论 ·· 1
　1.1　测试技术概况 ··· 1
　1.2　测量的基础知识 ·· 4
第 2 章　信号及其描述 ·· 19
　2.1　信号的分类与描述 ·· 19
　2.2　周期信号与离散频谱 ·· 23
　2.3　瞬变非周期信号与连续频谱 ··· 29
　2.4　随机信号 ·· 40
第 3 章　测试装置的基本特性 ··· 46
　3.1　概述 ·· 46
　3.2　测量装置的静态特性 ·· 50
　3.3　测量装置的动态特性 ·· 52
　3.4　测量装置对任意输入的响应 ··· 61
　3.5　实现不失真测量的条件 ·· 62
　3.6　测量装置动态特性的测量 ··· 64
　3.7　负载效应 ·· 67
　3.8　测量装置的抗干扰性 ·· 68
第 4 章　常用传感器与敏感元件 ··· 73
　4.1　常用传感器分类 ·· 73
　4.2　机械式传感器及仪器 ·· 76
　4.3　电阻式、电容式与电感式传感器 ·· 78
　4.4　磁电式、压电式与热电式传感器 ·· 94
　4.5　光电传感器 ··· 106
　4.6　光纤传感器 ··· 115
　4.7　半导体传感器 ··· 119
　4.8　红外测试系统 ··· 125
　4.9　激光测试传感器 ··· 130
　4.10　传感器的选用原则 ·· 133
第 5 章　信号的调理与记录 ··· 137
　5.1　电桥 ··· 137
　5.2　调制与解调 ··· 143
　5.3　滤波器 ··· 150

5.4 信号的放大 ………………………………………………………… 158
5.5 测试信号的显示与记录 ………………………………………… 162
第 6 章 信号处理初步 ……………………………………………… 167
6.1 数字信号处理的基本步骤 ………………………………………… 167
6.2 离散信号及其频谱分析 …………………………………………… 168
6.3 相关分析及其应用 ………………………………………………… 175
6.4 功率谱分析及其应用 ……………………………………………… 182
6.5 现代信号分析方法简介 …………………………………………… 188
第 7 章 测量仪器与数字接口 ……………………………………… 192
7.1 概述 ………………………………………………………………… 192
7.2 测试信号采集的基本原理与装置 ………………………………… 193
7.3 插卡式测试系统 …………………………………………………… 201
7.4 仪器前端及控制 …………………………………………………… 203
7.5 测量系统的数字接口 ……………………………………………… 208
第 8 章 智能仪器与虚拟仪器 ……………………………………… 213
8.1 概述 ………………………………………………………………… 213
8.2 智能仪器简介 ……………………………………………………… 214
8.3 虚拟仪器与软件 …………………………………………………… 218
第 9 章 位移测量 …………………………………………………… 228
9.1 概述 ………………………………………………………………… 228
9.2 常用的位移传感器 ………………………………………………… 229
9.3 位移测量的应用 …………………………………………………… 234
第 10 章 振动测试 ………………………………………………… 239
10.1 概述 ……………………………………………………………… 239
10.2 惯性式传感器的力学模型 ……………………………………… 240
10.3 振动测量传感器 ………………………………………………… 245
10.4 振动测量系统及其标定 ………………………………………… 255
10.5 激振试验设备及振动信号简介 ………………………………… 258
第 11 章 声学测量 ………………………………………………… 264
11.1 概述 ……………………………………………………………… 264
11.2 声测量传感器与仪器 …………………………………………… 270
11.3 声发射测量传感器与仪器 ……………………………………… 274
第 12 章 应变、力与扭矩测量 …………………………………… 279
12.1 应变与应力的测量 ……………………………………………… 279
12.2 力的测量 ………………………………………………………… 285
12.3 扭矩的测量 ……………………………………………………… 291
第 13 章 流体参量测量 …………………………………………… 298
13.1 压力的测量 ……………………………………………………… 298
13.2 流量的测量 ……………………………………………………… 309
参考文献 ……………………………………………………………… 322

第1章

绪 论

1.1 测试技术概况

1.1.1 测试和测量系统

测试技术是测量和试验技术（Measurement and Test Technique）的统称。试验是机械工程基础研究、产品设计（特别是创新设计、动态设计和控制系统设计）和研发的重要环节。在现代机电设备的研发和创新设计、老产品改造以及机电产品全寿命的各个过程的研究中，试验研究是不可缺少的环节。在工程试验中，需要进行各种物理量的测量，以得到准确的定量结果。当然，不仅是各类工程试验需要测量，机器和生产过程的运行监测、控制和故障诊断也需要在线测量。这时，测量系统大多就是机器和生产线的重要组成部分。一般来说，测量系统的用途如图 1-1 所示，例如，乌东德水电站中的"智能通水系统"和"智能喷雾控制系统"就属于典型的一种测量系统（扫描右侧二维码观看相关视频）。本书的主要内容是测量技术和仪器（Measurement Technology and Instrumentation）。关于试验技术，读者可参阅相关书籍。

科普之窗
中国创造：乌水
德水电站

工程测量可分为静态测量和动态测量。静态测量是指不随时间变化的物理量的测量，例如机械制造中通过被加工零件的尺寸测量，试图得到制成品的尺寸和形位误差。动态测量是指随时间变化的物理量的测量，也是本书的主要研究对象。

在产品开发或其他目的的试验中，一般要在被测对象运行过程中或试验激励下，测量或记录各种随时间变化的物理量，通过随后的进一步处理或分析，得到所要求的定量的试验结果。在运行监测或控制系统中，实时测量的各种时间变量则用于过程参数监视、故障诊断或者作为控制系统的控制、反馈变量。不同的用途对测量过程和结果的要求也不同，例如在反馈控制系统中，可能要求测量系统的输出以很小的滞后（理想的情况是没有滞后）不失真地跟踪以一定速率变化的被测物理量。如果只要求不失真地测量和显示物理量的变化过程，则对滞后就没有要求。因此，用途和要求不同，测量系统的组成环节及其构成方式也不同。本节只讨论测量系统的一般构成。而不同测量环节的原理、特性及系统构成细节将在以后各章讨论。

测量系统的一般构成如图 1-2 所示。

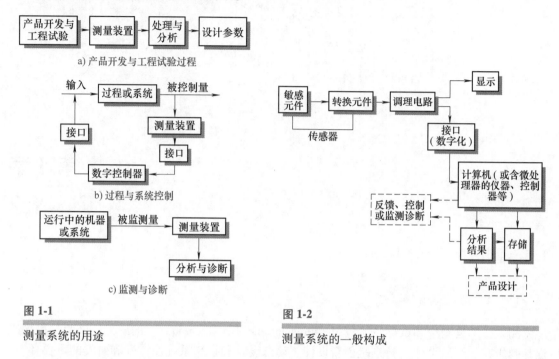

a) 产品开发与工程试验过程

b) 过程与系统控制

c) 监测与诊断

图 1-1

测量系统的用途

图 1-2

测量系统的一般构成

图 1-1 中实验及各种过程中的物理量真值、变量或测量值，若随时间变化，通常称为信号。

图 1-2 中被测物理量（或信号）作为测量系统的输入，它经传感器变成可做进一步处理的电量，经信号调理（放大、滤波、调制解调等）后，可以通过模-数转换变成数字信号，从而得到数字化的测量值，将其送入计算机（或仪器控制系统）进行分析与存储，用于各种用途。

模拟信号泛指随时间连续变化的物理信号（各种随时间变化的物理量），经传感器变换后成为电信号，但同样还是模拟信号。这种信号在时间上是连续的，可以取任意时间值；在幅值（大小）上也是连续的，即可以得到任意的合理值。数字量虽然也表示随时间变化的物理量，但在时间和幅值上都是离散的，亦即只能得到一定间隔的离散的时间和物理序列，而幅值的变化也不是连续的，而是以某个最小量（最小量化电平）的个数来表示。一般传感器的输出（经或未经信号调理）是模拟量，而只有数字量才能被计算机所接收，才能进行各种数字计算或处理。由模拟量到数字量必须通过图中所示的"数字化"处理，即"模-数转换"。

1.1.2 测试技术的发展概况

现代生产的发展和工程科学研究对测试及其相关技术的需求极大地推动了测试技术的发展，而现代物理学、信息科学、计算机科学、电子与微机械电子科学与技术的迅速发展又为测试技术的发展提供了知识和技术支持，从而促使测试技术在近 30 年来得到极大的发展和广泛应用。例如工程创新设计，特别是动态设计对振动分析的需求促使振动测量方法、传感器和动态分析技术与软件的迅速发展；对汽车性能和安全性要求的不断提高，使得"汽车电子"技术得到迅速发展，这种发展是以基于总线技术的传感器网络的发展为基础的。现代工程测试技术与仪器的发展主要表现在以下方面：

1. 新原理新技术在测试技术中的应用

近 30 年来，随着基础理论和技术科学的研究进展，各种物理效应、化学效应、微电子技术，甚至生物学原理在工程测量中得到广泛应用，使得可测量的范围不断扩大，测量精度和效率得到很大提高。例如在振动速度测量中，激光多普勒原理的应用，使得不可能安装传感器进行测量的计算机硬盘读写臂与磁盘片等轻小构件的振动测量成为可能；使用自动定位扫描激光束，使得大型客机机翼、轿车本身等大型物体的多点振动测量达到很高的效率，只需几分钟时间就可完成数百点的振动速度测量；高达 10MHz 以上采样频率的数据采集系统可实现伴随金属构件裂纹发生与发展的脉冲声发射信号的采集。类似的例子不胜枚举。

2. 新型传感器的出现

随着人造晶体、电磁、光电、半导体与其他功能新材料的出现，微电子和精密、微细加工技术的发展，作为工程测量技术基础的传感器技术得到迅速发展。这种发展包括新型传感器的出现、传感器性能的提高及功能的增强、集成化程度的提高以及小型、微型化等。微电子技术的发展有可能把某些电路乃至微处理器和传感测量部分集成为一体，而使传感器具有放大、校正、判断和某些信号处理功能，组成所谓的"智能传感器"。这些方面的有关细节将在以后各章中讨论。

3. 计算机测试系统与虚拟仪器的应用

传感器网络及仪器总线技术、互联网与远程测试、测试过程与仪器控制技术，以及虚拟仪器及其编程语言等的发展都是现代工程测试技术发展的重要方面。

1.1.3　课程的主要环节和本书概要

本课程的研究对象是机械工程领域与设计有关的试验、控制和运行监测中涉及物理量及其他工程量的测量和测量装置与系统的性能，包括物理量和其他工程量的测量方法、测试中常用的传感器、信号调理电路及记录、显示仪器的工作原理，测量装置基本特性的评价方法、测试信号的分析和处理等。每章均给出思考题与习题。

对高等学校机械类的各有关专业而言，"机械工程测试技术基础"是一门技术基础课。通过本课程的学习，培养学生能合理地选用测试装置并初步掌握静、动态测量和常用工程试验所需的基本知识和技能，为学生进一步学习、研究和处理机械工程技术问题奠定基础。

学生在学完本课程后应具有下列几方面的知识：

1）掌握信号的时域和频域的描述方法，建立明确的信号频谱结构的概念；掌握频谱分析和相关分析的基本原理和方法，掌握数字信号分析中的一些基本概念。

2）掌握测试装置基本特性的评价方法和不失真测试条件，并能正确地运用于测试装置的分析和选择；掌握一阶、二阶线性系统动态特性及其测定方法。

3）了解常用传感器、常用信号调理电路和记录、显示仪器的工作原理和性能，并能较合理地选用。

4）对动态测试的基本问题有一个比较完整的概念，并能初步运用于机械工程中某些参量的测量和产品的试验。

本课程具有很强的实践性。只有在学习中密切联系实际，加强实验，注意物理概念，才能真正掌握有关理论。学生只有通过足够和必要的实验才能受到应有的实验能力的训练，才能获得关于动态测试工作的比较完整的概念。也只有这样，才能初步具有处理实际测试工作的能力。

作为一门课程，测试技术既综合应用了许多学科的原理和技术，又被广泛应用于各个学科中。作为高等教育中的一门课程，它在教学计划中有其特定的地位、作用和范围。它必须以前期课程为基础来展开讨论，培养学生掌握测试技术的基本理论、基本知识和基本技能。

1.2　测量的基础知识

在机械（或机电）系统试验、控制和运行监测中，需要测量各种物理量（或其他工程参量）及其随时间变化的特性。这种测量需通过各种测量装置和测量过程来实现。于是，测量装置和过程在总体上需满足什么样的要求，才能准确测量到这些物理量及其随时间的变化是我们关心的问题。为使测量结果具有普遍的科学意义需具备一定的条件：首先，测量过程是被测量的量与标准或相对标准量的比较过程。作为比较用的标准量值必须是已知的，且是合法的，才能确保测量值的可信度及保证测量值的溯源性。其次，进行比较的测量系统必须进行定期检查、标定，以保证测量的有效性、可靠性，这样的测量才有意义。

本节讨论相关的一些基本概念。

1.2.1　量与量纲

量是指现象、物体或物质可定性区别和定量确定的一种属性。不同类的量彼此可以定性区别，如长度与质量是不同类的量。同一类中的量之间是以量值大小来区别的。

1. 量值

量值是用数值和计量单位的乘积来表示的。它被用来定量地表达被测对象相应属性的大小，如3.4m、15kg、40℃等。其中，3.4、15、40是量值的数值。显然，量值的数值就是被测量与计量单位的比值。

2. 基本量和导出量

在科学技术领域中存在着许许多多的量，它们彼此有关。为此专门约定选取某些量作为基本量，而其他量则作为基本量的导出量。量的这种特定组合称为量制。在量制中，约定地认为基本量是相互独立的量，而导出量则是由基本量按一定函数关系来定义的。

3. 量纲和量的单位

"量纲"代表一个实体（被测量）的确定特征，而量纲单位则是该实体的量化基础。例如，长度是一个量纲，而厘米则是长度的一个单位；时间是一个量纲，而秒则是时间的一个单位。一个量纲是唯一的，然而一种特定的量纲——比如说长度——则可用不同的单位来测量，如英尺、米、英寸或英里等。不同的单位制必须被建立和认同，亦即这些单位制必须被标准化。由于存在着不同的单位制，在不同单位制间的转换基础方面也必须有协议。

在国际单位制（SI）中，基本量约定为：长度、质量、时间、温度、电流、发光强度和物质的量七个。它们的量纲分别用 L、M、T、θ、I、N 和 J 表示。导出量的量纲可用基本量量纲的幂的乘积来表示。例如，导出量力的量纲是 LMT^{-2}，电阻的量纲是 $L^2MT^{-3}I^{-2}$。工程上会遇到无量纲量，其量纲中的幂都为零，实际上它是一个数。弧度（rad）就是这种量。

1.2.2　法定计量单位

法定计量单位是强制性的，各行业、各组织都必须遵照执行，以确保单位的一致。我国的法定计量单位是以国际单位制（SI）为基础并选用少数其他单位制的计量单位来组成的。

1. 基本单位

根据国际单位制（SI），七个基本量的单位分别是：长度——米（Metre）、质量——千克（Kilogram）、时间——秒（Second）、温度——开尔文（Kelvin）、电流——安培（Ampere）、发光强度——坎德拉（Candela）、物质的量——摩尔（Mol）。

它们的单位代号分别为：米（m）、千克（kg）、秒（s）、开（K）、安（A）、坎（cd）、摩（mol）。

国际单位制（SI）的基本单位的定义为：

米（m）是光在真空中，在 1/299792458s 的时间间隔内所经路程的长度。

千克（kg）是质量单位，等于国际千克原器的质量。

秒（s）是铯-133 原子基态的两个超精细能级间跃迁对应的辐射 9192631770 个周期的持续时间。

安培（A）是电流单位。在真空中，两根相距 1m 的无限长、截面积可以忽略的平行圆直导线内通过等量恒定电流时，若导线间相互作用力在每米长度上为 $2 \times 10^{-7} N$，则每根导线中的电流为 1A。

开尔文（K）是热力学温度单位，等于水的三相点热力学温度的 1/273.16。

摩尔（mol）是一系统的物质的量，该系统中所包含的基本单元数与 0.012kg 碳-12 的原子数目相等。使用摩尔时，基本单元可以是原子、分子、离子、电子及其他粒子，或是这些粒子的特定组合。

坎德拉（cd）是一光源在给定方向上的发光强度，该光源发出频率为 $5.4 \times 10^4 Hz$ 的单色辐射，且在此方向上的辐射强度为 1/683W/sr。

2. 辅助单位

在国际单位制中，平面角的单位——弧度和立体角的单位——球面度未归入基本单位或导出单位，而称之为辅助单位。辅助单位既可以作为基本单位使用，又可以作为导出单位使用。它们的定义如下：

弧度（rad）是一个圆内两条半径在圆周上所截取的弧长与半径相等时，它们所夹的平面角的大小。

球面度（sr）是一个立体角，其顶点位于球心，而它在球面上所截取的面积等于以球半径为边长的正方形面积。

3. 导出单位

在选定了基本单位和辅助单位之后，按物理量之间的关系，由基本单位和辅助单位以相乘或相除的形式所构成的单位称为导出单位。

1.2.3　测量、计量、测试

测量、计量、测试是三个密切关联的术语。测量（Measurement）是指以确定被测对象的量值为目的而进行的实验过程。如果涉及实现单位统一和量值准确可靠的测量，则称为计量。因此研究测量、保证测量统一和准确的科学被称为计量学（Metrology）。具体地说，计量学将研究可测的量、计量单位、计量基准、标准的建立、复现、保存及量值传递、测量原理与方法及其准确度、观察者的测量能力，物理常量及常数、标准物质、材料特性的准确确定，以及计量的法制和管理。实际中，计量一词只用作某些专门术语的限定语，如计量单位、计量管理、计量标准等。所组成的新术语都与单位统一和量值准确可靠有关。测量的意义则更为广泛、更为普遍。测试（Measurement and Test）是指具有试验性质的测量，或测量和试验的综合。

一个完整的测量过程必定涉及被测对象、计量单位、测量方法和测量误差。它们被称为测量四要素。

1.2.4　基准和标准

为了确保量值的统一和准确，除了对计量单位做出严格的定义外，还必须有保存、复现和传递单位的一整套制度和设备。

基准是用来保存、复现计量单位的计量器具。它是具有现代科学技术所能达到的最高准确度的计量器具。基准通常分为国家基准、副基准和工作基准三种等级。

国家基准是指在特定计量领域内，用来保存和复现该领域计量单位并具有最高的计量特性，经国家鉴定、批准作为统一全国量值最高依据的计量器具。

副基准是指通过与国家基准对比或校准来确定其量值，并经国家鉴定、批准的计量器具。在国家计量检定系统中，副基准的位置仅低于国家基准。

工作基准是指通过与国家基准或副基准对比或校准，用来检定计量标准的计量器具。它的设立是为了避免频繁使用国家基准和副基准，免得它们丧失其应有的计量特性。在国家计量检定系统中，工作基准的位置仅低于国家基准和副基准。

计量标准是指用于检定工作计量器具的计量器具。

工作计量器具是指用于现场测量而不用于检定工作的计量器具。一般测量工作中使用的绝大部分就是这一类计量器具。

1.2.5　量值的传递和计量器具检定

通过对计量器具实施检定或校准，将国家基准所复现的计量单位量值经过各级计量标准传递到工作计量器具，以保证被测对象量值的准确和一致。这个过程就是所谓的"量值传递"。在此过程中，按检定规程对计量器具实施检定的工作对量值的准确和一致起着最重要的保证作用，是量值传递的关键步骤。

所谓计量器具检定（Verification of Measuring Instrument），是指为评定计量器具的计量特性，确定其是否符合法定要求所进行的全部工作。检定规程是指检定计量器具时必须遵守的法定技术文件。计量器具检定规程的内容包括：适用范围、计量器具的计量特性、检定项目、检定条件、检定方法、检定周期以及检定结果的处理等。计量器具检定规程分为国家、部门和地方三种。它们分别由国家计量行政主管部门、有关部门和地方制定并批准颁布，作为检定所依据的法定技术文件，分别在全国、本部门、本地区施行。

所有的计量器具都必须实施相应的检定。其中社会公用的计量标准、部门和企事业单位使用的最高计量标准，用于贸易结算、医疗卫生、环境监测等方面的某些计量器具，则必须由政府计量行政主管部门所属的法定计量检定机构或授权的计量检定机构对它们实施定点定期的强制检定。检定合格的计量器具被授予检定证书和在计量器具上加盖检定标记；不合格者或未经检定者，则应停止使用。

1.2.6　测量方法

测量的基本形式是比较，即将被测量与标准量进行比对，可根据测量的方法、手段、目的、性质等对测量进行分类。这里仅介绍常见的按测量值获得的方法进行分类，把测量分为直接测量、间接测量和组合测量。

1. 直接测量

直接测量指无需经过函数关系的计算，直接通过测量仪器得到被测值的测量，如使用温度计测量水温、使用卷尺测量靶距等。根据被测量与标准量的量纲是否一致，直接测量可分为直接比较和间接比较。直接把被测物理量和标准量做比较的测量方法称为直接比较，如使用卷尺测量靶距、利用惠斯通电桥来比较两只电阻的大小等。直接比较的一个显著特点是待测物理量和标准量是同一物理量。间接比较则是利用仪器把原始形态的待测物理量的变化变换成与之保持已知函数关系的另一种物理量的变化，并以人的感官所能接受的形式在测量仪器上显示出来。例如用水银温度计测体温是根据水银热胀冷缩的物理规律，事先确定水银柱的高度和温度之间的函数关系，从而可以用水银柱的高度作为被测温度的度量。这里是通过热胀冷缩的规律把温度的高低转化为水银柱的高度，然后根据水银柱高度间接得出被测温度的大小。

直接测量按测量条件不同又可分为等精度（等权）直接测量和不等精度（不等权）直接测量两种。对某被测量进行多次重复直接测量，如果每次测量的仪器、环境、方法和测量人员都保持一致或不变则称之为等精度测量。若测量中每次测量条件不尽相同，则称之为不等精度测量。

2. 间接测量

间接测量指在直接测量值的基础上，根据已知函数关系，计算出被测量的量值的测量。如通过测定某段时间内火车运动的距离来计算火车运动的平均速度就属于间接测量。

3. 组合测量

组合测量指将直接测量值或间接测量值与被测量值之间按已知关系组合成一组方程（函数关系），通过解方程组得到被测值的方法。组合测量实质是间接测量的推广，其目的就是在不提高计量仪器准确度的情况下，提高被测量值的准确度。

1.2.7　测量装置

测量装置（测量系统）是指为了确定被测量值所必需的器具和辅助设备的总体。其组成部分已在前面介绍过（见图 1-2）。

讨论测量装置往往会涉及一些术语，正确理解它们对掌握本课程的内容有着重要作用。这些术语包括：

1. 传感器

传感器是直接作用于被测量，并能按一定规律将被测量转换成同种或别种量值输出的器件。

2. 测量变换器

测量变换器是提供与输入量有给定关系的输出量的测量器件。显然，当测量变换器的输入量为被测量时，该测量变换器实际上就是传感器；反过来，传感器也就是第一级的测量变换器。当测量变换器的输出量为标准信号时，它就被称为变送器。在自动控制系统中，经常用到变送器。

3. 检测器

检测器用以指示某种特定量的存在而不必提供量值的器件或物质。在某些情况下，只有当量值达到规定的阈值时才有指示。化学试纸就是一种检测器。

4. 测量器具的示值

示值是指由测量器具所指示的被测量值。示值用被测量的单位表示。

5. 准确度等级

准确度等级用来表示测量器具的等级或级别。每一等级的测量器具都有相应的计量要求，用来保持其误差在规定极限以内。

6. 标称范围

标称范围也称为示值范围，是指测量器具标尺范围所对应的被测量示值的范围。例如温度计的标尺范围的起点示值为−30℃，终点示值为+20℃，其标称范围即为−30~+20℃。

7. 量程

量程是标称范围的上下限之差的模。上例的量程就是50℃。

8. 测量范围

测量范围是指在测量器具的误差处于允许极限内的情况下，测量器具所能测量的被测量值的范围。

9. 漂移

漂移是测量器具的计量特性随时间的慢变化。

1.2.8 测量误差

应当清楚认识到，测量结果总是有误差的。误差自始至终存在于一切科学实验和测量过程中。

1. 测量误差定义

测量结果与被测量真值之差称为测量误差，即

$$测量误差 = 测量结果 - 真值 \tag{1-1}$$

并常简称为误差。此定义联系着三个量，显然只需已知其中的两个量，就能得到第三个量。但是，在现实中往往只知道测量结果，其余两个量却是未知的。这就带来许多问题，例如：测量结果究竟能不能代表被测量、有多大的可置信度、测量误差的规律是怎样的、如何评估它等。

（1）真值 x_0 真值是被测量在被观测时所具有的量值。从测量的角度来看，真值是不能确切获知的，是一个理想的概念。

在测量中，一方面无法获得真值，而另一方面又往往需要运用真值，因此引进了所谓的"约定真值"。对给定的目的而言，约定真值被认为充分接近于真值，因而可以代替真值来

使用的量值。在实际测量中，被测量的实际值、已修正过的算术平均值，均可作为约定真值。实际值是指高一等级的计量标准器具所复现的量值，或测量实际表明它满足规定准确度要求，可用来代替真值使用的量值。

（2）测量结果 测量结果是由测量所得的被测量值。在测量结果的表述中，还应包括测量不确定度和有关影响量的值。

2. 误差分类

如果根据误差的统计特征来分，可以将误差分为：

（1）系统误差 在对同一被测量进行多次测量过程中，出现某种保持恒定或按确定的方式变化着的误差，就是系统误差。在测量偏离了规定的测量条件时，或测量方法引入了会引起某种按确定规律变化的因素时，就会出现此类误差。

通常按系统误差的正负号和绝对值是否已经确定，可将系统误差分为已定系统误差和未定系统误差。

在测量中，已定系统误差可以通过修正来消除。应当消除此类误差。

（2）随机误差 当对同一量进行多次测量时，误差的正负号和绝对值以不可预知的方式变化着，则此类误差称为随机误差。测量过程中有许多微弱的随机影响因素存在，它们是产生随机误差的原因。

随机误差就其个体而言是不确定的，但其总体却有一定的统计规律可循。

随机误差不可能被修正。但在了解其统计规律性之后，还是可以控制和减少它们对测量结果的影响。

（3）粗大误差 这是一种明显超出规定条件下预期误差范围的误差，是由于某种不正常的原因造成的。在数据处理时，允许也应该剔除含有粗大误差的数据，但必须有充分依据。

实际工作中常根据产生误差的原因把误差分为器具误差、方法误差、调整误差、观测误差和环境误差。

3. 误差表示方法

根据误差的定义，误差的量纲、单位应当和被测量一样。这是误差表述的根本出发点。然而习惯上常用与被测量量纲、单位不同的量来表述误差。严格地说，这只是误差的某种特征的描述，而不是误差量值本身，学习时应注意它们的区别。

常用的误差表示方法有下列几种：

（1）绝对误差 绝对误差直接用式（1-1）来表示。它是一个量纲、单位和被测量一样的量。

（2）相对误差

$$相对误差 = 绝对误差 \div 真值 \tag{1-2a}$$

当误差值较小时，可采用

$$相对误差 \approx 绝对误差 \div 测量结果 \tag{1-2b}$$

显然，相对误差是无量纲量，其大小是描述误差和真值的比值的大小，而不是误差本身的绝对大小。在多数情况下，相对误差常用%或百万分数（10^{-6}）来表示。

✍ **例 1-1**

设真值 $x_0 = 2.00\text{mA}$，测量结果 $x_r = 1.99\text{mA}$，则误差 $= (1.99-2.00)\text{mA} = -0.01\text{mA}$；绝对误差 $= -0.01\text{mA}$；相对误差 $= -0.01/2.00 = -0.005 = -0.5\%$。

（3）引用误差　这种表示方法只用于表示计量器具特性的情况中。计量器具的引用误差就是计量器具的绝对误差与引用值之比。引用值是指计量器具的标称范围的最高值或量程。例如，温度计标称范围为 $-20 \sim +50℃$，其量程为 $70℃$，引用值为 $50℃$。

✍ **例 1-2**

用标称范围为 $0 \sim 150\text{V}$ 的电压表测量时，示值为 100.0V，电压实际值为 99.4V。这时电压表的引用误差为

$$引用误差 = (100.0\text{V} - 99.4\text{V}) \div 150\text{V} = 0.4\%$$

显然，在此例中，用测量器具的示值来代替测量结果，用实际值代替真值，引用值则采用量程。

（4）分贝误差　分贝误差的定义为

$$分贝误差 = 20 \times \lg(测量结果 \div 真值) \tag{1-3a}$$

分贝误差的单位为 dB。对于一部分的量（如广义功），其分贝误差需改用下列公式，即

$$分贝误差 = 10 \times \lg(测量结果 \div 真值) \tag{1-3b}$$

单位仍为 dB。根据此定义，当测量结果等于真值，即误差为零时，分贝误差必定等于 0dB。

分贝误差本质上是无量纲量，是一种特殊形式的相对误差。在数值上，分贝误差和相对误差有着一定的关系。

✍ **例 1-3**

计算例 1-1 的分贝误差。

$$分贝误差 = 20 \times \lg(1.99 \div 2.00)\text{dB} = -20 \times 0.00218\text{dB} = -0.044\text{dB}$$

最后，必须特别指出，初学者往往不注意区分误差和误差特征量这两个完全不同的概念，以致无法理解某些问题。

下面利用一个简图（见图 1-3）来说明测量误差和其分布特征量的关系。

图中　x_0——被测量真值；

　　　x_i——第 i 次的测量值；

　　　μ——测量值的期望（平均值）；

　　　σ——测量值的标准偏差，是常用的误差特征量之一；

　　　δ_i——第 i 次测量的误差值；

δ_{ri}——第 i 次测量的随机误差值；

δ_{s}——系统误差。

从原则上来说，μ 为测量值的平均值；σ 却不是误差值，而是描述随机误差分布特性的特征量，简言之，是误差的统计特征量之一。为了强调这些概念之间的区别，图 1-3 是在特定的系统误差 δ_{s} 和测量值服从正态分布 $N \sim (\sigma \backslash \mu)$ 下绘制的。

不言而喻，误差值和分布的标准偏差是不一样的。各次测量的误差值彼此不同。误差分布的标准偏差能说明误差值分散程度，在许多场合下考查它比考查误差值简易可行，因而有些人在用语上常把两者混为一谈。

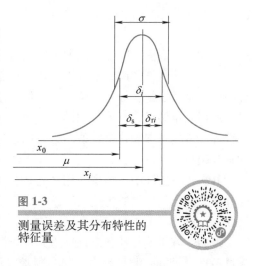

图 1-3

测量误差及其分布特性的特征量

1.2.9　测量精度和不确定度

测量精度是泛指测量结果的可信程度。从计量学来看，描述测量结果可信程度更为规范化术语有测量精密度、测量正确度、测量准确度和测量不确定度等。

1. 测量精密度

测量精密度表示测量结果中随机误差大小的误差；也是指在一定条件下进行多次测量时所得结果彼此符合的程度。不能将精密度简称为精度。

2. 测量正确度

测量正确度表示测量结果中系统误差大小的程度；它反映了在规定条件下测量结果中所有系统误差的综合。

3. 测量准确度

测量准确度表示测量结果和被测量真值之间的一致程度。它反映了测量结果中系统误差和随机误差的综合，也可称为测量精确度。

4. 测量不确定度

测量不确定度表示对被测量真值所处量值范围的评定；或者说，对被测量真值不能肯定的误差范围的一种评定。不确定度是测量误差量值分散性的指标，它表示对测量值不能肯定的程度。测量结果应带有这样一个指标。只有知道测量结果的不确定度时，此测量结果才有意义和用处。完整的测量结果不仅应包括被测量的量值，还应包括它的不确定度。用测量不确定度来表明测量结果的可信赖程度。不确定度越小，测量结果可信度越高，其使用价值越高。

测量不确定度的概念、符号和表达式长期存在着不同程度的分歧和混乱。根据国家技术监督局的有关规定，本书将以国际计量局（BIPM）于 1980 年提出的建议《实验不确定度的规定建议书 INC—1(1980)》为依据来介绍测量不确定度的概念、符号和表达式。

不确定度一般包含多种分量。按其数值的评定方法可以把它们归入两类：A 类分量和 B 类分量。

A 类分量是用统计方法算出来的，即根据测量结果的统计分布进行估计，并用实验标准

偏差 s（即样本标准偏差）来表征（详见下节）。

B 类分量是根据经验或其他信息来估计的，并可用近似的、假设的"标准偏差" u 来表征。

在本节的最后，有三个问题值得读者注意：

首先，测量精密度、准确度和正确度都是用它们的反面——测量不精密、不准确和不正确的程度来做定量表征的。例如，人们规定准确度为若干计量单位或真值的百分之几，其意思是所得测量结果和真值之间的差（即误差的绝对值）或相对误差将不超过该规定的范围。这种表征方式意味着这个数值越大，精密度、准确度和正确度越低，也就是越不精密、越不准确和越不正确。

其次，在实际中，很少使用"正确度"一词，尤其近年来广泛使用不确定度，以及国际计量大会建议尽量避免使用系统不确定度和随机不确定度两个术语以后，系统不确定度的反面——正确度就更少应用了。

最后，测量重复性和复现性也是评价测量质量的重要概念。测量重复性是指在实际相同测量条件（即同一测量程序、同一测量器具、同一观测者、同一地点、同一使用条件）下，在短时间内对同一被测量进行连续多次测量时，其测量结果之间的一致性。测量重复性可用测量结果的分散性来定量表示。测量复现性是指在不同测量条件（即不同测量原理和方法、不同测量器具、不同观测者、不同地点、不同使用条件、不同时间）下，对同一被测量进行测量时，其测量结果之间的一致性。测量复现性可用测量结果的分散性来定量表示。

1.2.10　测量器具的误差

测量器具在完成测量任务的同时也给测量结果带来误差。在研究测量器具的误差时，会涉及下面的一些概念。

1. 测量器具的示值误差

它是指测量器具的示值与被测量真值（约定真值）之差。例如电压表的示值 $V_i = 30V$，而电压实际值 $V_t = 30.5V$，则电压表的示值误差等于 $-0.5V$。

2. 测量器具的基本误差

它是指测量器具在标准条件下所具有的误差，也称为固有误差。

3. 测量器具的允许误差

它是指技术标准、检定规程等对测量器具所规定的允许的误差极限值。

4. 测量器具的准确度

它是指测量器具给出接近于被测量真值的示值的能力。

5. 测量器具的重复性和重复性误差

测量器具的重复性是指在规定的使用条件下，测量器具重复接收相同的输入，测量器具给出非常相似输出的能力。测量器具的重复性误差就是测量器具造成的随机误差分量。

6. 测量器具的回程误差

测量器具的回程误差也称为滞后误差，是指在相同条件下，被测量值不变，测量器具行程方向不同时，其示值之差的绝对值。

7. 误差曲线

误差曲线表示测量器具误差与被测量之间的函数关系的曲线。

8. 校准曲线

校准曲线表示被测量的实际值与测量器具示值之间函数关系的曲线。

1.2.11 测量结果的表达方式

从误差定义出发，每次测量就有一个误差值。而这个误差值包含着各种因素产生的分量，其中必定包含随机误差。显然，由一次测量误差是无法判明测量误差的统计特性的。只有通过多次重复测量才能由这些测得值的统计分析中获得误差的统计性质。

从概率统计学来看，要完全掌握测量数据和误差的概率分布性质，需要足够多次乃至于无限次的测量。但在实际实验中，只能测量有限次，因而，测量数据只是总体中的一个样本。尽管由此也能获得相应的统计量，但这些统计量却只能是测量数据总体特征量的某种估计值，它们只能近似地反映出实验数据及误差的统计性质。

尽管用样本的统计量来作为测量数据总体特征量的估计值会带来相应的统计采样误差，但是从解决问题的角度来看，这样做却是可行的。因此，测量数据处理的基本任务就是求得测量数据的样本统计量，以便得到一个既接近真值又可信的估计值以及它偏离真值的程度的估计。

本书将在这些估计值符号顶上加一"^"符号。

1. 回顾某些概率统计学的概念

误差分析和数据处理的基础是概率统计学。为了正确理解关于数据处理的讨论，回顾概率统计学的某些概念并把它们和测量联系起来是必要的。

从测量方面来看，每次测量将获得一个测得值，它是测量随机数据总体中的一个个体实现。对同一量重复进行多次测量，将获得一组测得值 x_i，$i = 1, 2, \cdots, n$，这组数据称为测量序列。它是随机数据的一个样本实现（简称样本），其容量为 n。测量序列的算术平均值 $\bar{x}$（也就是样本平均值）由下式定义为

$$\bar{x} = \frac{\sum_{i=1}^{n} x_i}{n} \tag{1-4}$$

从测量角度来看，总体期望值 μ 即是真值 x_0。样本平均值 $\bar{x}$ 是总体期望值 μ 的无偏估计值，即可令 $\bar{x} = \hat{\mu}$，因而 $\bar{x}$ 可用来估计真值 x_0。

测量序列的标准偏差 s 由下式定义为

$$s = \sqrt{\frac{\sum_{i=1}^{n} (x_i - \bar{x})^2}{n - 1}} \tag{1-5}$$

它就是样本标准偏差，它和总体标准偏差 σ 不一样，不可混淆。但它确实是总体标准偏差 σ 的无偏估计值，因而可令 $s = \hat{\sigma}$。

要特别指出，上述说法并没有局限于某种分布，而是适用于各种分布。

当进行多组多次重复测量时，能得到多个测量序列及各测量序列的样本平均值、样本标准偏差。如果这些平均值离散程度超过一定限度，则表明这些数据不是属于同一总体；从测

量角度来说，就是各组平均值之间存在系统误差。如果各样本标准偏差之间离散程度超过一定限度，同样表明它们不属于同一总体；而从测量角度来说，则是各测量序列测量精密度不同，如果要同时应用这些估计值，就必须按不等精度测量的情况来考虑，给各测量序列数据以不同的重视程度。

应当特别注意，样本平均值、样本标准偏差都是随机变量，因而也有其自身的分布规律（样本的分布规律称为抽样分布）；因此，抽样分布又有其自身的平均值和样本标准偏差。

样本平均值 $\bar{x}$ 服从正态分布 $\bar{x} \sim N(\mu, \sigma_{\bar{x}})$，也就是说 $\bar{x}$ 的数学期望也是 μ，它的标准偏差 $\sigma_{\bar{x}}$ 等于 $(\sigma/\sqrt{n}) < \sigma_x$。这个结论表明：

1）从测量角度来看，单次测得值 x_i 和 $\bar{x}$ 都可用来作为真值的估计，但是用 $\bar{x}$ 来估计更可靠、可信些，因为 $\bar{x}$ 的标准偏差比较小。总的来说，随机变量 $\bar{x}$ 比起随机变量 x_i 更集中、更接近地分布在真值的附近。

2）$\bar{x}$ 是多次测量的结果，这就是采用多次测量来提高测量的精密度的原因。

3）如果 σ 用其估计值 s（样本标准偏差）来代替，则有

$$\hat{\sigma}_{\bar{x}} = \frac{s}{\sqrt{n}} \tag{1-6}$$

2. 测量数据的概率分布

如前所述，测量过程中有许多因素会造成误差，使测量数据的分布变得很复杂；严格而言，在大多数情况下，测量数据都不会是正态分布的。但是，误差分析中的大多数公式却是建立在正态分布基础上的。为了正确使用这些公式，必须在测量过程中注意发现和消除系统误差，检验数据是否服从正态分布。

测量数据往往还会由于意外原因出现异常值（也称为离群值）。这种异常值含有粗大误差，是属于小概率事件。为了不使它们影响测量结果的准确度，应该运用概率分析和现场分析的办法来剔除它们。

总之，由于测量数据分布情况复杂，应当经过消除系统误差、正态性检验和剔除含有粗大误差的数据这三个步骤后，数据才可做进一步的处理。这样处理后也才能得到可信的结果。今后本书就是在数据已完成这三个步骤的基础上来讨论的。有关这三方面的知识，请参阅有关的概率统计或误差与数据处理方面的教科书。

3. 测量结果的表达方式

经过上述三个步骤处理后，便可用适当的方式来表达测量结果。

以往有过这样的测量结果表达式

$$x_0 = \bar{x} \pm \delta_{max} \tag{1-7}$$

式中，δ_{max} 是所谓的极限误差，其意义为：误差不超过此界限。严格而言，δ_{max} 不是误差而是误差临界值，$\pm\delta_{max}$ 是误差不得超出的范围。从概率统计学来看，规定任一个界限，必定有一定的被超出的概率。以往为了防止误差超出此界限，往往加大 δ_{max}，以至于达到不合理的地步，并且无法说明测量精确度。所以，此方法已被淘汰。

后来，人们将区间估计原理应用于测量结果的表达，同时表明测量结果的准确度和置信度。如前所述，设 n 次测得值组成的样本为 $(x_1, x_2, \cdots, x_n)$，可计算出样本平均值 $\bar{x} =$

$\dfrac{1}{n}\displaystyle\sum_{i=1}^{n}x_i$ 和样本平均值的标准偏差的估计值，即

$$\hat{\sigma}_{\bar{x}} = \sqrt{\dfrac{\displaystyle\sum_{i=1}^{n}(x_i - \bar{x})^2}{n(n-1)}} \tag{1-8}$$

（请注意样本平均值的标准偏差 $\sigma_{\bar{x}}$ 和样本标准偏差 s 两者的差别，不可混淆。）

按照概率统计理论，如果测量值 x 服从正态分布 $N(\mu,\sigma^2)$，而且总体平均值 μ 和总体标准偏差 σ 都未知，随机变量 $\dfrac{\bar{x}-\mu}{\sigma_{\bar{x}}}$ 服从自由度为 $n-1$ 的 t 分布。设事件 $\left(-t_\beta \leqslant \dfrac{\bar{x}-\mu}{\sigma_{\bar{x}}} \leqslant t_\beta\right)$ 的概率为 β，即

$$P\left(-t_\beta \leqslant \dfrac{\bar{x}-\mu}{\sigma_{\bar{x}}} \leqslant t_\beta\right) = \beta$$

或者说，随机区间 $[\bar{x}-t_\beta\sigma_{\bar{x}},\ \bar{x}+t_\beta\sigma_{\bar{x}}]$ 包容真值的概率为 β；现用 $\hat{\sigma}_{\bar{x}}$ 代替 $\sigma_{\bar{x}}$，则测量结果就可表达为

$$x_0 = \bar{x} \pm t_\beta \hat{\sigma}_{\bar{x}} \qquad （置信概率 \beta） \tag{1-9}$$

相应于各种置信概率 β 的 t_β 值，可从 t 分布表（见表 1-1）查得。

所选用的置信概率因行业而异，通常物理学中采用 0.6826，生物学中采用 0.99，而工业技术中采用 0.95。

 例 1-4

测量 5 个样品的拉断力 F_i 分别为 7890N、8130N、8180N、8200N 和 8020N。要求置信概率为 0.90，试报道该批材料抗拉极限的试验结果。

以样本平均值 $\overline{F}$ 作为该批材料拉断力的估计值，有

$$\overline{F} = \dfrac{\displaystyle\sum_{i=1}^{5}F_i}{5} = 8084\text{N}$$

$\overline{F}$ 的标准偏差的估计值为

$$\hat{\sigma}_{\overline{F}} = \sqrt{\dfrac{\displaystyle\sum_{i=1}^{5}(F_i - \overline{F})^2}{5 \times (5-1)}} = 58\text{N}$$

查表 1-1，得 $t_{0.9} = 2.132$。最后测量结果为

$$F_0 = (8084 \pm 2.132 \times 58)\text{N}$$
$$= (8084 \pm 124)\text{N} \qquad （置信概率 0.9）$$

从理论上来说，这种表达方式是合理的。这样的测量结果表达方式能同时说明准确度和置信概率，其意义也是明确的。很明显，$t_\beta \hat{\sigma}_{\bar{x}}$ 越小而 β 又越大，则表明测量结果既精确又可信。但是这种表达方式却与测量数据所服从的概率分布密切相关，其解释受到所服从的概率分布的限制。

近年来，国际上越来越多地采用下述方式表达测量结果，即

$$测量结果＝样本平均值\pm不确定度 \qquad (1\text{-}10)$$

在直接测量的情况下，不确定度可用样本平均值 $\bar{x}$ 的标准偏差 $\sigma_{\bar{x}}$ 来表征。

表 1-1 　　　　　　　　　　　　　　　t 分布的 t_β 数值表

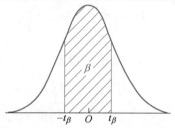

ν \ β	0.6	0.7	0.8	0.9	0.95	0.98	0.99	0.999
1	1.376	1.963	3.078	6.314	12.706	31.821	63.657	636.619
2	1.061	1.386	1.886	2.920	4.303	6.965	9.925	31.598
3	0.978	1.250	1.638	2.353	3.182	4.541	5.841	12.924
4	0.941	1.190	1.533	2.132	2.776	3.747	4.604	8.610
5	0.920	1.156	1.476	2.015	2.571	3.365	4.032	6.85
6	0.906	1.134	1.440	1.943	2.447	3.143	3.707	5.959
7	0.896	1.119	1.415	1.895	2.365	2.998	3.499	5.405
8	0.889	1.108	1.397	1.860	2.306	2.896	3.355	5.041
9	0.883	1.100	1.383	1.833	2.262	2.821	3.250	4.781
10	0.879	1.093	1.372	1.812	2.228	2.764	3.169	4.587
11	0.876	1.088	1.363	1.796	2.201	2.718	3.106	4.437
12	0.873	1.083	1.356	1.782	2.179	2.681	3.055	4.318
13	0.870	1.079	1.350	1.771	2.160	2.650	3.012	4.221
14	0.868	1.076	1.345	1.761	2.145	2.624	2.977	4.140
15	0.866	1.074	1.341	1.753	2.131	2.602	2.947	4.073
16	0.865	1.071	1.337	1.746	2.120	2.583	2.921	4.015
17	0.863	1.069	1.333	1.740	2.110	2.567	2.898	3.965
18	0.862	1.067	1.330	1.734	2.101	2.552	2.878	3.922
19	0.861	1.066	1.328	1.729	2.093	2.539	2.861	3.883
20	0.860	1.064	1.325	1.725	2.086	2.528	2.845	3.850

（续）

ν ＼ β	0.6	0.7	0.8	0.9	0.95	0.98	0.99	0.999
21	0.859	1.063	1.323	1.721	2.080	2.518	2.831	3.819
22	0.858	1.061	1.321	1.717	2.074	2.508	2.819	3.792
23	0.858	1.060	1.319	1.714	2.069	2.400	2.807	3.767
24	0.857	1.059	1.318	1.711	2.064	2.492	2.797	3.745
25	0.856	1.058	1.316	1.708	2.060	2.585	2.787	3.725
26	0.856	1.058	1.315	1.706	2.056	2.479	2.779	3.707
27	0.855	1.057	1.314	1.703	2.052	2.734	2.771	3.690
28	0.855	1.056	1.313	1.701	2.048	2.467	2.763	3.674
29	0.854	1.055	1.311	1.699	2.045	2.462	2.756	3.659
30	0.854	1.055	1.310	1.697	2.042	2.457	2.750	3.646

由于随机变量 $\bar{x}$ 的标准偏差 $\sigma_{\bar{x}} = \dfrac{\sigma}{\sqrt{n}}$，如果 σ 用其估计值 s 来代替，则 $\bar{x}$ 的标准偏差 $\sigma_{\bar{x}}$ 的估计值 $\hat{\sigma}_{\bar{x}} = \dfrac{s}{\sqrt{n}}$。这样，测量结果即可表达为

$$X = \bar{x} \pm \hat{\sigma}_{\bar{x}} = \bar{x} \pm \frac{s}{\sqrt{n}} \tag{1-11}$$

这就是近年来国内外推行的测量结果表达方式。

从式（1-11）可以看到，测量结果的表达式只与实验标准偏差 s、测量次数 n 有关，并且对所有的分布都是适用的。

有关文献（《通用计量名词及定义》（JJG1001—1991），国家技术监督局；《实验不确定度的规定建议书 INC—1（1980）》，国际计量局）指出，测量不确定度一般包含若干个分量，按其数值评定方法将它们归并为 A 和 B 两类分量。A 类分量都用估计的方差 s_i^2（或估计的标准差 s_i）和自由度 v_i 来表征。必要时应给出估计的协方差。B 类分量用某种 u_j^2 量来表征。可以认为 u_j^2 量是假设存在的相应方差的近似。μ_j^2 量可以像方差那样处理，而 u_j 量也可以像标准差那样处理。必要时应给出协方差，它可按类似的方法处理。A 类分量与 B 类分量可用通常合成方差的方法合成，所得的结果称为合成不确定度，并按"标准偏差"来看待。合成不确定度具有概率的概念；若为正态分布，合成不确定度的概率为 68.27%。

如有必要增加置信概率，则可将合成不确定度乘上与置信概率相对应的置信因子，作为式（1-10）中的不确定度。但此时必须对置信因子或置信概率的大小加以说明。显然这样处理实际上沿用了区间估计的表达方式。合成不确定度乘上置信因子后的不确定度称为总不确定度。

显然，对于只测量一次的情况而言，就有一个具体的困难：无所谓的平均值和样本标准差。应该如何确定标准偏差的估计值呢？这时只能引用以往的同等条件和相近条件下多次测量的统计结果；或者根据测量器具检定证书授权的等级（对应一定误差限），结合其最小分度值来确定。对后一种办法，就是将给出的值假定为来自均匀分布的误差限。对于单侧误差限和双侧误差限的分布情况而言，其标准偏差和误差限之比分别为 $\dfrac{1}{\sqrt{3}}$ 和 $\dfrac{1}{\sqrt{12}}$，也就是把误差

限除以 $\sqrt{3}$ 和 $\sqrt{12}$ ，然后用其结果作为不确定度的估计值。

 思考题与习题

1-1 叙述我国法定计量单位的基本内容。

1-2 如何保证量值的准确和一致？

1-3 何谓测量误差？通常测量误差是如何分类、表示的？

1-4 请将下列诸测量结果中的绝对误差改写为相对误差：

①1.0182544V±7.8μV

②(25.04894±0.00003)g

③(5.482±0.026)g/cm²

1-5 何谓测量不确定度？国际计量局于 1980 年提出的建议《实验不确定度的规定建议书 INC—1 (1980)》的要点是什么？

1-6 为什么选用电表时，不但要考虑它的准确度，而且要考虑它的量程？为什么使用电表时应尽可能在电表量程上限的 2/3 以上使用？用量程为 150V 的 0.5 级电压表和量程为 30V 的 1.5 级电压表分别测量 25V 电压，请问哪一个测量准确度高？

1-7 如何表达测量结果？对某量进行 8 次测量，测得值分别为：802.40、802.50、802.38、802.48、802.42、802.46、802.45、802.43。求其测量结果。

1-8 用米尺逐段丈量一段 10m 的距离，设丈量 1m 距离的标准差为 0.2mm。如何表示此项间接测量的函数式？求此 10m 距离的标准差。

1-9 直圆柱体的直径及高的相对标准差均为 0.5%，求其体积的相对标准差。

第 2 章
信号及其描述

在生产实践和科学实验中，需要观测大量的现象及其参量的变化。这些变化量可以通过测量装置变成容易测量、记录和分析的电信号。一个信号包含着反映被测系统的状态或特性的某些有用的信息，它是人们认识客观事物内在规律、研究事物之间相互关系、预测未来发展的依据。这些信号通常用时间的函数（或序列）来表述，该函数的图形称为信号的波形。

2.1 信号的分类与描述

2.1.1 信号的分类

1. 确定性信号与随机信号

若信号可表示为一个确定的时间函数，就可以确定其任何时刻的量值，这种信号称为确定性信号。确定性信号又分为周期信号和非周期信号。

（1）周期信号　周期信号是按一定时间间隔周而复始重复出现，无始无终的信号，可表达为

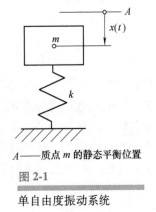

A——质点 m 的静态平衡位置

图 2-1

单自由度振动系统

$$x(t) = x(t+nT_0) \qquad (n=1,2,3,\cdots) \qquad (2\text{-}1)$$

式中　T_0——周期。

例如，集中参量的单自由度振动系统（见图 2-1）做无阻尼自由振动时，其位移 $x(t)$ 就是确定性的周期振动；它可用下式来确定质点的瞬时位置，即

$$x(t) = x_0 \sin\left(\sqrt{\frac{k}{m}}\, t + \varphi_0\right) \qquad (2\text{-}2)$$

式中　x_0、φ_0——取决于初始条件的常数；

m——质量；

k——弹簧刚度；

t——时刻。

振动周期 $T_0 = 2\pi / \sqrt{k/m}$，圆频率 $\omega_0 = \dfrac{2\pi}{T_0} = \sqrt{\dfrac{k}{m}}$。

（2）非周期信号　将确定性信号中那些不具有周期重复性的信号称为非周期信号。它有两种：准周期信号和瞬变非周期信号。准周期信号是由两种以上的周期信号合成的，但其组成分量间无法找到公共周期，因而无法按某一时间间隔周而复始重复出现。除准周期信号之外的其他非周期信号，是一些或在一定时间区间内存在，或随着时间的增长而衰减至零的信号，并称为瞬变非周期信号。图 2-1 所示的振动系统，若加上阻尼装置，其质点位移 $x(t)$ 可用下式表示为

$$x(t) = x_0 e^{-at} \sin(\omega_0 t + \varphi_0) \tag{2-3}$$

其图形如图 2-2 所示，它是一种瞬变非周期信号，随时间的增加而衰减至零。

随机信号是一种不能准确预测其未来瞬时值，也无法用数学关系式来描述的信号。但是，它具有某些统计特征，可以用概率统计方法由其过去来估计其未来。随机信号所描述的现象是随机过程。自然界和生活中有许多随机过程，例如汽车行驶时产生的振动、环境噪声等。

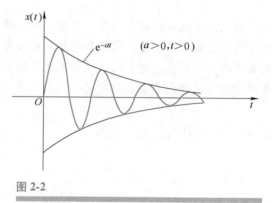

图 2-2

衰减振动信号

2. 连续信号和离散信号

若信号数学表示式中的独立变量取值是连续的，则称为连续信号（见图 2-3a）。若独立变量取离散值，则称为离散信号（见图 2-3b）。图 2-3b 是将连续信号等时距采样后的结果，它就是离散信号。离散信号可用离散图形表示，或用数字序列表示。连续信号的幅值可以是连续的，也可以是离散的。若独立变量和幅值均取连续值的信号称为模拟信号。若离散信号的幅值也是离散的，则称为数字信号。数字计算机的输入、输出信号都是数字信号。在实际应用中，连续信号和模拟信号两个名词常常不予区分，离散信号和数字信号往往通用。

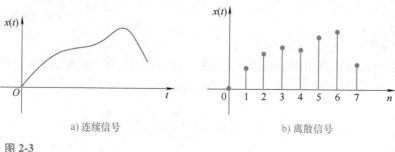

a) 连续信号　　　　　　　　　b) 离散信号

图 2-3

连续信号和离散信号

3. 能量信号和功率信号

在非电量测量中，常把被测信号转换为电压或电流信号来处理。电压信号 $x(t)$ 加到电阻 R 上，其瞬时功率 $P(t) = x^2(t)/R$。当 $R = 1$ 时，$P(t) = x^2(t)$。瞬时功率对时间积分就是信号在该积分时间内的能量。依此，人们不考虑信号实际的量纲，而把信号 $x(t)$ 的二次方 $x^2(t)$ 及其对时间的积分分别称为信号的瞬时功率和能量。当 $x(t)$ 满足

$$\int_{-\infty}^{\infty} x^2(t)\,\mathrm{d}t < \infty \tag{2-4}$$

时，则认为信号的能量是有限的，并称之为能量有限信号，简称能量信号，如矩形脉冲信号、衰减指数函数等。

若信号在区间 $(-\infty, \infty)$ 的能量是无限的，即

$$\int_{-\infty}^{\infty} x^2(t)\,\mathrm{d}t \to \infty \tag{2-5}$$

但它在有限区间 (t_1, t_2) 的平均功率是有限的，即

$$\frac{1}{t_2 - t_1}\int_{t_1}^{t_2} x^2(t)\,\mathrm{d}t < \infty \tag{2-6}$$

则这种信号称为功率有限信号或功率信号。

图 2-1 所示的振动系统，其位移信号 $x(t)$ 就是能量无限的正弦信号，但在一定时间区间内其功率却是有限的。如果该系统加上阻尼装置，其振动能量随时间而衰减（见图 2-2），这时的位移信号就变成能量有限信号了。

但是必须注意，信号的功率和能量不具有真实物理功率和能量的量纲。

2.1.2 信号的时域描述和频域描述

直接观测或记录到的信号，一般是以时间为独立变量的，称其为信号的时域描述。信号时域描述能反映信号幅值随时间变化的关系，而不能明显揭示信号的频率组成关系。为了研究信号的频率结构和各频率成分的幅值、相位关系，应对信号进行频谱分析，把信号的时域描述通过适当方法变成信号的频域描述，即以频率为独立变量来表示信号。

例如，图 2-4 是一个周期方波的一种时域描述，而下式则是其时域描述的另一种形式

$$\begin{cases} x(t) = x(t + nT_0) \\ x(t) = \begin{cases} A & 0 < t < \dfrac{T_0}{2} \\ -A & -\dfrac{T_0}{2} < t < 0 \end{cases} \end{cases}$$

若该周期方波应用傅里叶级数展开，即得

$$x(t) = \frac{4A}{\pi}\left(\sin\omega_0 t + \frac{1}{3}\sin 3\omega_0 t + \frac{1}{5}\sin 5\omega_0 t + \cdots\right)$$

式中，$\omega_0 = \dfrac{2\pi}{T_0}$。

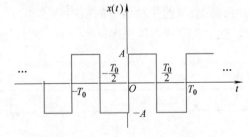

图 2-4

周期方波

此式表明该周期方波是由一系列幅值和频率不等、相角为零的正弦信号叠加而成的。实际上此式可改写成

$$x(t) = \frac{4A}{\pi}\left(\sum_{n=1}^{\infty}\frac{1}{n}\sin\omega t\right)$$

式中，$\omega = n\omega_0$，$n = 1$，3，5，…。可见，此式除 t 之外尚有另一变量 ω（各正弦成分的频率）。若视 t 为参变量，以 ω 为独立变量，则此式即为该周期方波的频域描述。

在信号分析中，将组成信号的各频率成分找出来，按序排列，得出信号的"频谱"。若以频率为横坐标、分别以幅值或相位为纵坐标，便分别得到信号的幅频谱或相频谱。图 2-5 示出了该周期方波的时域波形、幅频谱和相频谱三者的关系。

表 2-1 列出两个同周期方波及其幅频谱、相频谱。不难看出，在时域中，两方波除彼此相对平移 $T_0/4$ 之外，其余完全一样。但两者的幅频谱虽相同，相频谱却不同。平移使各频率分量产生了 $n\pi/2$ 相角，n 为谐波次数。总之，每个信号有其特有的幅频谱和相频谱。故在频域中，每个信号都需同时用幅频谱和相频谱来描述。

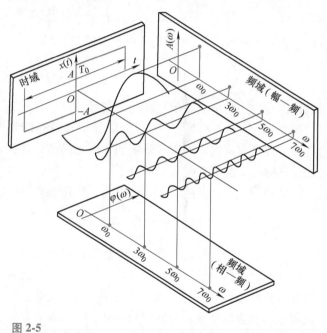

信号时域描述直观地反映出信号瞬时值随时间变化的情况；频域描述则反映信号的频率组成及其幅值、相角的大小。为了解决不同问题，往往需要掌握信号不同方面的特征，因而可采用不同的描述方式。例如，评定机器振动烈度，需用振动速度的方均根值来作为判据。若速度信号采用时域描述，就能很快求得方均根值。而在寻找振源时，需要掌握振动信号的频率分量，这就需采用频域描述。实际上，两种描述方法能相互转换，而且包含同样的信息量。

图 2-5

周期方波的描述

表 2-1 周期方波的频谱

时 域 波 形	幅 频 谱	相 频 谱

（续）

时 域 波 形	幅 频 谱	相 频 谱
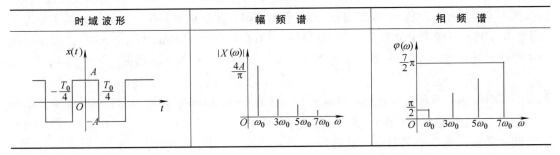		

2.2　周期信号与离散频谱

2.2.1　傅里叶级数的三角函数展开式

在有限区间上，凡满足狄里赫利条件的周期函数（信号）$x(t)$ 都可以展开成傅里叶级数。傅里叶级数的三角函数展开式为

$$x(t) = a_0 + \sum_{n=1}^{\infty} (a_n \cos n\omega_0 t + b_n \sin n\omega_0 t) \tag{2-7}$$

式中　常值分量

$$a_0 = \frac{1}{T_0} \int_{-\frac{T_0}{2}}^{\frac{T_0}{2}} x(t) \, \mathrm{d}t$$

余弦分量的幅值

$$a_n = \frac{2}{T_0} \int_{-\frac{T_0}{2}}^{\frac{T_0}{2}} x(t) \cos n\omega_0 t \mathrm{d}t \tag{2-8}$$

正弦分量的幅值

$$b_n = \frac{2}{T_0} \int_{-\frac{T_0}{2}}^{\frac{T_0}{2}} x(t) \sin n\omega_0 t \mathrm{d}t$$

T_0——周期；

ω_0——圆频率，$\omega_0 = \dfrac{2\pi}{T_0}$；

$n = 1, 2, 3, \cdots$。

将式（2-7）中同频项合并，可以改写成

$$x(t) = a_0 + \sum_{n=1}^{\infty} A_n \sin(n\omega_0 t + \varphi_n) \tag{2-9}$$

$$A_n = \sqrt{a_n^2 + b_n^2}$$

$$\tan\varphi_n = \frac{a_n}{b_n}$$

式中　A_n——第 n 次谐波的幅值；

　　　φ_n——第 n 次谐波的初相角。

从式（2-9）可见，周期信号是由一个或几个乃至无穷多个不同频率的谐波叠加而成。以圆频率为横坐标，幅值 A_n 或相角 φ_n 为纵坐标作图，则分别得其幅频谱和相频谱图。由于 n 是整数序列，各频率成分都是 ω_0 的整倍数，相邻频率的间隔 $\Delta\omega = \omega_0 = 2\pi/T_0$，因而谱线是离散的。通常把 ω_0 称为基频，并把成分 $A_n\sin\ (n\omega_0 t+\varphi_n)$ 称为 n 次谐波。

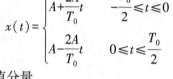 **例 2-1**

求图 2-6 中周期性三角波的傅里叶级数。

解　在 $x(t)$ 的一个周期中可表示为

$$x(t) = \begin{cases} A+\dfrac{2A}{T_0}t & -\dfrac{T_0}{2} \leqslant t \leqslant 0 \\[2mm] A-\dfrac{2A}{T_0}t & 0 \leqslant t \leqslant \dfrac{T_0}{2} \end{cases}$$

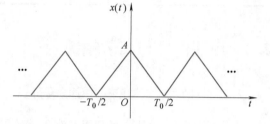

常值分量

$$a_0 = \frac{1}{T_0}\int_{-\frac{T_0}{2}}^{\frac{T_0}{2}} x(t)\,\mathrm{d}t = \frac{2}{T_0}\int_0^{\frac{T_0}{2}}\left(A - \frac{2A}{T_0}t\right)\mathrm{d}t = \frac{A}{2}$$

图 2-6

周期性三角波

余弦分量的幅值

$$a_n = \frac{2}{T_0}\int_{-\frac{T_0}{2}}^{\frac{T_0}{2}} x(t)\cos n\omega_0 t\,\mathrm{d}t = \frac{4}{T_0}\int_0^{\frac{T_0}{2}}\left(A - \frac{2A}{T_0}t\right)\cos n\omega_0 t\,\mathrm{d}t$$

$$= \frac{4A}{n^2\pi^2}\sin^2\frac{n\pi}{2} = \begin{cases} \dfrac{4A}{n^2\pi^2} & n = 1, 3, 5, \cdots \\[2mm] 0 & n = 2, 4, 6, \cdots \end{cases}$$

正弦分量的幅值

$$b_n = \frac{2}{T_0}\int_{-\frac{T_0}{2}}^{\frac{T_0}{2}} x(t)\sin n\omega_0 t\,\mathrm{d}t = 0$$

因为 $x(t)$ 为偶函数，$\sin n\omega_0 t$ 为奇函数，所以 $x(t)\sin n\omega_0 t$ 也为奇函数，而奇函数在上下限对称区间积分之值等于零，因此 $b_n = 0$。这样，该周期性三角波的傅里叶级数展开式就为

$$x(t) = \frac{A}{2} + \frac{4A}{\pi^2}\left(\cos\omega_0 t + \frac{1}{3^2}\cos 3\omega_0 t + \frac{1}{5^2}\cos 5\omega_0 t + \cdots\right)$$

$$= \frac{A}{2} + \frac{4A}{\pi^2}\sum_{n=1}^{\infty}\frac{1}{n^2}\cos n\omega_0 t \quad (n = 1, 3, 5, \cdots)$$

周期性三角波的频谱图如图 2-7 所示，其幅频谱只包含常值分量、基波和奇次谐波的频率分量，谐波的幅值以 $\dfrac{1}{n^2}$ 的规律收敛。在其相频谱中基波和各次谐波的初相位为 φ_n，均为零。

2.2.2　傅里叶级数的复指数函数展开式

傅里叶级数也可以写成复指数函数形式。根据欧拉公式,有

$$e^{\pm j\omega t} = \cos\omega t \pm j\sin\omega t \quad (j=\sqrt{-1}) \qquad (2\text{-}10)$$

$$\cos\omega t = \frac{1}{2}(e^{-j\omega t}+e^{j\omega t}) \qquad (2\text{-}11)$$

$$\sin\omega t = j\frac{1}{2}(e^{-j\omega t}-e^{j\omega t}) \qquad (2\text{-}12)$$

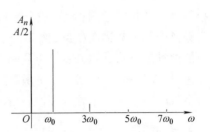

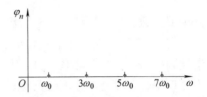

图 2-7

周期性三角波的频谱

因此式(2-7)可改写为

$$x(t) = a_0 + \sum_{n=1}^{\infty}\left[\frac{1}{2}(a_n+jb_n)e^{-jn\omega_0 t} + \right.$$

$$\left. \frac{1}{2}(a_n-jb_n)e^{jn\omega_0 t}\right] \qquad (2\text{-}13)$$

令

$$c_n = \frac{1}{2}(a_n-jb_n) \qquad (2\text{-}14a)$$

$$c_{-n} = \frac{1}{2}(a_n+jb_n) \qquad (2\text{-}14b)$$

$$c_0 = a_0 \qquad (2\text{-}14c)$$

则

$$x(t) = c_0 + \sum_{n=1}^{\infty}c_{-n}e^{-jn\omega_0 t} + \sum_{n=1}^{\infty}c_n e^{jn\omega_0 t}$$

或

$$x(t) = \sum_{n=-\infty}^{\infty}c_n e^{jn\omega_0 t} \qquad (n=0,\ \pm1,\ \pm2,\cdots) \qquad (2\text{-}15)$$

这就是傅里叶级数的复指数函数形式。将式(2-8)代入式(2-14a)和式(2-14b)中,并令 $n=0,\ \pm1,\ \pm2,\cdots$,即得

$$c_n = \frac{1}{T_0}\int_{-\frac{T_0}{2}}^{\frac{T_0}{2}}x(t)e^{-jn\omega_0 t}\mathrm{d}t \qquad (2\text{-}16)$$

在一般情况下,c_n 是复数, 可以写成

$$c_n = c_{nR}+jc_{nI} = |c_n|e^{j\varphi_n} \qquad (2\text{-}17)$$

式中

$$|c_n| = \sqrt{c_{nR}^2+c_{nI}^2} \qquad (2\text{-}18)$$

$$\varphi_n = \arctan\frac{c_{nI}}{c_{nR}} \qquad (2\text{-}19)$$

c_n 与 c_{-n} 共轭, 即 $c_n = c_{-n}^*$;$\varphi_n = -\varphi_{-n}$。

把周期函数 $x(t)$ 展开为傅里叶级数的复指数函数形式后, 可分别以 $|c_n|$-ω 和 φ_n-ω 绘制

幅频谱图和相频谱图；也可以分别以 c_n 的实部或虚部与频率的关系绘制幅频图，并分别称为实频谱图和虚频谱图（参阅例2-2）。比较傅里叶级数的两种展开形式可知：复指数函数形式的频谱为双边谱（ω 从 $-\infty \sim +\infty$），三角函数形式的频谱为单边谱（ω 从 $0 \sim +\infty$）；两种频谱各谐波幅值在量值上有确定的关系，即 $|c_n| = \dfrac{1}{2} A_n$，$|c_0| = a_0$。双边幅频谱为偶函数，双边相频谱为奇函数。

在式（2-15）中，n 取正、负值。当 n 为负值时，谐波频率 $n\omega_0$ 为"负频率"。出现"负"的频率似乎不好理解，实际上角速度按其旋转方向可以有正有负，一个矢量的实部可以看成是两个旋转方向相反的矢量在其实轴上投影之和，而虚部则为其在虚轴上投影之差（见图2-8）。

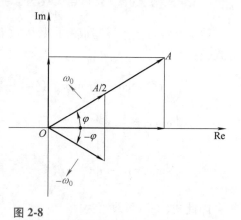

图 2-8

负频率的说明

✍ 例 2-2

画出余弦、正弦函数的实、虚部频谱图。

解　根据式（2-11）和式（2-12）得

$$\cos\omega_0 t = \frac{1}{2}(\mathrm{e}^{-\mathrm{j}\omega_0 t} + \mathrm{e}^{\mathrm{j}\omega_0 t})$$

$$\sin\omega_0 t = \mathrm{j}\,\frac{1}{2}(\mathrm{e}^{-\mathrm{j}\omega_0 t} - \mathrm{e}^{\mathrm{j}\omega_0 t})$$

故余弦函数只有实频谱图，与纵轴偶对称。正弦函数只有虚频谱图，与纵轴奇对称。图2-9是这两个函数的频谱图。

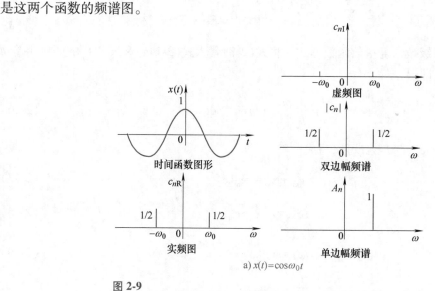

图 2-9

正、余弦函数的频谱图

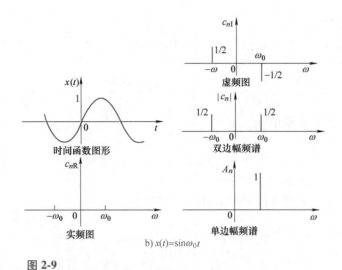

图 2-9

正、余弦函数的频谱图（续）

一般周期函数按傅里叶级数的复指数函数形式展开后，其实频谱总是偶对称的，其虚频谱总是奇对称的。

周期信号的频谱具有三个特点：

1）周期信号的频谱是离散的。

2）每条谱线只出现在基波频率的整倍数上，基波频率是各分量频率的公约数。

3）各频率分量的谱线高度表示该谐波的幅值或相位角。工程中常见的周期信号，其谐波幅值总的趋势是随谐波次数的增高而减小的。因此，在频谱分析中没有必要取那些次数过高的谐波分量。

2.2.3　周期信号的强度表述

周期信号的强度特征可以用峰值、绝对均值、有效值和平均功率等来表述（见图 2-10）。

峰值 x_p 是信号可能出现的最大瞬时值，即

$$x_p = \left| x(t) \right|_{max} \tag{2-20}$$

峰-峰值 x_{p-p} 是在一个周期中最大瞬时值与最小瞬时值之差。

对信号的峰值和峰-峰值应有足够的估计，以便确定测试系统的动态范围。一般希望信号的峰-峰值在测试系统的线性区域内，使所观测（记录）到的信号正比于被测量的变化状态。如果进入非线性区域，则信号将发生畸变，结果不但不能正比于被测信号的幅值，而且会增生大量谐波。

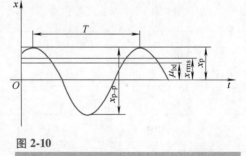

图 2-10

周期信号的强度表示

周期信号的均值 μ_x 为

$$\mu_x = \frac{1}{T_0} \int_0^{T_0} x(t)\,\mathrm{d}t \tag{2-21}$$

它是信号的常值分量。

周期信号全波整流后的均值就是信号的绝对均值 $\mu_{|x|}$，即

$$\mu_{|x|} = \frac{1}{T_0}\int_0^{T_0} |x(t)|\,\mathrm{d}t \tag{2-22}$$

有效值是信号的方均根值 x_{rms}，即

$$x_{\mathrm{rms}} = \sqrt{\frac{1}{T_0}\int_0^{T_0} x^2(t)\,\mathrm{d}t} \tag{2-23}$$

有效值的二次方——均方值就是信号的平均功率 P_{av}，即

$$P_{\mathrm{av}} = \frac{1}{T_0}\int_0^{T_0} x^2(t)\,\mathrm{d}t \tag{2-24}$$

它反映信号的功率大小。

表 2-2 列举了几种典型周期信号上述各值之间的数量关系。从表中可见，信号的均值、绝对均值、有效值和峰值之间的关系与波形有关。

信号的峰值 x_p、绝对均值 $\mu_{|x|}$ 和有效值 x_{rms} 可用三值电压表来测量，也可用普通的电工仪表来测量。峰值 x_p 可根据波形折算或用能记忆瞬峰示值的仪表测量，也可以用示波器来测量。均值可用直流电压表测量。因为信号是周期交变的，如果交流频率较高，交流成分只影响表针的微小晃动，不影响均值读数。当频率低时，表针将产生摆动，影响读数。这时可用一个电容器与电压表并接，将交流分量旁路，但应注意这个电容器对被测电路的影响。

表 2-2　　　　　　　　　　　　　　　几种典型信号的强度

名　称	波　形　图	傅里叶级数展开式	x_p	μ_x	$\mu_{|x|}$	x_{rms}
正弦波		$x(t) = A\sin\omega_0 t$ $T_0 = \dfrac{2\pi}{\omega_0}$	A	0	$\dfrac{2A}{\pi}$	$\dfrac{A}{\sqrt{2}}$
方波		$x(t) = \dfrac{4A}{\pi}\left(\sin\omega_0 t + \dfrac{1}{3}\sin 3\omega_0 t + \dfrac{1}{5}\sin 5\omega_0 t + \cdots\right)$	A	0	A	A
三角波		$x(t) = \dfrac{8A}{\pi^2}\left(\sin\omega_0 t - \dfrac{1}{9}\sin 3\omega_0 t + \dfrac{1}{25}\sin 5\omega_0 t - \cdots\right)$	A	0	$\dfrac{A}{2}$	$\dfrac{A}{\sqrt{3}}$
锯齿波		$x(t) = \dfrac{A}{2} - \dfrac{A}{\pi}\left(\sin\omega_0 t + \dfrac{\sin 2\omega_0 t}{2} + \dfrac{\sin 3\omega_0 t}{3} + \cdots\right)$	A	$\dfrac{A}{2}$	$\dfrac{A}{2}$	$\dfrac{A}{\sqrt{3}}$

（续）

名　称	波　形　图	傅里叶级数展开式	x_p	μ_x	$\mu_{|x|}$	x_{rms}
正弦整流	$x(t)$ 波形, A, O, $T_0/2$, T_0, t	$x(t)=\dfrac{2A}{\pi}\left(1-\dfrac{2}{3}\cos2\omega_0 t-\right.$ $\dfrac{2}{15}\cos4\omega_0 t-$ $\left.\dfrac{2}{35}\cos6\omega_0 t-\cdots\right)$	A	$\dfrac{2A}{\pi}$	$\dfrac{2A}{\pi}$	$\dfrac{A}{\sqrt{2}}$

　　值得指出，虽然一般的交流电压表均按有效值刻度，但其输出量（例如指针的偏转角）并不一定和信号的有效值成比例，而是随着电压表的检波电路的不同，其输出量可能与信号的有效值成正比例，也可能与信号的峰值或绝对均值成比例。不同检波电路的电压表上的有效值刻度，都是依照单一简谐信号来刻度的。这就保证了用各种电压表在测量单一简谐信号时都能正确测得信号的有效值，获得一致的读数。然而，由于刻度过程实际上相当于把检波电路输出和简谐信号有效值的关系"固化"在电压表中。这种关系不适用于非单一简谐信号，因为随着波形的不同，各类检波电路输出和信号有效值的关系已经改变了，从而造成电压表在测量复杂信号有效值时的系统误差。这时应根据检波电路和波形来修正有效值读数。

2.3　瞬变非周期信号与连续频谱

　　非周期信号包括准周期信号和瞬变非周期信号两种，其频谱各有特点。
　　如前所述，周期信号可展开成许多乃至无限项简谐信号之和，其频谱具有离散性且各简谐分量的频率具有一个公约数——基频。但几个简谐信号的叠加，不一定是周期信号。也就是说，具有离散频谱的信号不一定是周期信号。只有其各简谐成分的频率比是有理数，因而它们能在某个时间间隔后周而复始，合成后的信号才是周期信号。若各简谐成分的频率比不是有理数，例如 $x(t)=\sin\omega_0 t+\sin\sqrt{2}\,\omega_0 t$，各简谐成分在合成后不可能经过某一时间间隔后重演，其合成信号就不是周期信号。但这种信号有离散频谱，故称为准周期信号。多个独立振源激励起某对象的振动往往是这类信号。
　　通常所说的非周期信号是指瞬变非周期信号。常见的这种信号如图 2-11 所示。图 2-11a 为矩形脉冲信号，图 2-11b 为指数衰减信号，图 2-11c 为衰减振荡，图 2-11d 为单一脉冲。下面讨论这种非周期信号的频谱。

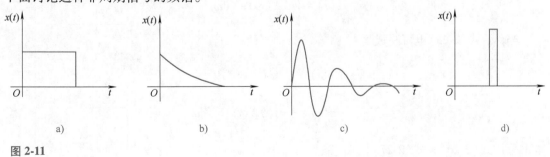

　　　　a)　　　　　　　　　　b)　　　　　　　　　　c)　　　　　　　　　　d)

图 2-11

非周期信号

2.3.1 傅里叶变换

周期为 T_0 的信号 $x(t)$ 其频谱是离散的。当 $x(t)$ 的周期 T_0 趋于无穷大时，则该信号就成为非周期信号了。周期信号频谱谱线的频率间隔 $\Delta\omega = \omega_0 = \dfrac{2\pi}{T_0}$，当周期 T_0 趋于无穷大时，其频率间隔 $\Delta\omega$ 趋于无穷小，谱线无限靠近，变量 ω 连续取值以致离散谱线的顶点最后演变成一条连续曲线。所以非周期信号的频谱是连续的，可以将非周期信号理解为无限多个、频率无限接近的频率成分所组成。

设有一个周期信号 $x(t)$，在 $\left(-\dfrac{T_0}{2}, \dfrac{T_0}{2}\right)$ 区间以傅里叶级数表示为

$$x(t) = \sum_{n=-\infty}^{+\infty} c_n \mathrm{e}^{\mathrm{j}n\omega_0 t}$$

式中

$$c_n = \frac{1}{T_0}\int_{-\frac{T_0}{2}}^{\frac{T_0}{2}} x(t)\mathrm{e}^{-\mathrm{j}n\omega_0 t}\mathrm{d}t$$

将 c_n 代入上式则得

$$x(t) = \sum_{n=-\infty}^{+\infty}\left[\frac{1}{T_0}\int_{-\frac{T_0}{2}}^{\frac{T_0}{2}} x(t)\mathrm{e}^{-\mathrm{j}n\omega_0 t}\mathrm{d}t\right]\mathrm{e}^{\mathrm{j}n\omega_0 t}$$

当 T_0 趋于 ∞ 时，频率间隔 $\Delta\omega$ 成为 $\mathrm{d}\omega$，离散频谱中相邻的谱线紧靠在一起，$n\omega_0$ 就变成连续变量 ω，求和符号 $\sum$ 就变为积分符号 $\int$ 了，于是

$$x(t) = \int_{-\infty}^{\infty}\frac{\mathrm{d}\omega}{2\pi}\left[\int_{-\infty}^{\infty} x(t)\mathrm{e}^{-\mathrm{j}\omega t}\mathrm{d}t\right]\mathrm{e}^{\mathrm{j}\omega t}$$

$$= \int_{-\infty}^{\infty}\left[\frac{1}{2\pi}\int_{-\infty}^{\infty} x(t)\mathrm{e}^{-\mathrm{j}\omega t}\mathrm{d}t\right]\mathrm{e}^{\mathrm{j}\omega t}\mathrm{d}\omega \tag{2-25}$$

这就是傅里叶积分。

式(2-25)中中括号里的积分，由于时间 t 是积分变量，故积分之后仅是 ω 的函数，记作 $X(\omega)$。这样

$$X(\omega) = \frac{1}{2\pi}\int_{-\infty}^{\infty} x(t)\mathrm{e}^{-\mathrm{j}\omega t}\mathrm{d}t \tag{2-26}$$

$$x(t) = \int_{-\infty}^{\infty} X(\omega)\mathrm{e}^{\mathrm{j}\omega t}\mathrm{d}\omega \tag{2-27}$$

当然，式(2-25)也可写成

$$X(\omega) = \int_{-\infty}^{\infty} x(t)\mathrm{e}^{-\mathrm{j}\omega t}\mathrm{d}t$$

其中

$$x(t) = \frac{1}{2\pi}\int_{-\infty}^{\infty} X(\omega)\mathrm{e}^{\mathrm{j}\omega t}\mathrm{d}\omega$$

本书采用式(2-26)和式(2-27)。

在数学上，称式(2-26)所表达的 $X(\omega)$ 为 $x(t)$ 的傅里叶变换；称式(2-27)所表达的 $x(t)$

为 $X(\omega)$ 的傅里叶逆变换，两者互称为傅里叶变换对[⊖]，可记为

$$x(t)\underset{\text{IFT}}{\overset{\text{FT}}{\rightleftharpoons}}X(\omega)$$

把 $\omega=2\pi f$ 代入式（2-25）中，则式（2-26）和式（2-27）变为

$$X(f)=\int_{-\infty}^{\infty}x(t)\,\mathrm{e}^{-\mathrm{j}2\pi ft}\mathrm{d}t \tag{2-28}$$

$$x(t)=\int_{-\infty}^{\infty}X(f)\,\mathrm{e}^{\mathrm{j}2\pi ft}\mathrm{d}f \tag{2-29}$$

这样就避免了在傅里叶变换中出现 $\dfrac{1}{2\pi}$ 的常数因子，使公式形式简化，其关系是

$$X(f)=2\pi X(\omega) \tag{2-30}$$

一般 $X(f)$ 是实变量 f 的复函数，可以写成

$$X(f)=|X(f)|\,\mathrm{e}^{\mathrm{j}\varphi(f)} \tag{2-31}$$

式中　$|X(f)|$——信号 $x(t)$ 的连续幅值谱；
　　　　$\varphi(f)$——信号 $x(t)$ 的连续相位谱。

必须着重指出，尽管非周期信号的幅值谱 $|X(f)|$ 和周期信号的幅值谱 $|c_n|$ 很相似，但两者是有差别的，表现在 $|c_n|$ 的量纲与信号幅值的量纲一样，而 $|X(f)|$ 的量纲则与信号幅值的量纲不一样，$|X(f)|$ 是单位频宽上的幅值，所以更确切地说，$X(f)$ 是频谱密度函数。本书为方便起见，在不会引起紊乱的情况下，仍称 $X(f)$ 为频谱。

✍ **例 2-3**

求矩形窗函数 $w\ (t)$ 的频谱。
函数 $w\ (t)$ （见图 2-12）

$$w\ (t)\ =\begin{cases}1 & |t|<\dfrac{T}{2}\\[2mm]0 & |t|>\dfrac{T}{2}\end{cases} \tag{2-32}$$

常称为矩形窗函数，其频谱为　$W(f)=\displaystyle\int_{-\infty}^{\infty}w(t)\,\mathrm{e}^{-\mathrm{j}2\pi ft}\mathrm{d}t$

$$=\int_{-\frac{T}{2}}^{\frac{T}{2}}\mathrm{e}^{-\mathrm{j}2\pi ft}\mathrm{d}t$$

$$=\frac{-1}{\mathrm{j}2\pi f}(\mathrm{e}^{-\mathrm{j}\pi fT}-\mathrm{e}^{\mathrm{j}\pi fT})$$

⊖　这里从周期函数的周期 $T\rightarrow\infty$，离散频谱变成连续频谱的推演而得傅里叶变换对，这种推演是不严格的。傅里叶变换存在的条件除要满足与傅里叶级数相同的狄里赫利条件外，还要满足函数在无限区间上绝对可积的条件，即积分 $\displaystyle\int_{-\infty}^{\infty}|x(t)|\,\mathrm{d}t$ 收敛。严格的推演请查阅相关数学专著。

引用式（2-12）稍做改写，有

$$\sin \pi f T = -\frac{1}{2\mathrm{j}}(\,\mathrm{e}^{-\mathrm{j}\pi f T} - \mathrm{e}^{\mathrm{j}\pi f T}\,)$$

代入上式得
$$W(f) = T\frac{\sin \pi f T}{\pi f T} = T\mathrm{sinc}\,(\,\pi f T\,) \tag{2-33}$$

式中　T——窗宽。

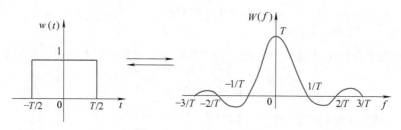

图 2-12

矩形窗函数及其频谱

上式中我们定义 $\mathrm{sinc}\,(\,\theta\,) = \dfrac{\sin \theta}{\theta}$，该函数在信号分析中很有用。$\mathrm{sinc}\,(\,\theta\,)$ 的图像如图 2-13 所示。$\mathrm{sinc}\,(\,\theta\,)$ 的函数值有专门的数学表可查得，它以 2π 为周期并随 θ 的增加而做衰减振荡。$\mathrm{sinc}\,(\,\theta\,)$ 函数是偶函数，在 $n\pi$（$n = \pm 1,\ \pm 2,\ \cdots$）处其值为零。

$W\,(f)$ 函数只有实部，没有虚部。其幅值频谱为

$$|\,W(f)\,| = T\,|\,\mathrm{sinc}(\,\pi f T\,)\,| \tag{2-34}$$

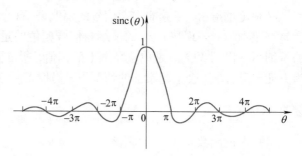

图 2-13

$\mathrm{sinc}\,\theta$ 的图形

其相位频谱值视 $\mathrm{sinc}\,(\,\pi f T\,)$ 的符号而定。当 $\mathrm{sinc}\,(\,\pi f T\,)$ 为正值时相角为零，当 $\mathrm{sinc}\,(\,\pi f T\,)$ 为负值时相角为 π。

矩形窗函数的频谱图如图 2-12 所示。

2.3.2　傅里叶变换的主要性质

一个信号的时域描述和频域描述依靠傅里叶变换来确立彼此一一对应的关系。熟悉傅里叶变换的主要性质，有助于了解信号在某个域中的变化和运算将在另一域中产生何种相应的变化和运算关系，最终有助于对复杂工程问题的分析和简化计算工作。

傅里叶变换的主要性质列于表 2-3。表中各项性质均从定义出发推导而得。这里仅就几项主要性质作必要的推导和解释。

表 2-3 　　　　　　　　　　　　　　　　傅里叶变换的主要性质

性　质	时　域	频　域	性　质	时　域	频　域
函数的奇偶虚实性	实偶函数	实偶函数	频移	$x(t)e^{\mp j2\pi f_0 t}$	$X(f\pm f_0)$
	实奇函数	虚奇函数	翻转	$x(-t)$	$X(-f)$
	虚偶函数	虚偶函数	共轭	$x^*(t)$	$X^*(-f)$
	虚奇函数	实奇函数	时域卷积	$x_1(t)*x_2(t)$	$X_1(f)X_2(f)$
线性叠加	$ax(t)+by(t)$	$aX(f)+bY(f)$	频域卷积	$x_1(t)x_2(t)$	$X_1(f)*X_2(f)$
对称	$X(t)$	$x(-f)$	时域微分	$\dfrac{d^n x(t)}{dt^n}$	$(j2\pi f)^n X(f)$
尺度改变	$x(kt)$	$\dfrac{1}{k}X\left(\dfrac{f}{k}\right)$	频域微分	$(-j2\pi t)^n x(t)$	$\dfrac{d^n X(f)}{df^n}$
时移	$x(t-t_0)$	$X(f)e^{-j2\pi f t_0}$	积分	$\displaystyle\int_{-\infty}^{t} x(t)\,dt$	$\dfrac{1}{j2\pi f}X(f)$

1. 奇偶虚实性

一般 $X(f)$ 是实变量 f 的复变函数。它可以写成

$$X(f) = \int_{-\infty}^{\infty} x(t)e^{-j2\pi ft}dt = \mathrm{Re}X(f) - j\mathrm{Im}X(f) \tag{2-35}$$

式中

$$\mathrm{Re}X(f) = \int_{-\infty}^{\infty} x(t)\cos 2\pi ft\,dt \tag{2-36}$$

$$\mathrm{Im}X(f) = \int_{-\infty}^{\infty} x(t)\sin 2\pi ft\,dt \tag{2-37}$$

余弦函数是偶函数，正弦函数是奇函数。由式 (2-35) 可知，如果 $x(t)$ 是实函数，则 $X(f)$ 一般为具有实部和虚部的复函数，且实部为偶函数，即 $\mathrm{Re}X(f) = \mathrm{Re}X(-f)$；虚部为奇函数，即 $\mathrm{Im}X(f) = -\mathrm{Im}X(-f)$。

如果 $x(t)$ 为实偶函数，则 $\mathrm{Im}X(f) = 0$，$X(f)$ 将是实偶函数，即 $X(f) = \mathrm{Re}X(f) = X(-f)$。

如果 $x(t)$ 为实奇函数，则 $\mathrm{Re}X(f) = 0$，$X(f)$ 将是虚奇函数，即 $X(f) = -j\mathrm{Im}X(f) = -X(-f)$。

如果 $x(t)$ 为虚函数，则上述结论的虚实位置也相互交换。

了解这个性质有助于估计傅里叶变换对的相应图形性质，减少不必要的变换计算。

2. 对称性

若

$$x(t) \Longrightarrow X(f)$$

则

$$X(t) \Longrightarrow x(-f) \tag{2-38}$$

证明　$x(t) = \displaystyle\int_{-\infty}^{\infty} X(f)e^{j2\pi ft}df$

以 $-t$ 替换 t 得 　　$x(-t) = \displaystyle\int_{-\infty}^{\infty} X(f)e^{-j2\pi ft}df$

将 t 与 f 互换，即得 $X(t)$ 的傅里叶变换为

$$x(-f) = \int_{-\infty}^{\infty} X(t)e^{-j2\pi ft}dt$$

所以 $\qquad\qquad\qquad\qquad X(t)\Longleftrightarrow x(-f)$

应用这个性质,利用已知的傅里叶变换对即可得出相应的变换对。图2-14是对称性应用举例。

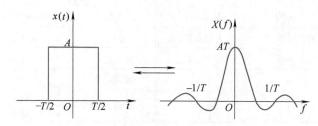

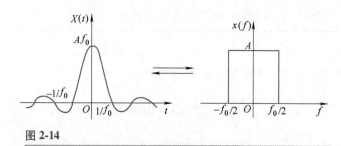

图 2-14

对称性举例

3. 时间尺度改变特性

若 $\qquad\qquad\qquad\qquad x(t)\Longleftrightarrow X(f)$

则 $\qquad\qquad\qquad\qquad x(kt)\Longleftrightarrow \dfrac{1}{k}X\left(\dfrac{f}{k}\right)\quad(k>0)$ $\qquad$ (2-39)

证明 $\qquad \displaystyle\int_{-\infty}^{\infty}x(kt)\,\mathrm{e}^{-\mathrm{j}2\pi ft}\mathrm{d}t=\dfrac{1}{k}\int_{-\infty}^{\infty}x(kt)\,\mathrm{e}^{-\mathrm{j}2\pi\frac{f}{k}(kt)}\,\mathrm{d}(kt)=\dfrac{1}{k}X\left(\dfrac{f}{k}\right)$

当时间尺度压缩($k>1$)时(见图2-15c),频谱的频带加宽、幅值降低;当时间尺度扩展($k<1$)时(见图2-15a),其频谱变窄、幅值增高。

例如,把记录磁带慢录快放,即使时间尺度压缩,这样虽可以提高处理信号的效率,但是所得到的信号(放演信号)频带就会加宽。倘若后续处理设备(放大器、滤波器等)的通频带不够宽,就会导致失真。反之,快录慢放,则放演信号的带宽变窄,对后续处理设备的通频带要求可以降低,但信号处理效率也随之降低。

4. 时移和频移特性

若 $\qquad\qquad\qquad\qquad x(t)\Longleftrightarrow X(f)$

当在时域中信号沿时间轴平移一常值 t_0 时,则

$\qquad\qquad\qquad\qquad x(t\pm t_0)\Longleftrightarrow X(f)\mathrm{e}^{\pm\mathrm{j}2\pi ft_0}$ $\qquad$ (2-40)

当在频域中信号沿频率轴平移一常值 f_0 时,则

$$x(t)\mathrm{e}^{\pm\mathrm{j}2\pi f_0 t}\Longleftrightarrow X(f\mp f_0) \tag{2-41}$$

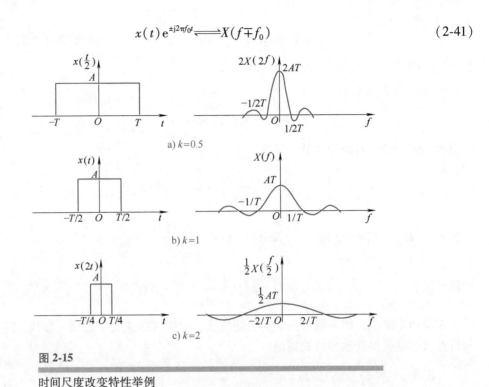

图 2-15

时间尺度改变特性举例

将式(2-28)和式(2-29)中的 t 换成 $t-t_0$，便可获得式(2-40)和式(2-41)，证明从略。

式(2-40)表示：将信号在时域中平移，则其幅频谱不变，而相频谱中相角的改变量 $\Delta\varphi$ 和频率成正比：$\Delta\varphi=-2\pi f t_0$。表 2-1 的方波相频谱就是例证。其中 $t_0=T_0/4$，基频 $f_0=1/T_0$，其相移为 $-\pi/2$；而三次谐波的频率 $3f_0$，其相移为 $-3\pi/2$。

根据欧拉公式——式(2-10)可知，式(2-41)等号左侧是时域信号 $x(t)$ 与频率为 f_0 的正、余弦信号之和的乘积。

5. 卷积特性

两个函数 $x_1(t)$ 与 $x_2(t)$ 的卷积定义为 $\int_{-\infty}^{\infty}x_1(\tau)x_2(t-\tau)\mathrm{d}\tau$，记作 $x_1(t)*x_2(t)$。在很多情况下，卷积积分用直接积分的方法来计算是有困难的，但它可以利用变换的方法来解决，从而使信号分析工作大为简化。因此，卷积特性在信号分析中占有重要的地位。若

$$x_1(t)\Longleftrightarrow X_1(f)$$
$$x_2(t)\Longleftrightarrow X_2(f)$$

则

$$x_1(t)*x_2(t)\Longleftrightarrow X_1(f)X_2(f) \tag{2-42}$$

$$x_1(t)x_2(t)\Longleftrightarrow X_1(f)*X_2(f) \tag{2-43}$$

现以时域卷积为例，证明如下

$$\int_{-\infty}^{\infty}\left[\int_{-\infty}^{\infty}x_1(\tau)x_2(t-\tau)\mathrm{d}\tau\right]\mathrm{e}^{-\mathrm{j}2\pi f t}\mathrm{d}t$$

$$=\int_{-\infty}^{\infty}x_1(\tau)\left[\int_{-\infty}^{\infty}x_2(t-\tau)\mathrm{e}^{-\mathrm{j}2\pi f t}\mathrm{d}t\right]\mathrm{d}\tau \qquad (\text{交换积分顺序})$$

$$=\int_{-\infty}^{\infty} x_1(\tau) X_2(f) e^{-j2\pi f t\tau} d\tau \qquad （根据时移特性）$$

$$=X_1(f) X_2(f)$$

6. 微分和积分特性

若 $\qquad\qquad\qquad\qquad\qquad x(t) \Longleftrightarrow X(f)$

则直接将式(2-29)对时间微分，可得

$$\frac{d^n x(t)}{dt^n} \Longleftrightarrow (j2\pi f)^n X(f) \tag{2-44}$$

又将式(2-28)对 f 微分，得 $\qquad (-j2\pi t)^n x(t) \Longleftrightarrow \frac{d^n X(f)}{df^n} \tag{2-45}$

同样可证 $\qquad\qquad\qquad \int_{-\infty}^{t} x(t) dt \Longleftrightarrow \frac{1}{j2\pi f} X(f) \tag{2-46}$

在振动测试中，如果测得振动系统的位移、速度或加速度中之任一参数，应用微分、积分特性就可以获得其他参数的频谱。

2.3.3　几种典型信号的频谱

1. 矩形窗函数的频谱

矩形窗函数的频谱已在例 2-3 中讨论了。由此可见，一个在时域有限区间内有值的信号，其频谱却延伸至无限频率。若在时域中截取信号的一段记录长度，则相当于原信号和矩形窗函数的乘积，因而所得频谱将是原信号频域函数和 $\mathrm{sinc}\theta$ 函数的卷积，它将是连续的、频率无限延伸的频谱。从其频谱图（见图 2-12）中可以看到，在 $f = 0 \sim \pm 1/T$ 之间的谱峰，幅值最大，称为主瓣。两侧其他各谱峰的峰值较低，称为旁瓣。主瓣宽度为 $2/T$，与时域窗宽度 T 成反比。可见时域窗宽 T 越大，即截取信号时长越大，主瓣宽度越小。

2. δ 函数及其频谱

（1）δ 函数的定义　在 ε 时间内激发一个矩形脉冲 $S_\varepsilon(t)$（或三角形脉冲、双边指数脉冲、钟形脉冲等），其面积为 1（见图 2-16）。当 $\varepsilon \to 0$ 时，$S_\varepsilon(t)$ 的极限就称为 δ 函数，记作 $\delta(t)$。δ 函数也称为单位脉冲函数。$\delta(t)$ 的特点有：

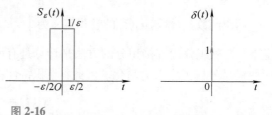

图 2-16

矩形脉冲与 δ 函数

从函数值极限角度来看

$$\delta(t) = \begin{cases} \infty & t = 0 \\ 0 & t \neq 0 \end{cases} \tag{2-47}$$

从面积（通常也称其为 δ 函数的强度）的角度来看

$$\int_{-\infty}^{\infty} \delta(t) dt = \lim_{\varepsilon \to 0} \int_{-\infty}^{\infty} S_\varepsilon(t) dt = 1 \tag{2-48}$$

（2）δ 函数的采样性质　如果 δ 函数与某一连续函数 $f(t)$ 相乘，显然其乘积仅在 $t=0$ 处为 $f(0)\delta(t)$，其余各点（$t\neq0$）之乘积均为零。其中 $f(0)\delta(t)$ 是一个强度为 $f(0)$ 的 δ 函数；也就是说，从函数值来看，该乘积趋于无限大，从面积（强度）来看，则为 $f(0)$。如果 δ 函数与某一连续函数 $f(t)$ 相乘，并在（∞，-∞）区间中积分，则有

$$\int_{-\infty}^{\infty}\delta(t)f(t)\,\mathrm{d}t = \int_{-\infty}^{\infty}\delta(t)f(0)\,\mathrm{d}t$$

$$=f(0)\int_{-\infty}^{\infty}\delta(t)\,\mathrm{d}t = f(0) \qquad (2\text{-}49)$$

同理，对于有延时 t_0 的 δ 函数 $\delta(t-t_0)$，它与连续函数 $f(t)$ 的乘积只有在 $t=t_0$ 时刻不等于零，而等于强度为 $f(t_0)$ 的 δ 函数；在（∞，-∞）区间内，该乘积的积分为

$$\int_{-\infty}^{\infty}\delta(t-t_0)f(t)\,\mathrm{d}t = \int_{-\infty}^{\infty}\delta(t-t_0)f(t_0)\,\mathrm{d}t = f(t_0) \qquad (2\text{-}50)$$

式（2-49）和式（2-50）表示 δ 函数的采样性质。此性质表明任何函数 $f(t)$ 和 $\delta(t-t_0)$ 的乘积是一个强度为 $f(t_0)$ 的 δ 函数 $\delta(t-t_0)$，而该乘积在无限区间的积分则是 $f(t)$ 在 $t=t_0$ 时刻的函数值 $f(t_0)$。这个性质对连续信号的离散采样是十分重要的，在第 6 章中得到广泛应用。

（3）δ 函数与其他函数的卷积　任何函数和 δ 函数 $\delta(t)$ 卷积是一种最简单的卷积积分。例如，一个矩形函数 $x(t)$ 与 δ 函数 $\delta(t)$ 的卷积为（见图 2-17a）

$$x(t) * \delta(t) = \int_{-\infty}^{\infty}x(\tau)\delta(t-\tau)\,\mathrm{d}\tau$$

$$=\int_{-\infty}^{\infty}x(\tau)\delta(\tau-t)\,\mathrm{d}\tau = x(t) \qquad (2\text{-}51)$$

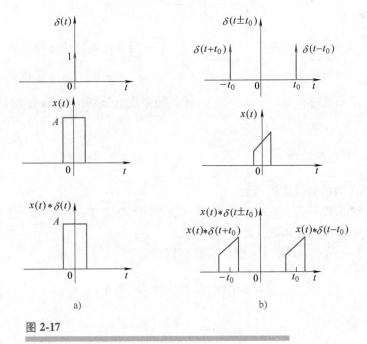

图 2-17

δ 函数与其他函数的卷积示例

同理，当 δ 函数为 $\delta(t\pm t_0)$ 时（见图 2-17b），有

$$x(t) * \delta(t \pm t_0) = \int_{-\infty}^{\infty} x(\tau)\delta(t \pm t_0 - \tau)\mathrm{d}\tau$$
$$= x(t \pm t_0) \qquad\qquad (2\text{-}52)$$

可见函数 $x(t)$ 和 δ 函数的卷积结果，就是在发生 δ 函数的坐标位置上（以此作为坐标原点）简单地将 $x(t)$ 重新构图。

（4）$\delta(t)$ 的频谱   将 $\delta(t)$ 进行傅里叶变换，有

$$\Delta(f) = \int_{-\infty}^{\infty} \delta(t)\mathrm{e}^{-\mathrm{j}2\pi ft}\mathrm{d}t = \mathrm{e}^0 = 1 \qquad\qquad (2\text{-}53)$$

其逆变换为 $\delta(t) = \int_{-\infty}^{\infty} 1\mathrm{e}^{\mathrm{j}2\pi ft}\mathrm{d}f \qquad (2\text{-}54)$

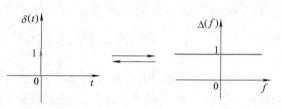

故知时域的 δ 函数具有无限宽广的频谱，而且在所有的频段上都是等强度的（见图 2-18），这种频谱常称为"均匀谱"。

根据傅里叶变换的对称性质和时移、频移性质，可以得到下列傅里叶变换对：

图 2-18

δ 函数及其频谱

时　域		频　域	
$\delta(t)$	$\Longleftrightarrow$	1	
（单位瞬时脉冲）		（均匀频谱密度函数）	
1	$\Longleftrightarrow$	$\delta(f)$	
（幅值为 1 的直流量）		（在 $f=0$ 处有脉冲谱线）	(2-55)
$\delta(t-t_0)$	$\Longleftrightarrow$	$\mathrm{e}^{-\mathrm{j}2\pi ft_0}$	
（δ 函数时移 t_0）		（各频率成分分别相移 $2\pi ft_0$ 角）	
$\mathrm{e}^{\mathrm{j}2\pi f_0 t}$	$\Longleftrightarrow$	$\delta(f-f_0)$	
（复指数函数）		（将 $\delta(f)$ 频移到 f_0）	

3. 正、余弦函数的频谱密度函数

由于正、余弦函数不满足绝对可积条件，因此不能直接应用式（2-28）进行傅里叶变换，而需在傅里叶变换时引入 δ 函数。

根据式（2-11）、式（2-12），正、余弦函数可以写成

$$\sin 2\pi f_0 t = \mathrm{j}\frac{1}{2}(\mathrm{e}^{-\mathrm{j}2\pi f_0 t} - \mathrm{e}^{\mathrm{j}2\pi f_0 t})$$

$$\cos 2\pi f_0 t = \frac{1}{2}(\mathrm{e}^{-\mathrm{j}2\pi f_0 t} + \mathrm{e}^{\mathrm{j}2\pi f_0 t})$$

应用式（2-55），可认为正、余弦函数是把频域中的两个 δ 函数向不同方向频移后之差或

和的傅里叶逆变换。因而可求得正、余弦函数的傅里叶变换为（见图 2-19）

$$\sin 2\pi f_0 t \Longleftrightarrow \mathrm{j}\frac{1}{2}\big[\delta(f+f_0)-\delta(f-f_0)\big] \tag{2-56}$$

$$\cos 2\pi f_0 t \Longleftrightarrow \frac{1}{2}\big[\delta(f+f_0)+\delta(f-f_0)\big] \tag{2-57}$$

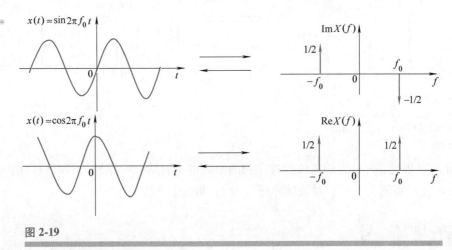

图 2-19

正、余弦函数及其频谱

4. 周期单位脉冲序列的频谱

等间隔的周期单位脉冲序列称为梳状函数，用 $s(t,T_s)$ 表示。

$$s(t,T_s)=\sum_{n=-\infty}^{\infty}\delta(t-nT_s) \tag{2-58}$$

式中　　T_s——周期；

　　　　n——整数，$n=0,\ \pm1,\ \pm2,\ \cdots$。

因为此函数是周期函数，所以可以把它表示为傅里叶级数的复指数函数形式，即

$$s(t,T_s)=\sum_{k=-\infty}^{\infty}c_k \mathrm{e}^{\mathrm{j}2\pi n f_s t} \tag{2-59}$$

式中　　$f_s=1/T_s$；

　　系数 c_k 为　　　　　　$c_k=\dfrac{1}{T_s}\displaystyle\int_{-\frac{T_s}{2}}^{\frac{T_s}{2}}s(t,T_s)\mathrm{e}^{-\mathrm{j}2\pi k f_s t}\mathrm{d}t$

因为在 $(-T_s/2,\ T_s/2)$ 区间内，式（2-58）只有一个 δ 函数 $\delta(t)$，而当 $t=0$ 时，$\mathrm{e}^{-\mathrm{j}2\pi f_s t}=\mathrm{e}^0=1$，所以

$$c_k=\frac{1}{T_s}\int_{-\frac{T_s}{2}}^{\frac{T_s}{2}}\delta(t)\mathrm{e}^{-\mathrm{j}2\pi k f_s t}\mathrm{d}t=\frac{1}{T_s}$$

这样，式（2-59）可写成　　　　$s(t,T_s)=\dfrac{1}{T_s}\displaystyle\sum_{k=-\infty}^{\infty}\mathrm{e}^{\mathrm{j}2\pi k f_s t}$

根据式(2-55)可得　　　　　　　　　$e^{j2\pi kf_st} \Longleftrightarrow \delta(f-kf_s)$

可得 $s(t,T_s)$ 的频谱(见图 2-20)$s(f,f_s)$,也是梳状函数,即

$$s(f,f_s) = \frac{1}{T_s}\sum_{k=-\infty}^{\infty}\delta(f-kf_s) = \frac{1}{T_s}\sum_{k=-\infty}^{\infty}\delta\left(f-\frac{k}{T_s}\right) \tag{2-60}$$

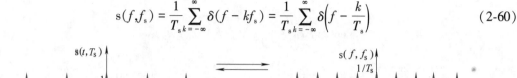

图 2-20

周期单位脉冲序列及其频谱

由图 2-20 可见,时域周期单位脉冲序列的频谱也是周期脉冲序列。若时域周期为 T_s,则频域脉冲序列的周期为 $1/T_s$;时域脉冲强度为 1,频域中强度为 $1/T_s$。

2.4　随　机　信　号

2.4.1　概述

　　随机信号是不能用确定的数学关系式来描述的,不能预测其未来任何瞬时值,任何一次观测值只代表在其变动范围中可能产生的结果之一,但其值的变动服从统计规律。描述随机信号必须用概率和统计的方法。对随机信号按时间历程所做的各次长时间观测记录称为样本函数,记作 $x_i(t)$(见图 2-21)。样本函数在有限时间区间上的部分称为样本记录。在同一试验条件下,全部样本函数的集合(总体)就是随机过程,记作 $\{x(t)\}$,即

$$\{x(t)\} = \{x_1(t),\ x_2(t),\ \cdots,\ x_i(t),\ \cdots\} \tag{2-61}$$

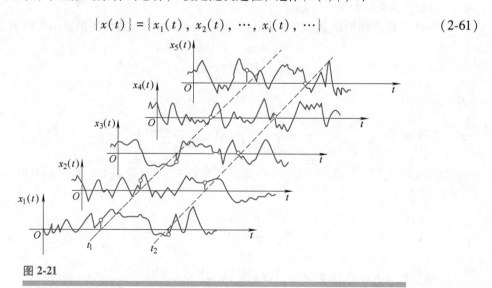

图 2-21

随机过程与样本函数

随机过程的各种平均值（均值、方差、均方值和方均根值等）是按集合平均来计算的。集合平均的计算不是沿某单个样本的时间轴进行，而是将集合中所有样本函数对同一时刻 t_i 的观测值取平均。为了与集合平均相区别，把按单个样本的时间历程进行平均的计算叫作时间平均。

随机过程有平稳过程和非平稳过程之分。所谓平稳随机过程是指其统计特征参数不随时间而变化的随机过程，否则为非平稳随机过程。在平稳随机过程中，若任一单个样本函数的时间平均统计特征等于该过程的集合平均统计特征，这样的平稳随机过程叫各态历经（遍历性）随机过程。工程上所遇到的很多随机信号具有各态历经性，有的虽不是严格的各态历经过程，但也可以当作各态历经随机过程来处理。事实上，一般的随机过程需要足够多的样本函数（理论上应为无限多个）才能描述它，而要进行大量的观测来获取足够多的样本函数是非常困难或做不到的。实际的测试工作常把随机信号按各态历经过程来处理，进而以有限长度样本记录的观察分析来推断、估计被测对象的整个随机过程。也就是说，在测试工作中常以一个或几个有限长度的样本记录来推断整个随机过程，以其时间平均来估计集合平均。在本书中，我们仅限于讨论各态历经随机过程的范围。

随机信号广泛存在于工程技术的各个领域。确定性信号一般是在一定条件下出现的特殊情况，或者是忽略了次要的随机因素后抽象出来的模型。测试信号总是受到环境噪声污染的，故研究随机信号具有普遍、现实的意义。

2.4.2　随机信号的主要特征参数

描述各态历经随机信号的主要特征参数有：

1）均值、方差和均方值。

2）概率密度函数。

3）自相关函数。

4）功率谱密度函数。

1. 均值 μ_x、方差 σ_x^2 和均方值 ψ_x^2

各态历经信号的均值 μ_x 为

$$\mu_x = \lim_{T \to \infty} \frac{1}{T} \int_0^T x(t) \, \mathrm{d}t \tag{2-62}$$

式中　$x(t)$——样本函数；

　　　　T——观测时间。

均值表示信号的常值分量。

方差 σ_x^2 描述随机信号的波动分量，它是 $x(t)$ 偏离均值 μ_x 的二次方的均值，即

$$\sigma_x^2 = \lim_{T \to \infty} \frac{1}{T} \int_0^T \left[x(t) - \mu_x \right]^2 \mathrm{d}t \tag{2-63}$$

方差的正二次方根叫作标准偏差 σ_x，是随机数据分析的重要参数。

均方值 ψ_x^2 描述随机信号的强度，它是 $x(t)$ 二次方的均值，即

$$\psi_x^2 = \lim_{T \to \infty} \frac{1}{T} \int_0^T x^2(t) \, \mathrm{d}t \tag{2-64}$$

均方值的正二次方根称为方均根值 x_{rms}。均值、方差和均方值的相互关系是

$$\sigma_x^2 = \psi_x^2 - \mu_x^2 \qquad (2\text{-}65)$$

当均值 $\mu_x = 0$ 时，则 $\sigma_x^2 = \psi_x^2$。

对于集合平均，则 t_1 时刻的均值和均方值为

$$\mu_{x,t_1} = \lim_{M \to \infty} \frac{1}{M} \sum_{i=1}^{M} x_i(t_1) \qquad (2\text{-}66)$$

$$\psi_{x,t_1} = \lim_{M \to \infty} \frac{1}{M} \sum_{i=1}^{M} x_i^2(t_1) \qquad (2\text{-}67)$$

式中　M——样本记录总数；

　　　i——样本记录序号；

　　　t_1——观察时刻。

2. 概率密度函数

随机信号的概率密度函数是表示信号幅值落在指定区间内的概率。对图 2-22 所示的信号，$x(t)$ 值落在 $(x, x+\Delta x)$ 区间内的时间为

$$T_x = \Delta t_1 + \Delta t_2 + \cdots + \Delta t_n = \sum_{i=1}^{n} \Delta t_i \qquad (2\text{-}68)$$

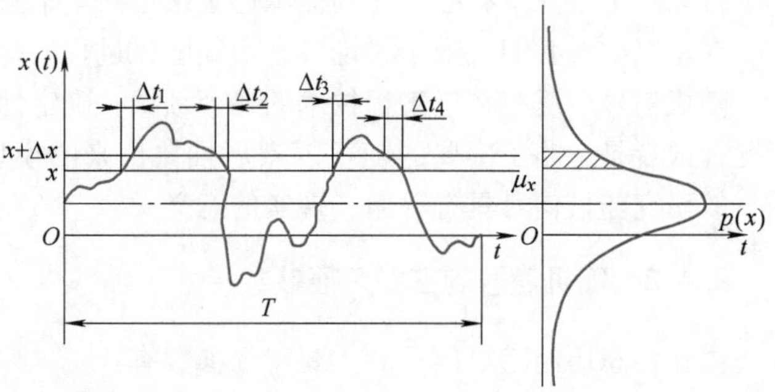

图 2-22

概率密度函数的计算

当样本函数的记录时间 T 趋于无穷大时，$\dfrac{T_x}{T}$ 的比值就是幅值落在 $(x, x+\Delta x)$ 区间的概率，即

$$P_r\left[x < x(t) \leqslant x + \Delta x\right] = \lim_{T \to \infty} \frac{T_x}{T} \qquad (2\text{-}69)$$

定义幅值概率密度函数 $p(x)$ 为

$$p(x) = \lim_{\Delta x \to 0} \frac{P_r\left[x < x(t) \leqslant x + \Delta x\right]}{\Delta x} \qquad (2\text{-}70)$$

概率密度函数提供了随机信号幅值分布的信息，是随机信号的主要特征参数之一。不同的随机信号有不同的概率密度函数图形，可以借此来识别信号的性质。图 2-23 是常见的四种随机信号（假设这些信号的均值为零）的概率密度函数图形。

当不知道所处理的随机数据服从何种分布时，可以用统计概率分布图和直方图法来估计概率密度函数。这些方法可参阅有关的数理统计专著。

另外两个描述随机信号的主要特征参数——自相关函数和功率谱密度函数将在第五章中讲述。

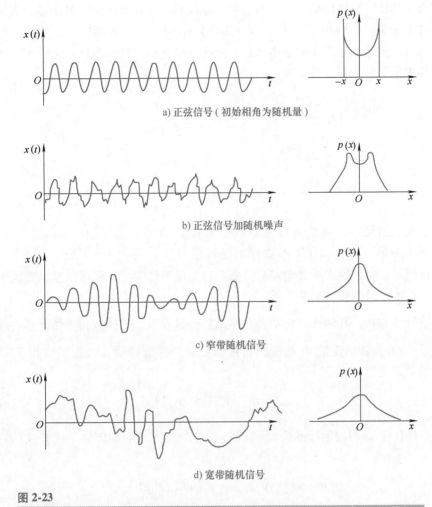

a) 正弦信号（初始相角为随机量）

b) 正弦信号加随机噪声

c) 窄带随机信号

d) 宽带随机信号

图 2-23

常见的四种随机信号的概率密度函数图形

2.4.3　样本参数、参数估计和统计采样误差

从式（2-62）~ 式（2-64）中可看到，用时间平均法计算随机信号特征参数，需要进行 $T \to \infty$ 的极限运算，它意味着要使用样本函数（观测时间无限长的样本记录）。这是一个无法克服的困难。实际上只能从其中截取有限时间的样本记录来计算出相应的特征参数（称为样本参数），并用它们来作为随机信号特征参数的估计值。显然这使得样本参数随所采用的样本记录而异，因而它们本身也是随机变量。若把参数 Φ 的估计值记为 $\hat{\Phi}$，则随机信号的均值 μ_x、均方值 ψ_x^2 的估计值 $\hat{\mu}_x$、$\hat{\psi}_x^2$ 计算式为

$$\left. \begin{aligned} \hat{\mu}_x &= \frac{1}{T} \int_0^T x(t)\,\mathrm{d}t \\ \hat{\psi}_x^2 &= \frac{1}{T} \int_0^T x^2(t)\,\mathrm{d}t \end{aligned} \right\}$$

(2-71)

用集合平均法计算随机信号特征参数时，也同样存在这种困难。其困难表现在要求使用无限多个样本记录，即如式（2-66）、式（2-67）中 $M \to \infty$ 的极限运算。实际上也只能使用有限数目的样本记录来计算相应样本参数，并作为随机信号特征参数的估计值。例如，t_1 样本均值、均方值的估计值计算式为

$$\left.\begin{array}{l} \hat{u}_{x,t_1} = \dfrac{1}{M} \displaystyle\sum_{i=1}^{M} x_i(t_1) \\[2mm] \hat{\psi}_{x,t_1}^2 = \dfrac{1}{M} \displaystyle\sum_{i=1}^{M} x_i^2(t_1) \end{array}\right\} \qquad (2\text{-}72)$$

式中　　M、i——所采用的样本记录总数目和样本记录序号。

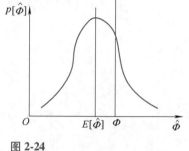

图 2-24

估计值的统计采样误差

总之，随机信号特征参数分析无非就是由有限样本记录获取样本参数，而后以样本参数作为随机信号特征参数的估计值。显然，这样做必定带来误差。这类误差称为统计采样误差，其大小和样本记录的长度、样本记录的数目有关。

设被估计参数 Φ，其估计值为 $\hat{\Phi}$。在多次估计过程中，估计值和被估计参数的关系如图 2-24 所示。$p(\hat{\Phi})$ 为随机变量 $\hat{\Phi}$ 的概率密度函数。采样统计误差可用均方误差 $D[\hat{\Phi}]$ 来描述。均方误差定义为

$$D[\hat{\Phi}] = E[(\hat{\Phi} - \Phi)^2] \qquad (2\text{-}73)$$

它是每一个估计值 $\hat{\Phi}$ 与被估计参数 Φ（真值）之差的二次方的期望值。展开式（2-73），最终可得

$$\begin{aligned} D[\hat{\Phi}] &= E[(\hat{\Phi} - E[\hat{\Phi}])^2] + E[(E[\hat{\Phi}] - \Phi)^2] \\ &= \sigma^2[\hat{\Phi}] + b^2[\hat{\Phi}] \end{aligned} \qquad (2\text{-}74)$$

式中
$$\left.\begin{array}{l} \sigma^2[\hat{\Phi}] = E[(\hat{\Phi} - E[\hat{\Phi}])^2] \\[1mm] b^2[\hat{\Phi}] = E[(E[\hat{\Phi}] - \Phi)^2] \end{array}\right\} \qquad (2\text{-}75)$$

显然，$\sigma^2[\hat{\Phi}]$ 是估计值偏离其期望值的二次方的期望值，通常称为随机变量 $\hat{\Phi}$ 的方差，它描述统计采样误差中的随机部分，其大小表达概率分布曲线（见图 2-24）的宽窄。$b^2[\Phi]$ 为估计值的期望对被估计参数 Φ 的偏离量的二次方的期望值。它描述误差中的系统部分，一般与估计方法有关。其正二次方根称为估计偏差或偏差。

分析表明[⊖]，用式（2-71）和式（2-72）来估计随机信号的均值和方均值时，其偏度误差为零；其随机误差（方差）则与样本记录数目 M、样本记录长度 T 的二次方根成反比，即随机误差要减小一半，M 或 T 就必须增加为原来的 4 倍。对于时间平均估计来说，随机误差还与信号的频带宽度的二次方根成反比，信号频带越宽，越容易获得误差小的估计。

⊖　参阅文献：JS 贝达特，等. 相关分析和谱分析的工程应用[M]. 凌福根译. 北京：国防工业出版社，1983.

思考题与习题

2-1　求周期方波(见图 2-4)的傅里叶级数(复指数函数形式)，画出 $|c_n|-\omega$ 和 $\varphi_n-\omega$ 图，并与表 2-1 对比。

2-2　求正弦信号 $x(t)=x_0\sin\omega t$ 的绝对均值 $|\mu_x|$ 和方均根值 x_{rms}。

2-3　求指数函数 $x(t)=Ae^{-at}(a>0,\ t\geqslant 0)$ 的频谱。

2-4　求符号函数(见图 2-25a)和单位阶跃函数(见图 2-25b)的频谱。

2-5　求被截断的余弦函数 $\cos\omega_0 t$(见图 2-26)的傅里叶变换

$$x(t)=\begin{cases}\cos\omega_0 t & |t|<T \\ 0 & |t|\geqslant T\end{cases}$$

2-6　求指数衰减振荡信号 $x(t)=e^{-at}\sin\omega_0 t$ 的频谱。

2-7　设有一时间函数 $f(t)$ 及其频谱如图 2-27 所示，现乘以余弦型振荡 $\cos\omega_0 t(\omega_0>\omega_m)$。在这个关系中，函数 $f(t)$ 叫作调制信号，余弦型振荡 $\cos\omega_0 t$ 叫作载波。试求调幅信号 $f(t)\cos\omega_0 t$ 的傅里叶变换，示意画出调幅信号及其频谱。若 $\omega_0<\omega_m$，将会出现什么情况？

2-8　求正弦信号 $x(t)=x_0\sin(\omega t+\varphi)$ 的均值 μ_x、均方值 ψ_x^2 和概率密度函数 $p(x)$。

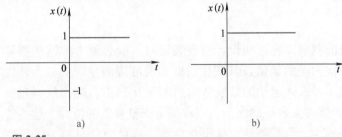

图 2-25

题 2-4 图

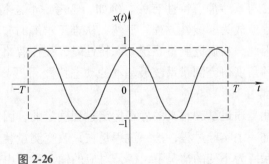

图 2-26

题 2-5 图

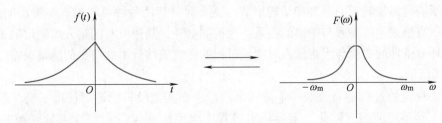

图 2-27

题 2-7 图

第3章
测试装置的基本特性

3.1 概　述

为实现某种量的测量而选择或设计测量装置时，就必须考虑这些测量装置能否准确获取被测量的量值及其变化，即实现准确测量。例如，外骨骼机器人的设计离不开人体运动的精准数据的测量（扫描右侧二维码观看相关视频）。而是否能够实现准确测量，则取决于测量装置的特性。这些特性包括静态与动态特性、负载特性、抗干扰性等。这种划分只是为了研究上的方便，事实上测量装置的特性是统一的，各种特性之间是相互关联的。

科普之窗
中国创造：外骨骼机器人

系统动态特性的性质往往与某些静态特性有关。例如，若考虑静态特性中的非线性、迟滞、游隙等，则动态特性方程就成为非线性方程。显然，从难于求解的非线性方程很难得到系统动态特性的清晰描述。因此，在研究测量系统动态特性时，往往忽略上述非线性或参数的时变特性，只从线性系统的角度研究测量系统最基本的动态特性。

1. 测量装置的静态特性

测量装置的静态特性是通过某种意义的静态标定过程确定的，因此对静态标定必须有一个明确定义。静态标定是一个实验过程，这一过程是在只改变测量装置的一个输入量，而其他所有的可能输入严格保持为不变的情况下，测量对应的输出量，由此得到测量装置输入与输出间的关系。通常以测量装置所要测量的量为输入，得到的输入与输出间的关系作为静态特性。为了研究测量装置的原理和结构细节，还要确定其他各种可能输入与输出间的关系，从而得到所有感兴趣的输入与输出的关系。除被测量外，其他所有的输入与输出的关系可以用来估计环境条件的变化与干扰输入对测量过程的影响或估计由此产生的测量误差。这个过程如图 3-1 所示。

在静态标定的过程中只改变一个被标定的量，而其他量只能近似保持不变，严格保持不变实际上是不可能的。因此，实际标定过程中除用精密仪器测量输入量（被测量）和被标定测量装置的输出量外，还要用精密仪器测量若干环境变量或干扰变量的输入和输出，如图 3-2 所示。一个设计、制造良好的测量装置对环境变化与干扰的响应（输出）应该很小。

　　测量装置的静态测量误差与多种因素有关，包括测量装置本身和人为的因素。本章只讨论测量装置本身的测量误差。

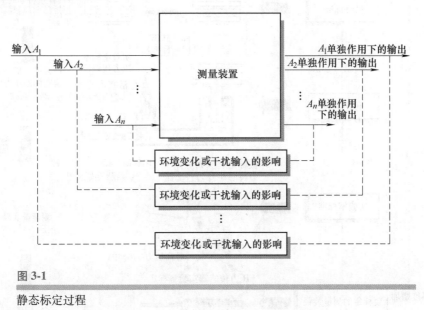

图 3-1

静态标定过程

　　有一些测量装置对静态或低于一定频率的输入没有响应，例如压电加速度计。这类测量装置也需要考虑诸如灵敏度等类似于静态特性的参数，此时则是以特定频率的正弦信号为输入，研究其灵敏度。这种特性称为稳态特性，本书将其归入静态特性中加以讨论。

2. 标准和标准传递

　　如果要得到有意义的标定结果，输入和输出变量的测量必须是精确的。用来定量这些变量的仪器（或传感器）和技术统称为标准。一个变量的测量精度是指测量接近变量真值的程度。这种接近程度是根

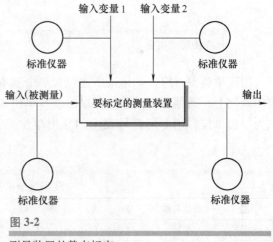

图 3-2

测量装置的静态标定

据测量误差加以量化，即测量值与真值之差。于是存在着如何建立变量真值的问题。将一个变量的真值定义为用精度最高的最终标准得到的测量值。实际上可能无法使用最终标准来测量该变量，但是可以使用中间的传递标准，这就引入逐级溯源的概念，即如图 3-3 所示的标准传递和实例。测量所使用的传感器用实验室标准标定，实验室标准用传递标准标定，传递标准用最终标准标定。这里的实例为压力传感器标准传递和标定，建立传递标准时，还需用最终标准确定砝码加压活塞的直径，同时要确定当地的海拔，以确定当地重力加速度 g，而传递标准砝码则是要定期由中国计量科学研究院标定。

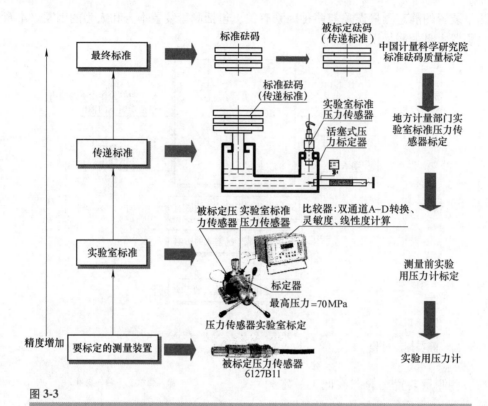

图 3-3

标准传递和实例

国际单位制（SI）如绪论所述包含 7 个基本单位和 2 个辅助单位。在基本单位和辅助单位的基础上，其他所有的单位可以由基本单位和辅助单位及其幂的相乘、相除的形式构成，称为导出单位。用专门符号表示的导出单位见表 3-1。没有专门符号表示的导出单位见表 3-2。

表 3-1   **SI 导出单位及其符号**

量	单位名称	公 式	符 号	量	单位名称	公 式	符 号
力	牛顿	$kg \cdot m \cdot s^{-2}, J \cdot m^{-1}$	N	电势	伏特	$J \cdot C, W \cdot A^{-1}$	V
能量	焦耳	$N \cdot m, W \cdot s$	J	电荷	库仑	$A \cdot s$	C
功率	瓦特	$J \cdot s^{-1}$	W	磁通量	韦伯	$V \cdot s$	Wb
压力, 应力	帕斯卡	$N \cdot m^{-2}$	Pa	磁通密度	特斯拉	$Wb \cdot m^{-2}$	T
电阻	欧姆	$V \cdot A^{-1}$	Ω	光通量	流明	$cd \cdot sr$	lm
电导	西门子	$A \cdot V^{-1}$	S	照明度	勒克斯	$lm \cdot m^{-2}$	lx
电容	法拉第	$C \cdot V^{-1}, A \cdot s \cdot V^{-1}$	F	放射性(辐射)	贝克	s^{-1}	Bq
电感	亨利	$Wb \cdot A^{-1}, V \cdot s \cdot A^{-1}$	H	吸收剂量	灰度	$J \cdot lg^{-1}$	Gy
频率	赫兹	s^{-1}	Hz				

表 3-2　　　　　　　　　　　没有专门符号的导出单位

量	公　式	量	公　式
加速度	m/s^2	热通量	W/m^2
角加速度	rad/s^2	力矩	$N \cdot m$
角速度	rad/s	速度	m/s
面积	m^2	(绝对)黏度	$Pa \cdot s$
密度(质量)	kg/m^3	体积	m^3
密度(能量)	J/m^3		

3. 测量装置的动态特性

测量装置的动态特性是当被测量即输入量随时间快速变化时，测量输入与响应输出之间动态关系的数学描述。如前所述，在研究测量装置动态特性时，往往认为系统参数是不变的，并忽略诸如迟滞、死区等非线性因素，即用常系数线性微分方程描述测量装置输入与输出间的关系。测量装置的动态特性也可用微分方程的线性变换描述，采用初始条件为零的拉普拉斯（Laplace）变换可得传递函数，采用初始条件为零时傅里叶（Fourier）变换可得频响函数。此外，测量装置的动态特性也可用单位脉冲输入的响应来表示。

测量装置的微分方程为

$$a_n \frac{d^n y}{dt^n} + a_{n-1} \frac{d^{n-1}y}{dt^{n-1}} + \cdots + a_1 \frac{dy}{dt} + a_0 y = b_m \frac{d^m x}{dt^m} + b_{m-1} \frac{d^{m-1}x}{dt^{m-1}} + \cdots + b_1 \frac{dx}{dt} + b_0 x \tag{3-1}$$

传递函数为

$$H(s) = \frac{Y(s)}{X(s)} = \frac{b_m s^m + b_{m-1} s^{m-1} + \cdots + b_1 s + b_0}{a_n s^n + a_{n-1} s^{n-1} + \cdots + a_1 s + a_0} \tag{3-2}$$

频响函数为

$$H(j\omega) = \frac{Y(j\omega)}{X(j\omega)} = \frac{b_m (j\omega)^m + b_{m-1}(j\omega)^{m-1} + \cdots + b_1(j\omega) + b_0}{a_n (j\omega)^n + a_{n-1}(j\omega)^{n-1} + \cdots + a_1(j\omega) + a_0} \tag{3-3}$$

测量装置对脉冲输入的响应为

$$x(t) = \delta(t) \tag{3-4}$$

$$y(t) = h(t) \tag{3-5}$$

$h(t)$ 称为测量装置的单位脉冲响应或称为权函数，对于一般动态系统，有

$$y(t) = h(t) = L^{-1}[H(s)] \tag{3-6}$$

即测量装置的单位脉冲响应等于其传递函数的拉普拉斯逆变换。

式中　　　　　　　$x(t)$——测量装置的输入量，其单位为被测量的单位；

　　　　　　　　　$y(t)$——测量装置的输出量，其单位为测量装置输出量的单位；

$a_n, a_{n-1}, \cdots, a_1, a_0$

和 $b_m, b_{m-1}, \cdots, b_1, b_0$——常系数；

t——时间(s)；

s——拉普拉斯算子；

j——$\sqrt{-1}$，虚数单位；

ω——圆频率(rad/s)；

$\delta(t)$——单位脉冲函数；

$h(t)$——测量装置的单位脉冲响应或权函数，若认为单位脉冲函数 $\delta(t)$ 为无量纲量，则 $h(t)$ 即为测量装置输出量的量纲。

测量装置的动态特性可由物理原理的理论分析和参数的试验估计得到，也可由系统的试验方法得到。前者适用于简单的测量装置，后者则是普遍适用的方法，本章将详细讨论这些方法。

在测量装置动态特性建模中，常常使用静态标定得到的灵敏度等常数。然而，在某些情况下动态灵敏度不同于静态灵敏度，在要求高的动态特性精度时，则需要深入考虑这些问题。

确定测量装置动态特性的目的是了解其所能实现的不失真测量的频率范围。反之，在确定了动态测量任务之后，则要选择满足这种测量要求的测量装置，必要时还要用试验方法准确确定此装置的动态特性，从而得到可靠的测量结果和估计测量误差。

4. 测量装置的负载特性

测量装置或测量系统是由传感器、测量电路、前置放大、信号调理、直到数据存储或显示等环节组成。若是数字系统，则信号要通过 A−D 转换环节传输到数字环节或计算机，实现结果显示、存储或 D-A 转换等。当传感器安装到被测物体上或进入被测介质，要从物体与介质中吸收能量或产生干扰，使被测物理量偏离原有的量值，从而不可能实现理想的测量，这种现象称为负载效应。这种效应不仅发生在传感器与被测物体之间，而且存在于测量装置的上述各环节之间。对于电路间的级联来说，负载效应的程度取决于前级的输出阻抗和后级的输入阻抗。将其推广到机械或其他非电系统，就是本章要讨论的广义负载效应和广义阻抗的概念。测量装置的负载特性是其固有特性，在进行测量或组成测量系统时，要考虑这种特性并将其影响降到最小。

5. 测量装置的抗干扰性

测量装置在测量过程中要受到各种干扰，包括电源干扰、环境干扰（电磁场、声、光、温度、振动等干扰）和信道干扰。这些干扰的影响取决于测量装置的抗干扰性能，并且与所采取的抗干扰措施有关。本章讨论这些干扰与测量装置的耦合机理与叠加到被测信号上形成的污染，同时讨论有效的抗干扰技术（如合理接地等）。

对于多通道测量装置，理想的情况应该是各通道完全独立的或完全隔离的，即通道间不发生耦合与相互影响。实际上通道间存在一定程度的相互影响，即存在通道间的干扰。因此，多通道测量装置应该考虑通道间的隔离性能。

3.2 测量装置的静态特性

测量装置的静态特性是在静态测量情况下描述实际测量装置与理想时不变线性系统的接

近程度。以下讨论一些主要的静态特性。

1. 线性度

线性度是指测量装置输入、输出之间的关系与理想比例关系（即理想直线关系）的偏离程度。实际上由静态标定所得到的输入、输出数据点并不在一条直线上，如图 3-4a、b 所示。这些点与理想直线偏差的最大值 Δ_{max} 称为线性误差，也可以用百分数表示线性误差，如式（3-7）。这里的"理想直线"通常有两种确定方法：一种是最小与最大数据值的连线，即端点连线，如图 3-4a 所示；另一种是数据点的最小二乘直线拟合得到的直线，如图 3-4b 所示。通常较常使用后者。

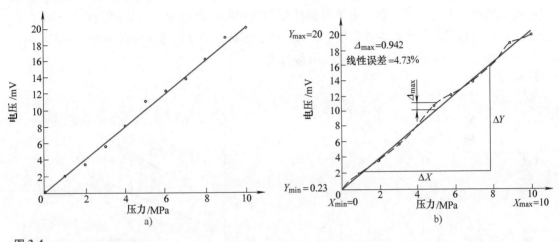

图 3-4

测量装置的线性误差

$$线性度 = \frac{\Delta_{max}}{Y_{max} - Y_{min}} \times 100\% \tag{3-7}$$

图 3-4 中和式（3-7）中

Y_{min} 和 Y_{max}——输出的最小值和最大值；

X_{min} 和 X_{max}——输入的最小值和最大值；

　Δ_{max}——最大的线性误差。

2. 灵敏度

灵敏度定义为单位输入变化所引起的输出的变化，通常使用理想直线的斜率作为测量装置的灵敏度值，如图 3-4b 所示，即

$$灵敏度 = \frac{\Delta Y}{\Delta X} \tag{3-8}$$

灵敏度是有量纲的，其量纲为输出量的量纲与输入量的量纲之比。

3. 回程误差

回程误差也称为迟滞误差，是描述测量装置同输入变化方向有关的输出特性。如图 3-5 中曲线所示，理想测量装置的输入、输出有完全单调的一一对应直线关系，不管输入是由小增大，还是由大减小，对于一个给定的输入，输出总是相同的。但是实际测量装置在同样的

测试条件下，当输入量由小增大和由大减小时，对于同一个输入量所得到的两个输出量却往往存在差值。在整个测量范围内，最大的差值 h 称为回程误差或迟滞误差。

磁性材料的磁化曲线和金属材料的受力—变形曲线常常可以看到这种回程误差。当测量装置存在死区时也可能出现这种现象。

4. 分辨力

引起测量装置的输出值产生一个可察觉变化的最小输入量（被测量）变化值称为分辨力。

5. 零点漂移和灵敏度漂移

零点漂移是测量装置的输出零点偏离原始零点的距离，如图3-6所示，它可以是随时间缓慢变化的量。灵敏度漂移则是由于材料性质的变化所引起的输入与输出关系（斜率）的变化。在一般情况下，后者的数值很小，可以略去不计，于是只考虑零点漂移。如需长时间测量，则需给出24h或更长时间的零点漂移曲线。

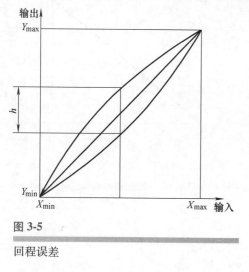

图 3-5

回程误差

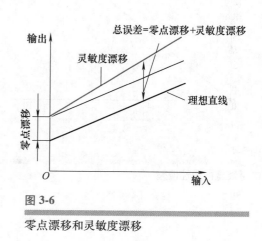

图 3-6

零点漂移和灵敏度漂移

3.3　测量装置的动态特性

3.3.1　动态特性的数学描述

把测量装置视为定常线性系统，可用常系数线性微分方程式（3-1）来描述该系统输出 $y(t)$ 和输入 $x(t)$ 之间的关系。如果通过拉普拉斯变换建立与其相应的"传递函数"，通过傅里叶变换建立与其相应的"频率特性函数"，就可更简便、更有效地描述装置的特性和输出 $y(t)$ 和输入 $x(t)$ 之间的关系。

1. 传递函数

设 $X(s)$ 和 $Y(s)$ 分别为输入 $x(t)$、输出 $y(t)$ 的拉普拉斯变换。对式（3-1）取拉普拉斯变换，整理后得

$$Y(s) = H(s)X(s) + G_h(s)$$

$$H(s) = \frac{b_m s^m + b_{m-1} s^{m-1} + \cdots + b_1 s + b_0}{a_n s^n + a_{n-1} s^{n-1} + \cdots + a_1 s + a_0} \tag{3-9}$$

式中　s——复变量，$s = a + j\omega$；

　$G_\text{h}(s)$——与输入和系统初始条件有关的关系式；

　$H(s)$——系统的传递函数，与系统初始条件及输入无关，只反映系统本身的特性。

若初始条件全为零，则因 $G_\text{h}(s) = 0$，便有

$$H(s) = \frac{Y(s)}{X(s)} \tag{3-10}$$

显然，简单地将传递函数说成输出、输入两者拉普拉斯变换之比是不妥当的。因为式 (3-10) 只有在系统初始条件均为零时才成立。今后若未加说明而引用式 (3-10) 时，便是假设系统初始条件为零，希望读者特别注意。

传递函数有以下几个特点：

1) $H(s)$ 与输入 $x(t)$ 及系统的初始状态无关，它只表达系统的传输特性。对具体系统而言，它的 $H(s)$ 不会因输入 $x(t)$ 变化而不同，却对任一具体输入 $x(t)$ 都能确定地给出相应的、不同的输出。

2) $H(s)$ 是对物理系统的微分方程，即是对式 (3-1) 取拉普拉斯变换而求得的，它只反映系统传输特性而不拘泥于系统的物理结构。同一形式的传递函数可以表征具有相同传输特性的不同物理系统。例如液柱温度计和 RC 低通滤波器同是一阶系统，具有形式相似的传递函数，而其中一个是热学系统，另一个却是电学系统，两者的物理性质完全不同。

3) 对于实际的物理系统，输入 $x(t)$ 和输出 $y(t)$ 都具有各自的量纲。用传递函数描述系统传输、转换特性理应真实地反映量纲的这种变换关系。这关系正是通过系数 a_n、a_{n-1}、$\cdots$、a_1、a_0 和 b_m、b_{m-1}、$\cdots$、b_1、b_0 来反映的。这些系数的量纲将因具体物理系统和输入、输出的量纲而异。

4) $H(s)$ 中的分母取决于系统的结构。分母中 s 的最高幂次 n 代表系统微分方程的阶数。分子则和系统同外界之间的关系，如输入（激励）点的位置、输入方式、被测量及测点布置情况有关。

一般测量装置总是稳定系统，其分母中 s 的幂次总是高于分子中 s 的幂次，即 $n > m$。

2. 频率响应函数

频率响应函数是在频率域中描述系统的动态特性，而传递函数是在复数域中来描述系统的动态特性，比在时域中用微分方程来描述系统特性有许多优点。许多工程系统的微分方程式及其传递函数极难建立，而且传递函数的物理概念也很难理解。与传递函数相比较，频率响应函数有着物理概念明确、容易通过实验来建立，也极易由它求出传递函数等优点。因此，频率响应函数就成为实验研究系统的重要工具。

（1）幅频特性、相频特性和频率响应函数　根据定常线性系统的频率保持性，系统在简谐信号 $x(t) = X_0 \sin\omega t$ 的激励下，所产生的稳态输出也是简谐信号，$y(t) = Y_0 \sin(\omega t + \varphi)$。这一结论可从微分方程解的理论得出。此时输入和输出虽为同频率的简谐信号，但两者的幅值并不一样。其幅值比 $A = Y_0 / X_0$ 和相位差 φ 都随频率 ω 而变，是 ω 的函数。

定常线性系统在简谐信号的激励下，其稳态输出信号和输入信号的幅值比被定义为该系统的幅频特性，记为 $A(\omega)$；稳态输出对输入的相位差被定义为该系统的相频特性，记为 $\varphi(\omega)$。两者统称为系统的频率特性。因此系统的频率特性是指系统在简谐信号激励下，其稳

态输出对输入的幅值比、相位差随激励频率 ω 变化的特性。

注意到任何一个复数 $z = a + jb$，也可以表达为 $z = |z| e^{j\theta}$。其中，即 $|z| = \sqrt{a^2 + b^2}$；相角 $\theta = \arctan(b/a)$。现用 $A(\omega)$ 为模、$\varphi(\omega)$ 为辐角来构成一个复数 $H(\omega)$，即

$$H(\omega) = A(\omega) e^{j\varphi(\omega)}$$

$H(\omega)$ 表示系统的频率特性。$H(\omega)$ 也称为系统的频率响应函数，它是激励频率 ω 的函数。

（2）频率响应函数的求法

1）在系统的传递函数 $H(s)$ 已知的情况下，可令 $H(s)$ 中 $s = j\omega$，便可求得频率响应函数 $H(\omega)$。例如，设系统的传递函数为式(3-9)，令 $s = j\omega$ 代入，便得该系统的频率响应函数 $H(\omega)$ 为

$$H(\omega) = \frac{b_m(j\omega)^m + b_{m-1}(j\omega)^{m-1} + \cdots + b_1(j\omega) + b_0}{a_n(j\omega)^n + a_{n-1}(j\omega)^{n-1} + \cdots + a_1(j\omega) + a_0} \tag{3-11}$$

频率响应函数有时记为 $H(j\omega)$，以此来强调它来源于 $H(s)|_{s=j\omega}$。若研究在 $t = 0$ 时刻将激励信号接入稳定常系数线性系统时，令 $s = j\omega$，代入拉普拉斯变换中，实际上就是将拉普拉斯变换变成傅里叶变换。同时考虑到系统在初始条件均为零时，有 $H(s)$ 等于 $Y(s)$ 和 $X(s)$ 之比的关系，因而系统的频率响应函数 $H(\omega)$ 就成为输出 $y(t)$ 的傅里叶变换 $Y(\omega)$ 和输入 $x(t)$ 的傅里叶变换 $X(\omega)$ 之比，即

$$H(\omega) = \frac{Y(\omega)}{X(\omega)} \tag{3-12}$$

这一结论有着广泛用途。

2）用频率响应函数来描述系统的最大优点是可以通过实验来求得的频率响应函数的原理，比较简单明了。可依次用不同频率 ω_i 的简谐信号去激励被测系统，同时测出激励和系统的稳态输出的幅值 X_{0i}、Y_{0i} 和相位差 φ_i。这样对于某个 ω_i，便有一组 $\frac{Y_{0i}}{X_{0i}} = A_i$ 和 φ_i，全部的 $A_i - \omega_i$ 和 $\varphi_i - \omega_i$，$i = 1, 2, \cdots$ 便可表达系统的频率响应函数。

3）也可在初始条件全为零的情况下，同时测得输入 $x(t)$ 和输出 $y(t)$，由其傅里叶变换 $X(\omega)$ 和 $Y(\omega)$ 求得频率响应函数 $H(\omega) = Y(\omega)/X(\omega)$。

需要特别指出，频率响应函数是描述系统的简谐输入和相应的稳态输出的关系。因此，在测量系统频率响应函数时，应当在系统响应达到稳态阶段时才进行测量。

尽管频率响应函数是对简谐激励而言的，但如第一章所述，任何信号都可分解成简谐信号的叠加。因而在任何复杂信号输入下，系统频率特性也是适用的。这时，幅频、相频特性分别表征系统对输入信号中各个频率分量幅值的缩放能力和相位角前后移动的能力。

（3）幅、相频率特性及其图像描述 将 $A(\omega) - \omega$ 和 $\varphi(\omega) - \omega$ 分别作图，即得幅频特性曲线和相频特性曲线。

实际作图时，常对自变量 ω 或 $f = \omega/2\pi$ 取对数标尺，幅值比 $A(\omega)$ 的坐标取分贝（dB）数标尺，相角取实数标尺，由此绘制的曲线分别称为对数幅频特性曲线和对数相频特性曲线，总称为伯德图（Bode 图）。

自然也可绘制 $H(\omega)$ 的虚部 $Q(\omega)$、实部 $P(\omega)$ 和频率 ω 的关系曲线，即所谓的虚、实频特性曲线；以及用 $A(\omega)$ 和 $\varphi(\omega)$ 来绘制极坐标图，即奈奎斯特（Nyquist）图，图中的

矢量向径的长度和矢量向经与横坐标轴的夹角分别为 $A(\omega)$ 和 $\varphi(\omega)$。

3. 脉冲响应函数

对于式(3-11)来说,若装置的输入为单位脉冲 $\delta(t)$,现因单位脉冲 $\delta(t)$ 的拉普拉斯变换为 1,即 $X(s) = L[\delta(t)] = 1$, 因此装置的输出 $y(t)_\delta$ 的拉普拉斯变换必将是 $H(s)$, 也即 $y(t)_\delta = L^{-1}[H(s)]$,并可以记为 $h\ (t)$,常称它为装置的脉冲响应函数或权函数。脉冲响应函数可视为系统特性的时域描述。

至此,系统特性的时域、频域和复数域可分别用脉冲响应函数 $h(t)$、频率响应函数 $H(\omega)$ 和传递函数 $H(s)$ 来描述。三者存在着一一对应的关系。$h(t)$ 和传递函数 $H(s)$ 是一对拉普拉斯变换对;$h(t)$ 和频率响应函数 $H(\omega)$ 又是一对傅里叶变换对。

4. 环节的串联和并联

若两个传递函数中各为 $H_1(s)$ 和 $H_2(s)$ 的环节串联(见图 3-7)时,它们之间没有能量交换,则串联后所组成的系统之传递函数 $H(s)$ 在初始条件为零时,有

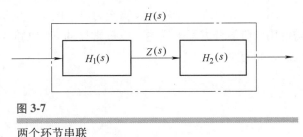

图 3-7

两个环节串联

$$H(s) = \frac{Y(s)}{X(s)} = \frac{Z(s)Y(s)}{X(s)Z(s)} = H_1(s)H_2(s) \tag{3-13}$$

类似地,对几个环节串联组成的系统,有

$$H(s) = \prod_{i=1}^{n} H_i(s) \tag{3-14}$$

若两个环节并联(见图 3-8),则因

$$Y(s) = Y_1(s) + Y_2(s)$$

而有

$$H(s) = \frac{Y(s)}{X(s)} = \frac{Y_1(s) + Y_2(s)}{X(s)}$$

$$= H_1(s) + H_2(s) \tag{3-15}$$

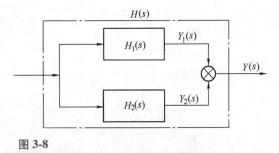

图 3-8

两个环节并联

由 n 个环节并联组成的系统,也有类似的公式,即

$$H(s) = \sum_{i=1}^{n} H_i(s) \tag{3-16}$$

从传递函数和频率响应函数的关系,可得到 n 个环节串联系统频率响应函数为

$$H(\omega) = \prod_{i=1}^{n} H_i(\omega) \tag{3-17}$$

其幅频、相频特性分别为

$$A(\omega) = \prod_{i=1}^{n} A_i(\omega) \tag{3-18a}$$

和

$$\varphi(s) = \sum_{i=1}^{n} \varphi_i(s) \tag{3-18b}$$

而 n 环节并联系统的频率响应函数为 $\qquad H(\omega) = \sum_{i=1}^{n} H_i(\omega)$ (3-19)

理论分析表明，任何分母中 s 高于三次（$n>3$）的高阶系统都可以看成若干一阶环节和二阶环节的并联（也自然可转化为若干一阶环节和二阶环节的串联）。因此分析并了解一、二阶环节的传输特性是分析并了解高阶、复杂系统传输特性的基础。

3.3.2　一阶、二阶系统的特性

1. 一阶系统

一阶系统的输入、输出关系用一阶微分方程来描述。

图 3-9 所示的三种装置分属于力学、电学、热学范畴的装置，但它们均属于一阶系统，均可用一阶微分方程来描述。以最常见的 RC 电路为例，令 $y(t)$ 为输出电压，$x(t)$ 为输入电压，则有

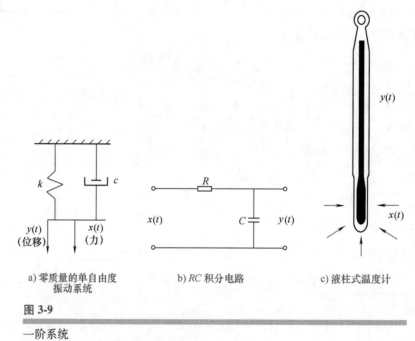

a) 零质量的单自由度　　　　b) RC 积分电路　　　　c) 液柱式温度计
　　振动系统

图 3-9

一阶系统

$$RC \frac{\mathrm{d}y}{\mathrm{d}t} + y(t) = x(t)$$

通常令 $RC = \tau$，并称之为时间常数，其量纲为 T。

实际上，最一般形式的一阶微分方程为

$$a_1 \frac{\mathrm{d}y(t)}{\mathrm{d}t} + a_0 y(t) = b_0 x(t)$$

可改写为 $\qquad\qquad \tau \frac{\mathrm{d}y(t)}{\mathrm{d}t} + y(t) = Sx(t)$

式中　τ——时间常数，$\tau = a_1/a_0$；

S——系统灵敏度，$S=b_0/a_0$。对于具体系统而言，S 是一个常数。为了分析方便，可令 $S=1$，并以这种归一化系统作为研究对象，即

$$\tau\frac{\mathrm{d}y(t)}{\mathrm{d}t}+y(t)=x(t)$$

根据式（3-1）和式（3-9），可得一阶系统的传递函数为

$$H(s)=\frac{1}{\tau s+1} \tag{3-20}$$

一阶系统的频响函数为 $\qquad H(\omega)=\dfrac{1}{\mathrm{j}\tau\omega+1}$

其幅频、相频特性表达式为

$$A(\omega)=\frac{1}{\sqrt{1+(\tau\omega)^2}} \tag{3-21}$$

$$\varphi(\omega)=-\arctan\tau\omega \tag{3-22}$$

其中，负号表示输出信号滞后于输入信号。

一阶系统的伯德图和奈奎斯特图分别示于图 3-10 和图 3-11，而以无量纲系数 $\tau\omega$ 为横坐标所绘制的幅、相频率特性曲线则示于图 3-12。

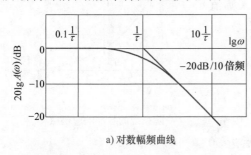
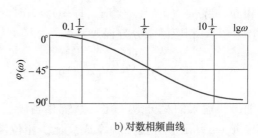

a) 对数幅频曲线　　　　　　　　　　　　　　　b) 对数相频曲线

图 3-10

一阶系统的伯德图

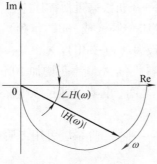

图 3-11

一阶系统的奈奎斯特图

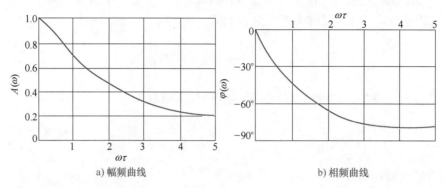

a) 幅频曲线　　　　　　　　　　b) 相频曲线

图 3-12

一阶系统的幅频、相频特性曲线

一阶装置的脉冲响应函数为 $\qquad h(t) = \frac{1}{\tau}e^{-t/\tau}$ $\hspace{2cm}$ (3-23)

其图形如图 3-13 所示。

在一阶系统特性中，有几点应特别注意：

1）当激励频率 $\omega \ll 1/\tau$ 时（约 $\omega < 1/(5\tau)$），其 $A(\omega)$ 值接近于 1（误差不超过 2%），输出、输入幅值几乎相等。当 $\omega > (2\sim3)/\tau$ 时，即 $\tau\omega \gg 1$ 时，$H(\omega) \approx 1/j\tau\omega$，与之相应的微分方程式为

$$y(t) = \frac{1}{\tau}\int_0^t x(t)\,dt$$

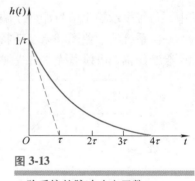

图 3-13

一阶系统的脉冲响应函数

即输出和输入的积分成正比，系统相当于一个积分器。其中 $A(\omega)$ 几乎与激励频率成反比，相位滞后近 90°。故一阶测量装置适用于测量缓变或低频的被测量。

2）时间常数 τ 是反映一阶系统特性的重要参数，实际上决定了该装置适用的频率范围。在 $\omega = 1/\tau$ 处，$A(\omega)$ 为 0.707（-3dB），相角滞后 45°。

3）一阶系统的伯德图可以用一条折线来近似描述。这条折线在 $\omega < 1/\tau$ 段为 $A(\omega) = 1$ 的水平线，在 $\omega > 1/\tau$ 段为-20dB/10 倍频（或-6dB/倍频）斜率的直线。$1/\tau$ 点称转折频率，在该点折线偏离实际曲线的误差最大（为-3dB）。

其中，所谓的"-20dB/10 倍频"是指频率每增加 10 倍，$A(\omega)$ 下降 20dB。如在图 3-10 中，在 $\omega = (1/\tau) \sim (10/\tau)$ 之间，斜直线通过纵坐标相差 20dB 的两点。

2. 二阶系统

图 3-14 中为二阶系统的三种实例。二阶系统可用二阶微分方程式描述。现以动圈式电表为例来讨论其基本特性。

$$J\frac{d^2y(t)}{dt^2} + c\frac{dy(t)}{dt} + Gy(t) = K_i x(t)$$

或
$$\frac{\mathrm{d}^2y(t)}{\mathrm{d}t^2}+2\zeta\omega_\mathrm{n}\frac{\mathrm{d}y(t)}{\mathrm{d}t}+\omega_\mathrm{n}^2y(t)=S\omega_\mathrm{n}^2x(t) \tag{3-24}$$

式中　$x(t)$ ——电流；

　　　$y(t)$ ——角位移；

　　　J ——转动部件的转动惯量；

　　　c ——阻尼系数，由空气、电磁、油液等决定；

　　　G ——游丝的扭转刚度；

　　　K_i ——电磁转矩系数，由有效面积、匝数、磁感应强度等决定；

　　　ζ ——系数的阻尼比，$\zeta = C/(2\sqrt{G/J})$；

　　　ω_n ——系统的固有频率，$\omega_\mathrm{n}=\sqrt{G/J}$；

　　　S ——系统的静态灵敏度，$S=K_\mathrm{i}/G$。

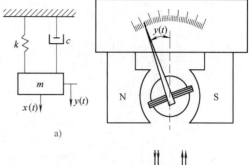
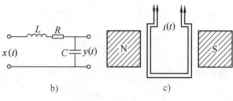

图 3-14

二阶系统实例

对于具体系统而言，S 是一个常数。令 $S=1$，便可得到归一化的二阶微分方程式，它可作为研究二阶系统特性的标准式。

根据式（3-1）和式（3-9），并令 $S=1$，可求得二阶系统传递函数为
$$H(s)=\frac{\omega_\mathrm{n}^2}{s^2+2\zeta\omega_\mathrm{n}s+\omega_\mathrm{n}^2} \tag{3-25}$$

二阶系统频响函数为
$$H(\omega)=\frac{1}{1-\left(\dfrac{\omega}{\omega_\mathrm{n}}\right)^2+2\zeta\mathrm{j}\dfrac{\omega}{\omega_\mathrm{n}}}$$

相应的幅频特性和相频特性分别为
$$A(\omega)=\frac{1}{\sqrt{\left[1-\left(\dfrac{\omega}{\omega_\mathrm{n}}\right)^2\right]^2+4\zeta^2\left(\dfrac{\omega}{\omega_\mathrm{n}}\right)^2}} \tag{3-26}$$

$$\varphi(\omega)=-\arctan\frac{2\zeta\dfrac{\omega}{\omega_\mathrm{n}}}{1-\left(\dfrac{\omega}{\omega_\mathrm{n}}\right)^2} \tag{3-27}$$

相应的幅频、相频特性曲线如图 3-15 所示。图 3-16、图 3-17 为相应的伯德图和奈奎斯特图。

二阶系统的脉冲响应函数为
$$h(t)=\frac{\omega_\mathrm{n}}{\sqrt{1-\zeta^2}}\mathrm{e}^{-\zeta\omega_\mathrm{n}t}\sin\sqrt{1-\zeta^2}\,\omega_\mathrm{n}t \qquad 0<\zeta<1 \tag{3-28}$$

二阶系统有如下的主要特点：

1) 当 $\omega \ll \omega_\mathrm{n}$ 时，$H(\omega)\approx1$；当 $\omega \gg \omega_\mathrm{n}$ 时，$H(\omega)\to0$。

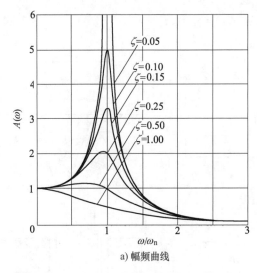

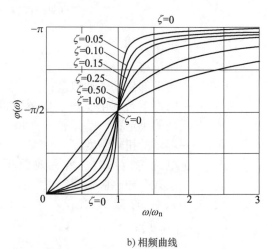

a) 幅频曲线   b) 相频曲线

图 3-15

二阶系统的幅频、相频特性曲线

2）影响二阶系统动态特性的参数是固有频率和阻尼比。然而在通常使用的频率范围中，又以固有频率的影响最为重要。所以二阶系统固有频率 ω_n 的选择就以其工作频率范围为依据。在 $\omega=\omega_n$ 附近，系统幅频特性受阻尼比影响极大。当 $\omega \approx \omega_n$ 时，系统将发生共振，因此，作为实用装置，应该避开这种情况。然而，在测定系统本身的参数时，这种情况却是很重要。当 $\omega=\omega_n$ 时，$A(\omega)=1/2\zeta$，$\varphi(\omega)=-90°$，且不因阻尼比的不同而改变。

3）二阶系统的伯德图可用折线来近似。在 $\omega<0.5\omega_n$ 段，$A(\omega)$ 可用 0dB 水平线近似。在 $\omega>2\omega_n$ 段，可用斜率为 -40dB/10 倍频或 -12dB/倍频的直线来近似。在 $\omega \approx （0.5 \sim 2）\omega_n$ 区间，因共振现象，近似折线偏离实际曲线较大。

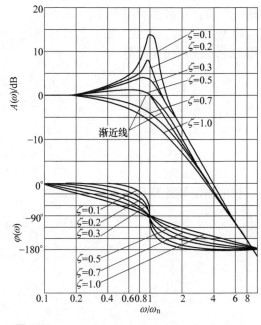

图 3-16

二阶系统的伯德图

4）在 $\omega \ll \omega_n$ 段，$\varphi(\omega)$ 很小，且和频率近似成正比增加。在 $\omega \gg \omega_n$ 段，$\varphi(\omega)$ 趋近于 180°，即输出信号几乎和输入反相。在 ω 靠近 ω_n 区间，$\varphi(\omega)$ 随频率的变化而剧烈变化，而且 ζ 越小，这种变化越剧烈。

5）二阶系统是一个振荡环节，如图 3-18 所示。

从测量工作的角度来看，总是希望测量装置在宽广的频带内由于频率特性不理想所引起的误差尽可能小。为此，要选择恰当的固有频率和阻尼比的组合，以便获得较小的误差。

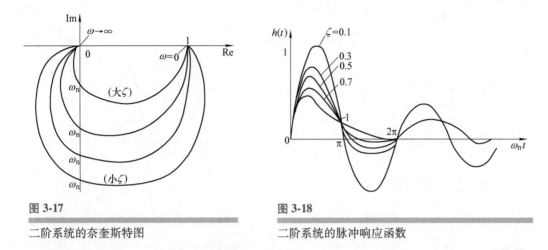

图 3-17

二阶系统的奈奎斯特图

图 3-18

二阶系统的脉冲响应函数

3.4 测量装置对任意输入的响应

3.4.1 系统对任意输入的响应

输出 $y(t)$ 等于输入 $x(t)$ 和系统的脉冲响应函数 $h(t)$ 的卷积，即

$$y(t) = x(t) * h(t) \tag{3-29}$$

它是系统输入-输出关系的最基本表达式，其形式简单，含义明确。但是，卷积计算却是一件麻烦事。利用 $h(t)$ 和 $H(s)$、$H(\omega)$ 的关系，以及拉普拉斯变换、傅里叶变换的卷积定理，可以将卷积运算变换成复数域、频率域的乘法运算，从而大大简化了计算工作。

依据式（3-29）可以证明，定常线性系统在平稳随机信号的作用下，系统的输出也是平稳随机过程。输出随机信号和输入随机信号之间的关系，将在后面章节介绍。

3.4.2 系统对单位阶跃输入的响应

一、二阶系统在单位阶跃输入（见图 3-19）

$$x(t) = \begin{cases} 0 & t < 0 \\ 1 & t > 0 \end{cases}$$

$$X(s) = \frac{1}{s}$$

的作用下，其响应（见图 3-20、图 3-21）分别为

一阶系统　　　$y(t) = 1 - \mathrm{e}^{-t/\tau}$ 　　　　(3-30)

二阶系统　$y(t) = 1 - \dfrac{\mathrm{e}^{-\zeta\omega_{\mathrm{n}}t}}{\sqrt{1-\zeta^2}}\sin(\omega_{\mathrm{d}}t - \varphi)$ 　$\zeta < 1$

(3-31)

图 3-19

单位阶跃输入

其中，$\omega_d = \omega_n \sqrt{1-\zeta^2}$，$\varphi = \arctan \dfrac{\sqrt{1-\zeta^2}}{\zeta}$。

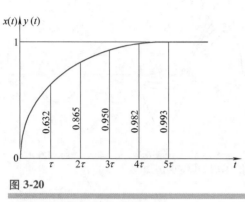

图 3-20

一阶系统的单位阶跃响应

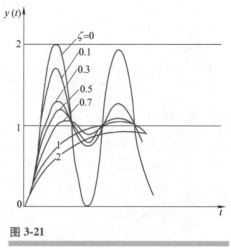

图 3-21

二阶系统的单位阶跃响应（$\zeta<1$）

由于单位阶跃函数可看成单位脉冲函数的积分，故单位阶跃输入作用下的输出就是系统脉冲响应的积分。对系统的突然加载或者突然卸载可视为施加阶跃输入。施加这种输入既简单易行，又能充分揭示测量装置的动态特性，故常被采用。

理论上看，一阶系统在单位阶跃激励下的稳态输出误差为零。系统的初始上升斜率为 $1/\tau$。当 $t=\tau$ 时，$y(t) = 0.632$；$t=4\tau$ 时，$y(t) = 0.982$；$t=5\tau$ 时，$y(t) = 0.993$。理论上系统的响应当 t 趋向于无穷大时达到稳态。毫无疑义，一阶装置的时间常数 τ 越小越好。

二阶系统在单位阶跃激励下的稳态输出误差也为零。但是系统的影响在很大程度上取决于阻尼比 ζ 和固有频率 ω_n。系统固有频率为系统的主要结构参数所决定。ω_n 越高，系统的响应越快。阻尼比 ζ 直接影响超调量和振荡次数。当 $\zeta=0$ 时超调最大，为 100%，且持续不息地振荡着，达不到稳态。当 $\zeta \geq 1$ 时，则系统转化到等同于两个一阶环节的串联。此时虽然不发生振荡（即不发生超调），但也需经超长的时间才能达到稳态。如果阻尼比 ζ 选在 $0.6 \sim 0.8$ 之间，则系统以较短时间 $[(5 \sim 7)/\omega_n]$，进入稳态值相差 $\pm(2\% \sim 5\%)$ 的范围内。这也是很多测量装置的阻尼比取在这区间内的理由之一。

3.5　实现不失真测量的条件

设有一个测量装置，其输出 $y(t)$ 和输入 $x(t)$ 满足

$$y(t) = A_0 x(t-t_0) \tag{3-32}$$

式中　A_0 和 t_0——常数。

式（3-32）表明这个装置输出的波形和输入波形精确地一致，只是幅值（或者说每个瞬时值）放大为 A_0 倍和在时间上延迟了 t_0 而已（见图3-22）。这种情况，被认为测量装置具有不失真测量的特性。

现根据式（3-32）来考察测量装置实现测量不失真的频率特性。对该式进行傅里叶变换，则

$$Y(\omega) = A_0 e^{-j\omega t_0} X(\omega)$$

若考虑当 $t<0$ 时，$x(t)=0$、$y(t)=0$，于是有

$$H(\omega) = A(\omega) e^{j\varphi(\omega)} = \frac{Y(\omega)}{X(\omega)} = A_0 e^{-j t_0 \omega}$$

可见，若要求装置的输出波形不失真，则其幅频和相频特性应分别满足

$$A(\omega) = A_0 = 常数 \qquad (3-33)$$

$$\varphi(\omega) = -t_0\omega \qquad (3-34)$$

$A(\omega)$ 不等于常数时所引起的失真称为幅值失真，$\varphi(\omega)$ 与 ω 之间的非线性关系所引起的失真称为相位失真。

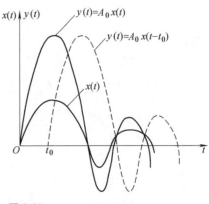

图 3-22

波形不失真复现

应当指出，满足式（3-33）和式（3-34）所示的条件后，装置的输出仍滞后于输入一定的时间。如果测量的目的只是精确地测量出输入波形，那么上述条件完全满足不失真测量的要求。如果测量的结果要用来作为反馈控制信号，那么还应当注意到输出对输入的时间滞后有可能破坏系统的稳定性。这时应根据具体要求，力求减小时间滞后。

实际测量装置不可能在非常宽广的频率范围内部都满足式（3-33）和式（3-34）的要求，所以通常测量装置既会产生幅值失真，也会产生相位失真。图 3-23 表示 4 个不同频率的信号通过一个具有图中 $A(\omega)$ 和 $\varphi(\omega)$ 特性的装置后的输出信号。4 个输入信号都是正弦信号（包括直流信号），在某参考时刻 $t=0$，初始相角均为零。图中形象地显示出输出信号相对输入信号有不同的幅值增益和相角滞后。对于单一频率成分的信号，因为通常线性系统具有频率保持性，只要其幅值未进入非线性区，输出信号的频率也是单一的，也就无所谓失真问题。对于含有多种频率成分的，显然既引起幅值失真，又引起相位失真，特别是频率成分跨越 ω_n 前、后的信号失真尤为严重。

对实际测量装置，即使在某一频率范围内工作，也难以完全理想地实现不失真测量。人们只能努力把波形失真限制在一定的误差范围内。为此，首先要选用合适的测量装置，在测量频率范围内，其幅、相频率特性接近不失真测试条件。其次，对输入信号做必要的前置处理，及时滤去非信号频带内的噪声，尤其要防止某些频率位于测量装置共振区的噪声的进入。

在装置特性的选择时也应分析并权衡幅值失真、相位失真对测试的影响。例如在振动测量中，有时只要求了解振动中的频率成分及其强度，并不关心其确切的波形变化，只要求了解其幅值谱而对相位谱无要求。这时首先要注意的应是测量装置的幅频特性。又如某些测量要求测得特定波形的延迟时间，这对测量装置的相频特性就应有严格的要求，以减小相位失真引起的测试误差。

从实现测量不失真条件和其他工作性能综合来看，对一阶装置而言，如果时间常数 τ 越小，则装置的响应越快，近于满足测试不失真条件的频带也越宽。所以一阶装置的时间常数 τ 原则上越小越好。

对于二阶装置，其特性曲线上有两个频段值得注意。在 $\omega<0.3\omega_n$ 范围内，$\varphi(\omega)$ 的数值较

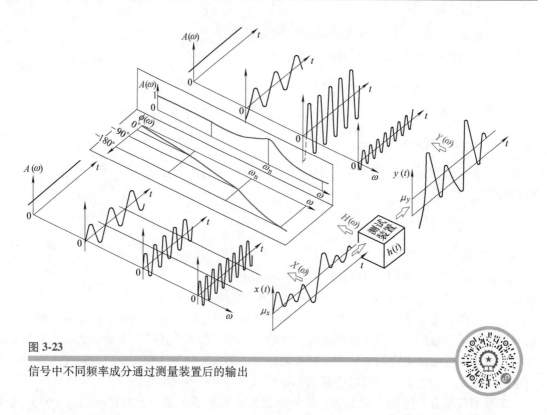

图 3-23

信号中不同频率成分通过测量装置后的输出

小,且 $\varphi(\omega)-\omega$ 特性曲线接近直线。$A(\omega)$ 在该频率范围内的变化不超过 10%,若用于测量,则波形输出失真很小。在 $\omega>(2.5\sim3)\omega_n$ 范围内,$\varphi(\omega)$ 接近 $180°$,且随 ω 变化很小。此时如果在实际测量电路中或数据处理中减去固定相位差或者把测量信号反相 $180°$,则其相频特性基本上满足不失真测量条件。但是此时幅频特性 $A(\omega)$ 太小,输出幅值也太小。

若二阶装置输入信号的频率 ω 在 $(0.3\sim2.5)\omega_n$ 区间内,装置的频率特性受 ζ 的影响很大,需做具体分析。

一般来说,当 $\zeta=0.6\sim0.8$ 时,可以获得较为合适的综合特性。计算表明,对二阶系统,当 $\zeta=0.70$ 时,在 $0\sim0.58\omega_n$ 的频率范围内,幅频特性 $A(\omega)$ 的变化不超过 5%,同时相频特性 $\varphi(\omega)$ 也接近于直线,因而所产生的相位失真也很小。

测量系统中,任何一个环节产生的波形失真,必然会引起整个系统最终输出波形失真。虽然各环节失真对最后波形的失真影响程度不一样,但是在原则上信号频带内都应使每个环节基本上满足不失真测量的要求。

3.6　测量装置动态特性的测量

要使测量装置精确可靠,不仅测量装置的定度应精确,而且要定期校准。定度和校准就其实验内容来说,就是对测量装置本身特性参数的测量。

对装置的静态参数进行测量时,一般以经过校准的"标准"静态量作为输入,求出输入—输出特性曲线。根据这条曲线确定其回程误差,整理和确定其校准曲线、线性误差和灵敏度。所采用的输入量误差应当是不大于所要求测量结果误差的 $1/3\sim1/5$ 或更小些。

下面主要叙述确定测量装置动态特性的测量方法。

3.6.1　频率响应法

通过稳态正弦激励试验可以求得装置的动态特性。对装置施以正弦激励，即输入 $x(t) = X_0 \sin 2\pi ft$，在输出达到稳态后测量输出和输入的幅值比和相位差。这样可得该激励频率 f 下装置的传输特性。测试时，对测量装置施加峰-峰值为其量程 20% 的正弦输入信号，其频率自接近零频的足够低的频率开始，以增量方式逐点增加到较高频率，直到输出量减少到初始输出幅值的一半止，即可得到幅频和相频特性曲线 $A(f)$ 和 $\varphi(f)$。

一般来说，在动态测量装置的性能技术文件中应附有该装置的幅频和相频特性曲线。

对于一阶装置，主要的动态特性参数是时间常数 τ。可以通过幅频和相频特性——式（3-21）和式（3-22）直接确定 τ 值。

对于二阶装置，可以从相频特性曲线直接估计其动态特性参数：固有频率 ω_n 和阻尼比 ζ。在 $\omega = \omega_n$ 处，输出对输入的相角滞后为 90°，该点斜率直接反映了阻尼比的大小。但是一般来说相角测量比较困难。所以，通常通过幅频曲线估计其动态特性参数。对于欠阻尼系统（$\zeta < 1$），幅频特性曲线的峰值在稍偏离 ω_n 的 ω_r 处（见图 3-15），且

$$\omega_r = \omega_n \sqrt{1 - 2\zeta^2} \tag{3-35}$$

或

$$\omega_n = \frac{\omega_r}{1 - 2\zeta^2}$$

当 ζ 很小时，峰值频率 $\omega_r \approx \omega_n$。

从式（3-26）可得，当 $\omega = \omega_n$ 时，$A(\omega_n) = 1/(2\zeta)$。当 ζ 很小时，$A(\omega_n)$ 非常接近峰值。令 $\omega_1 = (1-\zeta)\omega_n$，$\omega_2 = (1+\zeta)\omega_n$，分别代入式（3-26），可得 $A(\omega_1) \approx \frac{1}{2\sqrt{2}\,\zeta} \approx A(\omega_2)$。这样，幅频特性曲线上，在

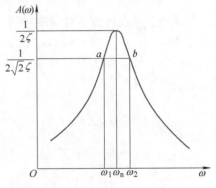

图 3-24

二阶系统阻尼比的估计

峰值的 $1/\sqrt{2}$ 处，绘制一条水平线和幅频曲线（见图 3-24）交于 a、b 两点，它们对应的频率将是 ω_1、ω_2，而且阻尼比的估计值可取为

$$\zeta = \frac{\omega_2 - \omega_1}{2\omega_n} \tag{3-36}$$

有时，也可由 $A(\omega_r)$ 和实验中最低频的幅频特性值 $A(0)$，利用下式来求得 ζ，即

$$\frac{A(\omega_r)}{A(0)} = \frac{1}{2\zeta\sqrt{1-\zeta^2}} \tag{3-37}$$

3.6.2　阶跃响应法

用阶跃响应法求测量装置的动态特性是一种时域测试的易行方法。实践中无法获得理想

的单位脉冲输入，从而无法获得装置的精确的脉冲响应函数；但是，实践中却能获得足够精确的单位脉冲函数的积分——单位阶跃函数及阶跃响应函数。

在测试时，应根据系统可能存在的最大超调量来选择阶跃输入的幅值，超调量大时，应适当选用较小的输入幅值。

1. 由一阶装置的阶跃响应求其动态特性参数

简单说来，若测得一阶装置的阶跃响应，可取该输出值达到最终稳态值的 63% 所经过的时间作为时间常数 τ。但这样求得的 τ 值仅取决于某些个别的瞬时值，未涉及响应的全过程，测量结果的可靠性差。如改用下述方法确定时间常数，可获得较可靠的结果。式（3-30）是一阶装置的阶跃响应表达式，可改写为

$$1-y(t)=e^{-t/\tau}$$

两边取对数，有

$$-\frac{t}{\tau}=\ln[1-y(t)] \tag{3-38}$$

式（3-38）表明，$\ln[1-y(t)]$ 和 t 成线形关系。因此可根据测得 $y(t)$ 值绘制 $\ln[1-y(t)]$ 和 t 的关系曲线，并根据其斜率值确定时间常数 τ。显然，这种方法，运用了全部测量数据，即考虑了瞬态响应的全过程。

2. 由二阶装置的阶跃响应求其动态特性参数

式（3-31）为典型欠阻尼二阶装置的阶跃响应函数表达式。它表明其瞬态响应是以圆频率 $\omega_n\sqrt{1-\zeta^2}$（称之为有阻尼固有频率 ω_d）进行衰减振荡的。按照求极值的通用方法，可求得各振荡峰值所对应的时间，$t_p=0$，π/ω_d，$2\pi/\omega_d$，…。将 $t=\pi/\omega_d$ 代入式（3-31），求得最大超调量 M（见图 3-25）和阻尼比 ζ 的关系式为

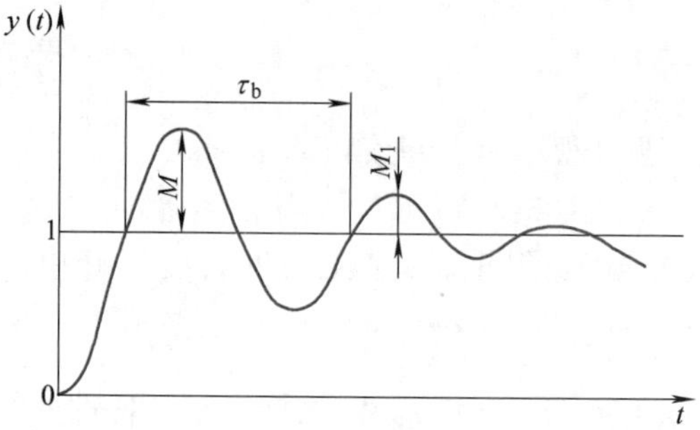

图 3-25

欠阻尼比二阶装置的阶跃响应

$$M=e^{-\frac{\zeta\pi}{\sqrt{1-\zeta^2}}} \tag{3-39}$$

$$\zeta=\sqrt{\frac{1}{\left(\frac{\pi}{\ln M}\right)^2+1}} \tag{3-40}$$

因此，在测得 M 之后，便可按式（3-40）求取阻尼比 ζ；或根据式（3-39）或式（3-40）绘制 M-ζ 图（见图 3-26）再求取阻尼比 ζ。

如果测得响应为较长瞬变过程，则可利用任意两个超调量 M_i 和 M_{i+n} 来求取其阻尼比，其中 n 是该两峰值相隔的整周期数。设 M_i 和 M_{i+n} 所对应的时间分别为 t_i 和 t_{i+n}，显然有

$$t_{i+n}=t_i+\frac{2n\pi}{\omega_n\sqrt{1-\zeta^2}}$$

将其代入二阶装置的阶跃响应 $y(t)$ 的表达式——式（3-31），经整理后可得

$$\zeta = \sqrt{\frac{\delta_n^2}{\delta_n^2 + 4\pi^2 n^2}} \qquad (3\text{-}41)$$

其中
$$\delta_n = \ln \frac{M_i}{M_{i+n}} \qquad (3\text{-}42)$$

根据式（3-41）和式（3-42），即可按实测得到的 M_i 和 M_{i+n}，经 δ_n 而求取 ζ。考虑到当 $\zeta < 0.3$ 时，以 1 代替 $\sqrt{1-\zeta^2}$ 进行近似计算不会产生过大的误差，则式（3-41）可简化为

$$\zeta \approx \frac{\ln \dfrac{M_i}{M_{i+n}}}{2\pi n} \qquad (3\text{-}43)$$

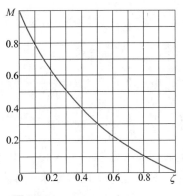

图 3-26

欠阻尼比二阶装置的 M-ζ 图

3.7　负载效应

在实际测量工作中，测量系统和被测对象之间、测量系统内部各环节之间互相连接必然产生相互作用。接入的测量装置，构成被测对象的负载；后接环节总是成为前面环节的负载，并对前面环节的工作状况产生影响。两者总是存在着能量交换和相互影响，以致系统的传递函数不再是各组成环节传递函数的叠加（如并联时）或连乘（如串联时）。

3.7.1　负载效应

前面曾在假设相连接环节之间没有能量交换，因而在环节互联前后各环节仍保持原有的传递函数的基础上导出了环节串、并联后所形成的系统的传递函数表达式（3-14）、式（3-16）。然而这种只有信息传递而没有能量交换的连接，在实际系统中甚少遇到。只有用不接触的辐射源信息探测器，如可见光和红外探测器或其他射线探测器，才可算是这类连接。

当一个装置连接到另一个装置上，并发生能量交换时，就会发生两种现象：①前装置的连接处甚至整个装置的状态和输出都将发生变化；②两个装置共同形成一个新的整体，该整体虽然保留其两组成装置的某些主要特征，但其传递函数已不能用式（3-14）和式（3-16）来表达。某装置由于后接另一装置而产生的种种现象，称为负载效应。

负载效应产生的后果，有的可以忽略，有的却是很严重的，不能对其掉以轻心。下面举一些例子来说明负载效应的严重后果。

集成电路芯片温度虽高，但功耗很小（几十毫瓦），相当于一个小功率的热源。若用一个带探针的温度计去测其结点的工作温度，显然温度计会从芯片吸收可观的热量而成为芯片的散热元件，这样不仅不能测出正确的结点工作温度，而且整个电路的工作温度都会下降。又如，在一个单自由度振动系统的质量块 m 上连接一个质量为 m_f 的传感器，致使参与振动的质量成为 $m+m_f$，从而导致系统固有频率的下降。

现以简单的直流电路（见图 3-27）为例来看看负载效应的影响。不难算出电阻器 R_2 电

压降 $U_0 = \dfrac{R_2}{R_2 + R_1} E$。为了测量该量，可在 R_2 两端并联一个

内阻为 R_m 的电压表。这时，由于 R_m 的接入，R_2 和 R_m 两

端的电压降 U 变为 $U = \dfrac{R_L}{R_1 + R_L} E = \dfrac{R_m R_2}{R_1(R_m + R_2) + R_m R_2} E$，式中

由于 $\dfrac{1}{R_L} = \dfrac{1}{R_2} + \dfrac{1}{R_m}$，则有 $R_L = \dfrac{R_2 R_m}{R_m + R_2}$。显然，由于接入测量

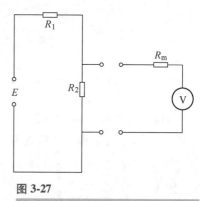

图 3-27

直流电路中的负载效应

电表，被测系统（原电路）状态及被测量（R_2 的电压
降）都发生了变化。原来的电压降为 U_0，接入电表后，
变为 U，$U \neq U_0$，两者的差值随 R_m 的增大而减小。为了
定量说明这种负载效应的影响程度，令 $R_1 = 100\mathrm{k}\Omega$，$R_2 =$
$R_m = 150\mathrm{k}\Omega$，$E = 150\mathrm{V}$，代入上式，可以得到 $U_0 = 90\mathrm{V}$，
而 $U = 64.3\mathrm{V}$，误差竟然达到 28.6%。若 R_m 改为 $1\mathrm{M}\Omega$，其余不变，则 $U = 84.9\mathrm{V}$，误差为
5.7%。此例充分说明了负载效应对测量结果影响有时是很大的。

3.7.2　减轻负载效应的措施

减轻负载效应所造成的影响，需要根据具体的环节、装置来具体分析而后采取措施。对
于电压输出的环节，减轻负载效应的办法有：

1）提高后续环节（负载）的输入阻抗。

2）在原来两个相连接的环节之中，插入高输入阻抗、低输出阻抗的放大器，以便一方
面减小从前面环节吸取能量，另一方面在承受后一环节（负载）后又能减小电压输出的变
化，从而减轻总的负载效应。

3）使用反馈或零点测量原理，使后面环节几乎不从前面环节吸取能量，例如用电位差
计测量电压等。

如果将电阻抗的概念推广为广义阻抗，那么就可以比较简捷地研究各种物理环节之间的
负载效应。

总之，在测试工作中，应当建立系统整体的概念，充分考虑各种装置、环节连接时可能
产生的影响。测量装置的接入就成为被测对象的负载，将会引起测量误差。两环节的连接，
后环节将成为前环节的负载，产生相应的负载效应。在选择成品传感器时，必须仔细考虑传
感器对被测对象的负载效应。在组成测试系统时，要考虑各组成环节之间连接时的负载效
应，尽可能减小负载效应的影响。对于成套仪器系统来说，各组成部分之间相互影响，仪器
生产的厂家应该有了充分的考虑，使用者只需考虑传感器对被测对象所产生的负载效应。

3.8　测量装置的抗干扰性

在测试过程中，除了待测信号以外，各种不可见的、随机的信号可能出现在测量系统
中。这些信号与有用信号叠加在一起，严重歪曲测量结果。轻则测量结果偏离正常值，重则
淹没了有用信号，无法获得测量结果。测量系统中的无用信号就是干扰。显然，一个测试系
统抗干扰能力的大小在很大程度上决定了该系统的可靠性，是测量系统重要特性之一。因

此，认识了干扰信号，重视抗干扰设计是测试工作中不可忽视的问题。

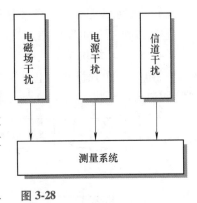

图 3-28
测量装置的主要干扰源

3.8.1 测量装置的干扰源

测量装置的干扰来自多方面。机械振动或冲击会对测量装置（尤其传感器）产生严重的干扰；光线对测量装置中的半导体器件会产生干扰；温度的变化会导致电路参数的变动，产生干扰；此外还有电磁的干扰等。

干扰窜入测量装置有三条主要途径（见图 3-28）：

（1）电磁场干扰 干扰以电磁波辐射的方式经空间窜入测量装置。

（2）信道干扰 信号在传输过程中，通道中各元器件产生的噪声或非线性畸变所造成的干扰。

（3）电源干扰 这是由于电源波动、市电电网干扰信号的窜入以及装置供电电源电路内阻引起各单元电路相互耦合造成的干扰。

一般说来，良好的屏蔽及正确的接地可除去大部分的电磁波干扰。而绝大部分测量装置都需要供电，所以外部电网对装置的干扰以及装置内部通过电源内阻相互耦合造成的干扰对装置的影响最大。因此，如何克服通过电源造成的干扰应重点注意。

3.8.2 供电系统干扰及其抗干扰

由于供电电网面对各种用户，电网上并联着各种各样的用电器。用电器（特别是感应性用电器，如大功率电动机）在开、关机时都会给电网带来强度不一的电压跳变。这种跳变的持续时间很短，人们称之为尖峰电压。在有大功率耗电设备的电网中，经常可以检测到在供电的 50Hz 正弦波上叠加着有害的 1000V 以上的尖峰电压。它会影响测量装置的正常工作。

1. 电网电源噪声

供电电压跳变的持续时间 $\Delta t > 1s$ 者，被称为过电压和欠电压噪声。供电电网内阻过大或网内用电器过多会造成欠电压噪声。三相供电零线开路可能造成某相过电压。供电电压跳变的持续时间 $1ms < \Delta t < 1s$ 者，被称为浪涌和下陷噪声。它主要产生于感应性用电器（如大功率电动机）在开、关机时产生的感应电动势。

供电电压跳变的持续时间 $\Delta t < 1ms$ 者，被称为尖峰噪声。这类噪声产生的原因较复杂，用电器间断的通断产生的高频分量、汽车点火器所产生的高频干扰耦合到电网都可能产生尖峰噪声。

2. 供电系统的抗干扰

供电系统常采用下列几种抗干扰措施：

（1）交流稳压器 它可消除过电压、欠电压造成的影响，保证供电的稳定。

（2）隔离稳压器 由于浪涌和尖峰噪声主要成分是高频分量，它们不通过变压器线圈之间互感耦合，而是通过线圈间寄生电容耦合的。隔离稳压器一次、二次侧间用屏蔽层隔离，减少级间耦合电容，从而减少高频噪声的窜入。

（3）低通滤波器　它可滤去大于 50Hz 市电基波的高频干扰。对于 50Hz 市电基波，则通过整流滤波后也可完全滤除。

（4）独立功能块单独供电　电路设计时，有意识地把各种功能的电路（如前置、放大、A-D 等电路）单独设置供电系统电源。这样做可以基本消除各单元因共用电源而引起相互耦合所造成的干扰。图 3-29 是合理的供电配置的示例。

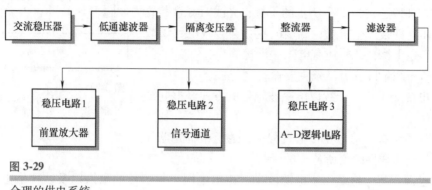

图 3-29

合理的供电系统

3.8.3　信道通道的干扰及其抗干扰

1. 信道干扰的种类

信道干扰有下列几种：

（1）信道通道元器件噪声干扰　它是由于测量通道中各种电子元器件所产生的热噪声（如电阻器的热噪声、半导体元器件的散粒噪声等）造成的。

（2）信号通道中信号的窜扰　元器件排放位置和电路板信号走向不合理会造成这种干扰。

（3）长线传输干扰　对于高频信号来说，当传输距离与信号波长可比时，应该考虑此种干扰的影响。

2. 信道通道的抗干扰措施

信道通道通常采用下列一些抗干扰措施：

（1）合理选用元器件和设计方案　如尽量采用低噪声材料、放大器采用低噪声设计、根据测量信号频谱合理选择滤波器等。

（2）印制电路板设计时元器件排放要合理　小信号区与大信号区要明确分开，并尽可能地远离；输出线与输出线避免靠近或平行；有可能产生电磁辐射的元器件（如大电感元器件、变压器等）尽可能地远离输入端；合理的接地和屏蔽。

（3）数字信号的传输　在有一定传输长度的信号输出中，尤其是数字信号的传输可采用光耦合隔离技术、双绞线传输。双绞线可最大可能地降低电磁干扰的影响。对于远距离的数据传送，可采用平衡输出驱动器和平衡输入的接收器。

3.8.4　接地设计

测量装置中的地线是所有电路公共的零电平参考点。理论上，地线上所有的位置的电平应该相同。然而，由于各个地点之间必须用具有一定电阻的导线连接，一旦有地电流流过时，就有可能使各个地点的电位产生差异。同时，地线是所有信号的公共点，所有信号电流都要经过地线。这就可能产生公共地电阻的耦合干扰。地线的多点相连也会产生环路电流。环路电流会与其他电路产生耦合。所以，认真设计地线和接地点对于系统的稳定是十分重要的。

常用的接地方式有下列几种，可供选择：

1. 单点接地

各单元电路的地点接在一点上，称为单点接地（见图 3-30）。其优点是不存在环形回路，因而不存在环路地电流。各单元电路地点电位只与本电路的地电流及接地电阻有关，相互干扰较小。

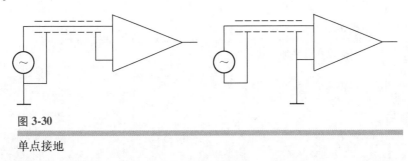

图 3-30

单点接地

2. 串联接地

各单元电路的地点顺序连接在一条公共的地线上（见图 3-31），称为串联接地。显然，电路 1 与电路 2 之间的地线流着电路 1 的地电流，电路 2 与电路 3 之间流着电路 1 和电路 2 的地电流之和，依次类推。因此，每个电路的地电位都受到其他电路的影响，干扰通过公共地线相互耦合。但因接法简便，虽然接法不合理，还是常被采用。采用时应注意：

1）信号电路应尽可能靠近电源，即靠近真正的地点。

2）所有地线应尽可能粗些，以降低地线电阻。

3. 多点接地

做电路板时把尽可能多的地方做成地，或者说，把地做成一片。这样就有尽可能宽的接地母线及尽可能低的接地电阻。各单元电路就近接到接地母线（见图 3-32）。接地母线的一端接到供电电源的地线上，形成工作接地。

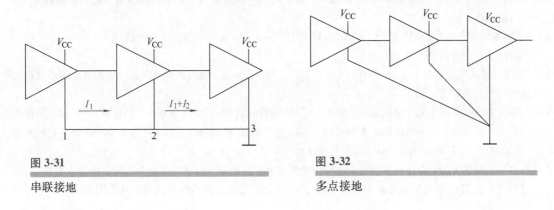

图 3-31

串联接地

图 3-32

多点接地

4. 模拟地和数字地

现代测量系统都同时具有模拟电路和数字电路。由于数字电路在开关状态下工作，电流起伏波动大，很有可能通过地线干扰模拟电路。如有可能应采用两套整流电路分别供电给模拟电路和数字电路，它们之间采用光耦合器耦合，如图3-33所示。

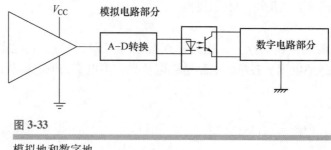

图 3-33

模拟地和数字地

 思考题与习题

3-1 进行某动态压力测量时，所采用的压电式力传感器的灵敏度为 90.9nC/MPa，将它与增益为 0.005V/nC 的电荷放大器相连，而电荷放大器的输出接到一台笔式记录仪上，记录仪的灵敏度为 20mm/V。试计算这个测量系统的总灵敏度。当压力变化为 3.5MPa 时，记录笔在记录纸上的偏移量是多少？

3-2 用一个时间常数为 0.35s 的一阶装置去测量周期分别为 1s、2s 和 5s 的正弦信号，问幅值误差是多少？

3-3 求周期信号 $x(t) = 0.5\cos 10t + 0.2\cos(100t - 45°)$ 通过传递函数为 $H(s) = 1/(0.005s+1)$ 的装置后得到的稳态响应。

3-4 气象气球携带一种时间常数为 15s 的一阶温度计、以 5m/s 的上升速度通过大气层。设温度按每升高 30m 下降 0.15℃ 的规律而变化，气球将温度和高度的数据用无线电送回地面。在 3000m 处所记录的温度为 -1℃。试问实际出现 -1℃ 的真实高度是多少？

3-5 想用一个一阶系统进行 100Hz 正弦信号的测量，如要求限制振幅误差在 5% 以内，那么时间常数应取为多少？若用该系统测量 50Hz 正弦信号，问此时的振幅误差和相角差是多少？

3-6 试说明二阶装置阻尼比 ζ 多用 0.6～0.7 的原因。

3-7 将信号 $\cos\omega t$ 输入一个传递函数为 $H(s) = 1/(\tau s + 1)$ 的一阶装置后，试求其包括瞬态过程在内的输出 $y(t)$ 的表达式。

3-8 求频率响应函数为 $3155072/[(1+0.01j\omega)(1577536+176j\omega-\omega^2)]$ 的系统对正弦输入 $x(t) = 10\sin 62.8t$ 的稳态响应的均值显示。

3-9 试求传递函数分别为 $1.5/(3.5s+0.5)$ 和 $41\omega_n^2/(s^2+1.4\omega_n s+\omega_n^2)$ 的两环节串联后组成的系统的总灵敏度（不考虑负载效应）。

3-10 设某力传感器可作为二阶振荡系统处理。已知传感器的固有频率为 800Hz，阻尼比 $\zeta = 0.14$，问使用该传感器做频率为 400Hz 的正弦测试时，其幅值比 $A(\omega)$ 和相角差 $\varphi(\omega)$ 各为多少？若该装置的阻尼比改为 $\zeta = 0.7$，$A(\omega)$ 和 $\varphi(\omega)$ 又将如何变化？

3-11 对一个可视为二阶系统的装置输入一单位阶跃函数后，测得其响应的第一个超调量峰值为 1.5，振荡周期为 6.23s，设已知该装置的静态增益为 3，求该装置的传递函数和该装置在无阻尼固有频率处的频率响应。

第4章
常用传感器与敏感元件

工程测量中通常把直接作用于被测量，并能按一定方式将其转换成同种或别种量值输出的器件，称为传感器。

传感器是测试系统的一部分，其作用类似于人类的感觉器官。它把被测量，如力、位移、温度等物理量转换为易测信号或易传输信号，传送给测试系统的调理环节。因而也可以把传感器理解为能将被测量转换为与之对应的，易检测、易传输或易处理信号的装置。直接受被测量作用的元件称为传感器的敏感元件。

传感器也可认为是人类感官的延伸，因为借助传感器可以去探测那些人们无法用或不便用感官直接感知的事物，例如，用热电偶可以测得炽热物体的温度；用超声波换能器可以测得海水深度及水下地貌形态；用红外遥感器可从高空探测地面形貌、河流状态及植被的分布等。因此，可以说传感器是人们认识自然界事物的有力工具，是测量仪器与被测事物之间的接口。

在工程上也把提供与输入量有特定关系的输出量的器件，称为测量变换器。传感器就是输入量为被测量的测量变换器。

传感器处于测试装置的输入端，是测试系统的第一个环节，其性能直接影响整个测试系统，对测试精度至关重要。

随着测试、控制与信息技术的发展，传感器作为这些领域里的一个重要构成因素受到了普遍重视，成为 20 世纪 90 年代的关键技术之一。当今，无人驾驶汽车中就使用了大量车载传感器用于感知周围环境信息（扫描右侧二维码观看相关视频）。深入研究传感器类型、原理和应用，研制开发新型传感器，对于科学技术和生产工程中的自动控制和智能化发展，以及人类观测研究自然界事物的深度和广度都有重要的实际意义。

科普之窗
中国创造：无人
驾驶

4.1 常用传感器分类

工程中常用传感器的种类繁多，往往一种物理量可用多种类型的传感器来测量，而同一种传感器也可用于多种物理量的测量。

　　传感器有多种分类方法。按被测物理量的不同，可分为位移传感器、力传感器、温度传感器等；按传感器工作原理的不同，可分为机械式传感器、电气式传感器、光学式传感器、流体式传感器等；按信号变换特征也可概括分为物性型传感器与结构型传感器；根据敏感元件与被测对象之间的能量关系，也可分为能量转换型传感器与能量控制型传感器；按输出信号分类，可分为模拟式传感器和数字式传感器等。

　　物性型传感器是依靠敏感元件材料本身物理性质的变化来实现信号变换的。例如，水银温度计是利用了水银的热胀冷缩性质；压力测力计利用的是石英晶体的压电效应等。

　　结构型传感器则是依靠传感器结构参数的变化而实现信号转变的。例如，电容式传感器依靠极板间距离变化引起电容量的变化；电感式传感器依靠衔铁位移引起自感或互感的变化。

　　能量转换型传感器也称无源传感器，是直接由被测对象输入能量使其工作的，例如热电偶温度计、弹性压力计等。在这种情况下，由于被测对象与传感器之间的能量交换，必然导致被测对象状态的变化和测量误差。

　　能量控制型传感器也称有源传感器，是从外部供给能量使传感器工作的（见图 4-1），并且由被测量来控制外部供给能量的变化。例如，电阻应变计中电阻接于电桥上，电桥工作能源由外部供给，而由被测量变化所引起电阻变化来控制电桥输出。电阻温度计、电容式测振仪等均属此种类型。

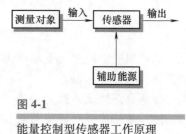

图 4-1

能量控制型传感器工作原理

　　另一种传感器是以外信号（由辅助能源产生）激励被测对象，传感器获取的信号是被测对象对激励信号的响应，它反映了被测对象的性质或状态，例如超声波探伤仪、γ 射线测厚仪、X 射线衍射仪等。

　　需要指出的是，不同情况下，传感器可能只有一个，也可能有几个换能元件，也可能是一个小型装置。例如，电容式位移传感器是位移→电容变化的能量控制型传感器，可以直接测量位移。而电容式压力传感器，则经过压力→膜片弹性变形（位移）→电容变化的转换过程。此时膜片是一个由机械量→机械量的换能件，由它实现第一次变换；同时它又与另一极板构成电容器，用来完成第二次转换。再如电容型伺服式加速度计（也称力反馈式加速度计），实际上是一个具有闭环回路的小型测量系统，如图 4-2 所示。这种传感器较一般开环式传感器具有更高的精确度和稳定性。

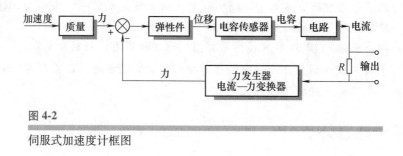

图 4-2

伺服式加速度计框图

　　表 4-1 汇总了机械工程中常用传感器的基本类型及其名称、被测量、性能指标等。

表 4-1 机械工程中常用传感器

类型	名　称	变换量	被测量	应用举例	性能指标（一般参考）
机械式	测力环	力-位移	力	测力环标准测力仪	测量范围 1.2~300kN 测量准确度 0.005%FS
	弹簧力传感器	力-位移	力	弹簧秤	—
	波纹管	压力-位移	压力	压力表	测量范围 0~7MPa
	波登管	压力-位移	压力	压力表	测量范围 0.06~700MPa
	波纹膜片	压力-位移	压力	压力表	测量范围 0~2.4MPa
	双金属片	温度-位移	温度	温度计	测量范围 0~1000℃
	微型开关	力-位移	物体有无、位置、尺寸		位置精密度可达微米
电磁及光电子式	电位计	位移-电阻	位移	直线电位计	分辨力 0.025~0.05mm 线性误差 0.05%~0.1%
	电阻应变片	形变-电阻	力、位移、应变	应变仪	最小应变 1~2$\mu\varepsilon$
	半导体应变片	形变-电阻	加速度		最小测力 0.1~1N
	电容	位移-电容	位移、力、振动、温度、密度、湿度	电容测微仪	分辨力 0.025μm
	电涡流	位移-自感	位移、振动、转速	涡流式测振仪	测量范围 0~25mm 分辨力 1μm
	磁电	速度-电动势	振动、位移、速度、扭矩	磁电式速度计	频率响应 4~1000Hz 振幅极限≤2000μm（峰-峰）
	电感	位移-自感	位移、力	电感测微仪	分辨力 0.5μm
	差动变压器	位移-互感	位移、力	电感比较仪	分辨力 0.5μm
	压电元件	力-电荷	力、加速度	测力计	分辨力 0.01N
	压电元件	力-电荷	力、加速度	加速度计	频率 0.1~20kHz 测量范围 10^{-2}~10^5m·s^{-2}
	压磁元件	力-磁导率	力、扭矩	测力计	—
	热电偶	温度-电动势	温度	热电温度计（铂铑-铂）	测量范围 0~1600℃
	霍尔元件	位移-电动势	力、位移、速度、磁通	位移传感器	测量范围 0~2mm 线性度 1%
	热敏电阻	温度-电阻	温度	半导体温度计	测量范围 -10~300℃
	气敏电阻	气体体积分数-电阻	气体	甲烷报警器	检测浓度 0.5~1% 报警误差≤0.1%
	光敏电阻	光-电阻	开、关量	光控开关	控制精度 1min
	光电池	光-电压	光	硒光电池	灵敏度 500μA/lm
	光敏晶体管	光-电流	转速、位移	光电转速仪	最大截止频率 50kHz
	光纤传感器	水声振动-光信号	声压	水听器	检测最小声压 1μPa
	光纤传感器	温度-光功率	温度	光纤辐射温度计	测量范围 700~1100℃ 测量误差 小于5℃
	光电管	光-电	长度、角度	光学测长仪	测量范围 0~500mm 最小划分值 0.1μm
	光栅	光-电	长度	长光栅	测程 3m 分辨力 0.05μm
	光栅	光-电	角度	圆光栅	分辨力 0.1″

（续）

类型	名　称	变换量	被测量	应用举例	性能指标（一般参考）
辐射式	红外	热-电	温度、物体有无	红外测温仪	测量范围 −10～1300℃ 分辨力 0.1℃
	X射线	散射、干涉、穿透	厚度、应力、成分	残余应力仪	一次测量数据 500 点 平均测量时间 60s
	γ射线	对物质穿透	测厚、探伤	γ射线天空探测传感器	可变积分时间范围 0.5～60s
	激光	光波干涉	长度、位移转角、加速度	激光测长仪	测距 2m
				激光干涉测振仪	分辨力 0.2μm 振幅 ±(3～5)×10⁻⁴mm 频率 (3～5)kHz
	超声	反射、穿透	厚度、探伤	超声波测厚仪	测量范围 4～40m 测量精密度 ±0.25mm
流体式	气动	尺寸-压力	尺寸、物体大小	气动量仪	可测最小直径 0.05～0.076mm
	气动	间隙-压力	距离	气动量仪	测量间隙 6mm 分辨力 0.025mm
	气动	压力-尺寸	尺寸、间隙	浮标式气动量仪	放大倍率 1000～10000 测量间隙 0.05～0.2mm
	液体	压力平衡	压力	活塞压力计	测量精密度 0.02%～0.2%
	液体	流体流量-压差信号	流量	孔板流量计	公称直径 15～1200mm
				转子式流量计	测量范围 2.5～40000mL/min

4.2　机械式传感器及仪器

　　机械式传感器应用很广。在测试技术中，常常以弹性体作为传感器的敏感元件。它的输入量可以是力、压力、温度等物理量，而输出则为弹性元件本身的弹性变形（或应变）。这种变形可转变成其他形式的变量，例如被测量可放大而成为仪表指针的偏转，借助刻度指示出被测量的大小。图 4-3 便是这种传感器的典型应用实例。

　　机械式传感器做成的机械式指示仪表具有结构简单、可靠、使用方便、价格低廉、读数直观等优点。但弹性变形不宜大，以减小线性误差。此外，由于放大和指示环节多为机械传动，不仅受间隙影响，而且惯性大，固有频率低，只宜用于检测缓变或静态被测量。

　　为了提高测量的频率范围，可先用弹性元件将被测量转换成位移量，然后用其他形式的传感器（如电阻、电容、电涡流式等）将位移量转换成电信号输出。

　　弹性元件具有蠕变、弹性后效等现象。材料的蠕变与承载时间、载荷大小、环境温度等因素有关。而弹性后效则与材料应力-松弛和内阻尼等因素有关。这些现象最终都会影响到输出与输入的线性关系。因此，应用弹性元件时，应从结构设计、材料选择和处理工艺等方面采取有效措施来改善上述诸现象产生的影响。

　　近年来，在自动检测、自动控制技术中广泛应用的微型探测开关亦被看作机械式传感器。这种开关能把物体的运动、位置或尺寸变化，转换为接通、断开信号。图 4-4 表示这种开关中的一种。它由两个簧片组成，在常态下处于断开状态。当它与磁性块接近时，簧片被磁化而接合,成为接通状态。只有当钢制工件通过簧片和电磁铁之间时,簧片才会被磁化而接合,从而表达了有一件工件通过。这类开关,可用于探测物体有无、位置、尺寸、运动状态等。

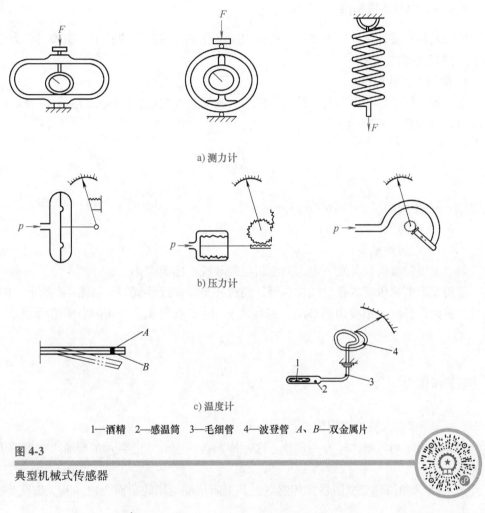

a) 测力计

b) 压力计

c) 温度计

1—酒精　2—感温筒　3—毛细管　4—波登管　A、B—双金属片

图 4-3

典型机械式传感器

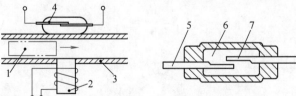

1—工件　2—电磁铁　3—导槽　4—簧片开关
5—电极　6—惰性气体　7—簧片

图 4-4

微型探测开关

4.3　电阻式、电容式与电感式传感器

4.3.1　电阻式传感器

电阻式传感器是一种把被测量转换为电阻变化的传感器。按其工作原理可分为变阻器式和电阻应变式两类。

1. 变阻器式传感器

变阻器式传感器亦称为电位计式传感器，它通过改变电位器触点位置，实现将位移转换为电阻 R 的变化。其表达式为

$$R = \rho \frac{l}{A} \tag{4-1}$$

式中　ρ——电阻率（$\Omega \cdot \mathrm{mm}^2/\mathrm{m}$）；

　　　l——电阻丝长度（m）；

　　　A——电阻丝截面积（mm^2）。

如果电阻丝直径和材质一定，则电阻值随导线长度而变化。

常用变阻器式传感器有直线位移型、角位移型和非线性型等，如图 4-5 所示。图 4-5a 为直线位移型。触点 C 沿变阻器移动。若移动 x，则 C 点与 A 点之间的电阻值为

$$R = k_1 x$$

传感器灵敏度为　　　　　　　$$S = \frac{\mathrm{d}R}{\mathrm{d}x} = k_1 \tag{4-2}$$

式中　k_1——单位长度的电阻值。

当导线分布均匀时，k_1 为一常数。这时传感器的输出（电阻）R 与输入（位移）x 呈线性关系。

图 4-5b 为角位移型变阻器式传感器，其电阻值随电刷转角而变化。其灵敏度为

$$S = \frac{\mathrm{d}R}{\mathrm{d}\alpha} = k_\alpha$$

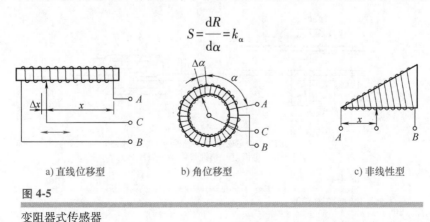

a) 直线位移型　　　b) 角位移型　　　c) 非线性型

图 4-5

变阻器式传感器

式中　α——电刷转角（rad）；

　　　k_α——单位弧度所对应的电阻值。

图 4-5c 是一种非线性型变阻器式传感器，或称为函数电位器。其骨架形状根据所要求的输出 $f(x)$ 来决定。例如，输出 $f(x) = kx^2$，其中 x 为输入位移，为要使输出电阻值 $R(x)$ 与 $f(x)$ 呈线性关系，变阻器骨架应做成直角三角形。如果输出要求为 $f(x) = kx^3$，则应采用抛物线形骨架。

变阻器式传感器的后接电路，一般采用电阻分压电路，如图 4-6 所示。在直流激励电压 u_e 的作用下，传感器将位移变成输出电压的变化。当电刷移动 x 距离后，传感器的输出电压 u_o 可用下式计算，即

$$u_o = \frac{u_e}{\dfrac{x_P}{x} + \dfrac{R_P}{R_L}\left(1 - \dfrac{x}{x_P}\right)} \qquad (4\text{-}3)$$

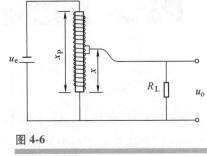

图 4-6

电阻分压电路

式中　R_P——变阻器的总电阻；

　　　x_P——变阻器的总长度；

　　　R_L——后接电路的输入电阻。

式（4-3）表明，只有当 R_P/R_L 趋于零，输出电压 u_o 才与位移呈线性关系。计算表明，当 $R_P/R_L < 0.1$ 时，非线性误差小于满刻度输出的 1.5%。

变阻器式传感器的优点是结构简单、性能稳定、使用方便；缺点是分辨力不高，因为受到电阻丝直径的限制。提高分辨力需使用更细的电阻丝，其绕制较困难。所以变阻器式传感器的分辨力很难小于 $20\mu m$。

由于结构上的特点，这种传感器还有较大的噪声，电刷和电阻元件之间接触面变动和磨损、尘埃附着等，都会使电刷在滑动中的接触电阻发生不规则的变化，从而产生噪声。

变阻器式传感器被用于线位移、角位移测量，在测量仪器中用于伺服记录仪器或电子电位差计等。

2. 电阻应变式传感器

电阻应变式传感器可以用于测量应变、力、位移、加速度、扭矩等参数，具有体积小、动态响应快、测量精确度高、使用简便等优点，在航空、船舶、机械、建筑等行业里获得了广泛应用。

电阻应变式传感器可分为金属电阻应变片式与半导体应变片式两类。

（1）金属电阻应变片　常用的金属电阻应变片有丝式、箔式两种。其工作原理是基于应变片发生机械变形时，其电阻值发生变化。

金属丝电阻应变片（又称电阻丝应变片）出现的较早，现仍在广泛使用。其典型结构如图 4-7 所示。把一根具有高电阻率的金属丝（康铜或镍铬合金，直径约为 0.025mm）绕成栅形，粘贴在绝缘的基片和覆盖层之间，由引出线接于

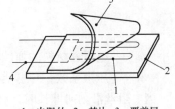

1—电阻丝　2—基片　3—覆盖层
4—引出线

图 4-7

电阻丝应变片

后续电路。

金属箔式应变片则是用栅状金属箔片代替栅状金属丝。金属箔栅系用光刻成形，适用于大批量生产。其线条均匀，尺寸准确，阻值一致性好。箔片厚度为 $1 \sim 10 \mu m$，散热好，粘接情况好，传递试件应变性能好。因此目前使用的多为金属箔式应变片。箔式应变片还可以根据需要制造成多种不同形式。多栅组合片又称为应变花，图 4-8 表示几种常用的箔式应变片。

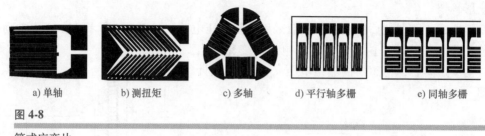

　　a) 单轴　　　　　b) 测扭矩　　　　　c) 多轴　　　　d) 平行轴多栅　　　e) 同轴多栅

图 4-8

箔式应变片

把应变片用特制胶水粘固在弹性元件或需要测量变形的物体表面上。在外力作用下，电阻丝即随同物体一起变形，其电阻值发生相应变化，由此，将被测量的变化转换为电阻变化。由于电阻值 $R = \rho l / A$，其长度 l、截面积 A、电阻率 ρ 均将随电阻丝的变形而变化。而 l、A、ρ 的变化将导致电阻 R 的变化。当每一可变因素分别有一增量 dl、dA 和 $d\rho$ 时，所引起的电阻增量为

$$dR = \frac{\partial R}{\partial l} dl + \frac{\partial R}{\partial A} dA + \frac{\partial R}{\partial \rho} d\rho \qquad (4\text{-}4)$$

式中　$A = \pi r^2$，r 为电阻丝半径，所以电阻的相对变化为

$$\frac{dR}{R} = \frac{dl}{l} - \frac{2dr}{r} + \frac{d\rho}{\rho} \qquad (4\text{-}5)$$

式中　$dl/l = \varepsilon$——电阻丝轴向相对变形，或称纵向应变；

　　　　dr/r——电阻丝径向相对变形，或称横向应变；

　　　　$\dfrac{d\rho}{\rho}$——电阻丝电阻率的相对变化，与电阻丝轴向所受正应力 σ 有关。

$$\frac{d\rho}{\rho} = \lambda \sigma = \lambda E \varepsilon \qquad (4\text{-}6)$$

其中　E——电阻丝材料的弹性模量；

　　　　λ——压阻系数，与材质有关。

当电阻丝沿轴向伸长时，必沿径向缩小，两者之间的关系为

$$\frac{dr}{r} = -\nu \frac{dl}{l} \qquad (4\text{-}7)$$

式中　ν——电阻丝材料的泊松比。

将式 (4-6)、式 (4-7) 代入式 (4-5) 中，则有

$$\frac{\mathrm{d}R}{R} = \varepsilon + 2\nu\varepsilon + \lambda E\varepsilon = (1 + 2\nu + \lambda E)\varepsilon \tag{4-8}$$

分析式 (4-8)，$(1+2\nu)\varepsilon$ 项是由电阻丝几何尺寸改变所引起的，对于同一种材料，$(1+2\nu)$ 项是常数。$\lambda E\varepsilon$ 项则是由于电阻丝的电阻率随应变的改变而引起的，对于金属丝来说，λE 是很小的，可忽略。这样式 (4-8) 可简化为

$$\frac{\mathrm{d}R}{R} \approx (1 + 2\nu)\varepsilon \tag{4-9}$$

式 (4-9) 表明了电阻相对变化率与应变成正比。一般用比值 S_g 表征电阻应变片的应变或灵敏度，即

$$S_g = \frac{\mathrm{d}R/R}{\mathrm{d}l/l} = 1 + 2\nu = 常数 \tag{4-10}$$

用于制造电阻应变片的电阻丝的灵敏度 S_g 多在 1.7~3.6 之间。几种常用电阻丝材料物理性能见表 4-2。

材料名称	成分质量分数		灵敏度	电阻率	电阻温度系数	线胀系数
	元素	%	S_g	$/\Omega \cdot mm^2 \cdot m^{-1}$	$/10^{-6}℃^{-1}$	$/10^{-6}℃^{-1}$
康铜	Cu Ni	57 43	1.7~2.1	0.49	−20~20	14.9
镍铬合金	Ni Cr	80 20	2.1~2.5	0.9~1.1	110~150	14.0
镍铬铝合金	Ni Cr Al Fe	73 20 3~4 余量	2.4	1.33	−10~10	13.3

表 4-2　常用电阻丝应变片材料物理性能

一般市售电阻应变片的标准阻值有 60Ω、120Ω、350Ω、600Ω 和 1000Ω 等。其中以 120Ω 最为常用。应变片的尺寸可根据使用要求来选定。

（2）半导体应变片　半导体应变片最简单的典型结构如图 4-9 所示。半导体应变片的使用方法与金属电阻应变片相同，即粘贴在被测物体上，随被测试件的应变其电阻发生相应变化。

半导体应变片的工作原理是基于半导体材料的压阻效应。所谓压阻效应是指单晶半导体材料在沿某一轴向受到外力作用时，其电阻率 ρ 发生变化的现象。

从半导体物理可知，半导体在压力、温度及光辐射作用下，能使其电阻率 ρ 发生很大变化。

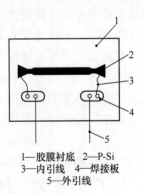

1—胶膜衬底　2—P-Si
3—内引线　4—焊接板
5—外引线

图 4-9

半导体应变片

分析表明，单晶半导体在外力作用下，原子点阵排列规律发生变化，导致载流子迁移率及载流子浓度的变化，从而引起电阻率的变化。

根据式（4-8），$(1+2\nu)\varepsilon$ 项是由几何尺寸变化引起的，$\lambda E\varepsilon$ 是由于电阻率变化而引起的。对半导体而言，$\lambda E\varepsilon$ 项远远大于 $(1+2\nu)\varepsilon$ 项，它是半导体应变片的主要部分，故式（4-8）可简化为

$$\frac{\mathrm{d}R}{R} \approx \lambda E\varepsilon \qquad (4\text{-}11)$$

这样，半导体应变片灵敏度为 $\qquad S_\mathrm{g} = \dfrac{\mathrm{d}R/R}{\varepsilon} \approx \lambda E \qquad (4\text{-}12)$

这一数值比金属丝电阻应变片大 50~70 倍。

以上分析表明，金属丝电阻应变片与半导体应变片的主要区别在于：前者利用导体形变引起电阻的变化，后者利用半导体电阻率变化引起电阻的变化。

几种常用半导体材料特性见表4-3，从表中可以看出，不同材料，不同的载荷施加方向，压阻效应不同，灵敏度也不同。

表 4-3   几种常用半导体材料特性

材 料	电阻率 $\rho/10^2\Omega \cdot \mathrm{m}$	弹性模量 $E/10^7\mathrm{N} \cdot \mathrm{cm}^{-2}$	灵 敏 度	晶 向
P 型硅	7.8	1.87	175	[111]
N 型硅	11.7	1.23	−132	[100]
P 型锗	15.0	1.55	102	[111]
N 型锗	16.6	1.55	−157	[111]
N 型锗	1.5	1.55	−147	[111]
P 型锑化铟	0.54	—	−45	[100]
P 型锑化铟	0.01	0.745	30	[111]
N 型锑化铟	0.013	—	−74.5	[100]

半导体应变片最突出的优点是灵敏度高，这为它的应用提供了有利条件。另外，由于机械滞后小、横向效应小以及它本身的体积小等特点，扩大了半导体应变片的使用范围。其最大缺点是温度稳定性能差、灵敏度离散度大（由于晶向、杂质等因素的影响）以及在较大应变作用下，非线性误差大等，这些缺点也给使用带来一定困难。

目前国产的半导体应变片大都采用 P 型硅单晶制作。随着集成电路技术和薄膜技术的发展，出现了扩散型、外延型、薄膜型半导体应变片。它们在实现小型化、集成化以及改善应变片的特性等方面有积极的促进作用。

近年，已研制出在同一硅片上制作扩散型应变片和集成电路放大器等，即集成应变组件，这对于在自动控制与检测中采用微处理技术将会有一定推动作用。

（3）电阻应变式传感器的应用实例 电阻应变式传感器有以下两种应用方式。

1）直接用来测量结构的应变或应力。例如，为了研究机械结构、桥梁、建筑等的某些构件在工作状态下的受力、变形情况，可利用不同形状的应变片，粘贴在构件的预定部位，可以测得构件的拉、压应力、扭矩及弯矩等，为结构设计、应力校核或构件破坏的预测等提

供可靠的测试数据。几种实用例子如图 4-10 所示。图 4-10a 为齿轮轮齿弯矩的测量；图 4-10b 为飞机机身应力测量；图 4-10c 为液压立柱应力测量；图 4-10d 为桥梁构件应力测量。

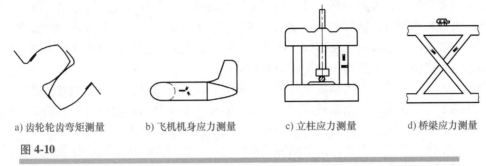

a) 齿轮轮齿弯矩测量　　　b) 飞机机身应力测量　　　c) 立柱应力测量　　　d) 桥梁应力测量

图 4-10

构件应力测定的应用实例

2）将应变片贴于弹性元件上，作为测量力、位移、压力、加速度等物理参数的传感器。在这种情况下，弹性元件得到与被测量成正比的应变，再由应变片转换为电阻的变化。其中，加速度传感器由悬臂梁、质量块、基座组成。测量时，基座固定在振动体上。悬臂梁相当于系统的"弹簧"。工作时，梁的应变与质量块相对于基座的位移成正比。在后续内容中将介绍在一定的频率范围内，其应变与振动体加速度成正比。贴在梁上的应变片把应变转换为电阻的变化，再通过电桥转换为电压输出。

必须指出，电阻应变片测出的是构件或弹性元件上某处的应变，而不是该处的应力、力或位移。只有通过换算或标定，才能得到相应的应力、力或位移量。有关应力—应变换算关系可参考有关专门书籍。

电阻应变片必须被粘在试件或弹性元件上才能工作。黏合剂和黏合技术对测量结果有着直接影响。因此，黏合剂的选择，黏合前试件表面加工与清理，黏合的方法和黏合后的固化处理、防潮处理都必须认真做好。

电阻应变片用于动态测量时，应当考虑应变片本身的动态响应特性。其中，限制应变片上限测量频率是所使用的电桥激励电源的频率和应变片的基长。一般上限测量频率应在电桥激励电源频率的 $1/5 \sim 1/10$ 以下。基长越短，上限测量频率可以越高。一般基长为 10mm 时，上限测量频率可达 25kHz。

应当注意到，温度的变化会引起电阻值的变化，从而造成应变测量结果的误差。由温度变化所引起的电阻变化与由应变引起的电阻变化往往具有同等数量级，绝对不能掉以轻心。因此，通常要采取相应的温度补偿措施，以消除温度变化所造成的误差。

电阻应变式传感器已是一种使用方便、适应性强、比较完备的器件。近年来半导体应变片技术日臻完善，使应变片电测技术更具广阔的应用前景。

3. 固态压阻式传感器

固态压阻式传感器的工作原理与前述半导体应变片相同，都是利用半导体材料的压阻效应。区别在于，半导体应变片是由单晶半导体材料构成，是利用半导体电阻做成的粘贴式敏感元件。固态压阻式传感器中的敏感元件则是在半导体材料的基片上用集成电路工艺制成的扩散电阻，所以亦可称为扩散型半导体应变片。这种元件是以单晶硅为基底材料，按一定晶向将 P 型杂质扩散到 N 型硅底层上，形成一层极薄的导电 P 型层。此 P 型层就相当于半导体应变片中的电阻条，连接引线后就构成了扩散型半导体应变片。由于基底（硅片）与敏感元件（导电层）互相渗透，结合紧密，所以基本上为一体。在生产时可以根据传感器结构形成制成各种形状，如圆形杯或长方形梁等。这时基底就是弹性元件，导电层就是敏感元件。当有机械力作用时，硅片产生应变，使导电层发生电阻变化。一般这种元件做成按一定晶向扩散、四个电阻组成的全桥形式，在外力作用下，电桥产生相应的不平衡输出。

固态压阻式传感器主要用于测量压力与加速度。

由于固态压阻传感器是用集成电路工艺制成的，测量压力时，有效面积可做得很小，可达零点几毫米，因此这种传感器频响高，可用来测量几十千赫的脉动压力。测量加速度的压阻式传感器，如恰当地选择尺寸与阻尼系数，可用来测量低频加速度与直线加速度。由于半导体材料的温度敏感性，因此，压阻式传感器的温度误差较大，使用时应有温度补偿措施。

4. 典型动态电阻应变仪

图 4-11 表示动态电阻应变仪框图。图中，贴于试件上并接于电桥的电阻应变片在外力 $x(t)$ 的作用下产生相应的电阻变化。振荡器产生高频正弦信号 $z(t)$，作为电桥的工作电压。根据电桥的工作原理可知，它相当于一乘法器，其输出应是信号 $x(t)$ 与载波信号 $z(t)$ 的乘积，所以电桥的输出即为调制信号 $x_m(t)$。经过交流放大以后，为了得到力信号的原来波形，需要相敏检波，即同步解调。此时由振荡器供给相敏检波器的电压信号 $z(t)$ 与电桥工作电压同频、同相位。经过相敏检波和低通滤波以后，可以得到与原来极性相同，但经过放大处理的信号 $x(t)$。该信号可以推动仪表或接入后续仪器。

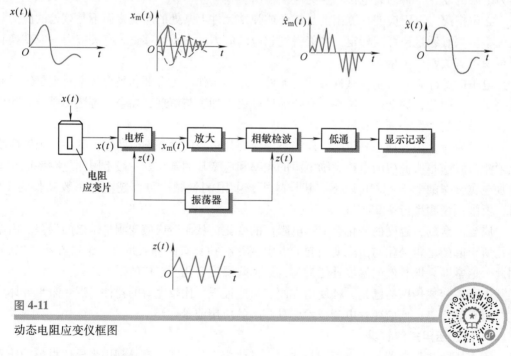

图 4-11

动态电阻应变仪框图

4.3.2　电容式传感器

1. 变换原理

电容式传感器是将被测物理量转换为电容量变化的装置，它实质上是一个具有可变参数的电容器。

由两个平行极板组成的电容器的电容量 C 为

$$C = \frac{\varepsilon_0 \varepsilon A}{\delta} \tag{4-13}$$

式中　ε——极板间介质的相对介电系数，在空气中 $\varepsilon = 1$；

　　　ε_0——真空中介电常数，$\varepsilon_0 = 8.85 \times 10^{-12}\mathrm{F/m}$；

　　　δ——极板间距离（m）；

　　　A——极板面积（m^2）。

式（4-13）表明，当被测量使 δ、A 或 ε 发生变化时，都会引起电容 C 的变化。如果保持其中的两个参数不变，而仅改变另一个参数，就可把该参数的变化变换成电容量的变化。根据电容器变化的参数，电容器可分为极距变化型、面积变化型和介质变化型三类。在实际应用中，极距变化型与面积变化型的应用较为广泛。

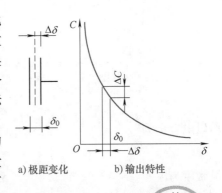

a) 极距变化　　　b) 输出特性

（1）极距变化型　根据式（4-13），如果电容器的两极板相互覆盖面积 A 及极间介质 ε 不变，则电容量 C 与极距 δ 成非线性关系，如图 4-12 所示。当极距有一微小变化量 $\mathrm{d}\delta$ 时，引起电容的变化量 $\mathrm{d}C$ 为

图 4-12

极距变化型电容传感器及输出特性

$$\mathrm{d}C = -\varepsilon \varepsilon_0 A \frac{1}{\delta^2} \mathrm{d}\delta$$

由此可以得到传感器的灵敏度为　　　$S = \dfrac{\mathrm{d}C}{\mathrm{d}\delta} = -\varepsilon \varepsilon_0 A \dfrac{1}{\delta^2}$ 　　　　　　（4-14）

可以看出，灵敏度 S 与极距的二次方成反比，极距越小，灵敏度越高。显然，由于灵敏度随极距而变化，这将引起非线性误差。为了减小此误差，通常规定在较小的间隙变化范围内工作，以便获得近似线性关系。一般取极距变化范围为 $\Delta\delta/\delta_0 \approx 0.1$。

在实际应用中，为了提高传感器的灵敏度、线性度以及克服某些外界条件（如电源电压、环境温度等）的变化对测量精确度的影响，常常采用差动式。

极距变化型电容式传感器的优点是可进行动态非接触式测量，对被测系统的影响小；灵敏度高，适用于较小位移（$0.01\mu\mathrm{m}$～数百微米）的测量。但这种传感器有非线性特性、传感器的杂散电容也对灵敏度和测量精确度有影响，与传感器配合使用的电子线路也比较复杂，由于这些缺点，其使用范围受到一定限制。

（2）面积变化型　在变换极板面积的电容式传感器中，一般常用的有角位移型与线位移型两种。

图 4-13a 为角位移型，当动板有一转角时，与定板之间相互覆盖面积就发生变化，因而导致电容量变化。由于覆盖面积

$$A = \frac{\alpha r^2}{2}$$

式中　α——覆盖面积对应的中心角；

r——极板半径。

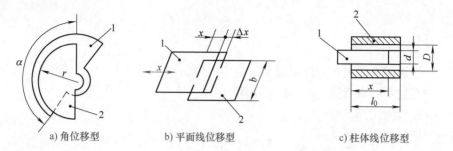

　　a) 角位移型　　　　　　　b) 平面线位移型　　　　　　c) 柱体线位移型

1—动板　2—定板

图 4-13

面积变化型电容式传感器

所以电容量为

$$C = \frac{\varepsilon \varepsilon_0 \alpha r^2}{2\delta}$$ 　　　　　　(4-15)

灵敏度为

$$S = \frac{\mathrm{d}C}{\mathrm{d}\alpha} = \frac{\varepsilon_0 \varepsilon r^2}{2\delta} = 常数$$ 　　　(4-16)

　　此种传感器的输出与输入呈线性关系。

　　图 4-13b 为平面线位移型电容式传感器。当动板沿 x 方向移动时，覆盖面积变化，电容量也随之变化。其电容量

$$C = \frac{\varepsilon_0 \varepsilon b x}{\delta}$$ 　　　　　　(4-17)

式中　b——极板宽度。

　　灵敏度为

$$S = \frac{\mathrm{d}C}{\mathrm{d}x} = \frac{\varepsilon_0 \varepsilon b}{\delta} = 常数$$ 　　　(4-18)

　　图 4-13c 为圆柱体线位移型电容式传感器，动板（圆柱）与定板（圆筒）相互覆盖，其电容量为

$$C = \frac{2\pi \varepsilon \varepsilon_0 x}{\ln(D/d)}$$ 　　　　　(4-19)

式中　D——圆筒孔径；

　　　　d——圆柱外径。

　　当覆盖长度 x 变化时，电容量 C 发生变化，其灵敏度为

$$S = \frac{\mathrm{d}C}{\mathrm{d}x} = \frac{2\pi \varepsilon_0 \varepsilon}{\ln(D/d)} = 常数$$ 　　(4-20)

面积变化型电容式传感器的优点是输出与输入呈线性关系，但与极距变化型相比，灵敏度较低，适用于较大直线位移及角位移测量。

（3）介质变化型 这是利用介质介电常数变化将被测量转换为电量的一种传感器，可用来测量电介质的液位或某些材料的温度、湿度和厚度等。图 4-14 是这种传感器的典型应用实例。图 4-14a 是在两固定极板间有一个介质层（如纸张、电影胶片等）通过。当介质层的厚度、温度或湿度发生变化时，其介电常数发生变化，引起电极之间的电容量变化。图 4-14b 是一种电容式液位计，当被测液面位置发生变化时，两电极浸入高度也发生变化，引起电容量的变化。

2. 测量电路

电容式传感器将被测物理量转换为电容量的变化以后，由后续电路转换为电压、电流或频率信号。常用的电路有下列几种。

（1）电桥型电路 将电容式传感器作为桥路的一部分，由电容变化转换为电桥的电压输出，通常采用电阻、电容或电感、电容组成的交流电桥。图 4-15 是一种电感、电容组成的桥路，电桥的输出为一调幅波，经放大、相敏解调、滤波后获得输出，再推动显示仪表。

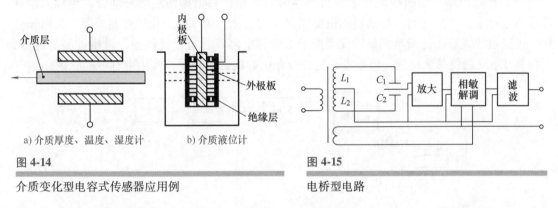

a) 介质厚度、温度、湿度计　　b) 介质液位计

图 4-14

介质变化型电容式传感器应用例

图 4-15

电桥型电路

（2）直流极化电路 此电路又称为静压电容传感器电路，多用于电容传声器或压力传感器。如图 4-16 所示，弹性膜片在外力（气压、液压等）作用下发生位移，使电容量发生变化。电容器接于具有直流极化电压 E_0 的电路中，电容的变化由高阻值电阻 R 转换为电压变化。由图可知，电压输出为

$$u_y = RE_0 \frac{\mathrm{d}C}{\mathrm{d}t} = -RE_0 \frac{\varepsilon_0 \varepsilon A}{\delta^2} \frac{\mathrm{d}\delta}{\mathrm{d}t} \tag{4-21}$$

显然，输出电压与膜片位移速度成正比，因此这种传感器可以测量气流（或液流）的振动速度，进而得到压力。

（3）谐振电路 图 4-17 为谐振电路原理及其工作特性。电容传感器的电容 C_x 作为谐振电路（L_2、$C_2 // C_x$ 或 $C_2 + C_x$）调谐电容的一部分。此谐振回路通过电压耦合，从稳定的高频振荡器获得振荡电压。当传感器电容量 C_x 发生变化时，谐振回路的阻抗发生相应变化，并被转换成电压或电流输出，经放大、检波，即可得到输出。为了获得较好的线性，一般工作点应选择在谐振曲线一边的近似线性区域内。这种电路比较灵敏，但缺点是工作点不易选好，变化范围也较窄，传感器连接电缆的分布电容影响也较大。

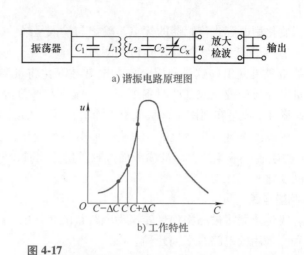

a) 谐振电路原理图

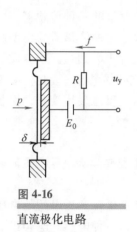

图 4-16

直流极化电路

b) 工作特性

图 4-17

谐振电路的原理及其工作特性

（4）调频电路　如图 4-18 所示，传感器电容是振荡器谐振回路的一部分，当输入量使传感器电容量发生变化时，振荡器的振荡频率发生变化，频率的变化经过鉴频器变为电压变化，再经过放大后由记录器或显示仪表指示。这种电路具有抗干扰性强、灵敏度高等优点，可测 $0.01\mu m$ 的位移变化量。但缺点是电缆分布电容的影响较大，使用中有一些麻烦。

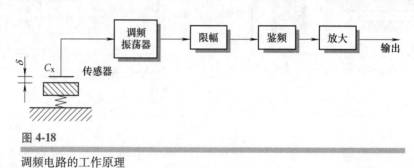

图 4-18

调频电路的工作原理

（5）运算放大器电路　由前述已知，极距变化型电容传感器的极距变化与电容变化量成非线性关系，这一缺点使电容传感器的应用受到一定限制。为此采用比例运算放大器电路可以得到输出电压 u_g 与位移量的线性关系，如图 4-19 所示。输入阻抗采用固定电容 C_0，反馈阻抗采用电容传感器 C_x，根据比例器的运算关系，当激励电压为 u_0 时，有

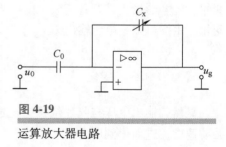

图 4-19

运算放大器电路

$$u_g = -u_0 \frac{C_0}{C_x} \qquad u_g = -u_0 \frac{C_0 \delta}{\varepsilon_0 \varepsilon A} \qquad (4\text{-}22)$$

式中　u_0——激励电压。

由式（4-22）可知，输出电压 u_g 与电容传感器间隙 δ 呈线性关系。这种电路用于位移

测量传感器。

3. 电容集成压力传感器

运用集成电路工艺可以把电容敏感元件与测量电路制作在一起，构成电容集成压力传感器，它的核心部件是一个对压力敏感的电容器，如图 4-20a 所示。电容器的两个铝电极，一个处在玻璃上，另一个在硅片的薄膜上。硅薄膜是由腐蚀硅片的正面（几微米）和反面（约 $200\mu m$）形成的，当硅片和玻璃键合在一起之后，就形成了具有一定间隙的电容器。当硅膜的两侧有压力差存在时，硅膜就发生形变使电容器两极的间距发生变化，因而引起电容量的变化。这一工作方式与机械的压力敏感电容没有差别，但是集成工艺可以把间距和尺寸做得很小。例如，间隙可达数微米，硅膜片半径可达数百微米，把这种微小电容与电路集成在一起，工艺上是很复杂的，现在已能采用硅腐蚀技术，硅和玻璃的静电键合以及常规的集成电路工艺技术，制造出这种压力传感器。图 4-20b 是一个检出电容变化并把它转换成为电压输出的集成压力传感器的电路原理图。图中 C_x 为压力敏感电容，C_0 是一个参考电容，交流激励电压 U_e 通过耦合电容 C_c 进入由 $VD_1 \sim VD_4$ 构成的二极管桥路。在无压力的初始状态下，使 $C_x = C_0$，电路平衡；在工作状态下，C_x 与 C_0 不等，其输出端将有一个表达压力变化的电压信号 E_p，这种电容集成压力传感器的灵敏度很高，约为 $1\mu V/Pa$。

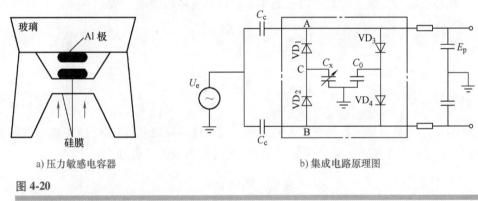

a) 压力敏感电容器　　　　　　　　　　b) 集成电路原理图

图 4-20

电容集成压力传感器的工作原理

4.3.3　电感式传感器

电感式传感器是把被测量，如力、位移等，转换为电感量变化的一种装置，其变换是基于电磁感应原理。按照变换方式的不同，可分为自感型（包括可变磁阻式与涡流式）与互感型（差动变压器式）。

1. 自感型

（1）可变磁阻式　可变磁阻式电感传感器结构原理如图 4-21 所示。它由线圈、铁心和衔铁组成，在铁心与衔铁之间有空气隙 δ。由电工学得知，线圈自感量 L 为

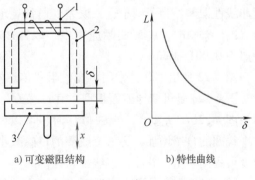

a) 可变磁阻结构　　b) 特性曲线

1—线圈　2—铁心　3—衔铁

图 4-21

可变磁阻式电感传感器

$$L = \frac{N^2}{R_\mathrm{m}} \tag{4-23}$$

式中　N——线圈匝数；

　　　R_m——磁路总磁阻（$\mathrm{H^{-1}}$）。

如果空气气隙 δ 较小，而且不考虑磁路的铁损时，则总磁阻

$$R_\mathrm{m} = \frac{l}{\mu A} + \frac{2\delta}{\mu_0 A_0} \tag{4-24}$$

式中　l——铁心导磁长度（m）；

　　　μ——铁心磁导率（H/m）；

　　　A——铁心磁导截面积（$\mathrm{m^2}$）；

　　　δ——气隙长度（m）；

　　　μ_0——空气磁导率，$\mu_0 = 4\pi \times 10^{-7}\mathrm{H/m}$；

　　　A_0——空气气隙导磁截面积（$\mathrm{m^2}$）。

因为铁心磁阻与空气气隙的磁阻相比很小，计算时可以忽略，故

$$R_\mathrm{m} \approx \frac{2\delta}{\mu_0 A_0} \tag{4-25}$$

代入式（4-23），则 $\qquad L = \frac{N^2 \mu_0 A_0}{2\delta} \tag{4-26}$

式（4-26）表明，自感 L 与气隙 δ 成反比，而与气隙导磁截面积 A_0 成正比。当固定 A_0，变化 δ 时，L 与 δ 成非线性关系（见图 4-21），此时传感器的灵敏度为

$$S = \frac{N^2 \mu_0 A_0}{2\delta^2} \tag{4-27}$$

灵敏度 S 与气隙长度的二次方成反比，δ 越小，灵敏度越高。由于 S 不是常数，故会出现非线性误差。为了减小这一误差，通常规定在较小间隙变化范围内工作。设间隙变化范围为 $(\delta_0, \delta_0 + \Delta\delta)$。一般实际应用中，取 $\Delta\delta/\delta_0 \leqslant 0.1$。这种传感器适用于较小位移的测量，一般为 0.001~1mm。

图 4-22 列出了几种常用可变磁阻式传感器的典型结构。

图 4-22a 是可变导磁面积型，其自感 L 与 A_0 呈线性关系，这种传感器灵敏度较低。

图 4-22b 是差动型，衔铁位移时，可以使两个线圈的间隙分别按 $\delta_0 + \Delta\delta$、$\delta_0 - \Delta\delta$ 变化。一个线圈的自感增加，另一个线圈的自感减小。将两线圈接于电桥的相邻桥臂时，其输出灵敏度可提高一倍，并改善了线性特性。

图 4-22c 是单螺管线圈型。当铁心在线圈中运动时，将改变磁阻，使线圈自感发生变化。这种传感器结构简单、制造容易，但灵敏度低，适用于较大位移（数毫米）测量。

图 4-22d 是双螺管线圈差动型，较之单螺管型有较高灵敏度及线性，被用于电感测微计上，常用测量范围为 0~300μm，最小分辨力为 0.5μm。这种传感器的线圈接于电桥上（见

图 4-23a），构成两个桥臂，线圈电感 L_1、L_2 随铁心位移而变化，其输出特性如图 4-23b 所示。

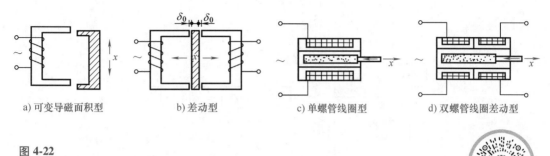

a) 可变导磁面积型　　　b) 差动型　　　c) 单螺管线圈型　　　d) 双螺管线圈差动型

图 4-22

可变磁阻式电感传感器的典型结构

（2）涡流式　涡流式传感器的变换原理是利用金属导体在交流磁场中的涡电流效应，如图 4-24 所示的线圈是一个高频反射式涡电流传感器的工作原理。

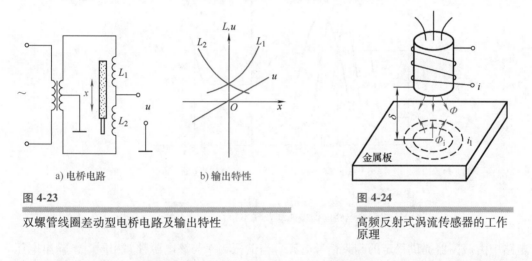

a) 电桥电路　　　b) 输出特性

图 4-23

双螺管线圈差动型电桥电路及输出特性

图 4-24

高频反射式涡流传感器的工作原理

金属板置于一只线圈的附近，相互间距为 δ。当线圈中有一高频交变电流 i 通过时，便产生磁通 Φ。此交变磁通通过邻近的金属板，金属板表层上便产生感应电流 i_1。这种电流在金属体内是闭合的，称之为"涡电流"或"涡流"。这种涡电流也将产生交变磁通 Φ_1，根据楞次定律，涡电流的交变磁场与线圈的磁场变化方向相反，Φ_1 总是抵抗 Φ 的变化。由于涡流磁场对导磁材料的作用以及气隙对磁路的影响，使原线圈的等效阻抗 Z 发生变化，变化程度与距离 δ 有关。

分析表明，影响高频线圈阻抗 Z 的因素，除了线圈与金属板间距离 δ 以外，还有金属板的电阻率 ρ、磁导率 μ 以及线圈励磁圆频率 ω 等。当改变其中某一因素时，即可达到不同的变换目的。例如，变化 δ，可作为位移、振动测量；变化 ρ 或 μ 值，可作为材质鉴别或探伤等。

涡流式传感器的测量电路一般有阻抗分压式调幅电路及调频电路。图 4-25 是用于涡流测振仪上的分压式调幅电路原理，图 4-26 是其谐振曲线及输出特性。传感器线圈 L 和电容 C 组成并联谐振回路，其谐振频率为

$$f = \frac{1}{2\pi\sqrt{LC}} \tag{4-28}$$

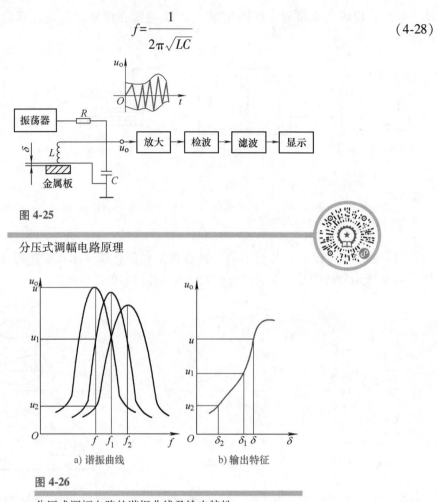

图 4-25

分压式调幅电路原理

图 4-26

a) 谐振曲线　　　　　b) 输出特征

分压式调幅电路的谐振曲线及输出特性

电路中由振荡器提供稳定的高频信号电源。当谐振频率与该电源频率相同时，输出电压 u_o 最大。测量时，传感器线圈阻抗随间隙 δ 而改变，LC 回路失谐，输出信号 $u_o(t)$ 频率虽然仍为振荡器的工作频率 f，但幅值随 δ 而变化（见图 4-26b），它相当于一个被 δ 调制的调幅波，再经放大、检波、滤波后，即可以得到间隙 δ 的动态变化信息。

调频电路的工作原理如图 4-27 所示。这种方法也是把传感器线圈接入 LC 振荡回路，与调幅法不同之处是取回路的谐振频率作为输出量。当金属板至传感器之间的距离 δ 发生变化时，将引起线圈电感变化，从而使振荡器的振荡频率 f 发生变化，再通过鉴频器进行频率-电压转换，即可得到与 δ 成比例的输出电压。

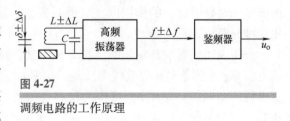

图 4-27

调频电路的工作原理

涡流式传感器可用于动态非接触测量，测量范围视传感器结构尺寸、线圈匝数和励磁频率而定，一般为 $\pm(0 \sim 10)$ mm 不等，最高分辨力可达 0.1μm。此外，这种传感器具有结构简单、使用方便、不受油污等介质的影响等优点。因此，近年来涡流式位移和振动测量仪、测厚仪和无损检测探伤仪等在机械、冶金等部门中日益得到广泛应用。实际上，这种传感器在径向振摆、回转轴误差运动、转速和厚度测量，以及在零件计数、表面裂纹和缺陷测量中都有应用。

图 4-28 表示了涡流式传感器的工程应用实例。

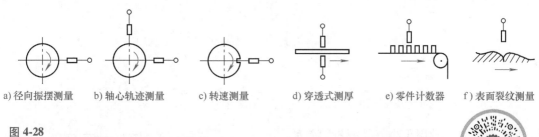

a) 径向振摆测量　　b) 轴心轨迹测量　　c) 转速测量　　　d) 穿透式测厚　　e) 零件计数器　　f) 表面裂纹测量

图 4-28

涡流式传感器的工程应用实例

2. 互感型——差动变压器式电感传感器

这种传感器利用了电磁感应中的互感现象。如图 4-29 所示，当线圈 W_1 输入交流电流 i_1 时，线圈 W_2 产生感应电动势 e_{12}，其大小与电流 i_1 变化率成正比，即

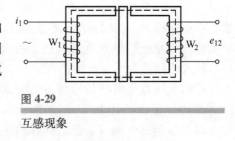

图 4-29

互感现象

$$e_{12} = -M \frac{\mathrm{d}i_1}{\mathrm{d}t} \qquad (4-29)$$

式中　M——比例系数，称为互感（H），其大小与两线圈相对位置及周围介质的导磁能力等因素有关，它表明两线圈之间的耦合程度。

互感型传感器就是利用这一原理，将被测位移量转换成线圈互感的变化。这种传感器实质上就是一个变压器，其一次绕组接入稳定交流电源，二次绕组感应产生输出电压。当被测参数使互感 M 变化时，二次绕组输出电压也产生相应变化。由于常常采用两个二次绕组组成差动式，故又称为差动变压器式传感器。实际应用较多的是螺管形差动变压器，其工作原理如图 4-30a、b 所示。变压器由一次绕组 W 和两个参数完全相同的二次绕组 W_1、W_2 组成，线圈中心插入圆柱形铁心，二次绕组 W_1 及 W_2 反极性串联，当一次绕组 W 加上交流电压时，二次绕组 W_1 及 W_2 分别产生感应电动势 e_1 和 e_2，其大小与铁心位置有关，当铁心在中心位置时，$e_1 = e_2$，输出电压 $e_0 = 0$；铁心向上运动时，$e_1 > e_2$；向下运动时，$e_1 < e_2$，随着铁心偏离中心位置，e_0 逐渐增大，其输出特性如图 4-30c 所示。

差动变压器的输出电压是交流量，其幅值与铁心位移成正比，其输出电压如用交流电压表指示，输出值只能反映铁心位移的大小，不能反映移动的方向性。其次，交流电压输出存在一定的零点残余电压。零点残余电压是由于两个二次绕组结构不对称，以及一次绕组铜损电阻、铁磁质材料不均匀、线圈间分布电容等原因形成。所以，即使铁心处于中间位置时，输出也不为零。为此，差动变压器式传感器的后接电路形式，需要采用既能反映铁心位移方向性，又能补偿零点残余电压的差动直流输出电路。

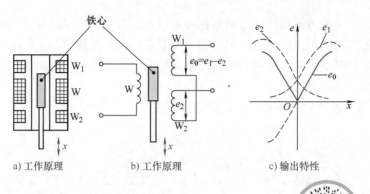

a) 工作原理　　　　　b) 工作原理　　　　　c) 输出特性

图 4-30

差动变压器式传感器的工作原理和输出特性

图 4-31 是一种用于小位移测量的差动相敏检波电路工作原理图。在没有输入信号时，铁心处于中间位置，调节电阻 R，使零点残余电压减小；当有输入信号时，铁心移上或移下，其输出电压经交流放大、相敏检波、滤波后得到直流输出，由表头指示输入位移量大小和方向。

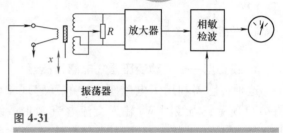

图 4-31

差动相敏检波电路原理

差动变压器式电感传感器具有精确度高（最高分辨力可达 0.1μm）、线性范围大（可扩展到±100mm）、稳定性好和使用方便的特点，被广泛用于直线位移测定。但其实际测量频率上限受到传感器机械结构的限制。

借助于弹性元件可以将压力、重量等物理量转换为位移的变化，故也将这类传感器用于压力、重量等物理量的测量。

4.4　磁电式、压电式与热电式传感器

4.4.1　磁电式传感器

磁电式传感器是把被测物理量转换为感应电动势的一种传感器，又称电磁感应式或电动力式传感器。

从电工学已知，对于一个匝数为 N 的线圈，当穿过该线圈的磁通 Φ 发生变化时，其感应电动势为

$$e = -N \frac{\mathrm{d}\Phi}{\mathrm{d}t} \tag{4-30}$$

可见，线圈感应电动势的大小，取决于匝数和穿过线圈的磁通变化率。磁通变化率与磁场强度、磁路磁阻、线圈的运动速度有关，故若改变其中一个因素，都会改变线圈的感应电动势。按照结构不同，磁电式传感器可分为动圈式与磁阻式。

1. 动圈式

动圈式又可分为线速度型与角速度型。图 4-32a 表示线速度型传感器的工作原理。在永久磁铁产生的直流磁场内，放置一个可动线圈，当线圈在磁场中做直线运动时，它所产生的感应电动势为

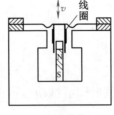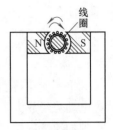

$$e = NBlv\sin\theta \qquad (4\text{-}31)$$

a) 线速度型　　　　　　b) 角速度型

式中　B——磁场的磁感应强度；

　　　l——单匝线圈有效长度；

　　　N——线圈匝数；

　　　v——线圈与磁场的相对运动速度；

　　　θ——线圈运动方向与磁场方向的夹角。

图 4-32

动圈磁电式传感器的工作原理

当 $\theta = 90°$ 时，式（4-31）可写为

$$e = NBlv \qquad (4\text{-}32)$$

此式表明，当 N、B、l 均为常数时，感应电动势大小与线圈运动的线速度成正比，这就是一般常见的惯性式速度计的工作原理。

图 4-32b 是角速度型传感器的工作原理，线圈在磁场中转动时产生的感应电动势为

$$e = kNBA\omega \qquad (4\text{-}33)$$

式中　ω——角速度；

　　　A——单匝线圈的截面积；

　　　k——与结构有关的系数，$k<1$。

式（4-33）表明，当传感器结构一定时，N、B、A 均为常数，感应电动势 e 与线圈相对磁场的角速度成正比，这种传感器用于转速测量。

将传感器中线圈产生的感应电动势通过电缆与电压放大器连接时，其等效电路如图 4-33 所示。图中，e 是发电线圈的感应电动势；Z_0 是线圈阻抗；R_L 是负载电阻（放大器输入电阻）；C_C 是电缆导线的分布电容；R_C 是电缆导线的电阻。R_C 甚小可忽略，故等效电路中的输出电压为

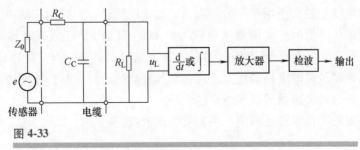

图 4-33

动圈磁电式传感器的等效电路

$$u_L = e\,\cfrac{1}{1+\cfrac{Z_0}{R_L}+j\omega C_C Z_0} \tag{4-34}$$

如果不使用特别加长电缆时，C_C 可忽略，并且如果 $R_L \gg Z_0$，放大器输出电压 $u_L \approx e$。感应电动势经放大、检波后即可推动指示仪表，显示速度值。如果经过微分或积分网络，可以得到加速度或位移。

必须注意，上面所讨论的速度（v 或 ω）指的是线圈与磁场（壳体）的相对速度，而不是壳体本身的绝对速度。

磁电式传感器的工作原理也是可逆的。作为测振传感器，它工作于发电机状态。若在线圈上加以交变激励电压，则线圈就在磁场中振动，成为一个激振器（电动机状态）。

2. 磁阻式

磁阻式传感器的线圈与磁铁彼此不作相对运动，由运动着的物体（导磁材料）改变磁路的磁阻，而引起磁力线增强或减弱，使线圈产生感应电动势。其工作原理及应用实例如图 4-34 所示。此种传感器是由永久磁铁及缠绕其上的线圈组成。图 4-34a 可测旋转体频数，当齿轮旋转时，齿的凸凹引起磁阻变化，使磁通量变化，在线圈中感应出交流电动势，其频率等于齿轮的齿数和转速的乘积。

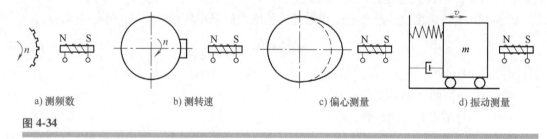

a) 测频数　　　　b) 测转速　　　　c) 偏心测量　　　　d) 振动测量

图 4-34

磁阻式传感器的工作原理及应用实例

磁阻式传感器使用简便、结构简单，在不同场合下可用来测量转速、偏心量、振动等。

4.4.2　压电式传感器

压电式传感器是一种可逆型换能器，既可以将机械能转换为电能，又可以将电能转换为机械能。这种性能使它被广泛用于压力、应力、加速度测量，也被用于超声波发射与接收装置。在用作加速度传感器时，可测频率范围为 $0.1\text{Hz} \sim 20\text{kHz}$，可测振动加速度按其不同结构可达 $10^{-2} \sim 10^{5}\text{m} \cdot \text{s}^{-2}$。用于测力传感器时，其灵敏度可达 10^{-3}N。这种传感器具有体积小、质量小、精确度及灵敏度高等优点。现在与其配套的后续仪器，如电荷放大器等的技术性能日益提高，使这种传感器的应用越来越广泛。

压电式传感器的工作原理是利用某些物质的压电效应。

1. 压电效应

某些物质，如石英、钛酸钡、锆钛酸铅（PZT）等晶体，当受到外力作用时，不仅几何尺寸发生变化，而且内部极化，某些表面上出现电荷，形成电场。晶体的这一性质称为压电性，具有压电效应的晶体称为压电晶体。

压电效应是可逆的，即将压电晶体置于外电场中，其几何尺寸也会发生变化。这种效应称之为逆压电效应（电致伸缩效应）。

许多天然晶体都具有压电性，例如石英、电气石、闪锌矿等。由于天然晶体不易获得且价格昂贵，故研制了多种人造晶体，如酒石酸钾钠（罗谢耳盐）、磷酸二氢胺（ADP）、磷酸二氢钾（KDP）、酒石酸乙二胺（KDT）、酒石酸乙二钾（DKT）、硫酸锂等。这些人造晶体中除硫酸锂外，其他的都还具有"铁电性"。

所谓铁电性是指某些晶体存在自发极化特点，即晶胞正负电重心不重合，并且这种自发极化可以在电场作用下转向。与铁磁物质相似，铁电晶体是由许多几微米至几十微米的电畴组成，而每个电畴具有自发极化和自发应变。电畴的极化方向各不相同。在电场作用下，电畴的边界可以移动并能够转向。铁电晶体最典型的特征是它具有电滞回线特性。铁电性是 1921 年首先在罗谢耳盐上发现的。

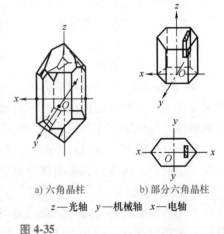

a) 六角晶柱　　　　b) 部分六角晶柱

z—光轴　y—机械轴　x—电轴

图 4-35

石英晶体

下面以 α-石英（SiO_2）晶体为例，介绍其压电效应。

天然石英结晶形状为六角形晶柱，如图 4-35a 所示，两端为一对称的棱锥，六棱柱是它的基本结构。z 轴与石英晶体的上、下顶连线重合，x 轴与石英晶体横截面的对角线重合，则 y 轴依据右手坐标系规则确定。

晶体中，在应力作用下，其两端能产生最强电荷的方向称为电轴。α-石英中的 x 轴为电轴。z 轴称为光轴，当光沿 z 轴入射时不产生双折射。通常把 y 轴称作机械轴，如图 4-35b 所示。

如果从晶体上沿轴线切下一个平行六面体切片，使其晶面分别平行于 z、y、x 轴，这个晶片在正常状态下不呈现电性。切片在受到沿不同方向的作用力时会产生不同的极化作用，如图 4-36 所示。沿 x 轴方向加力产生纵向压电效应，沿 y 轴加力产生横向压电效应，沿相对两平面加力产生切向压电效应。

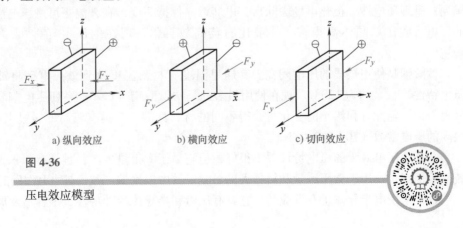

a) 纵向效应　　　　b) 横向效应　　　　c) 切向效应

图 4-36

压电效应模型

实验证明，压电效应和逆压电效应都是线性的。即晶体表面出现的电荷的多少和形变的大小成正比，当形变改变符号时，电荷也改变符号；在外电场作用下，晶体形变的大小与电场强度成正比，当电场反向时，形变改变符号。以石英晶体为例，当晶片在电轴 x 方向受到压应力 σ_{xx} 作用时，切片在厚度方向产生变形并极化，极化强度 P_{xx} 与应力 σ_{xx} 成正比，即

$$P_{xx} = d_{11}\sigma_{xx} = d_{11}\frac{F_x}{l_y l_z} \qquad (4\text{-}35)$$

式中　F_x——沿晶轴 Ox 方向施加的压力；

　　　d_{11}——石英晶体在 x 方向力作用下的压电常数，石英晶体的 $d_{11} = 2.3 \times 10^{-23} \mathrm{C \cdot N^{-1}}$；

　　　l_y——切片的长；

　　　l_z——切片的宽。

当石英晶体切片受 x 向压力时，所产生的电荷量 q_{xx} 与作用力 F_x 成正比，而与切片的几何尺寸无关。当沿着机械轴 y 方向施加压力时，产生的电荷量与切片的几何尺寸有关，且电荷的极性与沿电轴 x 方向施加压力时产生的电荷极性相反，如图 4-36b 所示。

若压电体受到多方向的作用力，晶体内部将产生一个复杂的应力场，会同时出现纵向效应和横向效应。压电体各表面都会积聚电荷。

2. 压电材料

常用的压电材料大致可分为三类：压电单晶、压电陶瓷和有机压电薄膜。压电单晶为单晶体，常用的有 α-石英（SiO_2）、铌酸锂（$LiNbO_3$）、钽酸锂（$LiTaO_3$）等。压电陶瓷多为多晶体，常用的有钛酸钡（$BaTiO_3$）、锆钛酸铅（PZT）等。

石英是压电单晶中最具有代表性的，应用广泛。除天然石英外，还大量应用人造石英。石英的压电常数不高，但具有较好的机械强度和时间、温度稳定性。其他压电单晶的压电常数为石英的 2.5~3.5 倍，但价格较贵。水溶性压电晶体，如酒石酸钾钠（$NaKO_4H_4O_5 \cdot 4H_2O$）压电常数较高，但易受潮，机械强度低，电阻率低，性能不稳定。

现代声学技术和传感技术中最普遍应用的是压电陶瓷。压电陶瓷制作方便，成本低。

压电陶瓷由许多铁电体的微晶组成，微晶再细分为电畴，因而压电陶瓷是许多电畴形成的多畴晶体。当加上机械应力时，它的每一个电畴的自发极化会产生变化，但由于电畴的无规则排列，因而在总体上不现电性，没有压电效应。为了获得材料形变与电场呈线性关系的压电效应，在一定温度下对其进行极化处理，即利用强电场（1~4kV/mm）使其电畴规则排列，呈现压电性。极化电场去除后，电畴取向保持不变，在常温下可呈压电性。压电陶瓷的压电常数比单晶体高得多，一般比石英高数百倍。现在的压电元件大多数采用压电陶瓷。

钛酸钡是使用最早的压电陶瓷。其居里温度（材料温度达到该点电畴将被破坏，失去压电特性）低，约为 120℃。现在使用最多的是锆钛酸铅（PZT）系列压电陶瓷。PZT 是一材料系列，随配方和掺杂的变化可获得不同的材料性能。它具有较高的居里点（350℃）和很高的压电常数（70~590pC/N）。

高分子压电薄膜的压电特性并不很好，但它易于大批量生产，且具有面积大、柔软不易破碎等优点，可用于微压测量和机器人的触觉。其中以聚偏二氟乙烯（PVdF）最为著名。

近年来压电半导体也开发成功。它具有压电和半导体两种特性，很容易发展成新型的集

成传感器。

3. 压电式传感器及其等效电路

在压电晶片的两个工作面上进行金属蒸镀，形成金属膜，构成两个电极，如图 4-37 所示。当晶片受到外力作用时，在两个极板上将积聚数量相等、而极性相反的电荷，形成了电场。因此压电传感器可以看作一个电荷发生器，又是一个电容器，其电容量 C 为

$$C = \frac{\varepsilon \varepsilon_0 A}{\delta} \tag{4-36}$$

式中　ε——压电材料的相对介电常数，石英晶体 $\varepsilon = 4.5\text{F/m}$；钛酸钡 $\varepsilon = 1200\text{F/m}$；

　　　δ——极板间距，即晶片厚度；

　　　A——压电晶片工作面的面积。

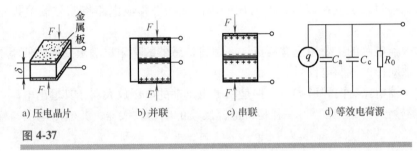

a) 压电晶片　　　　b) 并联　　　　c) 串联　　　　d) 等效电荷源

图 4-37

压电晶片及其等效电路

如果施加于晶片的外力不变，积聚在极板上的电荷无内部泄漏，外电路负载无穷大，那么在外力作用期间，电荷量将始终保持不变，直到外力的作用终止时，电荷才随之消失。如果负载不是无穷大，电路将会按指数规律放电，极板上的电荷无法保持不变，从而造成测量误差。因此，利用压电式传感器测量静态或准静态量时，必须采用极高阻抗的负载。在动态测量时，变化快、漏电量相对比较小，故压电式传感器适宜进行动态测量。

实际压电传感器中，往往用两个和两个以上的晶片进行串联或并联。并联时（见图 4-37b），两晶片负极集中在中间极板上，正电极在两侧的电极上。并联时电容量大、输出电荷量大、时间常数大，易于测量缓变信号，适宜于以电荷量输出的场合。串联时（见图 4-37c），正电荷集中在上极板，负电荷集中在下极板。串联法传感器本身电容小、输出电压大，适用于以电压作为输出信号。

压电式传感器是一个具有一定电容的电荷源。电容器上的开路电压 u_0 与电荷 q、传感器电容 C_a 存在下列关系

$$u_0 = \frac{q}{C_a} \tag{4-37}$$

当压电式传感器接入测量电路，连接电缆的寄生电容就形成传感器的并联寄生电容 C_c，后续电路的输入阻抗和传感器中的漏电阻就形成泄漏电阻 R_0，如图 4-37d 所示。为了防止漏电造成电荷损失，通常要求 $R_0 > 10^{11}\Omega$，因此传感器可近似视为开路。

电容上的电压值为

$$u = R_0 i = \frac{q_0}{C} \frac{1}{\sqrt{1 + \left(\frac{1}{\omega C R_0}\right)^2}} \sin(\omega t + \varphi) \tag{4-38}$$

式（4-38）表明压电元件的电压输出还受回路的时间常数 $R_0 C$ 的影响。在测试动态量时，为了建立一定的输出电压并实现不失真测量，压电式传感器的测量电路必须有高输入阻抗并在输入端并联一定的电容 C_i 以加大时间常数 $R_0 C$。但并联电容过大也会使输出电压降低过多，降低了测量装置的灵敏度。

4. 测量电路

由于压电式传感器的输出电信号是很微弱的电荷，而且传感器本身有很大内阻，故输出能量甚微，这给后接电路带来一定困难。为此，通常把传感器信号先输到具有高输入阻抗的前置放大器，经过阻抗变换以后，方可用一般的放大、检波电路将信号输给指示仪表或记录器。

前置放大器电路的主要用途有两点：一是将传感器的高阻抗输出变换为低阻抗输出；二是放大传感器输出的微弱电信号。

前置放大器电路有两种形式：一种是用电阻反馈的电压放大器，其输出电压与输入电压（即传感器的输出）成正比；另一种是带电容反馈的电荷放大器，其输出电压与输入电荷成正比。

使用电压放大器时，放大器的输入电压如式（4-38）所表达。由于电容 C 包括了 C_a、C_i 和 C_c，其中电缆对地电容 C_c 比 C_a 和 C_i 都大，故整个测量系统对电缆对地电容 C_c 的变化非常敏感。连接电缆的长度和形态变化会引起 C_c 的变化，导致传感器输出电压 u 的变化，从而使仪器的灵敏度也发生变化。

电荷放大器是一个高增益带电容反馈的运算放大器，当略去传感器漏电阻及电荷放大器输入电阻时，它的等效电路如图 4-38 所示。由于忽略漏电阻，故

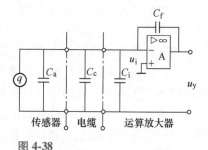

图 4-38
电荷放大器的等效电路

$$q \approx u_i(C_a + C_c + C_i) + (u_i - u_y)C_f = u_i C + (u_i - u_y)C_f$$

式中　u_i——放大器输入端电压；

u_y——放大器输出电压，$u_y = -Au_i$；

C_f——电荷放大器反馈电容；

A 为电荷放大器开环放大倍数，故有

$$u_y = \frac{-Aq}{(C + C_f) + AC_f}$$

如果放大器开环增益足够大，则 $AC_f \gg (C + C_f)$，上式可简化为

$$u_y \approx \frac{-q}{C_f} \tag{4-39}$$

式（4-39）表明，在一定条件下，电荷放大器的输出电压与传感器的电荷量成正比，并且与电缆分布电容无关。因此，采用电荷放大器时，即使连接电缆长度达百米以上时，其灵敏度也无明显变化，这是电荷放大器突出的优点。但与电压放大器相比，其电路复杂，价格昂贵。

5. 压电式传感器的应用

压电式传感器常用来测量应力、压力、振动的加速度，也用于声、超声和声发射等测量。

压电效应是一种力—电荷变换，可直接用作力的测量。现在已形成系列的压电式力传感器，测量范围从微小力值 10^{-3}N 到 10^4kN，动态范围一般为 60dB；测量方向有单方向的，也有多方向的。

压电式力传感器有两种形式。一种是利用膜片式弹性元件，通过膜片承压面积将压力转换为力。膜片中间有凸台，凸台背面放置压电片。力通过凸台作用于压电片上，使之产生相应的电荷量。另一种是利用活塞的承压面承受压力，并使活塞所受的力通过在活塞另一端的顶杆作用在压电片上。测得此作用力便可推算出活塞所受的压力。

现在广泛采用压电式传感器来测量加速度。此种传感器的压电片处于其壳体和一质量块之间，用强弹簧（或预紧螺栓）将质量块、压电片紧压在壳体上。运动时，传感器壳体推动压电片和质量块一起运动。在加速时，压电片承受由质量块加速而产生的惯性力。

压电式传感器按不同需要做成不同灵敏度、不同量程和不同大小，形成系列产品。大型高灵敏度加速度计灵敏阈可达 $10^{-6}g_n$（g_n——标准重力加速度，作为一个加速度单位，其值为 $g_n=9.80665$m/s^2），但其测量上限也很小，只能测量微弱振动。而小型的加速度计仅重 0.14g，灵敏度虽低，但可测量上千 g 的强振动。

压电式传感器的工作频率范围广，理论上其低端从直流开始，高端截止频率取决于结构的连接刚度，一般为数十赫到兆赫的量级，这使它广泛用于各领域的测量。压电式传感器内阻很高，产生的电荷量很小，易受传输电缆杂散电容的影响，必须采用前面已谈到的阻抗变换器或电荷放大器。已有将阻抗变换器和传感器集成在一起的集成传感器，其输出阻抗很低。

由于存在电荷的泄漏，使压电式传感器实际上无法测量直流信号，因此难以精确测量常值力。在低频振动时，压电式加速度计的振动圆频率小，受灵敏度限制，其输出信号很弱，信噪比差。尤其在需要通过积分网络来获取振动的速度和加速度值的情况下，网络中运算放大器的漂移及低频噪声的影响，使得难于在小于 1Hz 的低频段中应用压电式加速度计。

压电式传感器一般用来测量沿其轴向的作用力，该力对压电片产生纵向效应并产生相应的电荷，形成传感器通常的输出。然而，垂直于轴向的作用力，也会使压电片产生横向效应和相应的输出，称为横向输出。与此相应的灵敏度，称为横向灵敏度。对于传感器而言，横向输出是一种干扰和产生测量误差的原因。使用时，应该选用横向灵敏度小的传感器。一个压电式传感器各方向的横向灵敏度是不同的。为了减少横向输出的影响，在安装使用时，应力求使最小横向灵敏度方向与最大横向干扰力方向重合。显然，关于横向干扰的讨论，同样适用于压电式加速度计。

环境温度、湿度的变化和压电材料本身的时效，都会引起压电常数的变化，导致传感器灵敏度的变化。因此，经常校准压电式传感器是十分必要的。

压电式传感器的工作原理是可逆的，施加电压于压电晶片，压电片便产生伸缩。所以压电片可以反过来做"驱动器"。例如对压电晶片施加交变电压，则压电片可作为振动源，可用于高频振动台、超声发生器、扬声器以及精密的微动装置。

4.4.3　热电式传感器

热电式传感器是把被测量（主要是温度）转换为电量变化的一种装置，其变换是基于金属的热电效应。按照变换方式的不同，可分为热电偶与热电阻传感器。

1. 热电偶

（1）热电偶工作原理　热电偶属于 A 型结构传感器，由于它有许多优点，至今仍在测温领域里得到广泛应用。

把两种不同的导体或半导体连接成图 4-39 所示的闭合回路，如果将它们的两个接点分别置于温度为 T 及 T_0（假定 $T>T_0$）的热源中，则在该回路内就会产生热电动势，这种现象称为热电效应。

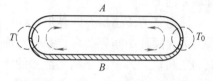

图 4-39

热电偶回路

在图 4-39 所示的热电偶回路中，所产生的热电动势由接触电动势和温差电动势两部分组成。

温差电动势是在同一导体的两端因其温度不同而产生的一种热电动势。由于高温端（T）的电子能量比低温端的电子能量大，故由高温端运动到低温端的电子数较由低温端运动到高温端的电子数多，使得高温端带正电，而低温端带负电，从而在导体两端形成一个电势差，即温差电动势。

所以，当热电偶材料一定时，热电偶的总热电动势 $E_{AB}(T, T_0)$ 成为温度 T 和 T_0 的函数差，即

$$E_{AB}(T,T_0)=f(T)-f(T_0) \tag{4-40}$$

如果使冷端温度 T_0 固定，则对一定材料的热电偶，其总热电动势就只与温度 T 成单值函数关系，即

$$E_{AB}(T,T_0)=f(T)-C=\varphi(T) \tag{4-41}$$

式中　C——由固定温度 T_0 决定的常数。

这一关系式可通过实验方法获得，它在实际测温中是很有用处的。

热电偶回路有以下特点：

1）若组成热电偶的回路的两种导体相同，则无论两接点温度如何，热电偶回路中的总热电动势为零。

2）若热电偶两接点温度相同，则尽管导体 A、B 的材料不同，热电偶回路中的总热电动势也为零。

3）热电偶 AB 的热电动势与导体材料 A、B 的中间温度无关，而只与接点温度有关。

4）热电偶 AB 在接点温度 T_1、T_3 时的热电动势，等于热电偶在接点温度为 T_1、T_2 和 T_2、T_3 时的热电动势总和。

5）在热电偶回路中接入第三种材料的导线，只要第三种导线的两端温度相同，第三种导线的引入不会影响热电偶的热电动势，这一性质称为中间导体定律。

从实用观点来看，中间导体定律很重要。利用这个性质，我们才可以在回路中引入各种仪表、连接导线等，而不必担心会对热电动势有影响，而且也允许采用任意的焊接方法来焊制热电偶。同时应用这一性质还可以采用开路热电偶对液态金属和金属壁面进行温度测量（见图 4-40），只要保证两热电极 A、B 接入处温度一致，则不会影响整个回路的总热电动势。

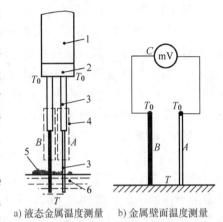

6）当温度为 T_1、T_2 时，用导体 A、B 组成的热电偶的热电动势等于 AC 热电偶和 CB 热电偶的热电动势的和，即

$$E_{AB}(T_1, T_2) = E_{AC}(T_1, T_2) + E_{CB}(T_1, T_2) \tag{4-42}$$

a) 液态金属温度测量　　b) 金属壁面温度测量

1—保护管　2—绝缘物　3—热电偶
4—连接管　5—渣　6—熔融金属

图 4-40

开路热电偶的使用

导体 C 称为标准电极（一般由铂制成），故把这一性质称为标准电极定律。

（2）热电偶分类　目前，在我国被广泛使用的热电偶有以下几种：

1）铂铑—铂热电偶（WRLB）由 $\phi 0.5\text{mm}$ 的纯铂丝和同直径的铂铑丝（铂质量分数为 90%，铑质量分数为 10%）制成，用符号 LB 表示。括号中符号 WR 指热电偶。在 LB 热电偶中，铂铑丝为正极，纯铂丝为负极。此种热电偶在 1300℃ 以下范围可长时间使用，在良好的使用环境下可短期测量 1600℃ 高温。由于容易得到高纯度的铂和铂铑，故 LB 热电偶的复制精度和测量精度较高，可用于精密温度测量和作为基准热电偶。LB 热电偶在氧化性或中性介质中具有较高的物理化学稳定性。其主要缺点是热电动势较弱；在高温时易受还原性气体所发出的蒸气和金属蒸气的侵害而变质；铂铑丝中的铑分子在长期使用后因受高温作用而产生挥发现象，使铂丝受到污染而变质，从而引起热电偶特性变化，失去测量准确性；LB 热电偶的材料系贵重金属，成本较高。

2）镍铬—镍硅（镍铬—镍铝）热电偶（WREU）　由镍铬与镍硅制成，用符号 EU 表示。热电偶丝直径为 $\phi 1.2 \sim 2.5\text{mm}$。镍铬为正极，镍硅为负极。EU 热电偶化学稳定性较高，可在氧化性或中性介质中长时间地测量 900℃ 以下的温度，短期测量可达 1200℃；如果用于还原性介质中，则会很快受到腐蚀，在此情况下只能用于测量 500℃ 以下温度。EU 热电偶具有复制性好、产生热电动势大、线性好、价格便宜等优点。虽然测量精度偏低，但能满足大多数工业测量的要求，是工业测量中最常用的热电偶之一。

3）镍铬—考铜热电偶（WREA）　由镍铬材料与镍、铜合金材料组成，用符号 EA 表示。热偶丝直径一般为 $\phi 1.2 \sim 2.0\text{mm}$。镍铬为正极，考铜为负极，适宜于还原性或中性介质，长期使用温度在 600℃ 以下，短期测量可达 800℃。EA 热电偶的特点是热电灵敏度高、价格便宜，但测温范围低且窄，考铜合金易受氧化而变质。

以上几种热电偶的性能如图4-41所示。

4）铂铑$_{30}$—铂铑$_6$（WRLL）热电偶 以铂铑$_{30}$丝（铂质量分数70%，铑质量分数30%）为正极，铂铑$_6$丝（铂质量分数94%，铑质量分数6%）为负极，可长期测量1600℃的高温，短期测量可达1800℃。LL热电偶性能稳定、精度高，适于在氧化性或中性介质中使用。但它产生的热电动势小，且价格昂贵。LL热电偶由于在低温时热电动势极小，因此冷端在40℃以下时，对热电动势可不必修正。

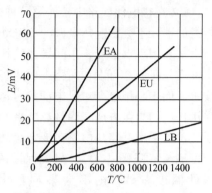

图 4-41

热电偶的热电动势 E 与温度 T 的关系曲线

还有一些用于特殊测量的超高温热电偶（测温可达2000℃，精度±1%）、低温热电偶（可在2~273K低温范围内使用，灵敏度为10μV/℃）、快速测量壁面温度的薄膜热电偶（测量厚度0.01~0.1mm）和非金属材料热电偶。利用石墨和难熔化合物作为高温热电偶材料可以解决金属热电偶材料无法解决的问题。这些非金属材料熔点高，而且在2000℃以上的高温下也很稳定。

综上所述，各种热电偶都具有不同的优缺点，因此在选用时应根据测温范围、测温状态和介质情况综合考虑。

在测量时，为使热电偶与被测温度间呈单值函数关系，需要一些特定的处理手段或补偿使热电偶冷端的温度保持恒定。

2. 热电阻传感器

利用电阻随温度变化的特点制成的传感器叫热电阻传感器，它主要用于对温度和与温度有关的参数测定。按热电阻的性质来分，可分为金属热电阻和半导体热电阻两大类，前者通常简称为热电阻，后者称为热敏电阻（见本章4.7）。

热电阻是由电阻体、绝缘套管和接线盒等主要部件组成，其中，电阻体是热电阻的最主要部分。

（1）铂电阻 铂电阻的特点是精度高、稳定性好、性能可靠。铂在氧化性介质中，特别是在高温下的物理、化学性质都非常稳定。但是，在还原性介质中，特别是在高温下很容易被从氧化物中还原出来的蒸气所污染，会使铂丝变脆，并改变其电阻与温度间的关系，通常可用经验公式描述铂电阻的温度关系，即

$$R_t = R_0(1+At+Bt^2) \tag{4-43}$$

式中 R_t——温度为 t（℃）时的电阻值；

R_0——温度为0℃时的电阻值；

A——常数，$A=\alpha(1+\delta/100℃)$（根据1968年国际温标规定：$\alpha=3.9259668\times10^{-8}℃^{-1}$，$\delta=1.496334℃$）；

B——常数，$B=-1\times10^{-4}\alpha\delta℃^{-2}$。

铂的纯度常以$\dfrac{R_{100}}{R_0}$来表示，根据1968年国际温标规定，其值不得小于1.3925。一般工

业上常用的铂电阻，我国分度号为 BA_1、BA_2，其中 $\dfrac{R_{100}}{R_0}$ 值为 1.391。

铂电阻体是用很细的铂丝绕在云母、石英或陶瓷支架上做成的。常用的 WZB 型铂电阻体是由直径为 0.03~0.07mm 的铂丝绕在云母片制成的平板型支架上（见图 4-42），铂丝绕组的出线端与银丝引出线相焊，并穿上瓷套管加以绝缘和保护。

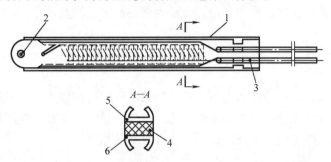

1—铂丝　2—铆钉　3—银导线　4—绝缘片　5—夹持件　6—骨架

图 4-42

WZB 型铂电阻体

（2）铜电阻　铂是贵重金属，在一些测量精度要求不高且温度范围较低的场合，一般采用铜电阻，其测量范围为 -50~150℃。铜电阻具有线性度好、电阻温度系数高以及价格便宜等优点。在其正常测量范围内，有

$$R_t = R_0(1+\alpha t) \tag{4-44}$$

式中　α——电阻温度系数，取值范围为 $(4.25\sim4.28)\times10^{-8}℃^{-1}$（铂的电阻温度系数在 0~100℃ 之间的平均值为 $3.9\times10^{-8}℃^{-1}$）。

铜热电阻的缺点是电阻率小，$\rho_{Cu} = 1.7\times10^{-8}\Omega\cdot m$（$\rho_{Pt} = 9.81\times10^{-8}\Omega\cdot m$），所以制成一定阻值的电阻时，与铂材料相比，铜电阻丝要细，导致机械强度不高；或者增加电阻丝的长度，使得电阻体积较大。另外，当温度超过 100℃ 时，铜容易氧化，因此它只能在低温和没有浸蚀性介质中工作。铜电阻体是一个铜丝绕组（包括锰铜补偿部分），它是由直径约为 0.1mm 的绝缘铜丝双绕在圆形塑料支架上，如图 4-43 所示。

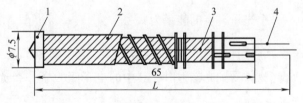

1—线圈骨架　2—铜热电阻丝　3—补偿绕组　4—铜引出线

图 4-43

铜电阻体

（3）其他热电阻　近年来，伴随着低温技术的发展，一些新型热电阻得到应用。

1）铟电阻。这是一种高精度低温热电阻。铟的熔点约为 429K，在 4.2~15K 温度范围内灵敏度比铂高 10 倍，故可用于铂电阻不能使用的低温范围。用 99.999% 高纯度铟丝制成的热电阻，在 4.2K 到室温的整个范围内，测量精度可达 ±0.001K。其缺点是材料很软，复

制性很差。

2）锰电阻。在 2~63K 的低温范围内，锰电阻随温度变化很大，灵敏度高，在 2~16K 的温度范围内电阻率随温度的二次方变化，掺以 α—锰，这个二次方关系可以扩展到 21K；磁场对锰电阻影响不大，且有规律。锰电阻的缺点是脆性大，难以拉制成丝。

3）碳电阻。碳电阻在低温下灵敏度高、热容量小，适合用作液氦温阈的温度计。碳电阻对磁场不敏感、价格便宜、操作方便，其缺点是热稳定性较差。

4.5　光电传感器

光电传感器是将光信号转换为电信号的传感器。若用这种传感器测量其他非电量时，只需将这些非电量的变化先转换为光信号的变化。这种测量方法具有结构简单、可靠性高、精度高、非接触和反应快等优点，被广泛用于各种自动检测系统中。

4.5.1　光电测量原理

光电传感器的工作基础是光电效应。每个光子具有的能量为 $h\nu$（ν 为光的频率，$h=6.62620\times10^{-34}\mathrm{J\cdot s}$，为普朗克常数）。用光照射某一物体，即为光子与物体的能量交换过程，这一过程中产生的电效应称为光电效应。光电效应按其作用原理又分为外光电效应、内光电效应和光生伏特效应。

1. 外光电效应

在光照作用下，物体内的电子从物体表面逸出的现象称为外光电效应，亦称光电子发射效应。在这一过程中光子所携带的电磁能转换为光电子的动能。

金属中存在大量的自由电子，通常，它们在金属内部做无规则的热运动，不能离开金属表面。但当电子从外界获取到等于或大于电子逸出功的能量时，便可离开金属表面。为使电子在逸出时具有一定的速度，就必须使电子具有大于逸出功的能量。这一过程的定量分析如下。

一个光子具有的能量为

$$E=h\nu \tag{4-45}$$

当物体受到光辐射时，其中的电子吸收了一个光子的能量 $h\nu$，该能量的一部分用于使电子由物体内部逸出所做的逸出功 A，另一部分则为逸出电子的动能 $\frac{1}{2}mv^2$，即

$$h\nu=\frac{1}{2}mv^2+A \tag{4-46}$$

式中　m——电子质量；

　　　v——电子逸出速度；

　　　A——物体的逸出功。

式（4-46）称为爱因斯坦光电效应方程式，它阐明了光电效应的基本规律。由式（4-46）可知：

1）光电子逸出表面的必要条件是 $h\nu > A$。因此，对每一种光电阴极材料，均有一个确定的光频率阈值。当入射光频率低于该值时，无论入射光的强度多大，均不能引起光电子发射。反之，入射光频率高于阈值频率，即使光强极小，也会有光电子发射，且无时间延迟。对应于此阈值频率的波长 λ_0，称为某种光电器件或光电阴极的"红限"，其值为

$$\lambda_0 = \frac{hc}{A} \tag{4-47}$$

式中 c——光速，$c = 3 \times 10^8 \mathrm{m \cdot s^{-1}}$。

2）当入射光频率成分不变时，单位时间内发射的光电子数与入射光光强成正比。光强越大，意味着入射光子数越多，逸出的光电子数亦越多。

3）对于外光电效应器件来说，只要光照射在器件阴极上，即使阴极电压为零，也会产生光电流，这是因为光电子逸出时具有初始动能。要使光电流为零，必须使光电子逸出物体表面时的初速度为零。为此要在阳极加一反向截止电压 U_0，使外加电场对光电子所做的功等于光电子逸出时的动能，即

$$\frac{1}{2}mv^2 = e\,|U_0| \tag{4-48}$$

式中 e——电子的电荷，$e = 1.602 \times 10^{-19}\mathrm{C}$。

反向截止电压 U_0 仅与入射光频率成正比，与入射光光强无关。

外光电效应器件有光电管和光电倍增管等。

2. 内光电效应

在光照作用下，物体的导电性能如电阻率发生改变的现象称内光电效应，又称光导效应。内光电效应与外光电效应不同，外光电效应产生于物体表面层，在光辐射作用下，物体内部的自由电子逸出到物体外部，而内光电效应则不发生电子逸出。这时，物体内部的原子吸收光能量，获得能量的电子摆脱原子束缚成为物体内部的自由电子，从而使物体的导电性发生改变。

内光电效应器件主要为光敏电阻以及由光敏电阻制成的光导管。

3. 光生伏特效应

在光线照射下能使物体产生一定方向的电动势的现象称为光生伏特效应。基于光生伏特效应的器件有光电池，可见光电池也是一种有源器件。它广泛用于把太阳能直接转换成电能，亦称为太阳能电池。光电池种类很多，有硅、硒、砷化镓、硫化镉、硫化铊光电池等。其中硅光电池由于其转换效率高、寿命长、价格便宜而应用最为广泛。硅光电池较适宜于接收红外光。硒光电池适宜于接收可见光，但其转换效率低（仅有 0.02%）、寿命低。它的最大优点是制造工艺成熟、价格便宜，因此仍被用来制作照度计。砷化镓光电池的光电转换效率稍高于硅光电池，其光谱响应特性与太阳光谱接近，且其工作温度最高，耐受宇宙射线的辐射，因此可作为宇航电源。

常用的硅光电池结构如图 4-44 所示。在电阻率为 $0.1 \sim 1\Omega \cdot \mathrm{cm}$ 的 N 型硅片上进行硼扩散以形成 P 型层，再用引线将 P 型和 N 型层引出形成正、负极，便形成了一个光电池。接受

光辐射时，在两极间接上负载便会有电流通过。

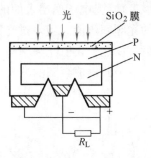

图 4-44

硅光电池的结构

光电池的作用原理：当光辐射至 PN 结的 P 型面上时，如果光子能量 $h\nu$ 大于半导体材料的禁带宽度，则在 P 型区每吸收一个光子便激发一个电子-空穴对。在 PN 结电场作用下，N 区的光生空穴将被拉向 P 区，P 区的光生电子被拉向 N 区。结果，在 N 区便会积聚负电荷，在 P 区则积聚正电荷。这样，在 P 区和 N 区之间形成电势差，若将 PN 结两端以导线连接起来，电路中就会有电流流过。

光电池的基本特性包括光照特性、频率响应、光谱特性和温度特性等。常用的硅光电池的光谱范围为 $0.45\sim1.1\mu m$，在 80nm 左右有一个峰值；而硒光电池的光谱范围为 $0.34\sim0.57\mu m$，比硅光电池的范围窄得多，它在 50nm 左右有一个峰值。此外，硅光电池的灵敏度为 $6\sim8nA\cdot mm^{-2}\cdot lx^{-1}$，响应时间为数微秒至数十微秒。

4.5.2　光电元件

1. 真空光电管或光电管

光电管主要有两种结构形式（见图 4-45），图 4-45a 中光电管的光电阴极 K 由半圆筒形金属片制成，用于在光照射下发射电子。阳极 A 为位于阴极轴心的一根金属丝，用于接收阴极发射电子。阴极和阳极被封装于一个抽真空的玻璃罩内。

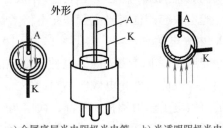

a) 金属底层光电阴极光电管　　b) 光透明阴极光电管

图 4-45

光电管的结构形式

光电管的特性主要取决于光电阴极材料，不同的阴极材料对不同波长的光辐射有不同的灵敏度。表征光电阴极材料特性的主要参数是它的频谱灵敏度、红限和逸出功。如银氧铯（$Ag\text{-}Cs_2O$）阴极在整个可见光区域均有一定的灵敏度，其频谱灵敏度曲线在近紫外光区（450nm）和近红外光区（750~800nm）分别有两个峰值。因此常用来作为红外光传感器。它的红限约为 700nm，逸出功为 0.74eV（$1eV=1.60\times10^{-19}J$），是所有光电阴极材料中最低的。

真空光电管的光电特性是指在恒定工作电压和入射光频率成分条件下，光电管接收的入射光通量 Φ 与其输出光电流 I_Φ 之间的比例关系。图 4-46a 给出两种光电阴极的真空光电管的光电特性。其中氧铯光电阴极的光电管在很宽的入射光通量范围上都具有良好的线性度，因而氧铯光电管在光度测量中获得广泛的应用。

光电管的伏安特性是光电管的另一个重要性能指标，指在恒定的入射光的频率成分和强度条件下，光电管的光电流 I_Φ 与阳极电压 U_a 之间的关系（见图 4-46b）。由图可见，光通量一定时，当阳极电压 U_a 增加时，管电流趋于饱和，光电管的工作点一般选在该区域中。

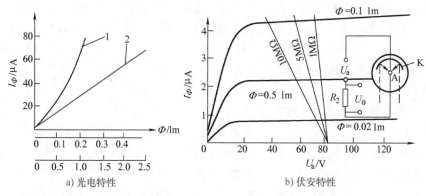

a) 光电特性　　　　　　　　　　　　b) 伏安特性

1—锑铯光电阴极的光电管　2—氧铯光电阴极的光电管

图 4-46

真空光电管特性

2. 光电倍增管

光电倍增管在光电阴极和阳极之间装了若干个"倍增极"，或叫"次阴极"。倍增极上涂有在电子轰击下能反射更多电子的材料，倍增极的形状和位置设计成正好使前一级倍增极反射的电子继续轰击后一级倍增极。在每个倍增极间依次增大加速电压，如图 4-47a 所示。设每极的倍增率为 δ（一个电子能轰击产生出 δ 个次级电子），若有 n 次阴极，则总的光电流倍增系数 $M = (C\delta)^n$（C 为各次阴极电子收集率），即光电倍增管阳极电流 I 与阴极电流 I_0 之间满足关系 $I = I_0 M = I_0 (C\delta)^n$，倍增系数与所加电压有关。常用的光电倍增管的基本电路如图 4-47b 所示，各倍增极电压由电阻分压获得，流经负载电阻 R_A 的放大电流造成的压降，给出输出电压。一般阳极与阴极之间的电压为 1000～2000V，两个相邻倍增电极的电位差为 50～100V。电压越

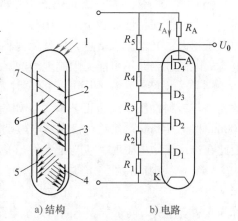

a) 结构　　　　　　b) 电路

1—入射光　2—第一倍增极　3—第三倍增极
4—阳极A　5—第四倍增极
6—第二倍增极　7—阴极K

图 4-47

光电倍增管的结构及电路

稳定越好，以减少由倍增系数的波动引起的测量误差。由于光电倍增管的灵敏度高，所以适合在微弱光下使用，但不能接受强光刺激，否则易于损坏。例如，郭守敬望远镜 LAMOST 的焦面使用了 4 千根光纤来获取星体信息（扫描右侧二维码观看相关视频）。

科普之窗
中国创造：
LAMOST

3. 光敏电阻

某些半导体材料（如硫化镉等）受到光照时，若光子能量 $h\nu$ 大于本征半导体材料的禁带宽度，价带中的电子吸收一个光子后便可跃迁到导带，从而激发出电子-空穴对，于是降低了材料的电阻率，增强了导电性能。阻值的大小随光照的增强而降低，且光照停止后，自由电子与空穴重新复合，电阻恢复原来的值。

光敏电阻的特点是灵敏度高、光谱响应范围宽，可从紫外一直到红外，且体积小、性能稳定，因此广泛用于测试技术。光敏电阻的材料种类很多，适用的波长范围也不同。如硫化镉（CdS）、硒化镉（CdSe）适用于可见光（$0.4 \sim 0.75 \mu m$）的范围；氧化锌（ZnO）、硫化锌（ZnS）适用于紫外光范围；而硫化铅（PbS）、硒化铅（PbSe）、碲化铅（PbTe）则适用于红外光范围。

光敏电阻的主要特征参数有以下几种：

（1）光电流、暗电阻、亮电阻　光敏电阻在未受到光照条件下呈现的阻值称为"暗电阻"，此时通过的电流称为"暗电流"。光敏电阻在特定光照条件下呈现的阻值称为"亮电阻"，此时通过的电流称为"亮电流"。亮电流与暗电流之差称为"光电流"。光电流的大小表征了光敏电阻的灵敏度大小。一般希望暗电阻大，亮电阻小，这样暗电流小，亮电流大，相应的光电流大。光敏电阻的暗电阻大多很高，为兆欧量级，而亮电阻则在千欧以下。

（2）光照特性　光敏电阻的光电流 I 与光通量 Φ 的关系曲线称为光敏电阻的光照特性。一般说来光敏电阻的光照特性曲线呈非线性，且不同材料的光照特性不同。

（3）伏安特性　在一定光照下，光敏电阻两端所施加的电压与光电流之间的关系称为光敏电阻的伏安特性。当给定偏压时，光照度越大，光电流也越大。而在一定的照度下，所加电压越大，光电流也就越大，且无饱和现象。但电压实际上受到光敏电阻额定功率、额定电流的限制，因此不可能无限制地增加。

（4）光谱特性　对不同波长的入射光，光敏电阻的相对灵敏度是不一样的。光敏电阻的光谱与材料性质、制造工艺有关。如硫化镉光敏电阻随着掺铜浓度的增加其光谱峰值从500nm 移至640nm；而硫化铅光敏电阻则随材料薄层的厚度减小其峰值也朝短波方向移动。因此在选用光敏电阻时，应当把元件与光源结合起来考虑，才能获得所希望的效果。

（5）响应时间特性　光敏电阻的光电流对光照强度的变化有一定的响应时间，通常用时间常数来描述这种响应特性。光敏电阻自光照停止到光电流下降至原值的63%时所经过的时间称为光敏电阻的时间常数。不同的光敏电阻的时间常数不同，因而其响应时间特性也不相同。

（6）光谱温度特性　与其他半导体材料相同，光敏电阻的光学与化学性质也受温度影响。温度升高时，暗电流和灵敏度下降。温度的变化也影响到光敏电阻的光谱特性。因此有时为提高光敏电阻对较长波长光照（如远红外光）的灵敏度，要采用降温措施。

4. 光敏晶体管

光敏晶体管分光敏二极管和光敏晶体管，其结构原理分别如图 4-48、图 4-49 所示。光敏二极管的 PN 结安装在管子顶部，可直接接受光照，在电路中一般处于反向工作状态（见图 4-48b）。在无光照时，暗电流很小。当有光照时，光子打在 PN 结附近，从而在 PN 结附件产生电子-空穴对。它们在内电场作用下做定向运动，形成光电流。光电流随光照度的增加而增加。因此在无光照时，光敏二极管处于截止状态，当有光照时，二极管导通。

光敏晶体管有 NPN 型和 PNP 型两种，结构与一般晶体管相似。由于光敏晶体管是由光致导通的，因此它的发射极通常做得很小，以扩大光的照射面积。当光照到晶体管的 PN 结附近时，在 PN 结附件有电子-空穴对产生，它们在内电场作用下做定向运动，形成光电流。这样使 PN 结的反向电流大大增加。由于光照发射极所产生的光电流相对于晶体管的基极电流，因此集电极的电流为光电流的 β 倍，因此光敏晶体管的灵敏度比光敏二极管的灵敏度高。

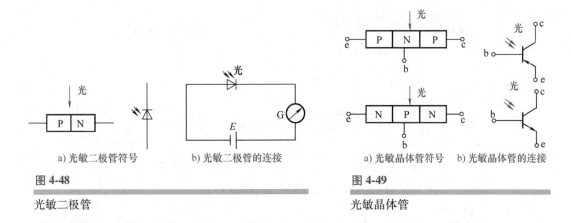

图 4-48　光敏二极管
　　a) 光敏二极管符号　　b) 光敏二极管的连接

图 4-49　光敏晶体管
　　a) 光敏晶体管符号　　b) 光敏晶体管的连接

光敏晶体管的基本特性有：

（1）光照特性　光敏二极管特性曲线的线性度要好于光敏晶体管，这与晶体管的放大特性有关。

（2）伏安特性　在不同照度下，光敏二极管和光敏晶体管的伏安特性曲线跟一般晶体管在不同基极电流时的输出特性一样。并且光敏晶体管的光电流比相同管型的二极管的光电流大数百倍。由于光敏二极管的光生伏打效应使得光敏二极管即使在零偏压时仍有光电流输出。

（3）光谱特性　当入射波长增加时，光敏晶体管的相对灵敏度均下降，这是由于光子能量太小，不足以激发电子-空穴对。而当入射波长太短时，灵敏度也会下降，这是由于光子在半导体表面附近激发的电子-空穴对不能到达 PN 结的缘故。

（4）温度特性　光敏晶体管的暗电流受温度变化的影响较大，而输出电流受温度变化的影响较小。使用应考虑温度因素的影响，采取补偿措施。

（5）响应时间　光敏管的输出与光照之间有一定的响应时间，一般锗管的响应时间为 2×10^{-4} s 左右，硅管为 1×10^{-5} s 左右。

4.5.3　光电传感器的应用

光电传感器可应用于检测多种非电量。由于光通量对光敏元件作用方式的不同所涉及的光学装置是多种多样的，按其输出性质可分为两类：

1. 模拟量光电传感器

把被测量转换成连续变化的光电流，它与被测量间呈单值对应关系。属于这一类的光敏元件有以下几种形式：

1）光源本身是被测物（见图 4-50a），其能量辐射到光敏元件上。这种形式的光电传感器可用于光电比色高温计中，它的光辐射的强度和光谱的强度分布都是被测温度的函数。

2）恒光源所辐射的光穿过被测物，部分被吸收，而后到达光敏元件上（见图 4-50b）。吸收量取决于被测物质的被测参数。例如，测液体、气体的透明度、混浊度的光电比色计、混浊度计的传感器等。

3）恒光源所辐射的光照到被测物（见图 4-50c），由被测物反射到达光敏元件上。表面反射状态取决于该表面的性质，因此成为被测非电量的函数。如测量表面粗糙度等仪器的传

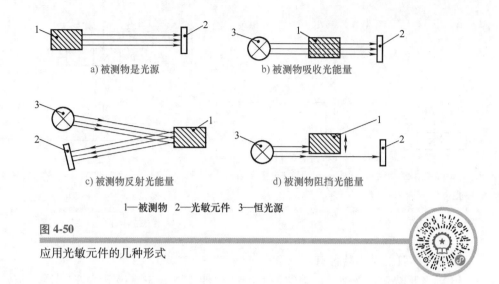

a) 被测物是光源　　　　b) 被测物吸收光能量

c) 被测物反射光能量　　　d) 被测物阻挡光能量

1—被测物　2—光敏元件　3—恒光源

图 4-50

应用光敏元件的几种形式

感器。

4）恒光源所辐射的光遇到被测物，部分被遮挡，而后到达光敏元件上（见图 4-50d），由此改变了照射到光敏元件上的光通量。在某些检测尺寸或振动的仪器中，常采用这类传感器。

2. 开关量光电传感器

把被测量转换成断续变化的光电流，而自动检测系统输出的为开关量或数字电信号。属于这一类的传感器大多用在光机电结合的检测装置中。如电子计算机的光电输入机、转速表的光电传感器与用于精确角度测量的光电式编码器。

这类传感器为数字传感器，具有以下优点：

1）能借助于微电子技术，达到足够高的精度，避免人为的读数误差。

2）易于实现系统的快速、自动和数字化。

3）测量系统量程大，长度可达数米甚至更长，可在 360°范围内进行角度测量。

4）测量系统安装方便、使用维护简单、工作性能可靠。

由于上述优点，已在机床业的数控、自动化以及计量业中广泛应用。本节着重介绍角度-数字编码器。

角度-数字编码器结构最为简单，广泛用于简易数控机械系统中。按工作原理加以区分，可分为脉冲盘式和码盘式两种。

（1）脉冲盘式角度-数字编码器　脉冲盘式角度-数字编码器的结构如图 4-51 所示。在一个圆盘的边缘上开有相等角距的狭缝（分成透明及不透明的部分），在开缝圆盘的两边分别安装光源及光敏元件。使圆盘随工作轴一起转动，每转过一个缝隙就发生一次光线的明暗变化，经过光敏元件，就产生一次电

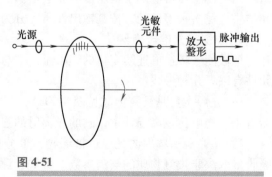

图 4-51

脉冲盘式角度-数字编码器结构示意图

信号的变化，再经整形放大，可以得到一定幅值和功率的电脉冲输出信号。脉冲数等于转过

的缝隙数。若将得到的脉冲信号送到计数器中，则计数码即可反映圆盘转过的角度。

　　若采用两套光电转换装置，使其相对位置有一定的关系，以保证它们产生的信号在相位上相差 1/4 周期，这样可以判断轴的旋转方向，如图 4-52 所示。

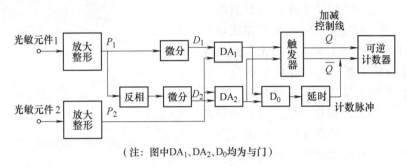

（注：图中DA₁、DA₂、D₀均为与门）

图 4-52

辨向环节的逻辑电路图

　　正转时光敏元件 2 比光敏元件 1 先感光，此时与门 DA₁ 有输出，将加减控制触发器置"1"，使可逆计数器的加法母线为高电位。同时 DA₁ 的输出脉冲又经或门 D₀ 送到可逆计数器的计数输入端，计数器进行加法计数。反转时光敏元件 1 比光敏元件 2 先感光，计数器进行减法计数。这样就可以区别旋转方向，自动进行加法或减法计数。

　　（2）码盘式角度-数字编码器　码盘式角度-数字编码器是按角度直接进行编码的传感器，通常把它装在检测轴上。按其结构可把它分为接触式、光电式和电磁式。码盘结构如图4-53 所示。

　　图 4-53a 为一个接触式四位二进制码盘，涂黑部分为导电区。所有导电部分连接在一起接高电位。空白部分为绝缘区。在每圈码道上都有一个电刷，电刷经电阻接地。当码盘与轴一起转动时，电刷上将出现相应的电位，对应一定的数码。

　　若采用 n 位码盘，则能分辨的角度 α 为

$$\alpha = \frac{360°}{2^n}$$

　　位数 n 越大，能分辨的角度越小，测量精度越高。二进制码盘很简单，但实际应用中对码盘的制作和电刷（或光敏元件）的安装要求十分严格，否则就会出错。例如，当电刷（0111）向（1000）位过渡时，若电刷位置安装不准，可能出现 8~15 之间的任一十进制数，这是不允许的。这种误差属于非单值误差。

　　为了消除非单值误差，通常用循环码代替二进制码（见图 4-53b）。循环码的特点是相邻的两个数码只有一位是变化的，因此即使制作和安装不准，产生的误差最大也只是一位数。

　　接触式码盘的优点是简单、体积小、输出信号功率大；缺点是有磨损、寿命短、转速不能太高。

a) 四位二进制码盘　　b) 四位循环码盘

图 4-53

码盘结构

（3）光电式角度-数字编码器　近年来，大部分编码器采用光电式结构。通常它的码盘是用玻璃制成的，码盘上有代表编码的透明和不透明的图形。这些图形是采用照相制版真空镀膜工艺形成的，相当于接触式编码器码盘上的导电区和非导电区。一个完整的光电式角度-数字编码器包括光源、光学系统、码盘、读数系统和电路系统。结构如图 4-54 所示。编码器的精度主要由码盘的精度决定，目前的分辨率可以达到 $0.15''$，径向线条宽度为 $0.06 \text{rad} \cdot \text{s}$。为了保证精度，码盘的透明和不透明的图形边缘必须清晰、锐利，以减少光敏元件在电平转换时产生的过渡噪声。光学系统的边缘效应是限制编码器精度的重要因素之一。

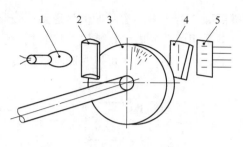

1—光源　2—透镜　3—码盘
4—狭缝　5—光敏元件

图 4-54

光电式角度-数字编码器结构示意图

为了提高编码器的分辨率，在光电式角度-数字编码器中采用了二进制码盘、脉冲增量式码盘再加细分电路构成的高位数绝对式角度-数字编码器。

例如，有 1/1219 分辨率的编码器，它的码盘内有 14 条码道，通过光学系统产生 14 位二进制数字输出码。外层码道有两路增量脉冲光学系统，产生一个正弦输出和一个余弦输出，使编码器的分辨率从 1/1214 提高到 1/1219，相当于 $0.02 \text{rad} \cdot \text{s}$。

4.5.4　应用实例

1. 带钢冷轧纠偏监测

图 4-55 为一种利用光电传感器进行边缘位置检测的装置，用于带钢冷轧过程中控制带钢的移动位置纠偏。

由白炽灯发出的光经凸透镜汇聚、分光镜反射后再经平凸透镜汇聚成平行光，该光束被行进中的带钢遮挡掉一部分，另一部分则入射至角矩阵反射镜，经该角矩阵反射镜反射的光再经平凸透镜、分光镜和凸透镜汇聚到光敏电

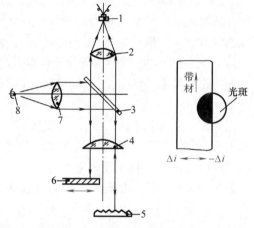

1—光敏电阻　2、7—凸透镜　3—分光镜　4—平凸透镜
5—角矩阵反射镜　6—带钢
8—白炽灯

图 4-55

光电式边缘位置检测装置

阻上。角矩阵反射镜用于防止平面反射镜因倾斜或不平而出现的漫反射。由于光敏电阻接在输入桥路的一臂上，因此当带钢位于平行光束中间位置时，电桥处于平衡状态，输出为零。当带钢左、右偏移时，遮光面积发生减小或增大的变化，则光敏电阻接收的光通量会增大或减小，于是输出电流为 Δi 或 $-\Delta i$，该电流信号经放大后可作为带钢纠偏控制信号。

2. 光电转速计

采用光敏元件也可以做成光电转速计。在被测对象的转轴上涂上黑白二色，经光学系统的光照到转轴上。转动时，反光与不反光交替出现。轴每旋转一周反射到光敏接收元件上的

光强弱变化一次，从而在光敏元件中引起一个脉冲信号。该脉冲信号经整形放大后送往计数器，从而可测得物体的转速。所用光敏元件可以是光电池，也可以是光敏二极管。

4.6 光纤传感器

科普之窗
中国创造：慧眼
卫星

光纤传感器是 20 世纪 70 年代发展起来的新型传感器，和前面所介绍的传统传感器相比，有着重大差别。传统传感器以机-电转换为基础，以电信号为变换和传输载体，利用导线传输电信号。光纤传感器则以光学量为转换基础，以光信号为变换和传输载体，利用光导纤维传输光信号。在慧眼卫星的探测器中就用到了光电倍增管（扫描右侧二维码观看相关视频）。

4.6.1 分类

光纤传感器以光学测量为基础，因此光纤传感器首先要解决的问题是如何将被测量的变化转换成光波的变化。实际上，只要使光波的强度、频率、相位和偏振四个参数之一随被测量变化，则此问题即被解决。通常，把光波随被测量的变化而变化，称为对光波进行调制。相应的，按照调制方式，光纤传感器可分为强度调制、频率调制、相位调制和偏振调制四种形式。其中以强度调制型较为简单和常用。

按光纤的作用，光纤传感器可分为功能型和传光型两种（见图 4-56）。功能型光纤传感器的光纤不仅起着传输光波的作用，还起着敏感元件的作用，由它进行光波调制；它既传光又传感。传光型光纤传感器的光纤仅仅起着传输光波的作用，对光波的调制则需要依靠其他元件来实现。从图 4-56 中可以看到，实际上传光型光纤传感器也有两种情况。一种是在光波传输中，由光敏元件对光波实行调制（见图 4-56b），另一种则是由敏感元件和发光元件发出已调制的光波（见图 4-56c）。

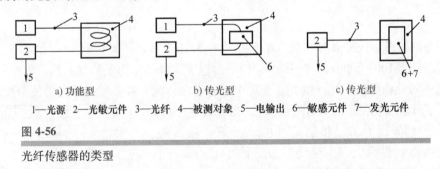

a) 功能型   b) 传光型   c) 传光型
1—光源 2—光敏元件 3—光纤 4—被测对象 5—电输出 6—敏感元件 7—发光元件

图 4-56

光纤传感器的类型

一般来说，传光型光纤传感器应用较多，也较容易使用。功能型光纤传感器的结构和工作原理往往比较复杂或巧妙，测量灵敏度比较高，有可能解决一些特别棘手的测量难题。表4-4 列出部分光纤传感器的测量对象、种类及调制方式。

4.6.2 光纤导光原理

由物理学得知，当光由大折射率 n_1 的介质（光密介质）射入小折射率 n_2 的介质（光疏介质）时（见图 4-57a），折射角 θ_r 大于入射角 θ_i。增大 θ_i，θ_r 也随之增大。当 $\theta_r = 90°$ 时所对应的入射角称为临界角（见图 4-57b），并记为 θ_{ic}。若 θ_i 继续增大，即 $\theta_i > \theta_{ic}$ 时，将出现全反射现象，此时光线不进入 n_2 介质，而在界面上全部反射回 n_1 介质中（见图 4-57c）。光波沿光纤的传播便是以全反射方式进行的。

表 4-4   光纤传感器的测试对象及调制方式

测量对象	种 类	调制方式	测量对象	种 类	调制方式
电流、磁场	功能型	偏振态	压力、振动、声压	功能型	频率
		相位			相位
	传光型	偏振态			发光强度
电压、电场	功能型	偏振态		传光型	发光强度
		相位			光量有无
	传光型	偏振态			—
放射线	功能型	发光强度	速度	功能型	相位
温度	功能型	相位			频率
		发光强度		传光型	光量有无
		偏振态			
	传光型	光量有无	图像	功能型	发光强度
		发光强度			

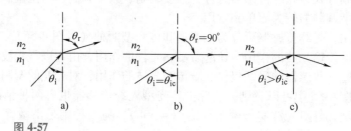

图 4-57

光的折射

光纤为圆柱形,内外共分三层。中心是直径为几十微米、大折射率 n_1 的芯子。芯子外层有一层直径为 $100 \sim 200 \mu m$、折射率 n_2 较小的包层。最外层为保护层,其折射率 n_3 则远大于 n_2。这样的结构保证了光纤的光波会集中在芯子内传输,并不受外来电磁波干扰。

在芯子-包层的界面上(见图 4-58),光线自芯子以入射角 θ_2 射到界面 C 点。显然,当 θ_2 大于某一临界角 θ_{2c} 时,光线将在界面上产生全反射,反射角 $\theta_S = \theta_2$。光线反射到芯子另一侧的界面时,入射角仍为 θ_2,再次产生全反射;如此不断地传播下去。

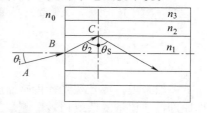

图 4-58

光线在光纤中的传播

光线自光纤端部射入,其入射角 θ_i 必须满足一定的条件才能使在 B 点折射后的光线 BC 射到芯子-包层界面 C 处产生全反射。由图 4-58 可以看出,入射角 θ_i 减小,C 处的入射角 θ_2 增大。可以证明,若光线自折射率为 n_0 的介质中入射光纤,则当 $\theta_2 = \theta_{2c}$ 时,入射角 $\theta_i = \theta_{ic}$ 为

$$\sin\theta_{ic} = \frac{1}{n_0}\sqrt{n_1^2 - n_2^2}$$

(4-49)

通常将 $n_0\sin\theta_{ic}$ 定义为光纤的"数值孔径",用 NA 表示。显然,若自 $n_0 = 1$ 的介质（如大气）入射时,$\text{arcsin}NA = \theta_{ie}$ 即为端面入射临界角。凡入射角 $\theta_i < \text{arcsin}NA$ 的那部分光线进入光纤后,将在芯子-包层界面处产生全反射而沿芯子向前传播。反之,当 $\theta_i > \text{arcsin}NA$ 时,光线进入芯子后会折射到包层内而最终消失,无法沿光纤传播。光纤的数值孔径 NA 越大,表明在越大的入射角范围内入射的光线均可在光纤的芯子-包层界面实现全反射。作为传感器的光纤,一般采用 $0.2 \leqslant NA < 0.4$。

4.6.3　光纤传感器的应用

下面介绍几种光纤位移传感器,目的是通过它们来了解光纤传感器的构造和应用的一些特点。

光纤位移传感器应用极为广泛,而且经过适当的变化,也适用于测量其他待测量,如温度、压力、声压以及振动等。

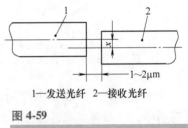

1—发送光纤　2—接收光纤

图 4-59

光纤位移传感器

图 4-59 是一种最简单的光纤位移传感器,其发送光纤和接收光纤的端面相对,其间隔为 $1\sim2\mu m$。接收光纤接收到的光强随两光纤径向相对位置不同而改变。此种传感器可应用于声压和水压的探测。

图 4-60 是一种反射式光纤位移传感器。发送光纤和接收光纤束扎在一起。发送光纤射出的光波在被测表面上反射到接收光纤,如图 4-60a 所示。接收光纤所接收的发光强度 I 随被测表面与光纤端面之间的距离而变化。图 4-60b 中表示出接收发光强度与距离的关系曲线。在距离较小的范围内,接收发光强度随距离 x 的增大而较快地增加,故灵敏度高,但位移测量范围较小,适用于小位移、振动和表面状态的测量。在 x 超过某一定值后,接收发光强度随 x 的增大而减小,此时,灵敏度较低,位移测量范围较大,适用于物位测量。

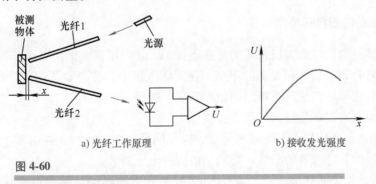

a) 光纤工作原理　　　　　　　b) 接收发光强度

图 4-60

传光型光纤位移传感器

某些三维坐标测量机也应用这种光纤位移传感器。

图 4-61 所示的液位光纤传感器的端部,有一个全反射棱镜。

在空气中,由发送光纤传输来的光波经棱镜全部反射进接收光纤。一旦棱镜接触液体后,由于液体折射率与空气的不同,破坏了全反射条件,部分光波进入液体,从而进入接收光纤的发光强度减小。

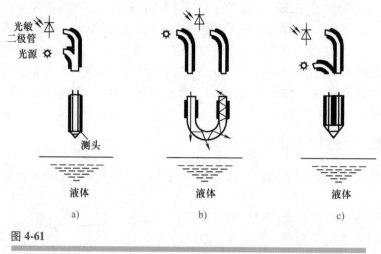

图 4-61

液位光纤传感器

图 4-59~图 4-61 都是强度调制式传光型光纤传感器。在强度调制式的功能型位移光纤传感器中，以微弯式光纤传感器应用最广。其工作原理大致是：光纤在被测位移量的作用下产生微小弯曲变形，导致光纤导光性能的变化，部分光波折射入包层内而损耗掉。损耗的发光强度随弯曲程度而异。使光纤微弯的办法很多，例如用两块波纹板将光纤夹住，被测位移量通过两波纹板使光纤弯曲变形，以改变其导光性能。不难理解，若波纹板受控于压力、声压或温度，那么也就构成微弯式的压力、声压或温度传感器。

相位调制式的位移传感器，大多数采用干涉法，即在两束相干光波中，有一束受到被测量的调制，两者产生随被测量变化而变化的光程差，形成干涉条纹。干涉法的灵敏度很高。若采用激光光源，利用其相干性好的优点，便可使传感器获得既有高灵敏度又有大测量范围的好性能。

4.6.4 光纤传感器的特点

光纤传感器技术已经成为极重要的传感器技术。其应用领域正在迅速扩展，对传统传感器应用领域起着补充、扩大和提高的作用。在实际应用中，有必要了解光纤传感器的特点，以利于在光纤传感器和传统传感器之间做出合适的选择。

光纤传感器具有以下几方面的优点：

1）采用光波传递信息，不受电磁干扰，电气绝缘性能好，可在强电磁干扰下完成传统传感器难以完成的某些参量的测量，特别是电流、电压测量。

2）光波传输无电能和电火花，不会引起被测介质的燃烧、爆炸；光纤耐高温、耐腐蚀；因而能在易燃、易爆和强腐蚀性的环节中安全工作。

3）某些光纤传感器的工作性能优于传统传感器，如加速度计、磁场计、水听器等。

4）重量轻、体积小、可挠性好，利于在狭窄空间使用。

5）光纤传感器具有良好的几何形状适应性，可做成任意形状的传感器和传感器阵列。

6）频带宽、动态范围大，对被测对象不产生影响，有利于提高测量精度。

7）利用现有的光通信技术，易于实现远距离测控。

4.7　半导体传感器

半导体材料的一个重要特性是对光、热、力、磁、气体、湿度等理化量的敏感性。利用半导体材料的这些特性使其成为非电量电测的转换元件，是近代半导体技术应用的一个重要方面。

半导体传感器具有许多明显的特点。它们是一些物性型传感器，通常可以做成结构简单、体积小、重量轻的器件；它们的功耗低、安全可靠、寿命长；它们对被测量敏感、响应快；易于实现集成化。但它们的输出特性一般是非线性的，常常需要采用线性化电路；受温度影响大，往往需要采用温度补偿措施；其性能参数分散性较大。以上特点使得发展和应用半导体传感器已成为近代测试技术的重要发展方向。半导体传感器的使用量极大，增长率很快。本节介绍一些基本的半导体传感器。

4.7.1　磁敏传感器

利用半导体材料的磁敏特性来工作的传感器有霍尔元件、磁阻元件和磁敏管等。

1. 霍尔元件

霍尔元件是一种半导体磁电转换元件。一般由锗（Ge）、锑化铟（InSb）、砷化铟（InAs）等半导体材料制成。它们利用霍尔效应进行工作。如图 4-62 所示，将霍尔元件置于磁场 B 中，如果在 a、b 端通以电流 i，在 c、d 端就会出现电位差，称为霍尔电动势 V_H，这种现象称为霍尔效应。

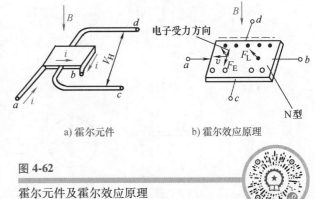

a) 霍尔元件　　　　b) 霍尔效应原理

图 4-62

霍尔元件及霍尔效应原理

霍尔效应的产生是由于运动电荷受到磁场中洛伦兹力的作用结果。若把 N 型半导体薄片放在磁场中，通以固定方向的电流 i，那么半导体中的载流子（电子）将沿着与电流方向相反的方向运动。从物理学已知，任何带电质点在磁场中沿着和磁力线垂直的方向运动时，都要受到磁场力 F_L 的作用，这个力称为洛伦兹力。由于 F_L 的作用，电子向一边偏移，并形成电子积累，与其相对的一边则积累正电荷，于是形成电场。该电场将阻止运动电子的继续偏移，当电场作用在运动电子上的力 F_E 的作用与洛伦兹力 F_L 相等时，电子的积累便达到动态平衡。这时在元件 c、d 端之间建立的电场称为霍尔电场，相应的电动势称为霍尔电动势 V_H，其大小为

$$V_H = k_B iB\sin\alpha \tag{4-50}$$

式中　k_B——霍尔常数，取决于材质、温度和元件尺寸；

　　　B——磁感应强度；

　　　α——电流与磁场方向的夹角。

根据此式，如果改变 B 或 i，或者两者同时改变，就可以改变 V_H 值。运用这一特性，

就可以把被测参数转换成电压量的变化。

近来生产的锑化铟薄膜霍尔元件是用镀膜法制造的，其厚度约为0.2mm，被用于极窄缝隙中的磁场测量。而集成霍尔元件是利用硅集成电路工艺制造，它的敏感部分与变换电路制作在同一基片上，乃至于包括敏感、放大、整形、输出等部分。整个集成电路可制作在约$1mm^2$的硅片上，外部由陶瓷片封装，体积约为$6mm×5.2mm×2mm$。

集成元件与分立元件相比，不仅体积大大缩小，而且灵敏度提高了。例如，在工作电流为20mA，磁感应强度$B=0.1T$的情况下，集成霍尔元件的输出达25mV，而分立元件仅为1.2mV。

另一种MOS型霍尔元件是利用硅平面工艺把MOS霍尔元件和差分放大器集成在一个芯片上，其灵敏度可达$20000mV/（mA·T）$以上。

霍尔元件在工程测量中有着广泛的应用。图4-63介绍了霍尔元件用于测量的各种实例。可以看出，将霍尔元件置于磁场中，当被测物理量以某种方式改变了霍尔元件的磁感应强度时，就会导致霍尔电动势的变化。例如，图4-63f是一种霍尔压力传感器，液体压力p使波纹管的膜片变形，通过杠杆使霍尔片在磁场中位移，其输出电动势将随压力p而变化。

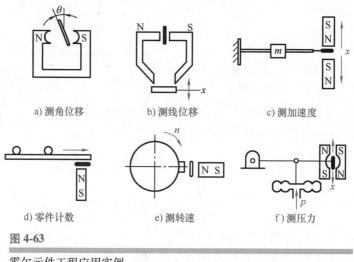

a) 测角位移　　　　　　　b) 测线位移　　　　　　　c) 测加速度

d) 零件计数　　　　　　　e) 测转速　　　　　　　f) 测压力

图 4-63

霍尔元件工程应用实例

以微小位移测量为基础，霍尔元件还可以应用于微压、压差、高度、加速度和振动的测量。

图4-64表示一种利用霍尔元件探测MTC钢丝绳断丝的工作原理。这种探测仪的永久磁铁使钢丝绳磁化，当钢丝绳有断丝时，在断口处出现漏磁场，霍尔元件通过此漏磁场将获得一个脉动电压信号。此信号经放大、滤波、A-D转换后进入计算机分析，识别出断丝根数和断口位置。该项技术已成功应用于矿井提升钢丝绳、起重机械钢丝绳、载人索道钢丝绳等断丝检测，获得了良好的效益。

2. 磁阻元件

磁阻元件是利用半导体材料的磁阻效应来工作的。霍尔元件处于外磁场中时，会产生载流子的偏移，故使其传导电流分布不均，表现为传导电流方向的电阻也不一致。当改变磁场的强弱就会影响电流密度的分布，半导体片的电阻变化可反映这一状态。半导体片的电阻与

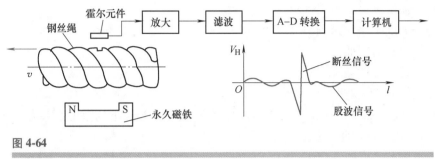

图 4-64

探测 MTC 钢丝绳断丝的工作原理

外加磁场 B 和霍尔常数 k_B 有关，这种特性称为磁阻效应。磁阻效应与材料性质、几何形状有关，一般迁移率越大的材料，磁阻效应越显著，元件的长宽比越小，磁阻效应越大。

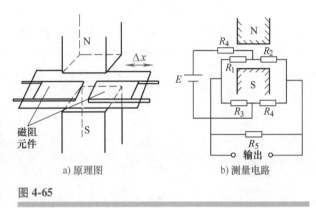

图 4-65

测量位移的磁阻效应传感器

磁阻元件可用于位移、力、加速度等参数的测量。图 4-65 表示了一种测量位移的磁阻效应传感器。将磁阻元件置于磁场中，当它相对于磁场发生位移时，元件内阻 R_1、R_2 发生变化。如果将 R_1、R_2 接于电桥，则其输出电压与电阻的变化成比例。

3. 磁敏管

磁敏二极管和磁敏晶体管是 20 世纪 70 年代发展出来的新型磁敏传感器。这种元件检测磁场变化的灵敏度很高（高达 $10\text{V}/(\text{mA}\cdot\text{T})$），为霍尔元件磁灵敏度的数百倍至数千倍；且能识别磁场方向、体积小、功耗低，但有较大的噪声、漂移和温度系数。它们很适合检测微弱磁场的变化，可用于磁力探伤仪和借助磁场触发的无触点开关，也用于非接触转速、位移量测量等。

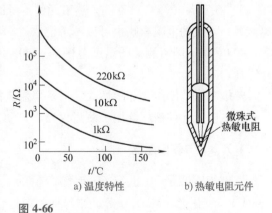

图 4-66

热敏元件及其温度特性

4.7.2 热敏传感器

热敏电阻是一种半导体温度传感器，由金属氧化物（NiO、MnO_2、CuO、TiO_2 等）的粉末按一定比例混合烧结而成。热敏电阻具有很大的负温度系数，且其特性曲线为非线性的（见图 4-66）。电阻-温度关系为

$$R = R_0 e^{\beta\left(\frac{1}{T}-\frac{1}{T_0}\right)} \tag{4-51}$$

式中　　R——温度 T 时的电阻（Ω）；

　　　　R_0——温度 T_0 时的电阻（Ω）；

　　　　β——材料的特征常数（K）；

T，T_0——绝对温度（K）。

参考温度 T_0 常取 298K（25℃），而 β 最好为 4000 左右，通过计算（$\mathrm{d}R/\mathrm{d}T$）$/R$，可得电阻的温度系数为 $-\beta/T^2$。若 β 取值为 4000，则室温（25℃）下的温度系数为 -0.045。

半导体热敏电阻与金属电阻相比，具有下述优点：

1）灵敏度高，可测 0.001~0.005℃ 的微小温度变化。灵敏度一般为 ±6mV/℃ 以下及 $-150\sim-20\Omega/℃$，比热电偶和电阻温度传感器的灵敏度高许多。

2）热敏电阻元件可制作成珠式、杆式和盘式等（见图 4-67）。其中微珠式热敏电阻的珠头直径可做到小于 0.1mm，因而可测量微小区域的温度，由于体积小、热惯性小、响应时间很短，时间常数可小到毫秒级。

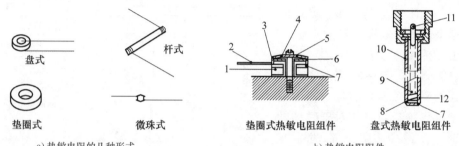

a）热敏电阻的几种形式　　　　　　　　　　　b）热敏电阻阻件

1—热敏电阻　2—接线端子　3—纤维垫圈　4—弹簧垫圈　5—纤维套　6—铜垫圈
7—导线垫圈　8—盘式弹簧　9—绝缘体　10—纤维　11—接触销　12—铜管

图 4-67

热敏电阻的结构形式

3）在室温（25℃）条件，热敏元件本身的电阻值可在 $100\sim1\times10^6\Omega$ 内选择。即使长距离测量，导线的电阻影响也可以不考虑。

4）热敏电阻可测量的温度范围为 $-200\sim1000℃$，并且在 $-50\sim350℃$ 范围内具有较好的稳定性。

热敏电阻的缺点是非线性大、对环境温度敏感性大、测量时易受到干扰。

热敏电阻元件被广泛用于测量仪器、自动控制、自动检测等装置中。

4.7.3　气敏传感器

气敏传感器是 20 世纪 60 年代产生的一种新型传感器。气敏半导体材料有氧化锡（SnO_2）、氧化锰（MnO_2）等。半导体气敏传感器的工作原理是：当气敏元件吸附了被测气体时，其电导率发生了变化。当半导体气敏元件表面吸附气体分子时，由于两者相互接收电子的能力不同，产生了正离子或负离子吸附，引起表面能带弯曲，导致电导率变化。

半导体气敏元件亦分为 N 型和 P 型两种。

半导体气敏传感器具有在低浓度下对可燃气体和某些有毒气体检测灵敏度高、响应快、制造使用和保养方便、价格便宜等优点。但它们的气体选择性差、元件性能参数分散，且时间稳定度欠佳。

电阻式半导体气敏传感器是应用较多的一种。被测气体一旦与这种传感器的敏感材料接触并被吸附后，传感器的电阻随气体浓度而变化，主要用于检测一氧化碳、乙醇、甲烷、异丁烷和氢。这类气敏传感器中都有电极和加热丝。前者用于输出电阻值，后者用来烧灼敏感材料表面的油垢和污物，以加速被测气体的吸、脱过程的进程。

4.7.4　湿敏传感器

所谓湿度，就是空气中所含有水蒸气的量。湿度对产品质量和人类生活有重大影响。与温度相比，对湿度的测量和控制技术要落后许多。

近代工业生产与人类生活，对湿度测量与控制的要求越来越严格。

湿度检测比较困难，传统的检测方法也一直比较落后，且测试装置体积大、对湿度变化响应缓慢，特别是需要目测和查表换算是这些测量方法的共同缺点。随着现代科技的飞速发展，在对湿度的测量提出精度高、速度快的要求的同时又要求湿度的测量适用于自动检测、自动控制的要求。于是半导体湿度传感器应运而生。

湿敏半导体材料多为金属氧化物材料，是烧结型半导体材料，一般为多孔结构的多晶体。典型材料有四氧化三铁（Fe_3O_4）、铬酸镁-二氧化钛（$MgCr_2O_4\text{-}TiO_2$）、五氧化二钒-二氧化钛（$V_2O_5\text{-}TiO_2$）、羟基磷灰石（$Cd_{10}(PO_4)_6(OH)_2$）及氧化锌-三氧化二铬（$ZnO\text{-}Cr_2O_3$）等。其中 Fe_3O_4 多制成胶体湿敏元件。

金属陶瓷湿敏传感器的基本原理如下：当水分子在陶瓷晶粒间界吸附时，可离解出大量导电离子，这些离子在水的吸附层中担负着电荷的输运，导致材料电阻下降。即大多数半导体陶瓷属于负感湿特性的半导体材料，其阻值随环境湿度的增加而减小。随着湿度的增加，此类半导体陶瓷的阻值可下降 3~4个数量级。

金属氧化物湿敏传感器的基本结构如图 4-68 所示。

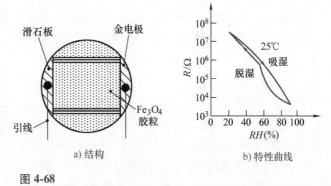

图 4-68　Fe_3O_4 湿敏元件结构和特性曲线

a) 结构　　　b) 特性曲线

4.7.5　固态图像传感器

固体图像传感器从功能上说，它是一个能把接收到的光像分成许多小单元（称为像素），并将它们转换成电信号，然后顺序地输送出去的器件。从构造上来说，图像传感器是一种小型固态集成元件，它的核心部分是电荷耦合器件（Charge Coupled Device，CCD）。CCD 由阵列式排列在衬底上的金属-氧化物-半导体（Metal Oxide Semi-conductor，MOS）电容器组成，它具有光生电荷、积蓄和转移电荷的功能，是 20 世纪 70 年代发展起来的一种新型光敏元件。

在控制脉冲电压作用下，CCD 中依次排列相邻的 MOS 电容中的信号将有次序地转移到下一个电容中，实现电荷受控制地转移。典型的一维图像传感器由一列光敏单元和一列 CCD 并行构成。光敏元件与 CCD 之间有一转移控制栅（见图 4-69），其中 CCD 作为读出移位寄存器。每个光敏单元通常是一个 MOS 电容，并正对着 CCD 上的一个电容。在光照下，光生少数载流子在光敏单元中积蓄。每个单元所积蓄的电荷量与该单元所接收的光照度、电荷积蓄时间成正比。在光敏单元接收光照一定时间后，转移控制栅打开，各光敏单元所积蓄的电荷就会并行地

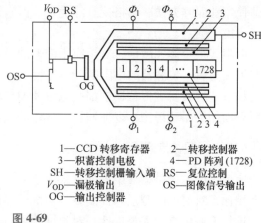

1—CCD 转移寄存器　　　　　2—转移控制器
3—积蓄控制电极　　　　　　4—PD 阵列（1728）
SH—转移控制栅输入端　　　 RS—复位控制
V_{OD}—漏极输出　　　　　　　OS—图像信号输出
OG—输出控制器

图 4-69

线性 CCD 图像传感器

转移到 CCD 读出移位寄存器上。随后控制栅关闭，光敏单元立即开始下一次的光电荷积蓄。与此同时，上一次的一串电荷信号沿移位寄存器顺序地转移并在输出端串行输出。

由于每个光敏单元排列整齐，尺寸和位置准确，因此光敏单元阵列可作为尺寸测量的标尺。这样，每个光敏单元的光电荷量不仅含有光照度的准确信息，而且还含有该单元位置的信息，其对应的输出电信号也同样具有这两方面的信息。从测量上来说，这种光敏单元同时实现了光照度和位置的测量功能。

固体图像传感器具有小型、轻便、响应快、灵敏度高、稳定性好、寿命高和以光为媒介可以对人员不便出入的环境进行远距离测量等诸多优点，已得到广泛的应用。其主要用途大致有：

1）物位、尺寸、形状、工件损伤等测量。

2）作为光学信息处理的输入环节，如摄影和电视摄像、传真技术、光学文字识别技术和图像识别技术中的输入环节。

3）自动生产过程中的控制敏感元件。

固态图像传感器依照其光敏单元排列形式分为线型、面型等。已应用的有 1024、1728、2048、4096 像素的线型传感器，32×32、100×100、512×512、512×768 等像素的面型传感器，多年前最高像素已达 1100 多万。

图 4-70 表示用于热轧铝板宽度检测的实例。两个线型固态图像传感器 1、2 置于铝板的上方，板两端的一小部分处于传感器的视场内，依据几何光学，可以测得宽度 l_1、l_2，在已知视场距离 l_m 时，就可以算出铝板宽度 L。图中图像传感器 3 用来摄取激光在板上的反射，其输出信

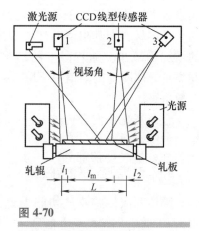

图 4-70

热轧铝板宽度检测的实例

号用来补偿由于板厚变化造成的测量误差。整个检测系统由微机控制，可实现在线实时监测，对于 2m 宽的板材，测量精度可达 ±0.25%。

4.7.6　集成传感器

随着集成电路的发展，越来越多的半导体传感器及其后续电路被制作在同一芯片上，形成集成传感器。它具有传感器功能，又能完成后续电路的部分功能。

随着集成技术的发展，集成传感器所包括的电路也由少而多、由简而繁。优先集成的电路大致有：各种调节和补偿电路，如电压稳定电路、温度补偿电路和线性化电路、信号放大和阻抗变换电路、信号数字化和信号处理电路、信号发送与接收电路，以及多传感器的集成。集成传感器的出现，不仅使测量装置的体积缩小、重量减轻，而且增强了功能、改善了性能。例如，温度补偿电路和传感器元件集成在一起，能有效地感知并跟踪传感元件的温度，可取得极好的补偿效果；阻抗变换、放大电路和传感元件集成在一起，可有效减小两者之间传输导线引进的外来干扰，改善信噪比；多传感器的集成，可同时进行多参量的测量，并能对测量结果进行综合处理，从而得出被测系统的整体状态信息；信号发送和接收电路与传感元件集成在一起，使传感器有可能放置于危险环境、封闭空间甚至植入生物体内而接收外界的控制，并自动输送出测量结果。

近年来，随着集成技术的发展，集成传感器所包含的电路已具有一定的"智能"，出现了"灵巧传感器"（Smart Sensor）或"智能传感器"（Intelligent Sensor）。这类传感器一般具有以下几方面的能力：

1）条件调节和温度补偿能力，能自动补偿环境变化（如温度、气压等）的影响，能自动校正、自选量程和输出线性化。

2）通信能力，以某种方式与系统接口。

3）自诊断能力，能自查故障并通知系统。

4）逻辑和判断能力，能进行判断并操作控制元件。

Smart 传感器能有效地提高测量精确度，扩大使用范围和提高可靠性。

已经应用的 Smart 传感器种类甚多。在物体的位置、距离、厚度、状态测量以及和目标识别等方面检测用的 Smart 传感器尤其受到重视。

4.8　红外测试系统

4.8.1　红外辐射

红外辐射又称红外线（光），指太阳光中波长比红光长的那部分不可见光。任何物体，当其温度高于绝对零度（-273.15℃）时，都会向外辐射电磁波。物体的温度越高，辐射的能量越多。现实世界所辐射的各种电磁波波谱很宽，可从几微米到几公里，包括 γ 射线、X 射线、紫外线、可见光、红外线直至无线电波（见图 4-71）。红外辐射是其中一部分。

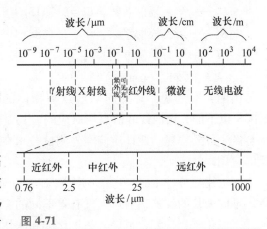

图 4-71

电磁波波谱

红外线的波长在 $0.76 \sim 1000\mu m$ 的范围内，相对应的频率在 $4\times10^4 \sim 3\times10^{11} Hz$ 之间。通常根据红外线中不同的波长范围又分为近红外线（$0.76 \sim 2.5\mu m$）、中红外线（$2.5 \sim 25\mu m$）、远红外线（$25 \sim 1000\mu m$）三个区域。

红外线和所有电磁波一样，具有反射、折射、干涉、吸收等性质。它在真空（或空气）中的传播速度为 $3\times10^8 m/s$。红外辐射在介质中传播时，会产生衰减，主要影响因素是介质的吸收和散射作用。

物体的温度与辐射功率的关系由斯蒂芬–玻耳兹曼定律给出，即物体的辐射强度 M 与其热力学温度的 4 次方成正比

$$M = \varepsilon\sigma T^4 \tag{4-52}$$

式中　M——单位面积的辐射功率（$W \cdot m^{-2}$）；

　　　σ——斯蒂芬–玻耳兹曼常数，$\sigma = 5.67\times10^{-8} W \cdot m^{-2} \cdot K^{-4}$；

　　　T——热力学温度（K）；

　　　ε——比辐射率（非黑体辐射度/黑体辐射度）。

研究物体热辐射的一个主要模型是黑体。黑体即为在任何温度下能够全部吸收任何波长的辐射的物体。处于热平衡下的理想黑体在热力学温度 T（K）时，均匀向四面八方辐射，在单位波长内，沿半球方向上，自单位面积所辐射出的功率称为黑体辐射通量密度，记为 M_λ，单位为 $W \cdot m^{-2} \cdot \mu m^{-1}$。

普朗克定律揭示了不同温度下黑体辐射通量按波长分布的规律（见图4-72），即

$$M_\lambda = \frac{C_1}{\lambda^5 \left[e^{C_2/(\lambda T)} - 1 \right]} \tag{4-53}$$

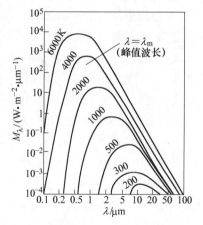

图 4-72

黑体辐射通量密度对波长的分布

式中　M_λ——波长为 λ 的黑体光谱辐射通量密度（$W \cdot m^{-2} \cdot \mu m^{-1}$）；

　　　C_1——第一辐射系数，$C_1 = 3.7415\times10^{-16} W \cdot m^2$；

　　　C_2——第二辐射系数，$C_2 = 1.4388\times10^{-2} m \cdot K$；

　　　T——热力学温度（K）；

　　　λ——波长（μm）。

由图4-72可见，辐射的峰值点随物体的温度降低而转向波长较长的一边，绝对温度2000K以下的光谱曲线峰值点所对应的波长是红外线。就是说，低温或常温状态的种种物体都会产生红外辐射。此性质使红外测试技术在工业、农业、军事、宇航等各领域，获得了广泛的应用。

在运用红外技术时要考虑到大气对红外辐射的影响。物体的红外辐射都要在大气中进行。不同波长的红外辐射对大气有着不同的穿透程度，这是因为大气中的一些水分子如水蒸气、二氧化碳、臭氧、甲烷、一氧化碳和水均对红外辐射存在不同程度的吸收作用。在整个红外波段上，某些波长的辐射对大气有较好的透过作用。实验表明，$1 \sim 2.5\mu m$、$3 \sim 5\mu m$ 的红外辐射对大气有较好的透过效果。

斯蒂芬-玻耳兹曼定律是红外检测技术应用的理论基础。

4.8.2　红外探测器

红外探测器是将辐射能转换成电能的一种传感器。按其工作原理可分为热探测器和光子探测器。

1. 热探测器

热探测器是利用红外辐射引起探测元件的温度变化，进而测定所吸收的红外辐射量。通常有热电偶型、热敏电阻型、气动型、热释电型等。

（1）热电偶型　将热电偶置于环境温度下，将结点涂上黑层置于辐射中，可根据产生的热电动势来测量入射辐射功率的大小。这种热电偶多用半导体测量。

为了提高热电偶探测器的探测率，通常采用热电堆型，如图 4-73 所示。其结构由数对热电偶以串联形式相接，冷端彼此靠近且被分别屏蔽起来，热端分离但相连接构成热电偶，用来接收辐射能。热电堆可由银-铋或锰-康铜等金属材料制成块状热电堆；也可用真空镀膜和光刻技术制造薄膜热电堆，常用材料

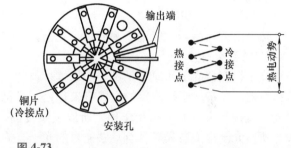

图 4-73

热电堆探测器

为锑和铋。热电堆型探测器的探测率约为 $1×10^9 cm \cdot Hz^{1/2} \cdot W^{-1}$，响应时间从数毫秒到数十毫秒。

（2）气动型　气动型探测器是利用气体吸收红外辐射后，温度升高、体积增大的特性来反映红外辐射的强弱。其结构原理如图 4-74 所示。红外辐射通过透镜 11、红外窗口 2 照射到吸收薄膜 3 上，此薄膜将吸收的能量传送到气室 4 内，气体温度升高，气压增大，致使柔性镜 5 膨胀。在气室的另一边，来自光源 8 的可见光通过透镜 12、栅状光阑 6、反射镜 9 透射到光电管 10 上。当柔性镜因气体压力增大而移动时，栅状图像与栅状光阑发生相

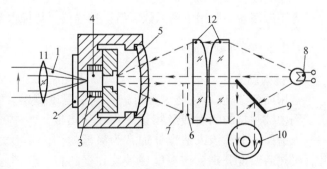

1—红外辐射　2—红外窗口　3—吸收薄膜　4—气室
5—柔性镜　6—栅状光阑　7—光栅图像　8—可见光源
9—反射镜　10—光电管　11—红外透镜　12—光学透镜

图 4-74

气动探测器

对位移，使落到光电管上的光量发生变化，光电管的输出信号反映了红外辐射的强弱。

气动型探测器的光谱响应波段很宽，从可见光到微波，其探测率约为 $1×10^{10} Hz^{1/2} \cdot W^{-1}$，响应时间为 15ms，一般用于实验室内，作为其他红外器件的标定基准。

（3）热释电型　热释电探测器的工作原理是基于物质的热释电效应。某些晶体（如硫酸三甘钛、铌酸锶钡、钽酸锂（$LiTaO_3$）等）是具有极化现象的铁电体，在适当外电场作

用下，这种晶体可以转变为均匀极化单畴。在红外辐射下，由于温度升高，引起极化强度下降，即表面电荷减少，这相当于释放一部分电荷，此现象被称为热释电效应。通常沿某一特定方向，将热释电晶体切割为薄片，再在垂直于极化方向的两端面镀以透明电极，并用负载电阻将电极连接。在红外辐射下，负载电阻两端就有信号输出。输出信号的大小取决于晶体温度的变化，从而反映出红外辐射的强弱。通常对红外辐射进行调制，使恒定的辐射变成交变的辐射，不断引起探测器的温度变化，导致热释电产生，并输出交变信号。

热释电型探测器的技术指标如下：

响应波段：$1 \sim 38 \mu m$；

探测率：$(3 \sim 5) \times 10^2 \mathrm{cm} \cdot \mathrm{Hz}^{1/2} \cdot \mathrm{W}^{-1}$；

响应时间：$10^{-2} s$；

工作温度：300K。

热释电型探测器一般用于测温仪、光谱仪及红外摄像等。

2. 光子探测器

光子探测器的工作原理是基于半导体材料的光电效应。一般有光电、光电导及光生伏打等探测器。制造光子探测器的材料有硫化铅、锑化铟、碲镉汞等。由于光子探测器是利用入射光子直接与束缚电子相互作用，所以灵敏度高、响应速度快。又因为光子能量与波长有关，所以光子探测器只对具有足够能量的光子有响应，存在着对光谱响应的选择性。光子探测器通常在低温条件下工作，因此需要制冷设备。光子探测器的性能指标一般为：

响应波段：$2 \sim 4 \mu m$；

探测率：$(0.1 \sim 5) \times 10^{10} \mathrm{cm} \cdot \mathrm{Hz}^{1/2} \cdot \mathrm{W}^{-1}$；

响应时间：$10^{-5} s$；

工作温度：$70 \sim 300K$。

光子探测器一般用于测温仪、航空扫描仪、热像仪等。

4.8.3 红外测试应用

1. 辐射温度计

运用斯蒂芬-玻耳兹曼定律可进行辐射温度测量。图 4-75 为一辐射温度计的工作原理图。图中被测物的辐射线经物镜聚焦在受热板——人造黑体上，该人造黑体通常为涂黑的铂片，吸热后温度升高，该温度便被装在受热板上的热敏电阻或热电偶测到。被测物通常为 $\varepsilon < 1$ 的灰体，若以黑体辐射作为基准来标定，则知道了被测物的 ε 值后，就可根据式（4-52）以及 ε 的定义来求出被测物的温度。假定灰体辐射的总能量全部被黑体所吸收，则它们的总能量相等，即

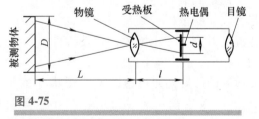

图 4-75

辐射温度计的工作原理

$$\varepsilon \sigma T^4 = \sigma T_0^4 \tag{4-54}$$

式中 ε——比辐射率（非黑体辐射度/黑体辐射度）；

T——被测物体热力学温度（K）；

T_0——黑体热力学温度（K）；

σ——斯蒂芬–玻耳兹曼常数，$\sigma = 5.67 \times 10^{-8} \mathrm{W \cdot m^{-2} \cdot K^{-4}}$。

辐射温度计一般用于 800℃以上的高温测量，通常所讲的红外测温是指低温及红外光范围的测温。

2. 红外测温仪

图 4-76 为红外测温装置原理框图。图中被测物的热辐射经光学系统聚焦在光栅盘上，经光栅盘调制成一定频率的光能入射到热敏电阻传感器上。热敏电阻接在电桥的一个桥臂上。该信号经电桥转换为交流电信号输出，经放大后进行显示或记录。光栅盘是两块扇形的光栅片，一块为定片，另一块为动片。动片受光栅调制电路控制，按一定的频率双向转动，实现开（光通过）、关（光不通过），将入射光调制成具有一定频率的辐射信号作用于光敏传感器上。这种红外测温装置的测温范围为 0~700℃，时间常数为 4~8ms。

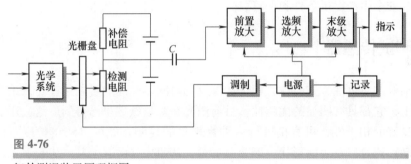

图 4-76

红外测温装置原理框图

3. 红外热像仪

红外热像仪的作用是将人的肉眼看不见的红外热图形转换成可见光进行处理和显示，这种技术称为红外热成像（Infrared Thermal Imaging）技术。现代的红外热像仪大都配备计算机系统对图像进行分析处理，并可将图像的储存或打印输出。

红外热像仪分为主动式和被动式两种。主动式红外热成像采用一红外辐射源照射被测物，然后接收被测物体反射的红外辐射图像。

被动式红外热成像则利用被测物体自身的红外辐射来摄取物体的热辐射图像，这种装置即为通常所称的红外热像仪。

红外热像仪的工作原理如图 4-77 所示，热像仪的光学系统将辐射线收集起来，经过滤波处理之后，将景物热图像聚焦在探测器上。光学机械扫描镜包括两个扫描镜组，一个垂直扫描，一个水平扫描，扫描器位于光学系统和探测器之间。通过扫描器摆动实现对景物进行逐点扫描的目的，从而收集到物体温度的空间分布情况。然后由探测器将光学系统逐点扫描所依次搜集的景物温度空间分布信息，变换为按

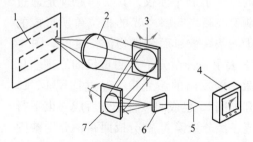

1—探测器在物体空间投影　2—光学系统
3—水平扫描器　4—视频显示
5—信号处理器　6—探测器
7—垂直扫描器

图 4-77

红外热像仪的工作原理

时间排列的电信号，经过信号处理之后，由显示器显示出可见图像。

红外热像仪无需外部红外光源，使用方便，能精确地摄取反映被测物温差信息的热图像，因而已称为红外技术的一个重要发展方向。

红外热像仪及红外热成像技术在工业上已获得广泛应用，如对机器工作中因温升对零部件产生热变形的检测、电子电路的热分布检测、超音速风洞中的温度检测等。

热像技术还被广泛用于无损检测的探查。对不同的材料如金属、陶瓷、塑料、多层纤维板等的裂痕、气孔、异质、截面异变等缺陷均可方便地探查。在电力工业中，热像仪被用来检查电力设备，尤其是开关、电缆线等的温升现象，从而可及时发现故障进行报警。在石油、化工、冶金工业生产中，热像仪也被用来进行安全监控。由于在这些工业的生产线上，许多设备的温度都要高于环境温度，利用红外热像仪便可正确地获取有关加热炉、反映塔、耐火材料、保温材料等的变化情况。同时也能提供沉积物、堵塞、热漏及管道腐蚀等方面的信息，为维修和安全生产提供条件和保障。

4.9　激光测试传感器

激光具有很好的单色性、方向性、相干性以及随时间、空间的可聚焦性。无论在测量精度和测量范围上，它都具有明显的优越性，目前激光在测量领域里已得到广泛应用。

利用激光良好的相干性，可直接进行多种物理量的检测，如可以测量长度、位移、速度、转速、振动、流量以及表面形状、形变等参量。20 世纪 60 年代末，基于激光的干涉特性发展起来了激光全息成像技术。

4.9.1　激光干涉式测量仪器

1. 激光测长仪

常用的激光测长仪是以激光为光源的迈克尔逊干涉仪，其工作原理是通过测定检测光与参考光的相位差所形成的干涉条纹数目而测得物体长度的。图 4-78 表示一种激光干涉测长仪的原理。从激光器发出的激光束，经过透镜 L、L_1 和光阑 P_1 组成的准直光管后成一束平行光，经分光镜 M 被分成两路，分别被固定反射镜 M_1 和可动反射镜 M_2 反射到 M 重叠，被透镜 L_2 聚焦到光电计数器 PM 处。当工作台带动反射镜 M_2 移动时，在光电计数器处由于两路光束聚焦产生干涉，形成明暗条纹。当镜 M_2 每移动半个光波波长时，明暗条纹变化一次，其变化次数由计数器计数。因此，工作台移动的距离为

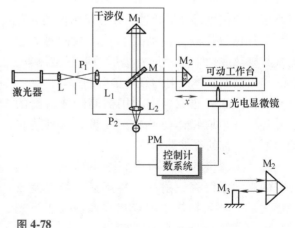

图 4-78

激光干涉测长仪的原理

$$x = N\lambda / (2n) \tag{4-55}$$

式中　*N*——干涉条纹明暗变化次数；

　　　λ——激光波长；

　　　n——空气折射率，受环境温度、湿度、气体成分等因素影响。真空 $n = 1$。

测量时，被测物体放在工作台上，将光电显微镜对准被测件上的目标，这时它发出信号，令计数器开始计数，然后工作台移动，直到被测件上另一目标被光电显微镜对准时，再发出信号，停止计数。这样，计数器所得的数值即为被测件上两目标之间的距离。

激光光源一般采用氦氖激光器，其波长 $λ = 0.6328\mu m$。当测长 10m 时，误差约为 $0.5\mu m$。激光干涉测长仪可用于精密长度测量，如线纹尺、光栅的检定等。

2. 激光测振仪

激光干涉法测振仍然是以迈克尔逊干涉仪为基础，通过计算干涉条纹数的变化来测量振幅。注意到振动一周，工作台来回移动 $4A_m$，A_m 为振幅。设在激光干涉仪中测量一个振动周期所得的脉冲数为 N，则

$$A_m = \frac{N\lambda/2}{4} = \frac{N\lambda}{8} \qquad (4\text{-}56)$$

图 4-79 表示 GZ-1 型激光干涉测振仪原理框图。从激光器发射的激光束经分光镜 3 分成两路，分别被参考镜 2 和置于振动台上的测量镜 4 反射回到镜 3 重叠，再由光电倍增管、光电放大器到计数器。计数器记取的条纹变化频率 f_c 是由振动台振动频率 f 所控制的，所以计数器显示的数是 f_c/f，即频率比 $R_f = f_c/f$。由已知波长 $λ$，可求得被测振幅为

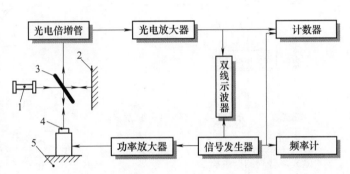

1—激光器　2—参考镜　3—分光镜　4—测量镜　5—振动台

图 4-79

GZ-1 型激光干涉测振仪原理框图

$$A_m = \frac{N\lambda}{8} = (f_c/f)\lambda/8 = R_f\lambda/8 \qquad (4\text{-}57)$$

激光干涉测振仪被用于机械振动测量，并已被各国定为振动的国家计量基准。其测量准确度主要取决于计数准确度。图 4-80 为利用激光的多普勒效应进行测振的系统示意图。

3. 激光测速仪

激光测速仪的工作原理是光学多普勒效应和光干涉原理。当激光照到运动物体时，被物体反射的光的频率将发生变化，此种现象称为多普勒效应。将频率发生变化的光与光源的光进行比较，其频率差（称多普勒频移）经光电转换后即可测得物体运动速度。激光测速是一种非接触测量，对被测物体无任何干扰，尤其在流体力学的研究领域，更显示其优越性。激光可在被测速度点聚焦成很小的一个测量光斑，其分辨力很高。典型分辨力为 20～100μm。一种激光测速仪在时速为 100km 时，测量精度可达 0.8%。激光测速技术已在航空

航天、热物理工程、环保工程以及机械运动测量等方面广泛应用。

4.9.2　激光全息测量仪器

激光全息是利用光的干涉和衍射原理，将物体发射的特定光波以干涉条纹的形式记录下来，在一定条件下使其再现，便形成了物体的三维像。由于记录了物体的全部信息（振幅、相位、波长），因而称为全息术或全息成像。

1. 激光全息原理

图 4-81 是激光全息成像的原理图。当激光从激光器发射出来，经过分光镜被分成两束光。一束由分光镜反射，经过反射镜达到扩束镜，将直径为几毫米的激光扩大照射整个物体的表面，再由物体表面漫反射到干板上，这束光称为物光；另一束透过分光镜后，被另一个扩束镜扩大，再经另一个反射镜直接照射到干板上，这束光称为参考光。当这两束光在干板上叠加后，形成干涉图案，正是这些干涉条纹记录了物体光波的振幅和相位信息。

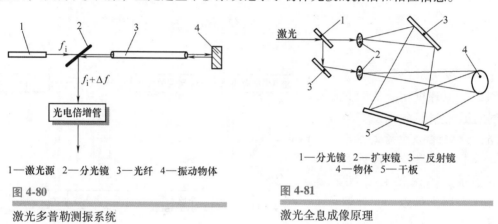

图 4-80　　　　　　　　　　　　　　　图 4-81
1—激光源　2—分光镜　3—光纤　4—振动物体　　　1—分光镜　2—扩束镜　3—反射镜　4—物体　5—干板
激光多普勒测振系统　　　　　　　　　　　激光全息成像原理

2. 激光全息成像的特点

1）由于激光全息成像利用的是光的干涉原理，故在记录介质上记录的是干涉条纹，其影像需在激光条件（或其他条件）下进行再现，方可看到被摄物的像。

2）再现的像是立体像。

3）全息相片具有可分割性，即全息相片的每一个碎片均能再现出所摄物体的完整像。

4）一张干板可同时记录多个影像。采用不同的曝光条件在同一记录介质上进行多个物体的拍摄，则记录介质上可分别记录各个物体的干涉信息，互不干扰。只要在对应的再现条件下即可观察到对应的记录影像。

激光全息检测原理建立在判读全息干涉条纹与结构变形量之间关系的基础上。

图 4-82 所示为一叠层结构，前壁板之间局部脱胶。若以热辐射作用于此结构，则脱胶部位与未脱胶部位产生不同的弹性形变。可将变形差用两次曝光全息干涉法记录下来，反映在全息图上的缺陷部位干涉条纹会产生畸变，所形成封闭的"牛眼"条纹区即为结构的脱胶部位。

对金属、陶瓷、混凝土等材料的缺陷检测可采用拉伸、弯曲、扭转和加载集中应力等方法来加剧结构变形，以方便利用全息条纹识别。

对于蜂窝组织结构、轮胎、压力容器、管道等结构，可采用内部充气增压加载的方法进行全息检测。

20 世纪 80 年代中期发展起来的激光轮廓测量技术，目前已成为一种高精度、高效率、非接触的表面无损检测方法。该技术利用光学三角测量的基本原理，并结合了微型光学、微电子学及计算机数字图像处理和显示技术。

图 4-83 为激光轮廓测量技术的工作原理。激光器发射的光经聚光镜后照射到被测物体表面，从被测物体表面漫反射光线由成像透镜传输到横向光电效应传感器的接收面上。传感器的输出电信号仅与像点的位置有关，当被激光器照射的物体表面的高度发生变化，则像点的位置随之改变，从而引起传感器输出信号的变化。如果使激光器逐点扫描被测物体表面，用计算机对传感器输出信号进行存储处理，不仅可获得被测物体表面状态的定量数据，还可用截面图或立体图的形式直观显示出被测物体表面的情况。

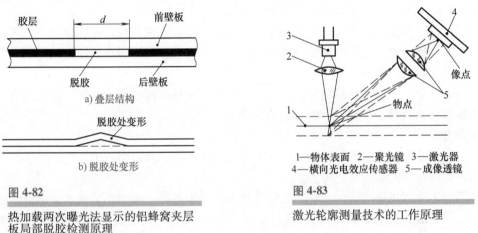

图 4-82

热加载两次曝光法显示的铝蜂窝夹层板局部脱胶检测原理

图 4-83

激光轮廓测量技术的工作原理

目前激光轮廓测量技术已成功用于锅炉管道、热交换器管道、火箭发动机喷管、石化提炼炉管道、枪炮管等内壁表面裂纹、腐蚀缺陷的检测。对管道内径的测量精度可达 $5\mu m$，扫查点的空间分辨率可达 $25\mu m$，检测速率达 5m/min，可完成内径仅为 5mm 的管道的自动检测。

除以上应用外，激光在红外热成像、荧光渗透等检测技术中也得到广泛的应用。如在红外热成像中，利用激光方向性好、能量集中的优点，用激光点加热方式可实现试件表面及近表面缺陷的检测，检测灵敏度高且效率高。

4.10　传感器的选用原则

如何根据测试目的和实际工作条件合理地选用传感器，是经常会遇到的问题。因此，本节在常用传感器的初步知识的基础上，就合理选用传感器的一些注意事项，做一概略介绍。

1. 灵敏度

一般来讲，传感器的灵敏度越高越好，因为灵敏度越高，意味着传感器所能感知的变化量越小，被测量稍有微小变化时，传感器就有较大的输出。

当然也应考虑到，当灵敏度越高时，与测量信号无关的外界干扰也越容易混入，并被放大装置所放大。这时必须考虑既要检测微小量值，又要干扰小。为保证此点，往往要求信噪比越大越好，既要求传感器本身噪声小，又不易从外界引入干扰。

当被测量是个矢量时，那么要求传感器在该方向灵敏度越高越好，而横向灵敏度越小越好。在测量多维矢量时，还应要求传感器的交叉灵敏度越小越好。

此外，和灵敏度紧密相关的是测量范围。除非有专门的非线性校正措施，最大输入量不应使传感器进入非线性区域，更不能进入饱和区域。某些测试工作要在较强的噪声干扰下进行，这时对传感器来讲，其输入量不仅包括被测量，也包括干扰量；两者之和不能进入非线性区。过高的灵敏度会缩小其适用的范围。

2. 响应特性

在所测频率范围内，传感器的响应特性必须满足不失真测量条件。此外，实际传感器的响应总有一定延迟，但总希望延迟时间越短越好。

一般来讲，利用光电效应、压电效应等物性传感器，响应较快，可工作频率范围宽。而结构型，如电感、电容、磁电式传感器等，往往由于结构中的机械系统惯性的限制，其固有频率低，可工作频率较低。

在动态测量中，传感器的响应特性对测试结果有直接影响，在选用时，应充分考虑到被测物理量的变化特点（如稳态、瞬变、随机等）。

3. 线性范围

任何传感器都有一定的线性范围，在线性范围内输入与输出成比例关系。线性范围越宽，则表明传感器的工作量程越大。

传感器工作在线性区域内，是保证测量精度的基本条件。例如，机械式传感器中的测力弹性元件，其材料的弹性限是决定测力量程的基本因素。当超过弹性限时，将产生线性误差。

然而任何传感器都不容易保证其绝对线性，在许可限度内，可以在其近似线性区域内应用。例如，变间隙型电容、电感传感器，均采用在初始间隙附近的近似线性区内工作。选用时必须考虑被测物理量的变化范围，令其线性误差在允许范围以内。

4. 可靠性

可靠性是传感器和一切测量装置的生命。可靠性是指仪器、装置等产品在规定的条件下，在规定的时间内可完成规定功能的能力。只有产品的性能参数（特别是主要性能参数）均处在规定的误差范围内，方能视为可完成规定的功能。

为了保证传感器应用中具有高的可靠性，事前必须选用设计、制造良好，使用条件适宜的传感器；使用过程中，应严格规定使用条件，尽量减轻使用条件的不良影响。

例如电阻应变式传感器，湿度会影响其绝缘性；温度会影响其零漂；长期使用会产生蠕变现象。又如，对于变间隙型电容传感器，环境湿度或浸入间隙的油剂，会改变介质的介电常数。光电传感器的感光表面有尘埃或水汽时，会改变光通量、偏振性和光谱成分。对于磁电式传感器或霍尔效应元件等，当在电场、磁场中工作时，亦会带来测量误差。滑线电阻式传感器表面有尘埃时，将引入噪声等。

在机械工程中，有些机械系统或自动加工过程，往往要求传感器能长期地使用而不需经常更换或校准。而其工作环境又比较恶劣，尘埃、油剂、温度、振动等干扰严重，例如，热轧机系统控制钢板厚度的 γ 射线检测装置，用于自适应磨削过程的测力系统或零件尺寸的自动检测装置等，在这种情况下应对传感器的可靠性有严格的要求。

5. 精确度

传感器的精确度表示传感器的输出与被测量真值一致的程度。传感器处于测试系统的输入端，因此，传感器能否真实地反映被测量值，对整个测试系统具有直接影响。

然而，也并非要求传感器的精确度越高越好，因为还应考虑到经济性。传感器精确度越高，价格越昂贵。因此应从实际出发尤其应从测试目的出发来选择。

首先应了解测试目的，判断是定性分析还是定量分析。如果是属于相对比较的定性试验研究，只需获得相对比较值即可，无需要求绝对值，那么应要求传感器精密度高。如果是定量分析，必须获得精确量值，则要求传感器有足够高的精确度。例如，为研究超精密切削机床运动部件的定位精确度、主轴回转运动误差、振动及热变形等，往往要求测量精确度在 $0.1 \sim 0.01 \mu m$ 范围内，欲测得这样的量值，必须采用高精确度的传感器。

6. 测量方法

传感器在实际条件下的工作方式，例如，接触与非接触测量、在线与非在线测量等，也是选用传感器时应考虑的重要因素。工作方式不同对传感器的要求亦不同。

在机械系统中，运动部件的测量（例如回转轴的运动误差、振动、扭矩），往往需要非接触测量。因为对部件的接触式测量不仅造成对被测系统的影响，且有许多实际困难，诸如测量头的磨损、接触状态的变动、信号的采集都不易妥善解决，也易造成测量误差。采用电容式、涡电流式等非接触式传感器，会有很大方便。若选用电阻应变片时，则需配以遥测应变仪，或其他装置。

在线测试是与实际情况更接近一致的测试方式。特别是自动化过程的控制与检测系统，必须在现场实时条件下进行检测。实现在线检测对传感器及测试系统都有一定特殊要求。例如，在加工过程中，若要实现表面粗糙度的检测，以往的光切法、干涉法、触针式轮廓检测法都不能运用，取而代之的是激光检测法。实现在线检测的新型传感器的研制，也是当前测试技术发展的一个方面。

7. 其他

除了以上选用传感器时应充分考虑的一些因素外，还应尽可能兼顾结构简单、体积小、重量轻、价格便宜、易于维修、易于更换等条件。

 思考题与习题

4-1　在机械传感器中，影响线性度的主要因素是什么？试举例说明。

4-2　试举出你所熟悉的 5 种传感器，并说明它们的变换原理。

4-3　电阻丝应变片与半导体应变片在工作原理上有何区别？各有何优缺点？应如何针对具体情况来选用？

4-4　有一电阻应变片（见图 4-84），其灵敏度 $S_g = 2$，$R = 120\Omega$，设工作时其应变为 $1000\mu\varepsilon$，问 $\Delta R = ?$ 设将此应变片接成图中所示的电路，试求：1）无应变时电流表示值；2）有应变时电流表示值；3）电流表示值相对变化量；4）这个变量能否从表中读出？

4-5　电感传感器（自感型）的灵敏度与哪些因素有关？要提高灵敏度可采用哪些措施？采用这些措施会带

来什么样的后果?

4-6　电容式、电感式、电阻应变式传感器的测量电路有何异同? 举例说明。

4-7　一个电容测微仪其传感器的圆形极板半径 $r=4mm$, 工作初始间隙 $\delta=0.3mm$, 问: 1) 工作时, 如果传感器与工件的间隙变化量 $\Delta\delta=\pm1\mu m$ 时, 电容变化量是多少? 2) 如果测量电路的灵敏度 $S_1=100mV/pF$, 读数仪表的灵敏度 $S_2=5$ 格/mV, 在 $\Delta\delta=\pm1\mu m$ 时, 读数仪表的指示值变化多少格?

4-8　把一个变阻器式传感器按图 4-85 接线, 它的输入量是什么? 输出量是什么? 在什么样条件下它的输出量与输入量之间有较好的线性关系?

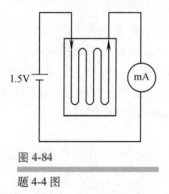

图 4-84

题 4-4 图

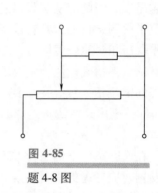

图 4-85

题 4-8 图

4-9　设按接触式与非接触式区分传感器, 列出它们的名称、变换原理与应用场合。

4-10　欲测量液体压力, 拟采用电容式、电感式、电阻应变式和压电式传感器, 请绘出可行方案的原理图, 并做比较。

4-11　一压电式传感器的灵敏度 $S=90pC/MPa$, 把它和一台灵敏度调到 $0.005V/pC$ 的电荷放大器连接, 放大器的输出又接到一灵敏度已调到 $20mm/V$ 的光线示波器上记录, 试绘出这个测试系统的框图, 并计算其总的灵敏度。

4-12　光电传感器包含哪几种类型? 各有何特点? 用光电传感器可以测量哪些物理量?

4-13　何谓霍尔效应? 其物理本质是什么? 用霍尔元件可以测量哪些物理量?

4-14　有一批涡轮机叶片, 需要检测是否有裂纹, 请举出两种以上方法, 并阐明所用传感器的工作原理。

4-15　说明用光纤传感器测量压力和位移的工作原理, 指出其不同点。

4-16　说明红外遥感器的检测原理。为什么在空间技术中有广泛应用? 举出实例说明。

4-17　试说明固态图像传感器 (CCD 器件) 的成像原理。怎样实现光信息的转换、存储和传输过程? 在工程测试中有何应用?

4-18　在轧钢过程中, 需监测薄板的厚度, 宜采用哪种传感器? 说明其原理。

4-19　试说明激光测长、激光测振的测量原理。

4-20　选用传感器的基本原则是什么? 试举一例说明。

第 5 章
信号的调理与记录

信号的调理和转换是测试系统不可缺少的重要环节。被测物理量经传感器后的输出信号通常是很微弱的或者是非电压信号，如电阻、电容、电感或电荷、电流等电参量，这些微弱信号或非电压信号难以直接被显示或通过 A-D 转换器送入仪器或计算机进行数据采集，而且有些信号本身还携带有一些我们不期望有的信息或噪声。因此，经传感后的信号尚需经过调理、放大、滤波等一系列的加工处理，以将微弱电压信号放大、将非电压信号转换为电压信号、抑制干扰噪声、提高信噪比，以便于后续环节的处理。信号的调理和转换涉及的范围很广，本章主要讨论一些常用的环节，如电桥、调制与解调、滤波和放大等，并对常用的信号显示与记录仪器做简要介绍。

5.1 电桥

电桥是将电阻、电感、电容等参量的变化转换为电压或电流输出的一种测量电路，由于桥式测量电路简单可靠，而且具有很高的精度和灵敏度，因此在测量装置中被广泛采用。

电桥按其所采用的激励电源的类型可分为直流电桥与交流电桥；按其工作原理可分为偏值法和归零法两种，其中偏值法的应用更为广泛。本节只对偏值法电桥加以介绍。

5.1.1 直流电桥

图 5-1 是直流电桥的基本结构。以电阻 R_1、R_2、R_3、R_4 组成电桥的 4 个桥臂，在电桥的对角点 a、c 端接入直流电源 U_e 作为电桥的激励电源，从另一对角点 b、d 两端输出电压 U_o。使用时，电桥 4 个桥臂中的一个或多个是阻值随被测量变化的电阻传感器元件，如电阻应变片、电阻式温度计、热敏电阻等。

在图 5-1 中，电桥的输出电压 U_o 可通过下式确定

$$U_o = U_{ab} - U_{ad} = I_1 R_1 - I_2 R_4$$

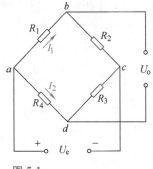

图 5-1

直流电桥

$$= \left(\frac{R_1}{R_1+R_2} - \frac{R_4}{R_3+R_4} \right) U_e$$

$$= \frac{R_1 R_3 - R_2 R_4}{(R_1+R_2)(R_3+R_4)} U_e \qquad (5-1)$$

由式（5-1）可知，若要使电桥输出为零，应满足

$$R_1 R_3 = R_2 R_4 \qquad (5-2)$$

式（5-2）即为直流电桥的平衡条件。由上述分析可知，若电桥的 4 个电阻中任何一个或数个阻值发生变化时，将打破式（5-2）的平衡条件，使电桥的输出电压 U_o 发生变化，测量电桥正是利用了这一特点。

在测试中常用的电桥连接形式有单臂电桥连接、半桥连接与全桥连接，如图 5-2 所示。

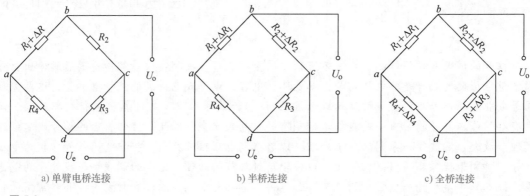

a) 单臂电桥连接　　　　　　　b) 半桥连接　　　　　　　c) 全桥连接

图 5-2

直流电桥的连接形式

图 5-2a 是单臂电桥连接形式，工作中只有一个桥臂电阻随被测量的变化而变化，设该电阻为 R_1，产生的电阻变化量为 ΔR，则根据式（5-1）可得输出电压为

$$U_o = \left(\frac{R_1+\Delta R}{R_1+\Delta R+R_2} - \frac{R_4}{R_3+R_4} \right) U_e \qquad (5-3)$$

为了简化桥路，设计时往往取相邻两桥臂电阻相等，即 $R_1 = R_2 = R_0$，$R_3 = R_4 = R_0'$。又若 $R_0 = R_0'$，则式（4-3）变为

$$U_o = \frac{\Delta R}{4R_0+2\Delta R} U_e \qquad (5-4)$$

一般 $\Delta R \ll R_0$，所以式（5-4）可简化为

$$U_o \approx \frac{\Delta R}{4R_0} U_e \qquad (5-5)$$

可见，电桥的输出电压 U_o 与激励电压 U_e 成正比，并且在 U_e 一定的条件下，与工作桥

臂的阻值变化量 $\Delta R / R_0$ 成单调线性关系。

图 5-2b 为半桥连接形式。工作中有两个桥臂（一般为相邻桥臂）的阻值随被测量而变化，即 $R_1+\Delta R_1$、$R_2+\Delta R_2$。根据式（5-1）可知，当 $R_1 = R_2 = R_0$，$\Delta R_1 = -\Delta R_2 = \Delta R$ 和 $R_3 = R_4 = R_0$ 时，电桥输出为

$$U_{\mathrm{o}} = \frac{\Delta R}{2R_0} U_{\mathrm{e}} \tag{5-6}$$

图 5-2c 为全桥连接形式。工作中 4 个桥臂阻值都随被测量而变化，即 $R_1+\Delta R_1$、$R_2+\Delta R_2$、$R_3+\Delta R_3$、$R_4+\Delta R_4$。根据式（5-1）可知，当 $R_1 = R_2 = R_3 = R_4 = R_0$，$\Delta R_1 = -\Delta R_2 = \Delta R_3 = -\Delta R_4 = \Delta R$ 时，电桥输出为

$$U_{\mathrm{o}} = \frac{\Delta R}{R_0} U_{\mathrm{e}} \tag{5-7}$$

从式（5-5）、式（5-6）、式（5-7）可以看出，电桥的输出电压 U_{o} 与激励电压 U_{e} 成正比，只是比例系数不同。现定义电桥的灵敏度为

$$S = \frac{U_{\mathrm{o}}}{\Delta R / R} \tag{5-8}$$

根据式（5-8）可知，单臂电桥的灵敏度为 $\dfrac{U_{\mathrm{e}}}{4}$；半桥的灵敏度为 $\dfrac{U_{\mathrm{e}}}{2}$；全桥的灵敏度为 U_{e}。显然，电桥接法不同，灵敏度也不同，全桥连接可以获得最大的灵敏度。

事实上，对于图 5-2c 所示的电桥，当 $R_1 = R_2 = R_3 = R_4 = R$，且 $\Delta R_1 \ll R_1$、$\Delta R_2 \ll R_2$、$\Delta R_3 \ll R_3$、$\Delta R_4 \ll R_4$ 时，由式（5-1）可得

$$U_{\mathrm{o}} = \left(\frac{R_1+\Delta R_1}{R_1+\Delta R_1+R_2+\Delta R_2} - \frac{R_4+\Delta R_4}{R_3+\Delta R_3+R_4+\Delta R_4} \right) U_{\mathrm{e}} \approx \frac{1}{2} \left(\frac{\Delta R_1}{R} - \frac{\Delta R_4}{R} \right) U_{\mathrm{e}} \tag{5-9}$$

或　　　　$$U_{\mathrm{o}} = \left(\frac{R_3+\Delta R_3}{R_3+\Delta R_3+R_4+\Delta R_4} - \frac{R_2+\Delta R_2}{R_1+\Delta R_1+R_2+\Delta R_2} \right) U_{\mathrm{e}} \approx \frac{1}{2} \left(\frac{\Delta R_3}{R} - \frac{\Delta R_2}{R} \right) U_{\mathrm{e}} \tag{5-10}$$

综合式（5-9）和式（5-10），可以导出如下公式

$$U_{\mathrm{o}} = \frac{1}{4} \left(\frac{\Delta R_1}{R} - \frac{\Delta R_2}{R} + \frac{\Delta R_3}{R} - \frac{\Delta R_4}{R} \right) U_{\mathrm{e}} \tag{5-11}$$

由式（5-11）可以看出：

1）若相邻两桥臂（如图 5-2c 中的 R_1 和 R_2）电阻同向变化（即两电阻同时增大或同时减小），所产生的输出电压的变化将相互抵消。

2）若相邻两桥臂电阻反相变化（即两电阻一个增大一个减小），所产生的输出电压的变化将相互叠加。

上述性质即为电桥的和差特性，很好地掌握该特性对构成实际的电桥测量电路具有重要意义。例如用悬臂梁作为敏感元件测力时（见图 5-3），常在梁的上下表面各贴一个应变片，

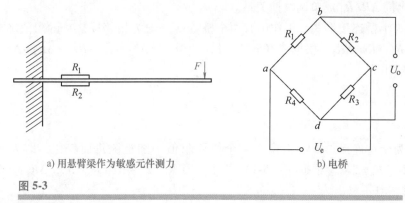

a) 用悬臂梁作为敏感元件测力　　　　　　　　　b) 电桥

图 5-3

悬臂梁测力的电桥接法

并将两个应变片接入电桥相邻的两个桥臂。当悬臂梁受载时，上应变片 R_1 产生正向 ΔR，下应变片 R_2 产生负向 ΔR，由电桥的和差特性可知，这时产生的电压输出相互叠加，电桥获得最大输出。又如用柱形梁作为敏感元件测力时（见图 5-4），常沿着圆周间隔 90°纵向贴 4 个应变片 R_1、R_2、R_3、R_4 作为工作片，与纵向应变片相间，再横向贴 4 个应变片 R_5、R_6、R_7、R_8 用作温度补偿。当柱形梁受载时，4 个纵向应变片 $R_1 \sim R_4$ 产生同向 ΔR，这时应将 $R_1 \sim R_4$ 先两两串接，然后再接入电桥的两个相对桥臂，这样它们产生的电压输出将相互叠加；反之，若将 $R_1 \sim R_4$ 分别接入电桥的 4 个相邻桥臂，它们产生的电压输出会相互抵消，这时无论施加的力 F 有多么大，输出电压均为零。电桥的温度补偿也正好是利用了上述和差特性。有关详细内容请参阅相关章节，这里不再赘述。

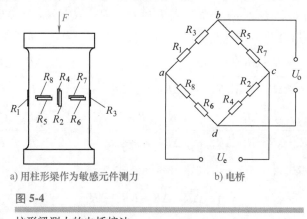

a) 用柱形梁作为敏感元件测力　　　　　　　　b) 电桥

图 5-4

柱形梁测力的电桥接法

使用电桥电路时，还需要调节零位平衡，即当工作臂电阻变化为零时，使电桥的输出为零。图 5-5 给出了常用的差动串联平衡与差动并联平衡方法。在需要进行较大范围的电阻调节时，例如工作臂为热敏电阻时，应采用串联调零形式；若进行微小的电阻调节（如工作臂为电阻应变片时），应采用并联调节形式。

5.1.2　交流电桥

交流电桥的电路结构与直流电桥完全一样（见图 5-6），所不同的是交流电桥采用交流电源激励，电桥的 4 个臂可为电感、电容或电阻，如图 5-6 中的 $Z_1 \sim Z_4$ 表示 4 个桥臂的交流阻抗。如果交流电桥的阻抗、电流及电压都用复数表示，则关于直流电桥的平衡关系式在交流电桥中也可适用，即电桥达到平衡时必须满足

$$Z_1 Z_3 = Z_2 Z_4 \tag{5-12}$$

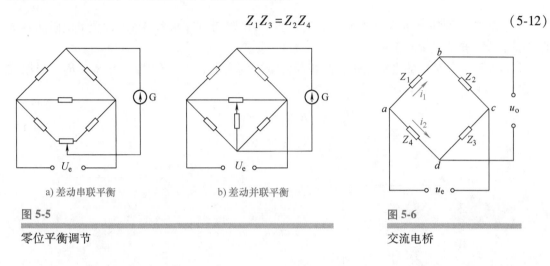

a) 差动串联平衡　　　　　　　　b) 差动并联平衡

图 5-5

零位平衡调节

图 5-6

交流电桥

把各阻抗用指数式表示为

$$Z_1 = Z_{01} e^{j\varphi_1} \quad Z_2 = Z_{02} e^{j\varphi_2} \quad Z_3 = Z_{03} e^{j\varphi_3} \quad Z_4 = Z_{04} e^{j\varphi_4}$$

代入式（5-12）得

$$Z_{01} Z_{03} e^{j(\varphi_1 + \varphi_3)} = Z_{02} Z_{04} e^{j(\varphi_2 + \varphi_4)} \tag{5-13}$$

若此式成立，必须同时满足

$$\begin{cases} Z_{01} Z_{03} = Z_{02} Z_{04} \\ \varphi_1 + \varphi_3 = \varphi_2 + \varphi_4 \end{cases} \tag{5-14}$$

式中　Z_{01}、Z_{02}、Z_{03}、Z_{04}——各阻抗的模；

　　　φ_1、φ_2、φ_3、φ_4——阻抗角，是各桥臂电流与电压之间的相位差。纯电阻时电流与电压同相位，$\varphi = 0$；电感性阻抗，$\varphi > 0$；电容性阻抗，$\varphi < 0$。

式（5-14）表明，交流电桥平衡必须满足两个条件，即相对两臂阻抗之模的乘积应相等，并且它们的阻抗角之和也必须相等。

为满足上述平衡条件，交流电桥各臂可有不同的组合。常用的电容、电感电桥其相邻两臂可接入电阻（例如 $Z_{02} = R_2$，$Z_{03} = R_3$，$\varphi_2 = \varphi_3 = 0$），而另外两个桥臂接入相同性质的阻抗，例如都是电容或者都是电感，以满足 $\varphi_1 = \varphi_4$。

图 5-7 是一种常用电容电桥，两相邻桥臂为纯电阻 R_2、R_3，另外相邻两臂为电容 C_1、C_4。此时 R_1、R_4 可视为电容介质损耗的等效电阻。根据式（5-14）平衡条件，有

$$\left(R_1 + \frac{1}{j\omega C_1} \right) R_3 = \left(R_4 + \frac{1}{j\omega C_4} \right) R_2 \tag{5-15}$$

即

$$R_1 R_3 + \frac{R_3}{j\omega C_1} = R_4 R_2 + \frac{R_2}{j\omega C_4}$$

令上式的实部和虚部分别相等，则得到的平衡条件为

$$\begin{cases} R_1R_3 = R_2R_4 \\ \dfrac{R_3}{C_1} = \dfrac{R_2}{C_4} \end{cases} \tag{5-16}$$

由此可知，要使电桥达到平衡，必须同时调节电阻与电容两个参数，即调节电阻达到电阻平衡，调节电容达到电容平衡。

图 5-8 是一种常用的电感电桥，两相邻桥臂分别为电感 L_1、L_4 与电阻 R_2、R_3，根据式 (5-14)，电桥平衡条件应为

$$\begin{cases} R_1R_3 = R_2R_4 \\ L_1R_3 = L_4R_2 \end{cases} \tag{5-17}$$

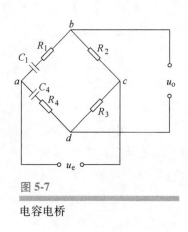

图 5-7

电容电桥

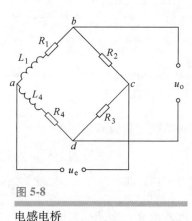

图 5-8

电感电桥

对于纯电阻交流电桥，即使各桥臂均为电阻，但由于导线间存在分布电容，相当于在各桥臂上并联了一个电容（见图 5-9）。为此，除了有电阻平衡外，还必须有电容平衡。图 5-10 示出一种用于动态应变仪中的具有电阻、电容平衡调节环节的交流电阻电桥，其中电阻 R_1、R_2 和电位器 R_3 组成电阻平衡调节部分，通过开关 S 实现电阻平衡粗调与微调的切换，电容 C 是一个差动可变电容器，当旋转电容平衡旋钮时，电容器左右两部分的电容一边增加，另一边减少，使并联到相邻两臂的电容值改变，以实现电容平衡。

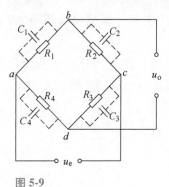

图 5-9

电阻交流电桥的分布电容

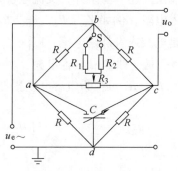

图 5-10

具有电阻电容平衡的交流电阻电桥

在一般情况下，交流电桥的供桥电源必须具有良好的电压波形与频率稳定度。如电源电压波形畸变（即包含了高次谐波），对基波而言，电桥达到平衡，而对高次谐波，电桥不一定能平衡，因而将有高次谐波的电压输出。

一般采用 5~10kHz 音频交流电源作为交流电桥电源。电桥输出为调制波，外界工频干扰不易从线路中引入，并且后接交流放大电路简单而无零漂。

采用交流电桥时，必须注意到影响测量误差的一些因素，例如，电桥中元件之间的互感影响、无感电阻的残余电抗、邻近交流电路对电桥的感应作用、泄漏电阻以及元件之间、元件与地之间的分布电容等。

5.1.3　带感应耦合臂的电桥

带感应耦合臂的电桥是将感应耦合的两个绕组作为桥臂而组成的电桥，一般有下列两种形式。

图 5-11a 是用于电感比较仪中的电桥，感应耦合的绕组 W_1、W_2 与阻抗 Z_3、Z_4 构成电桥的 4 个臂。绕组 W_1、W_2 相当于变压器的二次绕组，这种桥路又称变压器电桥。平衡时，指零仪 G 指零。

另一种形式如图 5-11b 所示，电桥平衡时，绕组 W_1、W_2 的励磁效应互相抵消，铁心中无磁通，所以指零仪 G 指零。

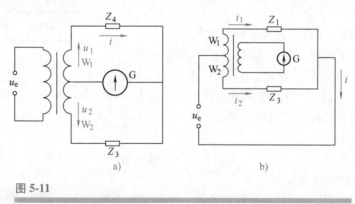

图 5-11

带电感耦合臂的电桥

以上两种电桥中的感应耦合臂可代以差动式三绕组电感传感器，通过它的敏感元件——铁心，将被测位移量转换为绕组间互感变化，再通过电桥转换为电压或电流的输出。

带感应耦合臂的电桥与一般电桥比较，具有较高的精确度、灵敏度以及性能稳定等优点。

5.2　调制与解调

调制是指利用某种低频信号来控制或改变一高频振荡信号的某个参数（幅值、频率或相位）的过程。当被控制的量是高频振荡信号的幅值时，称为幅值调制或调幅；当被控制的量是高频振荡信号的频率时，称为频率调制或调频；当被控制的量是高频振荡信号的相位

时，称为相位调制或调相。在这里，我们称高频振荡信号为载波，控制高
频振荡的低频信号为调制信号，调制后的高频振荡信号为已调制信号。在
通信技术中，利用调制技术进行声音信号的传递（扫描右侧二维码观看相
关视频）。

科普之窗
科技让通信
更便捷

解调是指从已调制信号中恢复出原低频调制信号的过程。调制与解调
是一对相反的信号变换过程，在工程上经常结合在一起使用。

调制与解调在测试领域也有广泛的应用。在测量过程中，我们常常会碰到诸如力、位移
等一些变化缓慢的量，经传感器转换后得到的信号是低频的微弱信号，需进行放大处理。如
果直接采取直流放大会带来零漂和级间耦合等问题，造成信号的失真。而交流放大器具有良
好的抗零漂性能，所以我们经常设法先将这些低频信号通过调制的手段变为高频信号，然后
采用交流放大器进行放大。最终再采用解调的手段获取放大后的被测信号。还有些传感器在
完成从被测物理量到电量的转换过程中应用了信号调制的原理，如差动变压器式位移传感器
就是幅值调制的典型实例。交流电阻电桥实质上也是一个幅值调制器。一些电容、电感类传
感器将被测物理量的变化转换成了频率的变化，即采取了频率调制。

另外，调制与解调技术还广泛应用于信号的远距离传输方面。

5.2.1　幅值调制与解调

1. 幅值调制

幅值调制是将一个高频载波信号（此处采用余弦
波）与被测信号（调制信号）相乘，使高频信号的
幅值随被测信号的变化而变化。如图 5-12 所示，x
(t) 为被测信号，$y(t)$ 为高频载波信号：$y(t) =$
$\cos 2\pi f_0 t$，则调制器的输出已调制信号 $x_m(t)$ 为 $x(t)$
与 $y(t)$ 的乘积，即

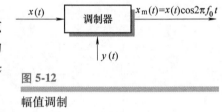

图 5-12

幅值调制

$$x_m(t) = x(t)\cos 2\pi f_0 t \tag{5-18}$$

2. 调幅信号的频域分析

下面我们分析幅值调制信号的频域特点。由傅里叶变换的性质知：时域中两个信号相乘
对应于频域中这两个信号的傅里叶变换的卷积，即

$$x(t)y(t) \Leftrightarrow X(f) * Y(f) \tag{5-19}$$

余弦函数的频域波形是一对脉冲谱线，即

$$\cos 2\pi f_0 t \Leftrightarrow \frac{1}{2}\delta(f-f_0) + \frac{1}{2}\delta(f+f_0) \tag{5-20}$$

由式（5-18）~式（5-20），有

$$x(t)\cos 2\pi f_0 t \Leftrightarrow \frac{1}{2}X(f) * \delta(f-f_0) + \frac{1}{2}X(f) * \delta(f+f_0) \tag{5-21}$$

一个函数与单位脉冲函数卷积的结果是将这个函数的波形由坐标原点平移至该脉冲函数
处。所以，把被测信号 $x(t)$ 和载波信号相乘，其频域特征就是把 $x(t)$ 的频谱由频率坐标原点
平移至载波频率 $\pm f_0$ 处，其幅值减半，如图 5-13 所示。可以看出所谓调幅过程相当于频谱"搬

移"过程。

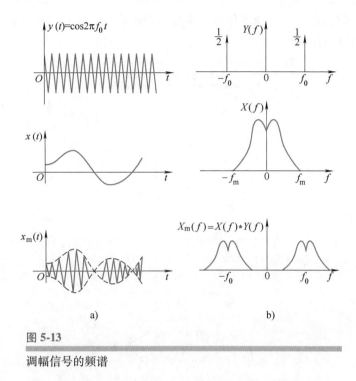

图 5-13

调幅信号的频谱

　　从图 5-13 可以看出,载波频率 f_0 必须高于信号中的最高频率 f_{max},这样才能使已调幅信号保持原信号的频谱图形而不产生混叠现象。为了减小电路可能引起的失真,信号的频宽 f_m 相对载波频率 f_0 应越小越好。在实际应用中,载波频率常常至少在调制信号上限频率的 10 倍以上。

　　3. 调幅信号的解调方法

　　幅值调制的解调有多种方法,常用的有同步解调、包络检波和相敏检波法。

　　(1) 同步解调　若把调幅波再次与原载波信号相乘,则频域的频谱图形将再一次进行"搬移",其结果是使原信号的频谱图形平移到 0 和 $\pm 2f_0$ 的频率处,如图 5-14 所示。若用一个低通滤波器滤去中心频率为 $2f_0$ 的高频成分,便可以复现原信号的频谱(只是其幅值减小为一半,这可用放大处理来补偿),这一过程称为同步解调。"同步"是指在解调过程中所乘的载波信号与调制时的载波信号具有相同的频率与相位。

　　在时域分析中也可以看到

$$x(t)\cos 2\pi f_0 t\cos 2\pi f_0 t=\frac{x(t)}{2}+\frac{1}{2}x(t)\cos 4\pi f_0 t \tag{5-22}$$

　　用低通滤波器将式 (5-22) 右端频率为 $2f_0$ 的后一项高频信号滤去,则可得到 $\frac{1}{2}x(t)$。

　　但因注意,同步解调要求有性能良好的线性乘法器件,否则将引起信号失真。

　　(2) 包络检波　包络检波亦称整流检波,其原理是先对调制信号进行直流偏置,叠加一个直流分量 A,使偏置后的信号都具有正电压值,那么用该调制信号进行调幅后得到的调

幅波 $x_m(t)$ 的包络线将具有原调制信号的形状，如图 5-15 所示。对该调幅波 $x_m(t)$ 进行简单的整流（半波或全波整流）、滤波便可以恢复原调制信号，信号在整流滤波之后需再准确地减去所加的直流偏置电压。

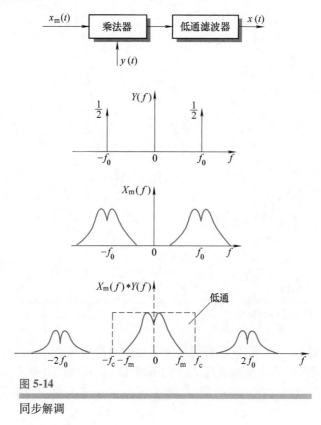

图 5-14

同步解调

上述方法的关键是准确地加、减偏置电压。若所加的偏置电压未能使信号电压都位于零位的同一侧，那么对调幅之后的波形只进行简单的整流滤波便不能恢复原调制信号，而会造成很大失真（见图 5-16）。在这种情况下，采用相敏检波技术可以解决这一问题。

（3）相敏检波　相敏检波的特点是可以鉴别调制信号的极性，所以采用相敏检波时，对调制信号不必再加直流偏置。相敏检波利用交变信号在过零位时正、负极性发生突变，使调幅波的相位（与载波比较）也相应地产生 180° 的相位跳变，这样便既能反映出原调制信号的幅值，又能反映其极性。

图 5-17 示出一种典型的二极管相敏检波电路，4 个特性相同的二极管 $VD_1 \sim VD_4$ 连接成电桥的形式，两对对角点分别接到变压器 T_1 和 T_2 的二次绕组上。调幅波 $x_m(t)$ 输入变压器 T_1 的一次侧，变压器 T_2 接参考信号，该参考信号应与载波信号 $y(t)$ 的相位和频率相同，用作极性识别的标准。R_1 为负载电阻。电路设计时，应使变压器 T_2 的二次侧输出电压大于变压器 T_1 的二次侧输出电压。

图 5-17 还示出相敏检波器解调的波形转换过程。当调制信号 $x(t)$ 为正时（图 5-17 的 $0 \sim t_1$ 区间），调幅波 $x_m(t)$ 与载波 $y(t)$ 同相。这时，当 $y(t)$ 为正时，变压器 T_1 与 T_2 的电压极性如图中所示，由于 T_2 二次侧电压大于 T_1 二次侧电压，因此 VD_1 和 VD_2 导通，经 VD_1 回

路和 VD₂ 回路流过负载 R_1 的总电流大小与 $x_m(t)$ 的幅值成正比，方向是由上到下；当 $y(t)$ 为负时，T_1 和 T_2 的电压极性同时改变，VD₃ 和 VD₄ 导通，经 VD₃ 回路和 VD₄ 回路流过 R_1 的总电流大小与 $x_m(t)$ 的幅值成正比，方向也是由上到下。可见在 $0 \sim t_1$ 区间，流经 R_1 的电流方向始终是由上到下，输出电压 $u_o(t)$ 为正值。当 $x(t)$ 为负时（图 5-17 中的 $t_1 \sim t_2$ 区间），$x_m(t)$ 相对于 $y(t)$ 反相。这时，与上述分析方法类似可得，当 $y(t)$ 为正时，VD₁ 和 VD₂ 导通，流经 R_1 的总电流方向是自下向上；当 $y(t)$ 为负时，VD₃ 和 VD₄ 导通，流经 R_1 的总电流方向也是自下向上。可见在 $t_1 \sim t_2$ 区间，流经负载 R_1 的电流方向始终是由下向上，输出电压 $u_o(t)$ 为负值。

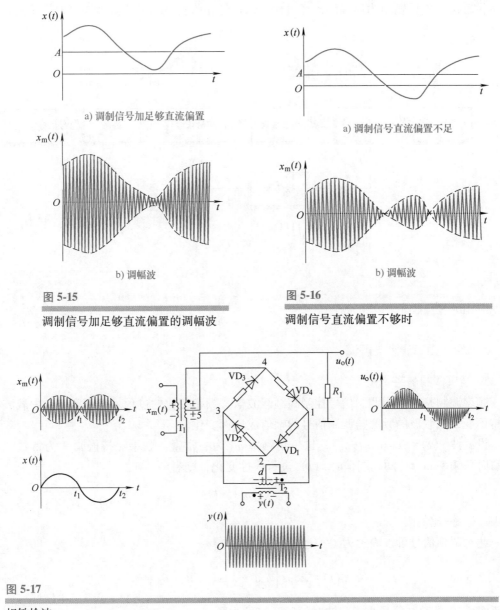

a) 调制信号加足够直流偏置

b) 调幅波

图 5-15

调制信号加足够直流偏置的调幅波

a) 调制信号直流偏置不足

b) 调幅波

图 5-16

调制信号直流偏置不够时

图 5-17

相敏检波

综上所述，相敏检波是利用二极管的单向导通作用将电路输出极性换向。简单地说，这

种电路相当于在 $0\sim t_1$ 段把 $x_m(t)$ 的负部翻上去，而在 $t_1\sim t_2$ 段把 $x_m(t)$ 的正部翻下来。若将 $u_o(t)$ 经低通滤波器滤波，则所得到的信号就是 $x_m(t)$ 经过"翻转"后的包络。

由以上分析可知，通过相敏检波可得到一个幅值与极性均随调制信号的幅值与极性变化的信号，从而使被测信号得到重现。换言之，对于具有极性或方向性的被测量，经调制以后要想正确地恢复原有的信号波形，必须采用相敏检波的方法。

动态电阻应变仪（见图 5-18）可作为电桥调幅与相敏检波的典型实例。电桥由振荡器供给等幅高频振荡电压（一般频率为 10kHz 或 15kHz）。被测量（应变）通过电阻应变片调制电桥输出，电桥输出为调幅波，经过放大，再经相敏检波与低通滤波即可取出所测信号。

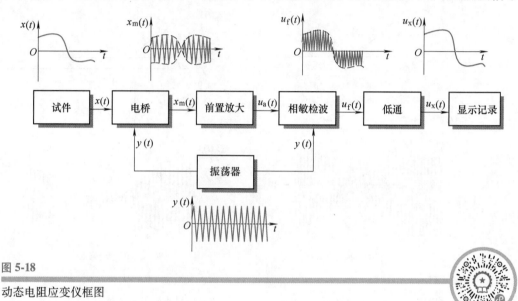

图 5-18

动态电阻应变仪框图

5.2.2　频率调制与解调

1. 频率调制的基本概念

频率调制是指利用调制信号控制高频载波信号频率变化的过程。在频率调制中载波幅值保持不变，仅载波的频率随调制信号的幅值成比例变化。

设载波 $y(t)=A\cos(\omega_0 t+\theta_0)$，这里角频率 ω_0 为一常量。如果保持振幅 A 为常数，让载波瞬时角频率 $\omega(t)$ 随调制信号 $x(t)$ 进行线性变化，则有

$$\omega(t)=\omega_0+kx(t) \tag{5-23}$$

式中　k——比例因子。

此时调频信号可以表示为

$$x_f(t)=A\cos\left[\omega_0 t+k\int x(t)\,dt+\theta_0\right] \tag{5-24}$$

图 5-19 是调制信号为三角波时的调频信号波形。

由图可见，在 $0\sim t_1$ 区间，调制信号 $x(t)=0$，调频信号的频率保持原始的中心频率 ω_0 不变；在 $t_1\sim t_2$ 区间，调频波 $x_f(t)$ 的瞬时频率随调制信号 $x(t)$ 的增大而逐渐增高；在 $t_2\sim$

t_3 区间，调频波 $x_f(t)$ 的瞬时频率随调制信号 $x(t)$ 的减小而逐渐降低；在 $t \geqslant t_3$ 后，调制信号 $x(t)=0$，调频信号的频率又恢复了原始的中心频率 ω_0。

2. 频率调制方法

频率调制一般用振荡电路来实现，如 LC 振荡电路、变容二极管调制器、压控振荡器等。以 LC 振荡回路为例，如图 5-20 所示，该电路常被用于电容、涡流、电感等传感器的测量电路，将电容（或电感）作为自激振荡器的谐振回路的一调谐参数，则电路的谐振频率为

$$f_0 = \frac{1}{2\pi\sqrt{LC_0}} \tag{5-25}$$

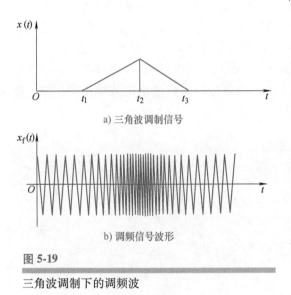

a) 三角波调制信号

b) 调频信号波形

图 5-19

三角波调制下的调频波

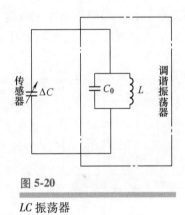

图 5-20

LC 振荡器

若电容 C_0 的变化量为 ΔC，则式（5-25）变为

$$f = \frac{1}{2\pi\sqrt{LC_0\left(1+\dfrac{\Delta C}{C_0}\right)}} = f_0 \frac{1}{\sqrt{1+\dfrac{\Delta C}{C_0}}} \tag{5-26}$$

式（5-26）按泰勒级数展开并忽略高阶项得

$$f \approx f_0\left(1-\frac{\Delta C}{2C_0}\right) = f_0 - \Delta f \tag{5-27}$$

式中　$\Delta f = f_0 \dfrac{\Delta C}{2C_0}$。

由式（5-27）可知，LC 振荡回路以振荡频率 f 与调谐参数的变化呈线性关系，亦即振荡频率受控于被测物理量（这里是电容 C_0）。这种将被测参数的变化直接转换为振荡频率变化的过程称直接调频式测量。

另一种常用的调频电路是压控振荡器（VCO）。顾名思义，压控振荡器就是用调制信号

$x(t)$ 的幅值来控制其振荡频率，使振荡频率随控制电压呈线性变化，从而达到频率调制的目的。压控振荡器技术发展很快，目前已有单片式压控振荡器芯片（如 MAXIM 公司推出的 MAX2622~MAX2624），振荡器的中心频率和频率范围由生产厂预置，频率范围与控制电压相对应。

3. 调频信号的解调

调频信号的解调亦称鉴频，一般采用鉴频器和锁相环解调器。前者结构简单，在测试技术中常被使用，而后者解调性能优良，但结构复杂，一般用于要求较高的场合，如通信机等。此处只介绍鉴频器解调。图 5-21a 为鉴频器示意图，该电路实际上是由一个高通滤波器（R_1、C_1）及一个包络检波器（VD、C_2）构成。从高通滤波器幅频特性的过渡带（见图 5-21b）可以看到，随输入信号频率的不同，输出信号的幅值便不同。通常在幅频特性的过渡带上选择一段线性好的区域来实现频率—电压的转换，并使调频信号的载频 f_0 位于这段线性区的中点。由于调频信号 $u_f(t)$ 的瞬时频率正比于调制信号 $x(t)$，它经过高通滤波器后，使原来等幅的调频信号的幅值变为随调制信号 $x(t)$ 变化的"调幅"信号，即包络形状正比于调制信号 $x(t)$，但频率仍与调频信号保持一致。该信号经后续包络检波器检出包络，即可恢复出反映被测量变化的调制信号 $x(t)$（见图 5-21c）。

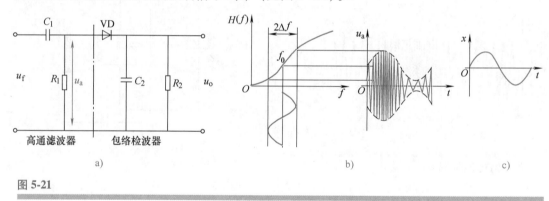

图 5-21
鉴频器原理

5.3 滤波器

5.3.1 概述

通常被测信号是由多个频率分量组合而成的，而且在检测中得到的信号除包含有效信息外，还含有噪声和不希望得到的成分，从而导致真实信号的畸变和失真。所以希望采用适当的电路选择性地过滤掉所不希望的成分或噪声。滤波器便是实现上述功能的装置。

滤波是指让被测信号中的有效成分通过而将其中不需要的成分抑制或衰减掉的一种过程。根据滤波器的选频方式一般可将其分为低通滤波器、高通滤波器、带通滤波器以及陷波或带阻滤波器 4 种类型，图 5-22 示出这 4 种滤波器的幅频特性。

由图 5-22 可知，低通滤波器允许在其截止频率以下的频率成分通过而高于此频率的频率成分被衰减；高通滤波器只允许在其截止频率之上的频率成分通过；带通滤波器只允许在其中心频率附近一定范围内的频率分量通过；而陷波滤波器可将选定频带上的频率成分衰减掉。

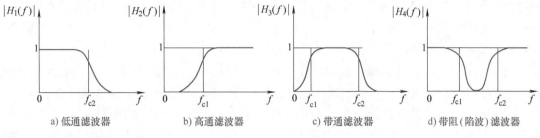

a) 低通滤波器　　　　b) 高通滤波器　　　　c) 带通滤波器　　　　d) 带阻（陷波）滤波器

图 5-22

4 种滤波器的幅频特性

从滤波器的构成形式可将其分为两类，即有源滤波器和无源滤波器。有源滤波器通常使用运算放大器结构；而无源滤波器由一定的电阻、电感和电容元件组合配置形式组成。

5.3.2　滤波器性能分析

1. 理想滤波器

所谓理想滤波器就是将滤波器的一些特性理想化而定义的滤波器。我们以最常用的低通滤波器为例进行分析。理想低通滤波器特性如图 5-23 所示，它具有矩形幅频特性和线性相频特性。这种滤波器将低于某一频率 f_c 的所有信号予以传送而无任何失真，将频率高于 f_c 的信号全部衰减，f_c 称为截止频率。该滤波器的频率响应函数 $H(f)$ 具有以下形式

$$H(f) = \begin{cases} A_0 e^{-j2\pi f t_0} & -f_c \leqslant f \leqslant f_c \\ 0 & \text{其他} \end{cases} \tag{5-28}$$

但这种滤波器在工程实际中是不可能实现的。

2. 实际滤波器的特征参数

图 5-24 示出实际带通滤波器的幅频特性，为便于比较，理想带通滤波器的幅频特性也

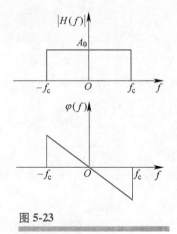

图 5-23

理想低通滤波器

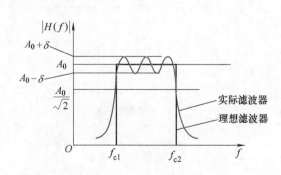

图 5-24

实际带通滤波器的幅频特性

示于图中，从中可看出两者的差别。对于理想滤波器来说，在两截止频率 f_{c1} 和 f_{c2} 之间的幅频特性为常数 A_0，截止频率之外的幅频特性均为零。对于实际滤波器，其特性曲线无明显转折点，通带中幅频特性也并非常数，因此要用更多的参数来对它进行描述，如截止频率、带宽、纹波幅度、品质因子（Q 值）以及倍频程选择性等。

（1）截止频率　截止频率指幅频特性值等于 $A_0/\sqrt{2}$（即 $-3dB$）时所对应的频率点（图 5-24 中的 f_{c1} 和 f_{c2}）。若以信号的幅值二次方表示信号功率，该频率对应的点为半功率点。

（2）带宽 B　滤波器带宽定义为上下两截止频率之间的频率范围 $B=f_{c2}-f_{c1}$，又称 $-3dB$ 带宽，单位为 Hz。带宽表示滤波器的分辨能力，即滤波器分离信号中相邻频率成分的能力。

（3）纹波幅度 δ　通带中幅频特性值的起伏变化值称纹波幅度，图 5-24 中以 $\pm\delta$ 表示，δ 值应越小越好。

（4）品质因子（Q 值）　对于带通滤波器来说，品质因子 Q 定义为中心频率 f_0 与带宽 B 之比，即 $Q=f_0/B$。Q 越大，则相对带宽越小，滤波器的选择性越好。

（5）倍频程选择性　从阻带到通带或从通带到阻带，实际滤波器有一个过渡带，过渡带的曲线倾斜度代表着幅频特性衰减的快慢程度，通常用倍频程选择性来表征。倍频程选择性是指上截止频率 f_{c2} 与 $2f_{c2}$ 之间或下截止频率 f_{c1} 与 $f_{c1}/2$ 间幅频特性的衰减值，即频率变化一个倍频程的衰减量，以 dB 表示。显然，衰减越快，选择性越好。

（6）滤波器因数（矩形系数）λ　滤波器因数 λ 定义为滤波器幅频特性的 $-60dB$ 带宽与 $-3dB$ 带宽的比，即

$$\lambda = \frac{B_{-60dB}}{B_{-3dB}} \tag{5-29}$$

对理想滤波器有 $\lambda=1$。对普通使用的滤波器，λ 一般为 $1\sim5$。

5.3.3　实际滤波电路

最简单的低通和高通滤波器可由一个电阻和一个电容组成，图 5-25a、b 分别示出了 RC 低通和高通滤波器。

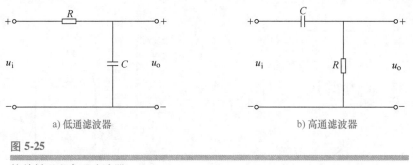

a) 低通滤波器　　　　b) 高通滤波器

图 5-25

简单低通和高通滤波器

这种无源的 RC 滤波器属于一阶系统。可写出图 5-25a 所示的低通滤波器的频率响应特性为

$$|H(f)| = \frac{1}{\sqrt{1+(f/f_c)^2}} \tag{5-30}$$

$$\varphi(f) = -\arctan\frac{f}{f_c} \tag{5-31}$$

式中　$f_c = \dfrac{1}{2\pi RC}$。

截止频率 f_c 对应于幅值衰减 3dB 的点，由于 $f_c = \dfrac{1}{2\pi RC}$，所以调节 RC 可方便地改变截止频率，从而也改变了滤波器的带宽。

对于图 5-25b 所示的高通滤波器，其频响特性为

$$|H(f)| = \frac{f/f_c}{\sqrt{1+(f/f_c)^2}} \tag{5-32}$$

$$\varphi(f) = 90° - \arctan\frac{f}{f_c} \tag{5-33}$$

低通滤波器和高通滤波器组合可以构成带通滤波器，图 5-26 示出一种带通滤波器电路。

一阶 RC 滤波器在过渡带内的衰减速率非常慢，每个倍频程只有 6dB（见图 5-27），通带和阻带之间没有陡峭的界限，故这种滤波器的性能较差，因此常常要使用更复杂的滤波器。

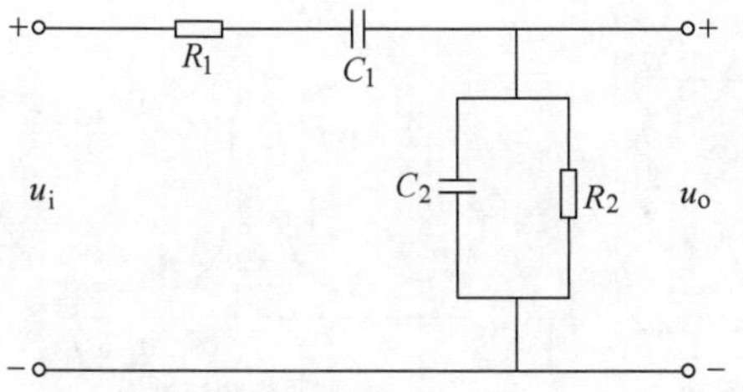

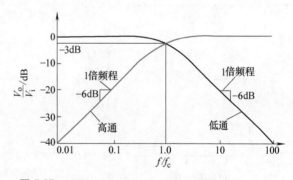

图 5-26

带通滤波器

图 5-27

RC 高低通滤波器的幅频特性

电感和电容一起使用可以使滤波器的谐振特性相对于一阶 RC 电路产生较为陡峭的滤波器边缘。图 5-28 中给出了一些 LC 滤波器的构成方法。通过采用多个 RC 环节或 LC 环节级联的方式（见图 5-29），可以使滤波器的性能有显著的提高，使过渡带曲线的陡峭度得到改善。这是因为多个中心频率相同的滤波器级联后，其总幅频特性为各滤波器幅频特性的乘积，因此通带外的频率成分将会有更大的衰减。但必须注意到，虽然多个简单滤波器的级联能改善滤波器的过渡带性能，却又不可避免地带来了明显的负载效应和相移增大等问题。为

避免这些问题，最常用的方法就是采用有源滤波器。

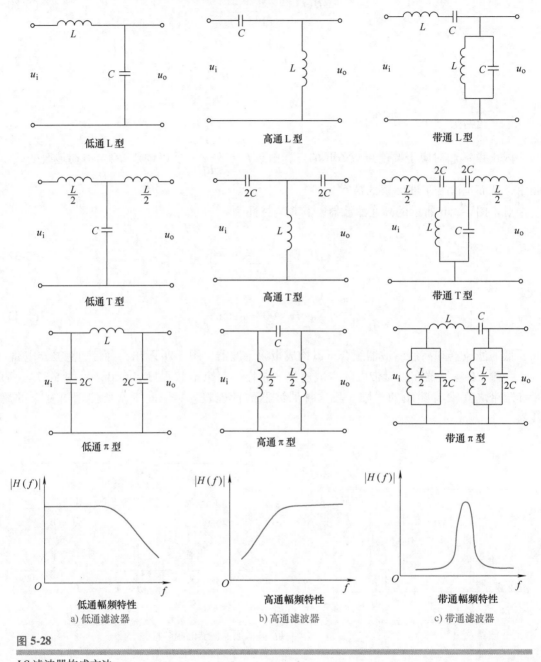

图 5-28

LC 滤波器构成方法

将滤波网络与运算放大器结合是构造有源滤波器电路的基本方法（见图 5-30），图 5-31 示出一些典型的一阶有源滤波器。通常的有源滤波器具有 80dB/倍频程的下降带，以及在阻带中有高于 60dB 的衰减。目前市场上已有高性能的高阶有源滤波器出售。若需做进一步了解，请参阅相关读物。

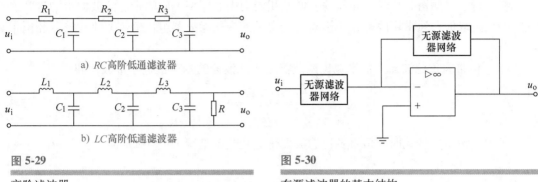

a) RC 高阶低通滤波器

b) LC 高阶低通滤波器

图 5-29

高阶滤波器

图 5-30

有源滤波器的基本结构

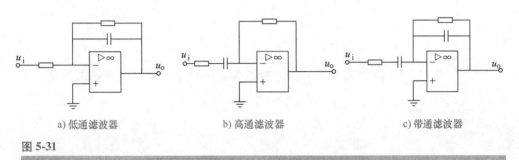

a) 低通滤波器　　　　　　　　b) 高通滤波器　　　　　　　　c) 带通滤波器

图 5-31

一阶有源滤波器

5.3.4　带通滤波器在信号频率分析中的应用

1. 多路滤波器的并联形式

多路带通滤波器并联常用于信号的频谱分析和信号中特定频率成分的提取。使用时常将被分析信号输入一组中心频率不同的滤波器，各滤波器的输出便反映了信号中所含的各个频率成分。为使各带通滤波器的带宽覆盖整个分析的频带，它们的中心频率能使相邻的带宽恰好相互衔接（见图 5-32），通常的做法是使前一个滤波器的-3dB 上截止频率高端等于后一个滤波器的-3dB 下截止频率低端。滤波器组必须具有相同的放大倍数。

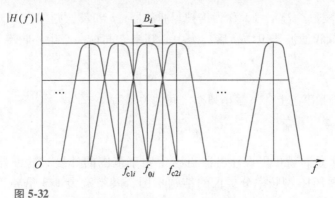

图 5-32

带通滤波器并联的频带分配

在进行信号频谱分析时，并联的、增益相同而中心频率不同的带通滤波器组的带宽遵循一定的规则取值，通常用两种方法构成两类常见的带通滤波器组：恒带宽比滤波器和恒带宽滤波器。

（1）恒带宽比滤波器　恒带宽比滤波器是指滤波器的相对带宽是常数，即

$$\frac{B_i}{f_{0i}} = \frac{f_{c2i} - f_{c1i}}{f_{0i}} = C \tag{5-34}$$

当中心频率 f_{0i} 变化时，恒带宽比滤波器带宽变化的情况如图 5-33a 所示。

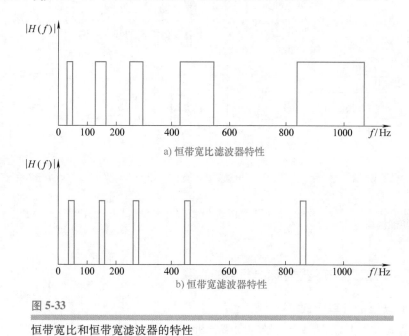

a) 恒带宽比滤波器特性

b) 恒带宽滤波器特性

图 5-33

恒带宽比和恒带宽滤波器的特性

恒带宽比滤波器的上、下截止频率 f_{c2i} 和 f_{c1i} 之间满足以下关系，即

$$f_{c2i} = 2^n f_{c1i} \tag{5-35}$$

式中　n——倍频程数。若 $n=1$，称为倍频程滤波器；$n=1/3$，则称为 1/3 倍频程滤波器；依此类推。在倍频程滤波器组中，后一个中心频率 f_{0i} 与前一个中心频率 $f_{0(i-1)}$ 间也满足

$$f_{0i} = 2^n f_{0(i-1)} \tag{5-36}$$

而且滤波器的中心频率与上、下截止频率之间的关系为

$$f_{0i} = \sqrt{f_{c1i} f_{c2i}} \tag{5-37}$$

所以，只要选定 n 值，就可以设计出覆盖给定频率范围的邻接式滤波器组。例如，图 5-34 为 B&K 公司的 1616 型频率分析仪的结构框图，其带宽为 1/3 倍频程，分析频率为从 20Hz~40kHz，共设置 34 个带通滤波器。表 5-1 给出了 34 个带通滤波器的中心频率和截止频率。

表 5-1		34 个带通滤波器的中心频率和截止频率			（单位：Hz）
中心频率 f_0	下截止频率 f_{c1}	上截止频率 f_{c2}	中心频率 f_0	下截止频率 f_{c1}	上截止频率 f_{c2}
16	14.2544	17.9600	800	712.720	898.000
20	17.8180	22.4500	1000	890.900	1122.50
25	22.2725	28.0625	1250	1113.63	1403.13
31.5	28.0634	38.5875	1600	1425.44	1796.00
40	35.6360	44.9000	2000	1781.80	2245.00
50	44.5450	56.1250	2500	2227.25	2806.25
63	56.1267	70.7175	3150	2806.34	3535.88
80	71.2720	89.8000	4000	3563.60	4490.00
100	89.0900	112.250	5000	4454.50	5612.50
125	111.363	140.313	6300	5612.67	7171.75
160	142.544	179.600	8000	7127.20	8980.00
200	178.180	224.500	10000	8909.00	11225.0
250	222.725	280.625	12500	11136.3	14031.3
315	280.634	353.588	16000	14254.4	17960.0
400	356.360	449.000	20000	17818.0	22450.0
500	445.450	561.250	25000	22272.5	28062.5
630	561.267	707.175	31500	28063.4	35358.8

（2）恒带宽滤波器 从图 5-33a 可以看出，一组恒带宽比滤波器的通频带在低频段很窄，在高频段则很宽，因而滤波器组的频率分辨力在低频段较好，而在高频段则甚差。若要求滤波器在所有频段都具有良好的频率分辨力时，可采用恒带宽滤波器。

恒带宽滤波器是指滤波器的绝对带宽为常数，即

$$B = f_{c2i} - f_{c1i} = C \tag{5-38}$$

图 5-33b 示出了恒带宽滤波器的特性。为提高滤波器的分辨能力，带宽应窄一些，但为覆盖整个频率范围所需要的滤波器数量就很大。因此恒带宽滤波器一般不用固定中心频率与带宽的并联滤波器组来实现，而是通过中心频率可调的扫描式带通滤波器来实现。

2. 中心频率可调试

扫描式频率分析仪采用一个中心频率可调的带通滤波器，通过改变中心频率使该滤波器的通带跟随所要分析的信号频率范围要求来变化。调节方式可以是手调或者外信号调节，如图 5-35 所示。用于调节中心频率的信号可由一个锯齿波发生器来产生，用一个线性升高的电压来控制中心频率的连续变化。由于滤波器的建立需要一定的时间，尤其是在滤波器带宽很窄的情况，建立时间愈长，所以扫频速度不能过快。这种形式的分析仪也采用恒带宽比的带通滤波器。如 B&K 公司的 1621 型分析仪，将总分析频率范围从 0.2Hz ~ 20kHz 分成五段：0.2~2Hz、2~20Hz、20~200Hz、200Hz~2kHz、2~20kHz，每一段中的中心频率可调。

采用中心频率可调的带通滤波器时，由于在调节中心频率过程中总希望不改变或不影响

滤波器的增益及 Q 因子等参数，因此这种滤波器中心频率的调节范围是有限的。

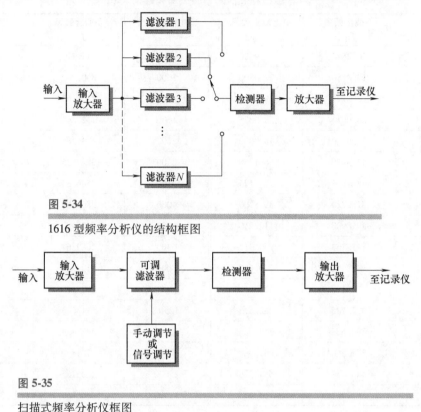

图 5-34

1616 型频率分析仪的结构框图

图 5-35

扫描式频率分析仪框图

在信号频谱分析中常用的中心频率可变的滤波方法还有相关滤波和跟踪滤波，其工作原理与典型应用请参阅相关书籍。

5.4　信号的放大

通常情况下，传感器的输出信号都很微弱，必须用放大电路放大后才便于后续处理。为了保证测量精度的要求，放大电路应具有如下性能：

1）足够的放大倍数。

2）高输入阻抗，低输出阻抗。

3）高共模抑制能力。

4）低温漂、低噪声、低失调电压和电流。

线性运算放大器具备上述特点，因而传感器输出信号的放大电路都由运算放大器所组成，本节介绍几种常用的运算放大器电路。

5.4.1　基本放大电路

图 5-36 示出了反相放大器、同相放大器和差分放大器三种基本放大电路。反相放大器的输入阻抗低，容易对传感器形成负载效应；同相放大器的输入阻抗高，但易引入共模干

扰；而差分放大器也不能提供足够的输入阻抗和共模抑制比。因此由单个运算放大器构成的放大电路在传感器信号放大中很少直接采用。

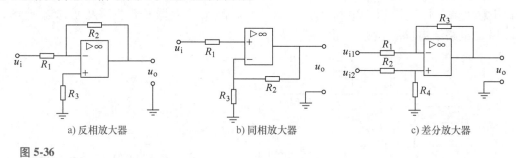

a) 反相放大器　　　　　　　　　b) 同相放大器　　　　　　　　c) 差分放大器

图 5-36

基本放大电路

一种常用来提高输入阻抗的办法是在基本放大电路之前串接一级射极跟随器（见图 5-37）。串接射极跟随器后，电路的输入阻抗可以提高到 10^9 以上，所以射极跟随器也常被称为阻抗变换器。

5.4.2　仪器放大器

图 5-38 示出一种在小信号放大中广泛使用的仪器放大器电路，它由 3 个运算放大器组成，其中 A_1、A_2 接成射极跟随器形式，组成输入阻抗极高的差动输入级，在两个射随器之间的附加电阻 R_G 具有提高共模抑制比的作用，A_3 为双端输入、单端输出的输出级，以适应接地负载的需要，放大器的增益由电阻 R_G 设定，典型仪器放大器的增益设置范围为 1~1000。

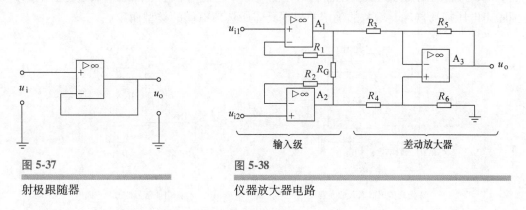

图 5-37

射极跟随器

图 5-38

仪器放大器电路

该电路输出电压与差动输入电压之间的关系可表示为

$$u_o = \left(1 + \frac{R_1 + R_2}{R_G}\right)\frac{R_5}{R_3}(u_{i2} - u_{i1}) \tag{5-39}$$

若选取 $R_1 = R_2 = R_3 = R_4 = R_5 = R_6 = 10\text{k}\Omega$，$R_G = 100\Omega$，即可构成一个 $G = 201$ 倍的高输入阻抗、高共模抑制比的放大器。

近年来，世界许多著名公司都推出了自己的集成仪器放大器，如美国 AD 公司推出的 AD522 等、美国 BB 公司推出的 INA114 等。典型仪器放大器的共模抑制比可以达到 130dB

以上，输入阻抗可以达到 $10^9\Omega$ 以上，电路增益可以达到 1000。

INA114 是一个低成本的普通仪用放大器，在一般应用时，只需外接一只普通电阻就可得到任意增益，可广泛用于电桥放大器、热电偶测量放大器及数据采集放大器等场合。INA114 的电路结构与基本接法如图 5-39 所示。

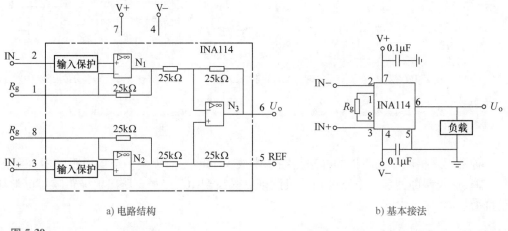

a) 电路结构　　　　　　　　　　　　　　　b) 基本接法

图 5-39

INA114 的电路结构与基本接法

图 5-40a 是一种典型的拾音传感器输入放大器。R_1 与 R_2 一般取 47kΩ。若传感器 M 内阻过高时，R_1 与 R_2 可取 100kΩ 左右。增益的选择不宜太高，一般设计在 100 倍以内为宜。图 5-40b 为热电偶信号的放大电路。对于测量点 T 过远时，应增加输入低通滤波电路，以免因噪声电压损坏器件。增益的确定要根据具体所选热电偶的类型而定。

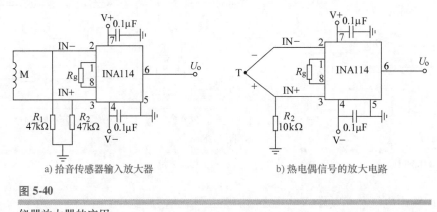

a) 拾音传感器输入放大器　　　　　　　　　b) 热电偶信号的放大电路

图 5-40

仪器放大器的应用

AD522 是精密集成放大器，非线性失真小、共模抑制比高、低漂移和低噪声，非常适合对微弱信号进行放大。AD522 的引脚标号及作为电桥放大器的实例电路如图 5-41 所示。

5.4.3　可编程增益放大器

在多回路检测系统中，由于各回路传感器信号的变化范围不尽相同，必须提供多种量程的放大器，才能使放大后的信号幅值变化范围一致（例如 0～5V）。如果放大器的增益可以由计算机输出的数字信号控制，则可通过改变计算机程序来改变放大器的增益，从而简化系统的硬件设计和调试工作量。这种可通过计算机编程来改变增益的放大器称为可编程增益放大器。

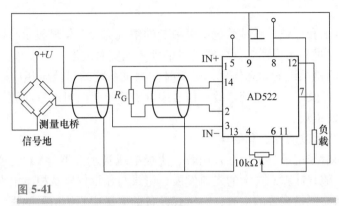

图 5-41

由仪器放大器构成的电桥放大电路

可编程增益放大器的基本原理可用图 5-42 所示的简单电路来说明，它是一种可编程增益的反相放大器。$R_1 \sim R_4$ 组成电阻网络，$S_1 \sim S_4$ 是电子开关，当外加控制信号 y_1、y_2、y_3、y_4 为低电平时，对应的电子开关闭合。电子开关通过一个 2-4 译码器控制，当来自计算机 I/O 口的 x_1、x_2 为 00、01、10、11 时，S、S_2、S_3、S_4 分别闭合，电阻网络的 R_1、R_2、R_3、R_4 分别接入到反相放大器的输入回路，得到 4 种不同的增益值。也可不用译码器，直接由计算机的 I/O 口来控制 y_1、y_2、y_3、y_4，得到 2^4 个不同的增益值。

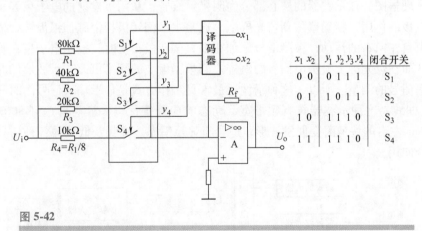

图 5-42

可编程增益放大器原理

从上面的分析可知，可编程增益放大器的基本思路是：用一组电子开关和一个电阻网络相配合来改变放大器的外接电阻值，以此达到改变放大器增益的目的。用户可用运算放大器、模拟开关、电阻网络和译码器组成形式不同、性能各异的可编程增益放大器。如果使用片内带有电阻网络的单片集成放大器，则可省去外加的电阻网络，直接与合适的模拟开关、译码器配合构成实用的可编程增益放大器。将运算放大器、电阻网络、模拟开关以及译码器等电路集成到一块芯片上，则构成集成可编程增益放大器，如美国国家半导体公司生产的 LH0084 就是其中的一种。

5.5　测试信号的显示与记录

测试信号的显示和记录是测试系统不可缺少的组成部分。信号显示与记录的目的在于：

1）测试人员通过显示仪器观察各路信号的大小或实时波形。

2）及时掌握测试系统的动态信息，必要时对测试系统的参数做相应调整，如输出的信号过小或过大时，可及时调节系统增益；信号中含噪声干扰时可通过滤波器降噪等。

3）记录信号的重现。

4）对信号进行后续的分析和处理。

传统的显示和信号记录装置包括万用表、阴极射线管示波器、XY 记录仪、模拟磁带记录仪等。近年来，随着计算机技术的飞速发展，记录与显示仪器从根本上发生了变化，数字式设备已成为显示与记录装置的主流，数字式设备的广泛应用给信号的显示与记录方式赋予了新的内容。

5.5.1　信号的显示

示波器是测试中最常用的显示仪器，有模拟示波器、数字示波器和数字存储示波器三种类型。

1. 模拟示波器

模拟示波器以传统的阴极射线管示波器为代表，图 5-43 是一个典型通用的阴极射线管示波器的原理框图。该示波器的核心部分为阴极射线管，从阴极发射的电子束经水平和垂直两套偏转极板的作用，精确聚焦到荧光屏上。通常水平偏转极板上施加锯齿波扫描信号，以控制电子束自左向右的运动，被测信号施加在垂直偏转极板上时，控制电子束在垂直方向上的运动，从而在荧光屏上显示出信号的轨迹。调整锯齿波的频率可改变示波器的时基，以适应各种频率信号的测量。所以，这种示波器最常见工作方式是显示输入信号的时间历程，即显示 $x(t)$ 曲线。这种示波器具有频带宽、动态响应好等优点，最高可达到 800MHz 带宽，可记录到 1ns 左右的快速瞬变偶发波形，适合于显示瞬态、高频及低频的各种信号，目前仍在许多场合使用。

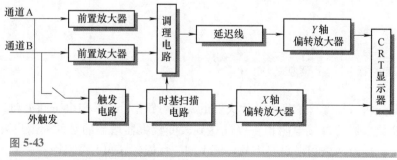

图 5-43

阴极射线管示波器的原理框图

2. 数字示波器

数字示波器是随着数字电子与计算机技术的发展而发展起来的一种新型示波器,其基本原理框图如图 5-44 所示。它用一个核心器件——A-D 转换器将被测模拟信号进行 A-D 转换并存储,再以数字信号方式显示。与模拟示波器相比,数字示波器具有许多突出的优点:

1)具有灵活的波形触发功能,可以进行负延迟(预触发),便于观测触发前的信号状况。

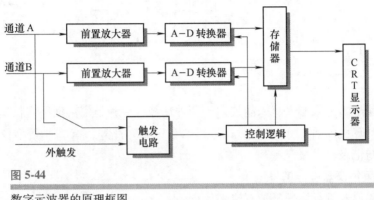

图 5-44

数字示波器的原理框图

2)具有数据存储与回放功能,便于观测单次过程和缓慢变化的信号,也便于进行后续数据处理。

3)具有高分辨率的显示系统,便于对各类性质的信号进行观察,可看到更多的信号细节。

4)便于程控,可实现自动测量。

5)可进行数据通信。

目前,数字示波器的带宽已达到 1GHz 以上,为防止波形失真,采样率可达到带宽的 5~10 倍。

例如美国 HP 公司的 HP54600A 型数字示波器,双通道、100MHz 带宽。每通道拥有 2MB 的深度内存,以进行长时间的信号采集,然后可平移和放大采集到的信号,以查看细节。同时还具有高分辨率显示系统,并有快速的波形显示和刷新功能。

3. 数字存储示波器

数字存储示波器(原理框图见图 5-45)有与数字示波器一样的数据采集前端,即经 A-D 转换器将被测模拟信号进行模-数转换并存储,与数字示波器不同的是其显示方式采用模拟方式:将已存储的数字信号通过 D-A 转换器恢复为模拟信号,再将信号波形重现在阴极射线管或液晶显示屏上。

5.5.2　信号的记录

传统的信号记录仪器包括光线示波器、XY 记录仪、模拟磁带记录仪等。光线示波器和 XY 记录仪将被测信号记录在纸质介质上,频率响应差、分辨率低、记录长度受物理载体限制、需要通过手工方式进行后续处理,使用时有诸多不便之处,已逐渐退出历史舞台。模拟磁带记录仪可以将多路信号以模拟量的形式同步地存储到磁带上,但输出只能是模拟量形式，与后续信号处理仪器的接口能力差，而且输入输出之间的电平转换比较麻烦，所以目前已很少使用。

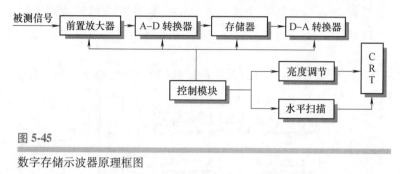

图 5-45

数字存储示波器原理框图

近年来，信号的记录方式越来越趋向于两种途径：一种是用数据采集仪器进行信号的记录，一种是以计算机内插 A-D 卡的形式进行信号记录。此外，有一些新型仪器前端可直接实现数据采集与记录。

1. 用数据采集仪器进行信号记录

用数据采集仪器进行信号记录有诸多优点：

1）数据采集仪器均有良好的信号输入前端，包括前置放大器、抗混滤波器等。

2）配置有高性能（具有高分辨率和采样速率）的 A-D 转换板卡。

3）有大容量存储器。

4）配置有专用的数字信号分析与处理软件。

如奥地利 DEWETRON 公司生产的 DEWE-2010 多通道数据采集分析仪，包括两个内部模块插槽，可以内置 16 路信号调理模块（如电桥输入模块、ICP 传感器输入模块、频率-电压转换模块、热电偶（热电阻）输入模块、计数模块等）；另有 16 通道电压同步输入；外部还可以连接 DEWE-RACK 盒，用于扩展模拟输入通道（最多可扩展到 256 通道）。DEWE-2010 的采样频率范围在 0~100kHz，存储容量在 80GB 以上，在采样速率为 5kHz 时 16 通道同时采集可连续记录数十小时的数据。系统提供有数据采集、记录、分析、输出及打印的专用软件 DEWESoft，同时也能运行所有的 Windows 软件（Excel、LabVIEW 等）。

2. 用计算机内插 A-D 卡进行数据采集与记录

计算机内插 A-D 卡进行数据采集与记录是一种经济易行的方式，它充分利用通用计算机的硬件资源（总线、机箱、电源、存储器及系统软件），借助于插入微机或工控机内的 A-D 卡与数据采集软件相结合，完成记录任务。这种方式下，信号的采集速度与 A-D 卡转换速率和计算机写外存的速度有关，信号记录长度与计算机外存储器容量有关。

3. 仪器前端直接实现数据采集与记录

近年来一些新型仪器（如美国 dP 公司的多通道分析仪，这些仪器的前端含有 DSP 模块，可用以实现采集控制，可将通过适调和 A-D 转换的信号直接送入前端仪器中的海量存储器（如 100GB 硬盘），实现存储。这些存取的信号可通过某些接口母线由计算机调出实现后续的信号处理和显示。

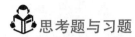 **思考题与习题**

5-1　以阻值 $R=120\Omega$、灵敏度 $S_g=2$ 的电阻丝应变片与阻值为 120Ω 的固定电阻组成电桥,供桥电压为 3V,并假定负载电阻为无穷大,当应变片的应变为 $2\mu\varepsilon$ 和 $2000\mu\varepsilon$ 时,分别求出单臂、双臂电桥的输出电压,并比较两种情况下的电桥灵敏度。

5-2　有人在使用电阻应变仪时,发现灵敏度不够,于是试图在工作电桥上增加电阻应变片数以提高灵敏度。试问,在下列情况下,是否可提高灵敏度?说明为什么?

1)半桥双臂各串联一片;

2)半桥双臂各并联一片。

5-3　为什么在动态应变仪上除了设有电阻平衡旋钮外,还设有电容平衡旋钮?

5-4　用电阻应变片接成全桥,测量某一构件的应变,已知其变化规律为

$$\varepsilon(t)=A\cos10t+B\cos100t$$

如果电桥激励电压 $u_o=E\sin10000t$,试求此电桥的输出信号频谱。

5-5　已知调幅波 $x_a(t)=(100+30\cos\Omega t+20\cos3\Omega t)\cos\omega_c t$,其中 $f_c=10\text{kHz}$,$f_\Omega=500\text{Hz}$。试求:

1)$x_a(t)$ 所包含的各分量的频率及幅值;

2)绘出调制信号与调幅波的频谱。

5-6　调幅波是否可以看作载波与调制信号的叠加?为什么?

5-7　试从调幅原理说明,为什么某动态应变仪的电桥激励电压频率为 10kHz,而工作频率为 0~1500Hz。

5-8　什么是滤波器的分辨力?分辨力与哪些因素有关?

5-9　设一带通滤波器的下截止频率为 f_{c1},上截止频率为 f_{c2},中心频率为 f_o,试指出下列记述中的正确与错误。

1)倍频程滤波器 $f_{c2}=\sqrt{2}f_{c1}$;

2)$f_o=\sqrt{f_{c1}f_{c2}}$;

3)滤波器的截止频率就是此通频带的幅值-3dB 处的频率;

4)下限频率相同时,倍频程滤波器的中心频率是 1/3 倍频程滤波器的中心频率的 $\sqrt[3]{2}$ 倍。

5-10　已知某 RC 低通滤波器,$R=1\text{k}\Omega$,$C=1\mu\text{F}$。

1)确定各函数式:$H(s)$、$H(\omega)$、$A(\omega)$、$\varphi(\omega)$。

2)当输入信号 $u_i=10\sin1000t$ 时,求输出信号 u_o,并比较其幅值及相位关系。

5-11　已知低通滤波器的频率响应函数为

$$H(\omega)=\frac{1}{1+j\omega\tau}$$

式中 $\tau=0.05\text{s}$,当输入信号 $x(t)=0.5\cos10t+0.2\cos(100t-45°)$ 时,求输出 $y(t)$,并比较 $y(t)$ 与 $x(t)$ 的幅值与相位有何区别。

5-12　若将高、低通网络直接串联(见图 5-46),问是否能组成带通滤波器?请写出网络的传递函数,并分析其幅、相频率特性。

5-13　一个磁电指示机构和内阻为 R_i 的信号源相连,其转角 θ 和信号源电压 U_i 的关系可用二阶微分方程来描述,即

$$\frac{I}{r}\frac{d^2\theta}{dt^2}+\frac{nAB}{r(R_i+R_1)}\frac{d\theta}{dt}+\theta=\frac{nAB}{r(R_i+R_1)}U_i$$

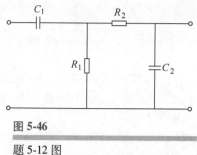

图 5-46

题 5-12 图

设其中动圈部件的转动惯量 $I = 2.5 \times 10^{-5} \mathrm{kg \cdot m^2}$，弹簧刚度 $r = 10^{-3} \mathrm{N \cdot m \cdot rad^{-1}}$，线圈匝数 $n = 100$，线圈横截面积 $A = 10^{-4} \mathrm{m^2}$，线圈内阻 $R_1 = 75\Omega$，磁感应强度 $B = 150 \mathrm{Wb \cdot m^{-2}}$，信号内阻 $R_i = 125\Omega$。

1）试求该系统的静态灵敏度（$\mathrm{rad \cdot V^{-1}}$）；

2）为了得到 0.7 的阻尼比，必须把多大的电阻附加在电路中？改进后系统的灵敏度为多少？

第 6 章
信号处理初步

测试工作的目的是获取反映被测对象的状态和特征的信息。但是有用的信号总是和各种噪声混杂在一起的，有时本身也不明显，难以直接识别和利用。只有分离信号与噪声，并经过必要的处理和分析、清除和修正系统误差之后，才能比较准确地提取测得信号中所含的有用信息。因此，信号处理的目的是：①分离信、噪，提高信噪比；②从信号中提取有用的特征信号；③修正测试系统的某些误差，如传感器的线性误差、温度影响等。

信号处理可用模拟信号处理系统和数字信号处理系统来实现。

模拟信号处理系统由一系列能实现模拟运算的电路，诸如模拟滤波器、乘法器、微分放大器等环节组成。其中大部分环节在前行课程和前面几章中已有讨论。模拟信号处理也作为数字信号处理的前奏，例如滤波、限幅、隔直、解调等预处理。数字处理之后也常需进行模拟显示、记录等。

数字信号处理是用数字方法处理信号，它既可在通用计算机上借助程序来实现，也可以用专用信号处理器来完成。数字信号处理机具有稳定、灵活、快速、高效、应用范围广、设备体积小、重量轻等优点，在各行业中得到广泛的应用。

信号处理内容很丰富，但本章受篇幅限制只能介绍部分问题。

6.1 数字信号处理的基本步骤

数字信号处理的基本步骤如图 6-1 所示。

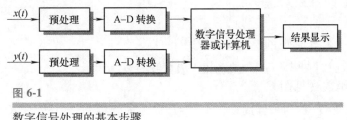

图 6-1

数字信号处理的基本步骤

信号的预处理是把信号变成适于数字处理的形式，以减轻数字处理的困难。

预处理包括：

1）电压幅值调理，以便适宜于采样，总是希望电压峰-峰值足够大，以便充分利用 A-D 转换器的精确度。如 12 位的 A-D 转换器，其参考电压为±5V。由于 $2^{12}=4096$，故其末位数字的当量电压为 2.5mV。若信号电平较低，转换后二进制数的高位都为 0，仅在低位有值，其转换后的信噪比将很差。若信号电平绝对值超过 5V，则转换中又将发生溢出，这是不允许的。所以进入 A-D 转换的信号的电平应适当调整。

2）必要的滤波，以提高信噪比，并滤去信号中的高频噪声。

3）隔离信号中的直流分量（如果所测信号中不应有直流分量）。

4）如原信号经过调制，则应先行解调。

预处理环节应根据测试对象、信号特点和数字处理设备的能力妥善安排。

A-D 转换是模拟信号经采样、量化并转化为二进制的过程。

数字信号处理器或计算机对离散的时间序列进行运算处理。计算机只能处理有限长度的数据，所以首先要把长时间的序列截断，对截取的数字序列有时还要人为地进行加权（乘以窗函数）以成为新的有限长的序列。对数据中的奇异点（由于强干扰或信号丢失引起的数据突变）应予以剔除。对温漂、时漂等系统性干扰所引起的趋势项（周期大于记录长度的频率成分）也应予以分离。如有必要，还可以设计专门的程序来进行数字滤波，然后把数据按给定的程序进行运算，完成各种分析。

运算结果可以直接显示或打印，若后接 D-A 转换器，还可得到模拟信号。如有需要可将数字信号处理结果送入后接计算机或通过专门程序再做后续处理。

6.2　离散信号及其频谱分析

数字信号处理首先把一个连续变化的模拟信号转化为数字信号，然后由计算机处理，从中提取有关的信息。信号数字化过程包含着一系列步骤，每一步骤都可以引起信号和其蕴含信息的失真。现以计算一个模拟信号的频谱为例来说明有关的问题。

6.2.1　概述

设模拟信号 $x(t)$ 的傅里叶变换为 $X(f)$（见图6-2）。为了利用数字计算机来计算，必须使 $x(t)$ 变换成有限长的离散时间序列。为此，必须对 $x(t)$ 进行采样和截断。

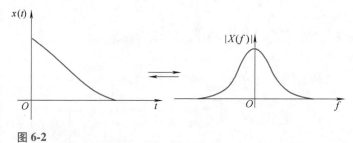

图 6-2
原模拟信号及其幅频谱

采样就是用一个等时距的周期脉冲序列 $s(t)$（即 S(t, T_s)），也称采样函数（见图6-3）去乘 $x(t)$。时距 T_s 称为采样周期，$1/T_s=f_s$ 称为采样频率。由式（2-60）可知，$s(t)$ 的傅里叶变换 $S(f)$ 也是周期脉冲序列，其频率间距为 $f_s=1/T_s$。根据傅里叶变换的性质，采样

后信号频谱应是 $X(f)$ 和 $S(f)$ 的卷积：$X(f) * S(f)$，相当于将 $X(f)$ 乘以 $1/T_s$，然后将其平移，使其中心落在 $S(f)$ 脉冲序列的频率点上，如图 6-4 所示。若 $X(f)$ 的频带大于 $1/2T_s$，平移后的图形会发生交叠，如图中虚线所示。采样后信号的频谱是这些平移后图形的叠加，如图中实线所示。

　　由于计算机只能进行有限长序列的运算，所以必须从采样后信号的时间序列截取有限长的一段来计算，其余部分视为零而不予考虑。这等于把采样后信号（时间序列）乘上一个矩形窗函数，窗宽为 T。所截取的时间序列数据点数 $N = T/T_s$。N 也称为序列长度。窗函数 $w(t)$ 的傅里叶变换 $W(f)$ 如图 6-5 所示。时域相乘对应着频域卷积，因此进入计算机的信号为 $x(t)s(t)w(t)$，是长度为 N 的离散信号（见图 6-6）。它的频谱函数是 $[X(f) * S(f) * W(f)]$，是一个频域连续函数。在卷积中，$W(f)$ 的旁瓣引起新频谱的皱波。

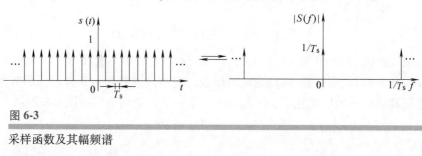

图 6-3

采样函数及其幅频谱

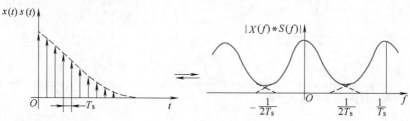

图 6-4

采样后信号及其幅频谱

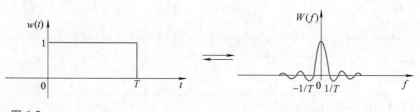

图 6-5

时窗函数及其幅频谱

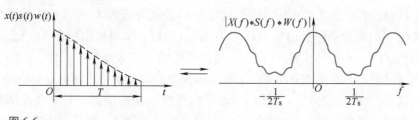

图 6-6

有限长离散信号及其幅频谱

通过计算机实现离散傅里叶变换（DFT），将 N 点长的离散时间序列 $x(t)s(t)w(t)$ 变换成 N 点的离散频率序列。

注意到，$x(t)s(t)w(t)$ 的频谱是连续的频率函数，而 DFT 计算后的输出则是离散的频率序列。可见 DFT 不仅算出 $x(t)s(t)w(t)$ 的"频谱"，而且同时对其频谱 $[X(f) * S(f) * W(f)]$ 实施了频域的采样处理，使其离散化。这相当于在频域中乘上图 6-7 中所示的采样函数 $D(f)$。现在，DFT 是在频域的一个周期 $f_s = \dfrac{1}{T_s}$ 中输出 N 个数据点，故输出的频率序列的频率间距 $\Delta f = f_s/N = 1/(T_s N) = 1/T$。频域采样函数是 $D(f) = \sum_{n=-\infty}^{\infty} \delta\left(f - n\dfrac{1}{T}\right)$，计算机的实际输出是 $X(f)_p$（见图 6-8）。

$$X(f)_p = [X(f) * S(f) * W(f)] D(f) \tag{6-1}$$

与 $X(f)_p$ 相对应的时域函数 $x(t)_p$ 既不是 $x(t)$，也不是 $x(t)s(t)$，而是 $[x(t)s(t)w(t)] * d(t)$，$d(t)$ 是 $D(f)$ 的时域函数。应当注意到频域采样形成的频域函数离散化，相应地把其时域函数周期化了，因而 $x(t)_p$ 是一个周期函数，如图 6-8 所示。

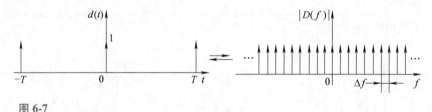

图 6-7

频域采样函数及其时域函数

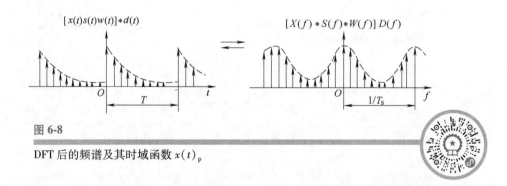

图 6-8

DFT 后的频谱及其时域函数 $x(t)_p$

从以上过程看到，原来希望获得模拟信号 $x(t)$ 的频域函数 $X(f)$，由于输入计算机的数据是序列长为 N 的离散采样后信号 $x(t)s(t)w(t)$，所以计算机输出的是 $X(f)_p$。$X(f)_p$ 不是 $X(f)$，而是用 $X(f)_p$ 来近似代替 $X(f)$。处理过程中的每一个步骤：采样、截断、DFT 计算都会引起失真或误差，必须充分注意。工程上不仅关心有无误差，而更重要的是了解误差的具体数值，以及是否能以经济、有效的手段提取足够精确的信息。只要概念清楚，处理得当，就可以利用计算机有效地处理测试信号，完成在模拟信号处理技术中难以完成的工作。

下面讨论信号数字化出现的主要问题。

6.2.2　时域采样、混叠和采样定理

采样是把连续时间信号变成离散时间序列的过程。这一过程相当于在连续时间信号上"摘取"许多离散时刻上的信号瞬时值。在数学处理上，可看作以等时距的单位脉冲序列（称其为采样信号）去乘连续时间信号，各采样点上的瞬时值就变成脉冲序列的强度。以后这些强度值将被量化而成为相应的数值。

长度为 T 的连续时间信号 $x(t)$，从点 $t=0$ 开始采样，采样得到的离散时间序列为

$$x(n) = x(nT_s)$$
$$= x(n/f_s) \qquad n = 0, 1, 2, \cdots, N-1 \tag{6-2}$$

式中　　$x(nT_s) = x(t)\Big|_{t=nT_s}$；

T_s——采样间隔；

N——序列长度，$N = T/T_s$；

f_s——采样频率，$f_s = 1/T_s$。

采样间隔的选择是一个重要的问题。若采样间隔太小（采样频率高），则对定长的时间记录来说其数字序列就很长，计算工作量迅速增大；如果数字序列长度一定，则只能处理很短的时间历程，可能产生较大的误差。若采样间隔过大（采样频率低），则可能丢掉有用的信息。图 6-9a 中，如果按图中所示的 T_s 采样，将得点 1、2、3 等的采样值，无法分清曲线 A、曲线 B 和 C 的差别，并把 B、C 误认为 A。图 6-9b 中用采样间隔 T_s 对两个不同频率的正弦波进行采样，得到一组相同采样值，无法辨识两者的差别，将其中的高频信号误认为某种相应的低频信号，出现了所谓的混叠现象。

下面具体解释混叠现象及其避免的办法。

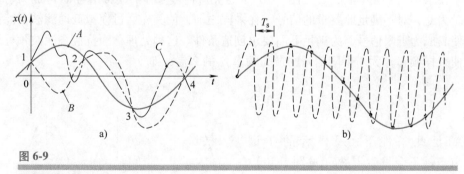

图 6-9

混叠现象

间距为 T_s 的采样脉冲序列的傅里叶变换也是脉冲序列，其间距为 $1/T_s$，即

$$s(t) = \sum_{n=-\infty}^{\infty} \delta(t - nT_s) \rightleftharpoons S(f) = \frac{1}{T_s} \sum_{r=-\infty}^{\infty} \delta\left(f - \frac{r}{T_s}\right) \tag{6-3}$$

由频域卷积定理可知：两个时域函数的乘积的傅里叶变换等于两者傅里叶变换的卷积，即

$$x(t)s(t) \rightleftharpoons X(f) * S(f)$$

考虑到 δ 函数与其他函数卷积的特性 [见式（1-52）]，上式可写为

$$X(f) * S(f) = X(f) * \frac{1}{T_s} \sum_{r=-\infty}^{\infty} \delta\left(f - \frac{r}{T_s}\right)$$

$$= \frac{1}{T_s} \sum_{r=-\infty}^{\infty} X\left(f - \frac{r}{T_s}\right) \qquad (6-4)$$

此式为 $x(t)$ 经过间隔为 T_s 的采样之后所形成的采样信号的频谱。一般地说，此频谱和原连续信号的频谱 $X(f)$ 并不一定相同，但有联系。它是将原频谱 $X(f)$ 依次平移 $1/T_s$ 至各采样脉冲对应的频域序列点上，然后全部叠加而成（见图 6-4）。由此可见，信号经时域采样之后成为离散信号，新信号的频域函数就相应地变为周期函数，周期为 $1/T_s = f_s$。

如果采样的间隔 T_s 太大，即采样频率 f_s 太低，平均距离 $1/T_s$ 过小，那么移至各采样脉冲所在处的频谱 $X(f)$ 就会有一部分相互交叠，新合成的 $X(f) * S(f)$ 图形与原 $X(f)$ 不一致，这种现象称为混叠。发生混叠以后，改变了原来频谱的部分幅值（见图 6-4 中虚线部分），这样就不可能从离散的采样信号 $x(t)s(t)$ 准确地恢复出原来的时域信号 $x(t)$。

注意到原频谱 $X(f)$ 是 f 的偶函数，$f = 0$ 为对称轴；现在新频谱 $X(f) * S(f)$ 又是以 f_s 为周期的周期函数。因此，如有混叠现象出现，从图 6-4 中可见，混叠必定出现在 $f = f_s/2$ 左右两侧的频率处。有时将 $f_s/2$ 称为折叠频率。可以证明，任何一个大于折叠频率的高频成分 f_1 都将和一个低于折叠频率的低频成分 f_2 相混淆，将高频 f_1 误认为低频 f_2。相当于以折叠频率 $f_s/2$ 为轴，将 f_1 成分折叠到低频成分 f_2 上，它们之间的关系为

$$(f_1 + f_2)/2 = f_s/2$$

这也就是称 $f_s/2$ 为折叠频率的由来。

如果要求不产生频率混叠（见图 6-10），首先应使被采样的模拟信号 $x(t)$ 成为有限带宽的信号。为此，对不满足此要求的信号，在采样之前，使其先通过模拟低通滤波器滤去高频成分，使其成为带限信号，为满足下面要求创造条件。这种处理称为抗混叠滤波预处理。其次，应使采样频率 f_s 大于带限信号的最高频率 f_h 的 2 倍，即

$$f_s = \frac{1}{T_s} > 2f_h \qquad (6-5)$$

在满足此条件下，采样后的频谱 $X(f) * S(f)$ 就不会发生混叠（见图 6-10）。若把该频谱通过一个中心频率为零（$f = 0$）、带宽为 ±（$f_s/2$）的理想低通滤波器，就可以把完整的原信号频谱取出，也就有可能从离散序列中准确地恢复原模拟信号 $x(t)$。

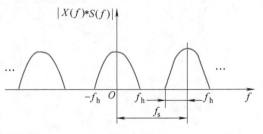

图 6-10

不产生混叠的条件

为了避免混叠以使采样处理后仍有可能准确地恢复其原信号，采样频率 f_s 必须大于最高频率 f_h 的两倍，即 $f_s > 2f_h$，这就是采样定理。在实际工作中，考虑到实际滤波器不可能有理想的截止特性，在其截止频率 f_c 之后总有一定的过渡带，故采样频率常选为 （3~4）f_c。此外，从理论上说，任何低通滤波器都不可能把高频噪声完全衰减干净，因此也不可能彻底

消除混叠。

6.2.3　量化和量化误差

采样所得的离散信号的电压幅值，若用二进制数码组来表示，就使离散信号变成数字信号，这一过程称为量化。量化是从一组有限个离散电平中取一个来近似代表采样点的信号实际幅值电平。这些离散电平称为量化电平，每个量化电平对应一个二进制数码。

A–D 转换器的位数是一定的。一个 b 位（又称数据字长）的二进制数，共有 $L=2^b$ 个数码。如果 A–D 转换器允许的动态工作范围为 D（例如 ±5V 或 0~10V），则两相邻量化电平之间的差 Δx 为

$$\Delta x = D/2^{(b-1)} \tag{6-6}$$

其中采用 2^{b-1} 而不用 2^b，是因为实际上字长的第一位用作符号位。

当离散信号采样值 $x(n)$ 的电平落在两个相邻量化电平之间时，就要舍入到相近的一个量化电平上。该量化电平与信号实际电平之间的差值称为量化误差 $\varepsilon(n)$。量化误差的最大值为 $\pm(\Delta x/2)$，可认为量化误差在 $(-\Delta x/2,\ +\Delta x/2)$ 区间各点出现的概率是相等的，其概率密度为 $1/\Delta x$，均值为零，其均方值 σ_ε^2 为 $\Delta x^2/12$，误差的标准差 σ_ε 为 $0.29\Delta x$。实际上，和信号获取、处理的其他误差相比，量化误差通常是不大的。

量化误差 $\varepsilon(n)$ 将形成叠加在信号采样值 $x(n)$ 上的随机噪声。假定字长 $b=8$，峰值电平等于 $2^{(8-1)}\Delta x = 128\Delta x$。这样，峰值电平与 σ_ε 之比为 $128\Delta x/(0.29\Delta x)\approx 450$，即约近于 26dB。

A–D 转换器位数选择应视信号的具体情况和量化的精度要求而定。但要考虑位数增多后，成本显著增加，转换速率下降的影响。

为了讨论简便，今后假设各采样点的量化电平就是信号的实际电平，即假设 A–D 转换器的位数为无限多，则量化误差等于零。

6.2.4　截断、泄漏和窗函数

由于实际只能对有限长的信号进行处理，所以必须截断过长的信号时间历程。截断就是将信号乘以时域的有限宽矩形窗函数。"窗"的意思是指透过窗口能够"看见""外景"（信号的一部分）。对时窗以外的信号，视其为零。

从采样后信号 $x(t)s(t)$ 截取一段，就相当于在时域中用矩形窗函数 $w(t)$ 乘采样后信号。经这些处理后，其时、频域的相应关系（见图 6-6）为

$$x(t)s(t)w(t) \rightleftharpoons X(f)*S(f)*W(t) \tag{6-7}$$

一般信号记录，常以某时刻作为起点截取一段信号，这实际上就是采用单边时窗，相当于将第一章例 1-3 的矩形窗函数右移 $T/2$。这时矩形窗函数为

$$w(t)=\begin{cases} 1 & 0 \leqslant t \leqslant T \\ 0 & t\ \text{为其他值} \end{cases} \tag{6-8}$$

在时域右移 $T/2$，在频域作相应的相移（见表 2-3），但幅频谱的绝对值是不变的。

由于 $W(f)$ 是一个无限带宽的 sinc 函数（见第 2 章例 2-3），所以即使 $x(t)$ 是带限信号，

在截断后也必然成为无限带宽的信号，这种信号的能量在频率轴分布扩展的现象称为泄漏。同时，由于截断后信号带宽变宽，因此无论采样频率多高，信号总是不可避免地出现混叠，故信号截断必然导致一些误差。

为了减小或抑制泄漏，提出了各种不同形式的窗函数来对时域信号进行加权处理，以改善时域截断处的不连续状况。所选择的窗函数应力求其频谱的主瓣宽度窄些、旁瓣幅度小些。窄的主瓣可以提高频率分辨能力；小的旁瓣可以减小泄漏。这样，窗函数的优劣大致可从最大旁瓣峰值与主瓣峰值之比、最大旁瓣 10 倍频程衰减率和主瓣宽度等三方面来评价。

6.2.5　频域采样、时域周期延拓和栅栏效应

经过时域采样和截断后，其频谱在频域是连续的。如果要用数字描述频谱，这就意味着首先必须使频率离散化，实行频域采样。频域采样与时域采样相似，在频域中用脉冲序列 $D(f)$ 乘信号的频谱函数（见图 6-8）。这一过程在时域相当于将信号与一周期脉冲序列 $d(t)$ 做卷积，其结果是将时域信号平移至各脉冲坐标位置重新构图，从而相当于在时域中将窗内的信号波形在窗外进行周期延拓。所以，频率离散化，无疑已将时域信号"改造"成周期信号。总之，经过时域采样、截断、频域采样之后的信号 $[x(t)s(t)w(t)] * d(t)$ 是一个周期信号，和原信号 $x(t)$ 是不一样的。

对一函数实行采样，实质上就是"摘取"采样点上对应的函数值。其效果有如透过栅栏的缝隙观看外景一样，只有落在缝隙前的少数景象被看到，其余景象都被栅栏挡住，视为零。这种现象被称为栅栏效应。不管是时域采样还是频域采样，都有相应的栅栏效应。只不过时域采样如满足采样定理要求，栅栏效应不会有什么影响。而频域采样的栅栏效应则影响颇大，"挡住"或丢失的频率成分有可能是重要的或具有特征的成分，以致于整个处理失去意义。

6.2.6　频率分辨率、整周期截断

频率采样间隔 Δf 也是频率分辨率的指标。此间隔越小，频率分辨率越高，被"挡住"的频率成分越少。前面曾经指出，在利用 DFT 将有限时间序列变换成相应的频谱序列的情况下，Δf 和分析的时间信号长度 T 的关系是

$$\Delta f = f_s/N = 1/T \tag{6-9}$$

这种关系是 DFT 算法固有的特征。这种关系往往加剧频率分辨率和计算工作量的矛盾。

根据采样定理，若信号的最高频率为 f_h，最低采样频率 f_s 应大于 $2f_h$。根据式（6-9），在 f_s 选定后，要提高频率分辨率就必须增加数据点数 N，从而急剧地增加了计算工作量。

在分析频率为 f_0 的简谐信号时，需要了解某特定频率 f_0 的谱值，希望 DFT 谱线落在 f_0 上。单纯减小 Δf，并不一定会使谱线落在频率 f_0 上。从 DFT 的原理来看，谱线落在 f_0 处的条件是：$f_0/\Delta f$ = 整数。考虑到 Δf 是分析时长 T 的倒数，简谐信号的周期 T_0 是其频率 f_0 的倒数，因此只有截取的信号长度 T 正好等于信号周期的整数倍时，才可能使分析谱线落在简谐

信号的频率上，从而获得准确的频谱。显然，这个结论适用于所有周期信号。

因此，对周期信号实行整周期截断是获得准确频谱的先决条件。从概念来说，DFT 的效果相当于将时窗内信号向外周期延拓。若事先按整周期截断信号，则延拓后的信号将和原信号完全重合，无任何畸变。反之，延拓后将在 $t=kT$ 交接处出现间断点，波形和频谱都发生畸变。其中 k 为某个整数。

6.3　相关分析及其应用

在测试技术领域中，无论分析两个随机变量之间的关系，还是分析两个信号或一个信号在一定时移前后之间的关系，都需要应用相关分析。例如在振动测试分析、雷达测距、声发射探伤等都用到相关分析。

6.3.1　两个随机变量的相关系数

通常，两个变量之间若存在一一对应的确定关系，则称两者存在着函数关系。当两个随机变量之间具有某种关系时，随着某一个变量数值的确定，另一变量却可能取许多不同值，但取值有一定的概率统计规律，这时称两个随机变量存在着相关关系。

图 6-11 表示由两个随机变量 x 和 y 组成的数据点的分布情况。图 6-11a 中各点分布很散，可以说变量 x 和变量 y 之间是无关的。图 6-11b 中 x 和 y 虽无确定关系，但从统计结果、从总体看，大体上具有某种程度的线性关系，因此说它们之间有着相关关系。

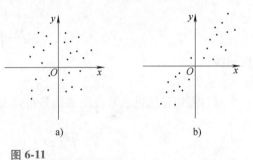

图 6-11

两随机变量的相关性

变量 x 和 y 之间的相关程度常用相关系数 ρ_{xy} 表示，即

$$\rho_{xy} = \frac{E\left[\,(x-\mu_x)(y-\mu_y)\,\right]}{\sigma_x \sigma_y} \qquad (6\text{-}10)$$

式中　E——数学期望；

　　　μ_x——随机变量 x 的均值，$\mu_x = E[x]$；

　　　μ_y——随机变量 y 的均值，$\mu_y = E[y]$；

σ_x、σ_y——随机变量 x、y 的标准差，$\sigma_x^2 = E[\,(x-\mu_x)^2\,]$，$\sigma_y^2 = E[\,(y-\mu_y)^2\,]$。

利用柯西-施瓦茨不等式，有

$$E\left[\,(x-\mu_x)(y-\mu_y)\,\right]^2 \leqslant E\left[\,(x-\mu_x)^2\,\right] E\left[\,(y-\mu_y)^2\,\right] \qquad (6\text{-}11)$$

故知 $|\,\rho_{xy}\,| \leqslant 1$。当数据点分布越接近于一条直线时，$\rho_{xy}$ 的绝对值越接近 1，x 和 y 的线性相关程度越好，将这样的数据回归成直线才越有意义。ρ_{xy} 的正负号则是表示一变量随另一变

量的增加而增或减。当 ρ_{xy} 接近于零，则可认为 x、y 两变量之间完全无关。

6.3.2　信号的自相关函数

假如 $x(t)$ 是某各态历经随机过程的一个样本记录，$x(t+\tau)$ 是 $x(t)$ 时移 τ 后的样本（见图 6-12），在任何 $t=t_i$ 时刻，从两个样本上可以分别得到两个值 $x(t_i)$ 和 $x(t_i+\tau)$，而且 $x(t)$ 和 $x(t+\tau)$ 具有相同的均值和标准差。把 $\rho_{x(t)x(t+\tau)}$ 简写作 $\rho_x(\tau)$，那么有

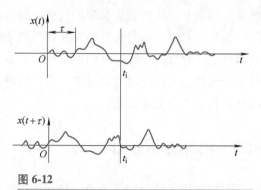

图 6-12

自相关

$$\rho_x(\tau) = \frac{\lim_{T\to\infty}\frac{1}{T}\int_0^T [x(t)-\mu_x][x(t+\tau)-\mu_x]\,\mathrm{d}t}{\sigma_x^2}$$

将分子展开并注意到　　　$\lim_{T\to\infty}\frac{1}{T}\int_0^T x(t)\,\mathrm{d}t = \mu_x$　　　$\lim_{T\to\infty}\frac{1}{T}\int_0^T x(t+\tau)\,\mathrm{d}t = \mu_x$

从而得　　　　$$\rho_x(\tau) = \frac{\lim_{T\to\infty}\frac{1}{T}\int_0^T x(t)x(t+\tau)\,\mathrm{d}t - \mu_x^2}{\sigma_x^2} \tag{6-12}$$

对各态历经随机信号及功率信号可定义自相关函数 $R_x(\tau)$ 为

$$R_x(\tau) = \lim_{T\to\infty}\frac{1}{T}\int_0^T x(t)x(t+\tau)\,\mathrm{d}t \tag{6-13}$$

则　　　　　　　　　　$$\rho_x(\tau) = \frac{R_x(\tau) - \mu_x^2}{\sigma_x^2} \tag{6-14}$$

显然 $\rho_x(\tau)$ 和 $R_x(\tau)$ 均随 τ 而变化，而两者成线性关系。如果该随机过程的均值 $\mu_x = 0$，则 $\rho_x(\tau) = R_x(\tau)/\sigma_x^2$。

自相关函数具有下列性质：

1）由式（6-14）有

$$R_x(\tau) = \rho_x(\tau)\sigma_x^2 + \mu_x^2 \tag{6-15}$$

又因为 $|\rho_x(\tau)| \le 1$，所以　　　$$\mu_x^2 - \sigma_x^2 \le R_x(\tau) \le \mu_x^2 + \sigma_x^2 \tag{6-16}$$

2）自相关函数在 $\tau = 0$ 时取最大值，并等于该随机信号的均方值 ψ_x^2

$$R_x(0) = \lim_{T\to\infty}\frac{1}{T}\int_0^T x(t)x(t)\,\mathrm{d}t = \psi_x^2 \tag{6-17}$$

3）当 τ 足够大或 $\tau\to\infty$ 时，随机变量 $x(t)$ 和 $x(t+\tau)$ 之间不存在内在联系，彼此无关，故

$$\rho_x(\tau)\underset{\tau\to\infty}{\to}0 \qquad R_x(\tau)\underset{\tau\to\infty}{\to}\mu_x^2$$

4）自相关函数为偶函数，即

$$R_x(\tau)=R_x(-\tau) \qquad (6\text{-}18)$$

上述 4 个性质可用图 6-13 来表示。

5）周期函数的自相关函数仍为同频率的周期函数，其幅值与原周期信号的幅值有关，而丢失了原信号的相位信息。

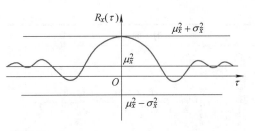

图 6-13

自相关函数的性质

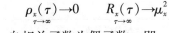 例 6-1

求正弦函数 $x(t)=x_0\sin(\omega t+\varphi)$ 的自相关函数，初始相角 φ 为一随机变量。

解　此正弦函数是一个零均值的各态历经随机过程，其各种平均值可以用一个周期内的平均值表示。该正弦函数的自相关函数为

$$R_x(\tau)=\lim_{T\to\infty}\frac{1}{T}\int_0^T x(t)x(t+\tau)\,\mathrm{d}t$$

$$=\frac{1}{T_0}\int_0^{T_0}x_0^2\sin(\omega t+\varphi)\sin[\omega(t+\tau)+\varphi]\,\mathrm{d}t$$

式中　T_0——正弦函数的周期，$T_0=\dfrac{2\pi}{\omega}$。

令 $\omega t+\varphi=\theta$，则 $\mathrm{d}t=\dfrac{\mathrm{d}\theta}{\omega}$。于是

$$R_x(\tau)=\frac{x_0^2}{2\pi}\int_0^{2\pi}\sin\theta\sin(\theta+\omega\tau)\,\mathrm{d}\theta=\frac{x_0^2}{2}\cos\omega\tau$$

可见正弦函数的自相关函数是一个余弦函数，在 $\tau=0$ 时具有最大值，但它不随 τ 的增加而衰减至零。它保留了原正弦信号的幅值和频率信息，而丢失了初始相位信息。

表 6-1 是 4 种典型信号的自相关函数，稍加对比就可以看到自相关函数是区别信号类型的一个非常有效的手段。只要信号中含有周期成分，其自相关函数在 τ 很大时都不衰减，并且有明显的周期性。不包含周期成分的随机信号，当 τ 稍大时自相关函数就将趋近于零。宽带随机噪声的自相关函数很快衰减到零，窄带随机噪声的自相关函数则具有较慢的衰减特性。

表 6-1　　　　　　　　　　　　　4 种典型信号的自相关函数

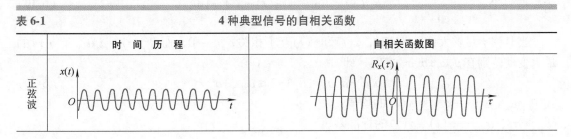

	时　间　历　程	自相关函数图
正弦波		

（续）

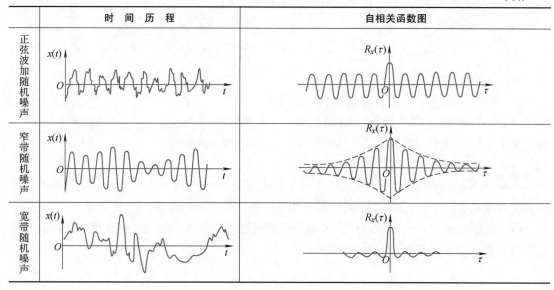

时 间 历 程	自相关函数图
正弦波加随机噪声	
窄带随机噪声	
宽带随机噪声	

图6-14a 是某一机械加工表面粗糙度的波形，经自相关分析后所得到的自相关图（见图6-14b）呈现出周期性。这表明造成表面粗糙度的原因中包含有某种周期因素。从自相关图能确定该周期因素的频率，从而可以进一步分析其原因。

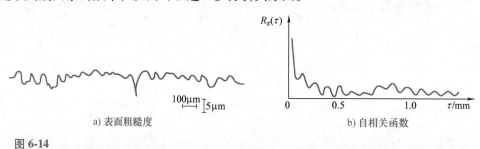

a) 表面粗糙度　　　　　　　b) 自相关函数

图 6-14

表面粗糙度与自相关函数

6.3.3　信号的互相关函数

两个各态历经过程的随机信号 $x(t)$ 和 $y(t)$ 的相互关系函数 $R_{xy}(\tau)$ 定义为

$$R_{xy}(\tau) = \lim_{T \to \infty} \frac{1}{T} \int_0^T x(t) y(t + \tau) \mathrm{d}t \tag{6-19}$$

当时移 τ 足够大或 $\tau \to \infty$ 时，$x(t)$ 和 $y(t)$ 互不相关，$\rho_{xy} \to 0$，而 $R_{xy}(\tau) \to \mu_x \mu_y$。$R_{xy}(\tau)$ 的最大变动范围在 $\mu_x \mu_y \pm \sigma_x \sigma_y$ 之间，即

$$\mu_x \mu_y - \sigma_x \sigma_y \leqslant R_{xy}(\tau) \leqslant \mu_x \mu_y + \sigma_x \sigma_y \tag{6-20}$$

式中　μ_x、μ_y——$x(t)$、$y(t)$ 的均值；

σ_x、σ_y——$x(t)$、$y(t)$ 的标准差。

如果 $x(t)$ 和 $y(t)$ 两信号是同频率的周期信号或者包含有同频率的周期成分，那么，即使 $\tau \to \infty$ ，互相关函数也不收敛并会出现该频率的周期成分。如果两信号含有频率不等的周期成分，则两者不相关。这就是说，同频率相关，不同频不相关。

 例 6-2

设有两个周期信号 $x(t)$ 和 $y(t)$ ，即

$$x(t) = x_0 \sin(\omega t + \theta) \qquad y(t) = y_0 \sin(\omega t + \theta - \varphi)$$

式中　θ ——$x(t)$ 相对 $t=0$ 时刻的相位角；

　　　φ ——$x(t)$ 与 $y(t)$ 的相位差。

试求其互相关函数 $R_{xy}(\tau)$ 。

解　因为信号是周期函数，可以用一个共同周期内的平均值代替其整个历程的平均值，故

$$R_{xy}(\tau) = \lim_{T \to \infty} \frac{1}{T} \int_0^T x(t) y(t + \tau) \mathrm{d}t$$

$$= \frac{1}{T_0} \int_0^{T_0} x_0 \sin(\omega t + \theta) \cdot y_0 \sin[\omega(t + \tau) + \theta - \varphi] \mathrm{d}t$$

$$= \frac{1}{2} x_0 y_0 \cos(\omega \tau - \varphi)$$

由此例可见，两个均值为零且具有相同频率的周期信号，其互相关函数中保留了这两个信号的圆频率 ω 、对应的幅值 x_0 和 y_0 以及相位差值 φ 的信息。

例 6-3

若两个周期信号的圆频率不等

$$x(t) = x_0 \sin(\omega_1 t + \theta) \qquad y(t) = y_0 \sin(\omega_2 t + \theta - \varphi)$$

试求其互相关函数。

解　因为两信号的圆频率不等 $(\omega_1 \neq \omega_2)$ ，不具有共同的周期，因此按式（6-19）计算，有

$$R_{xy}(\tau) = \lim_{T \to \infty} \frac{1}{T} \int_0^T x(t) y(t + \tau) \mathrm{d}t$$

$$= \lim_{T \to \infty} \frac{1}{T} \int_0^T x_0 y_0 \sin(\omega_1 t + \theta) \sin[\omega_2(t + \tau) + \theta - \varphi] \mathrm{d}t$$

根据正（余）弦函数的正交性，可知

$$R_{xy}(\tau) = 0$$

可见，两个非同频的周期信号是不相关的。

互相关函数不是偶函数，即 $R_{xy}(\tau)$ 一般不等于 $R_{xy}(-\tau)$；$R_{xy}(\tau)$ 和 $R_{yx}(\tau)$ 一般是不等的，因此书写互相关函数时应注意下标符号的顺序。

互相关函数的性质可用图 6-15 来表示。图中表明 $\tau=\tau_0$ 时呈现最大值，时移 τ_0 反映 $x(t)$ 和 $y(t)$ 之间的滞后时间。

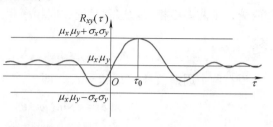

图 6-15

互相关函数的性质

互相关函数的这些特性，使它在工程应用中有重要的价值。它是在噪声背景下提取有用信息的一个非常有效的手段。如果我们对一个线性系统（例如某个部件、结构或某台机床）激振，所测得的振动信号中常常含有大量的噪声干扰。根据线性系统的频率保持性，只有和激振频率相同的成分才可能是由激振而引起的响应，其他成分均是干扰。因此只要将激振信号和所测得的响应信号进行互相关（不必用时移，$\tau=0$）就可以得到由激振而引起的响应信号幅值和相位差，消除了噪声干扰的影响。这种应用相关分析原理来消除信号中噪声干扰、提取有用信息的处理方法叫作相关滤波。它是利用互相关函数同频相关、不同频不相关的性质来达到滤波效果的。

互相关技术还广泛地应用于各种测试中。工程中还常用两个间隔一定距离的传感器来不接触地测量运动物体的速度。图 6-16 是测定热轧钢带运动速度的示意图。钢带表面的反射光经透镜聚焦在相距为 d 的两个光电池上。反射光强度的波动，经过光电池转换为电信号，再进行相关处理。当可调延时 τ 等于钢带上某点在两个测试点之间经过所需的时间 τ_d 时，互相关函数为最大值。该钢带的运动速度 $v=d/\tau_d$。图 6-17 是确定深埋在地下的输油管裂损位置的例子。漏损处 K 视为向两侧传播声响的声源，在两侧管道上分别放置传感器 1 和 2，

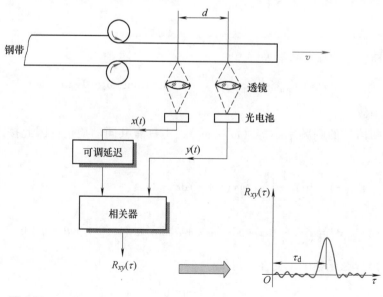

图 6-16

钢带运动速度的非接触测量

因为放传感器的两点距漏损处不等远，则漏油的音响传至两传感器就有时差，在互相关图上 $\tau = \tau_{\mathrm{m}}$ 处 $R_{x_1 x_2}(\tau)$ 有最大值，这个 τ_{m} 就是时差。由 τ_{m} 就可确定漏损处的位置，即

$$s = \frac{1}{2} v \tau_{\mathrm{m}}$$

式中　s——两传感器的中点至漏损处的距离；

　　　v——音响通过管道的传播速度。

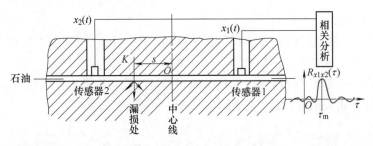

图 6-17

确定输油管裂损位置

由式（6-13）和式（6-19）所定义的相关函数只适用于各态历经随机信号和功率信号。对于能量有限信号的相关函数，其中的积分若除以趋于无限大时的随机时间 T 后，无论时移 τ 为何值，其结果都将趋于零。因此，对能量有限信号进行相关分析时，应按下面定义来计算，即

$$R_x(\tau) = \int_{-\infty}^{\infty} x(t) x(t + \tau) \, \mathrm{d}t \tag{6-21}$$

$$R_{xy}(\tau) = \int_{-\infty}^{\infty} x(t) y(t + \tau) \, \mathrm{d}t \tag{6-22}$$

6.3.4　相关函数估计

按照定义，相关函数应该在无穷长的时间内进行观察和计算。实际上，任何的观察时间都是有限的，我们只能根据有限时间的观察值去估计相关函数的真值。理想的周期信号，能准确重复其过程，因此一个周期内的观察值的平均值就能完全代表整个过程的平均值。对于随机信号，可用有限时间内样本记录所求得的相关函数值来作为随机信号相关函数的估计。样本记录的相关函数，亦就是随机信号相关函数的估计值 $\hat{R}_x(\tau)$、$\hat{R}_{xy}(\tau)$，它们可分别由下式计算，即

$$\hat{R}_x(\tau) = \frac{1}{T - \tau} \int_0^{T-\tau} x(t) x(t + \tau) \, \mathrm{d}t \tag{6-23}$$

$$\hat{R}_{xy}(\tau) = \frac{1}{T - \tau} \int_0^{T-\tau} x(t) y(t + \tau) \, \mathrm{d}t \tag{6-24}$$

式中　T——样本记录长度。

为了简便，假定信号在（$T+\tau$）上存在，则可用下两式代替式（6-23）和式（6-24），即

$$\hat{R}_x(\tau) = \frac{1}{T}\int_0^T x(t)x(t+\tau)\,\mathrm{d}t \left.\vphantom{\frac{1}{T}\int}\right\}$$
$$\hat{R}_{xy}(\tau) = \frac{1}{T}\int_0^T x(t)y(t+\tau)\,\mathrm{d}t$$

(6-25)

而且两种写法实际结果是相同的。

使模拟信号不失真地沿时轴平移是一件困难的工作。因此，模拟相关处理技术只适用于几种特定信号（如正弦信号）。在数字信号处理中，信号时序的增减就表示它沿时间轴平移，是一件容易做到的事。所以实际上相关处理都是用数字技术来完成的。对于有限个序列点 N 的数字信号的相关函数估计，仿照式（6-25）可写成

$$\hat{R}_x(r) = \frac{1}{N}\sum_{n=0}^{N-1} x(n)x(n+r) \left.\vphantom{\frac{1}{N}\sum}\right\}$$
$$\hat{R}_{xy}(r) = \frac{1}{N}\sum_{n=0}^{N-1} x(n)y(n+r)$$

(6-26)

$$r = 0,\ 1,\ 2,\ \cdots,\ m < N$$

式中　m——最大时移序数。

6.4　功率谱分析及其应用

时域中的相关分析为在噪声背景下提取有用信息提供了途径。功率谱分析则为频域提供相关技术的信息，它是研究平稳随机过程的重要方法。

6.4.1　自功率谱密度函数

1. 定义及其物理意义

假定 $x(t)$ 是零均值的随机过程，即 $\mu_x=0$（如果原随机过程是非零均值的，可以进行适当处理使其均值为零），那么当 $\tau\to\infty$，$R_x(\tau)\to0$。这样，自相关函数 $R_x(\tau)$ 可满足傅里叶变换的条件 $\int_{-\infty}^{\infty}|R_x(\tau)|\,\mathrm{d}\tau < \infty$。利用式（2-28）和式（2-29）可得到 $R_x(\tau)$ 的傅里叶变换 $S_x(f)$ 为

$$S_x(f) = \int_{-\infty}^{\infty} R_x(\tau)\mathrm{e}^{-\mathrm{j}2\pi f\tau}\,\mathrm{d}\tau$$

(6-27)

逆变换为
$$R_x(\tau) = \int_{-\infty}^{\infty} S_x(f)\mathrm{e}^{\mathrm{j}2\pi f\tau}\,\mathrm{d}f$$

(6-28)

定义 $S_x(f)$ 为 $x(t)$ 的自功率谱密度函数，简称自谱或自功率谱。由于 $S_x(f)$ 和 $R_x(\tau)$ 之间是傅里叶变换对的关系，两者是唯一对应的，$S_x(f)$ 中包含着 $R_x(\tau)$ 的全部信息。因为 $R_x(\tau)$

为实偶函数，$S_x(f)$ 亦为实偶函数。由此常用在 $f=(0\sim\infty)$ 范围内 $G_x(f)=2S_x(f)$ 来表示信号的全部功率谱，并把 $G_x(f)$ 称为 $x(t)$ 信号的单边功率谱（见图 6-18）。

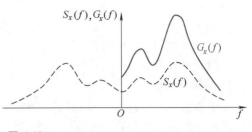

图 6-18

单边谱和双边谱

若 $\tau=0$，根据自相关函数 $R_x(\tau)$ 和自功率谱密度函数 $S_x(f)$ 的定义，可得到

$$R_x(0)=\lim_{T\to\infty}\frac{1}{T}\int_0^T x^2(t)\,\mathrm{d}t=\int_{-\infty}^{\infty}S_x(f)\,\mathrm{d}f$$

$$(6\text{-}29)$$

由此可见，$S_x(f)$ 曲线下和频率轴所包围的面积就是信号的平均功率，$S_x(f)$ 就是信号的功率密度沿频率轴的分布，故称 $S_x(f)$ 为自功率谱密度函数。

2. 帕塞瓦尔定理

在时域中计算的信号总能量，等于在频域中计算的信号总能量，这就是帕塞瓦尔定理，即

$$\int_{-\infty}^{\infty}x^2(t)\,\mathrm{d}t=\int_{-\infty}^{\infty}|X(f)|^2\mathrm{d}f \qquad\qquad (6\text{-}30)$$

式（6-30）又叫作能量等式。这个定理可以用傅里叶变换的卷积公式导出。

设

$$x(t)\rightleftharpoons X(f)$$
$$h(t)\rightleftharpoons H(f)$$

按照频域卷积定理有　　　　　　$x(t)h(t)\rightleftharpoons X(f)*H(f)$

即

$$\int_{-\infty}^{\infty}x(t)h(t)\mathrm{e}^{-\mathrm{j}2\pi qt}\mathrm{d}t=\int_{-\infty}^{\infty}X(f)H(q-f)\mathrm{d}f$$

令 $q=0$，得

$$\int_{-\infty}^{\infty}x(t)h(t)\,\mathrm{d}t=\int_{-\infty}^{\infty}X(f)H(-f)\mathrm{d}f$$

又令 $h(t)=x(t)$，得

$$\int_{-\infty}^{\infty}x^2(t)\,\mathrm{d}t=\int_{-\infty}^{\infty}X(f)X(-f)\mathrm{d}f$$

$x(t)$ 是实函数，则 $X(-f)=X^*(f)$，所以

$$\int_{-\infty}^{\infty}x^2(t)\,\mathrm{d}t=\int_{-\infty}^{\infty}X(f)X^*(f)\mathrm{d}f=\int_{-\infty}^{\infty}|X(f)|^2\mathrm{d}f$$

$|X(f)|^2$ 称为能谱，它是沿频率轴的能量分布密度。在整个时间轴上信号平均功率为

$$P_{av}=\lim_{T\to\infty}\frac{1}{2T}\int_{-T_\mathrm{n}}^{T_\mathrm{n}}x^2(t)\,\mathrm{d}t=\int_{-\infty}^{\infty}\lim_{T\to\infty}\frac{1}{T}|X(f)|^2\mathrm{d}f$$

因此，并根据式（6-29），自功率谱密度函数和幅值谱的关系为

$$S_x(f) = \lim_{T \to \infty} \frac{1}{T} |X(f)|^2 \qquad (6\text{-}31)$$

利用这一种关系，就可以通过直接对时域信号进行傅里叶变换来计算功率谱。

3. 功率谱的估计

无法按式（6-31）来计算随机过程的功率谱，只能用有限长度 T 的样本记录来计算样本功率谱，并以此作为信号功率谱的初步估计值。现以 $\tilde{S}_x(f)$、$\tilde{G}_x(f)$ 分别表示双边、单边功率谱的初步估计，即

$$\left. \begin{array}{l} \tilde{S}_x(f) = \dfrac{1}{T} |X(f)|^2 \\[2mm] \tilde{G}_x(f) = \dfrac{2}{T} |X(f)|^2 \end{array} \right\} \qquad (6\text{-}32)$$

对于数字信号，功率谱的初步估计为

$$\left. \begin{array}{l} \tilde{S}_x(k) = \dfrac{1}{N} |X(k)|^2 \\[2mm] \tilde{G}_x(k) = \dfrac{2}{N} |X(k)|^2 \end{array} \right\} \qquad (6\text{-}33)$$

也就是对数字信号序列 $\{x(n)\}$ 进行 DFT 运算，取其模的二次方，再除以 N（或乘以 $2/N$），便可得信号的功率谱初步估计。这种计算功率谱估计的方法称为周期图法。它也是一种最简单、常用的功率谱估计算法。

可以证明：功率谱的初步估计不是无偏估计，估计的方差为

$$\sigma^2[\tilde{G}_x(f)] = 2G_x^2(f)$$

这就是说，估计的标准差 $\sigma[\tilde{G}_x(f)]$ 和被估计量 $G_x(f)$ 一样大。在大多数的应用场合中，如此大的随机误差是无法接受的，这样的估计值自然是不能用的。这也就是上述功率谱估计使用"~"符号而不是"∧"符号的原因。

为了减小随机误差，需要对功率谱估计进行平滑处理。最简单且常用的平滑方法是"分段平均"。这种方法是将原来样本记录长度 $T_总$ 分成 q 段，每段时长 $T = T_总/q$。然后对各段分别用周期图法求得其功率谱初步估计 $\tilde{G}_x(f)_i$，最后求诸段初步估计的平均值，并作为功率谱估计值 $\hat{G}_x(f)$，即

$$\begin{aligned} \hat{G}_x(f) &= \frac{1}{q}[\tilde{G}_x(f)_1 + \tilde{G}_x(f)_2 + \cdots + \tilde{G}_x(f)_q] \\ &= \frac{2}{qT} \sum_{i=1}^{q} |X(f)_i|^2 \end{aligned} \qquad (6\text{-}34)$$

式中 $X(f)_i$、$\tilde{G}_x(f)_i$——由第 i 段信号求得的傅里叶变换和功率谱初步估计。

不难理解，这种平滑处理实际上是取 q 个样本中同一频率 f 的谱值的平均值。

当各段周期图不相关时，$\hat{G}_x(f)$ 的方差大约为 $\tilde{G}_x(f)$ 方差的 $1/q$，即

$$\sigma^2\big[\hat{\hat{G}}_x(f)\big]=\frac{1}{q}\sigma^2\big[\tilde{G}_x(f)\big] \tag{6-35}$$

可见，所分的段数 q 越多，估计方差越小。但是，当原始信号的长度一定时，所分的段数 q 越多，则每段的样本记录越短，频率分辨率会降低，并增大偏度误差。通常应先根据频率分辨率的指标 Δf，选定足够的每段分析长度 T，然后根据允许的方差确定分段数 q 和记录总长 $T_{总}$。为进一步增大平滑效果，可使相邻各段之间重叠，以便在同样 $T_{总}$ 之下增加段数。

谱分析是信号分析与处理的重要内容。周期图法属于经典的谱估计法，是建立在 FFT 的基础上的，计算效率很高，适用于观测数据较长的场合。这种场合有利于发挥计算效率高的优点又能得到足够的谱估计精度。对短记录数据或瞬变信号，此种谱估计方法无能为力，可以选用其他方法。

4. 应用

自功率谱密度 $S_x(f)$ 为自相关函数 $R_x(\tau)$ 的傅里叶变换，故 $S_x(f)$ 包含着 $R_x(\tau)$ 中的全部信息。

自功率谱密度 $S_x(f)$ 反映信号的频域结构，这一点和幅值谱 $|X(f)|$ 一致，但是自功率谱密度所反映的是信号幅值的二次方，因此其频域结构特征更为明显，如图 6-19 所示。

对于一个线性系统（见图 6-20），若其输入为 $x(t)$，输出为 $y(t)$，系统的频率响应函数为 $H(f)$，$x(t)\rightleftharpoons X(f)$，$y(t)\rightleftharpoons Y(f)$，则

$$Y(f)=H(f)X(f) \tag{6-36}$$

不难证明，输入、输出的自功率谱密度与系统频率响应函数的关系为

$$S_y(f)=|H(f)|^2 S_x(f) \tag{6-37}$$

通过对输入、输出自谱的分析，就能得出系统的幅频特性。但是在这样的计算中丢失了相位信息，因此不能得出系统的相频特性。

自相关分析可以有效地检测出信号中有无周期成分。自功率谱密度也能用来检测信号中的周期成分。周期信号的频谱是脉冲函数，在某特定频率上的能量是无限的。但是在实际处理时，用矩形窗函数对信号进行截断，这相当于在频域用矩形窗函数的频谱 sinc 函数和周期信号的频谱 δ 函数实行卷积，因此截断后的周期函数的频谱已不再是脉冲函数，原来为无限大的谱线高度变成有限长，谱线宽度由无限小变成有一定宽度。所以周期成分在实测的功率谱密度图形中以陡峭有限峰值的形态出现。

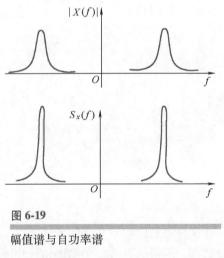

图 6-19

幅值谱与自功率谱

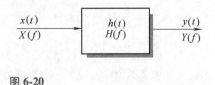

图 6-20

理想的单输入、单输出系统

6.4.2　互谱密度函数

1. 定义

如果互相关函数 $R_{xy}(\tau)$ 满足傅里叶变换的条件 $\int_{-\infty}^{\infty} | R_{xy}(\tau) | \, \mathrm{d}\tau < \infty$ ，则定义

$$S_{xy}(f) = \int_{-\infty}^{\infty} R_{xy}(\tau) \mathrm{e}^{-\mathrm{j}2\pi f \tau} \, \mathrm{d}\tau \tag{6-38}$$

$S_{xy}(f)$ 称为信号 $x(t)$ 和 $y(t)$ 的互谱密度函数，简称互谱。根据傅里叶逆变换，有

$$R_{xy}(\tau) = \int_{-\infty}^{\infty} S_{xy}(f) \mathrm{e}^{\mathrm{j}2\pi f \tau} \, \mathrm{d}f \tag{6-39}$$

互相关函数 $R_{xy}(\tau)$ 并非偶函数，因此 $S_{xy}(f)$ 具有虚、实两部分。同样，$S_{xy}(f)$ 保留了 $R_{xy}(\tau)$ 中的全部信息。

互谱估计的计算式如下：

对于模拟信号
$$\tilde{S}_{xy}(f) = \frac{1}{T} X_i^*(f) Y_i(f) \tag{6-40}$$

$$\tilde{S}_{yx}(f) = \frac{1}{T} X_i(f) Y_i^*(f) \tag{6-41}$$

式中　$X_i^*(f)$、$Y_i^*(f)$——$X_i(f)$、$Y_i(f)$ 的共轭函数。

对于数字信号
$$\tilde{S}_{xy}(k) = \frac{1}{N} X^*(k) Y(k) \tag{6-42}$$

$$\tilde{S}_{yx}(k) = \frac{1}{N} X(k) Y^*(k) \tag{6-43}$$

这样得到的初步互谱估计 $\tilde{S}_{xy}(f)$、$\tilde{S}_{yx}(f)$ 的随机误差太大，不适合应用要求，应进行平滑处理，平滑的方法与功率谱估计相同。

2. 应用

对图 6-20 所示的线性系统，可证明有

$$S_{xy}(f) = H(f) S_x(f) \tag{6-44}$$

故从输入的自谱和输入、输出的互谱就可以直接得到系统的频率响应函数。式（6-44）与式（6-37）不同，所得到的 $H(f)$ 不仅含有幅频特性而且含有相频特性。这是因为互相关函数中包含有相位信息。

如果一个测试系统受到外界干扰，如图 6-21 所示，$n_1(t)$ 为输入噪声，$n_2(t)$ 为加于系统中间环节的噪声，$n_3(t)$ 为加在输出端的噪声。显然该系统的输出 $y(t)$ 为

$$y(t) = x'(t) + n_1'(t) + n_2'(t) + n_3'(t) \tag{6-45}$$

式中　$x'(t)$、$n_1'(t)$ 和 $n_2'(t)$——系统对 $x(t)$、$n_1(t)$ 和 $n_2(t)$ 的响应。

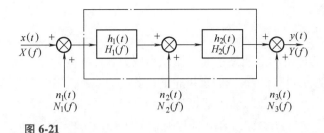

图 6-21

受外界干扰的系统

输入 $x(t)$ 与输出 $y(t)$ 的互相关函数为

$$R_{xy}(\tau) = R'_{xx}(\tau) + R'_{xn_1}(\tau) + R'_{xn_2}(\tau) + R'_{xn_3}(\tau) \tag{6-46}$$

由于输入 $x(t)$ 和噪声 $n_1(t)$、$n_2(t)$、$n_3(t)$ 是独立无关的，故互相关函数 $R'_{xn_1}(\tau)$、$R'_{xn_2}(\tau)$ 和 $R'_{xn_3}(\tau)$ 均为零。所以

$$R_{xy}(\tau) = R'_{xx}(\tau) \tag{6-47}$$

故　　　　　　　　　$$S_{xy}(f) = S'_{xx}(f) = H(f)S_x(f) \tag{6-48}$$

式中　$H(f) = H_1(f)H_2(f)$——所研究系统的频率响应函数。

由此可见，利用互谱进行分析将可排除噪声的影响。这是这种分析方法的突出优点。然而应当注意到，利用式（6-48）求线性系统的 $H(f)$ 时，尽管其中的互谱 $S_{xy}(f)$ 可不受噪声的影响，但是输入信号的自谱 $S_x(f)$ 仍然无法排除输入端测量噪声的影响，从而形成测量的误差。

为了测试系统的动特性，有时人们故意给正在运行的系统以特定的已知扰动——输入 $z(t)$。从式（6-46）可以看出，只要 $z(t)$ 和其他各输入量无关，在测量 $S_{xy}(f)$ 和 $S_z(f)$ 后就可以计算得到 $H(f)$。这种在被测系统正常运行的同时对它进行测试，称为"在线测试"。

评价系统的输入信号和输出信号之间的因果性，即输出信号的功率谱中有多少是输入量所引起的响应，在许多场合中是十分重要的。通常用相干函数 $\gamma^2_{xy}(f)$ 来描述这种因果性，其定义为

$$\gamma^2_{xy}(f) = \frac{|S_{xy}(f)|^2}{S_x(f)S_y(f)} \qquad (0 \leqslant \gamma^2_{xy}(f) \leqslant 1) \tag{6-49}$$

实际上，利用式（6-49）计算相干函数时，只能使用 $S_y(f)$、$S_x(f)$ 和 $S_{xy}(f)$ 的估计值，所得相干函数也只是一种估计值；并且唯有采用经多段平滑处理后的 $\hat{S}_y(f)$、$\hat{S}_x(f)$ 和 $\hat{S}_{xy}(f)$ 来计算，所得到的 $\hat{\gamma}^2_{xy}(f)$ 才是较好的估计值。

如果相干函数为零，表示输出信号与输入信号不相干。当相干函数为 1 时，表示输出信号与输入信号完全相干，系统不受干扰而且系统是线性的。相干函数在 0~1 之间，则表明有如下 3 种可能：①测试中有外界噪声干扰；②输出 $y(t)$ 是输入 $x(t)$ 和其他输入的综合输出；③联系 $x(t)$ 和 $y(t)$ 的系统是非线性的。

✍️ 例 6-4

图 6-22 是船用柴油机润滑油泵压油管振动和压力脉冲间的相干分析。

润滑油泵转速为 $n = 781r/min$，油泵齿轮的齿数为 $z = 14$。测得油压脉动信号 $x(t)$ 和压油管振动信号 $y(t)$。压油管压力脉动的基频为 $f_0 = nz/60 = 182.24Hz$。

在图 6-22c 上，当 $f=f_0 = 182.24Hz$ 时，则 $\gamma_{xy}^2(f) \approx 0.9$；$f=2f_0 \approx 361.12Hz$ 时，$\gamma_{xy}^2(f) \approx 0.37$；$f=3f_0 \approx 546.54Hz$ 时，$\gamma_{xy}^2(f) \approx 0.8$；$f=4f_0 \approx 722.24Hz$ 时，$\gamma_{xy}^2(f) \approx 0.75$。齿轮引起的各次谐频对应的相干函数值都比较大，而其他频率对应的相干函数值很小。由此可见，油管的振动主要是由油压脉动引起的。从 $x(t)$ 和 $y(t)$ 的自谱图也明显可见油压脉动的影响（见图 6-22a、b）。

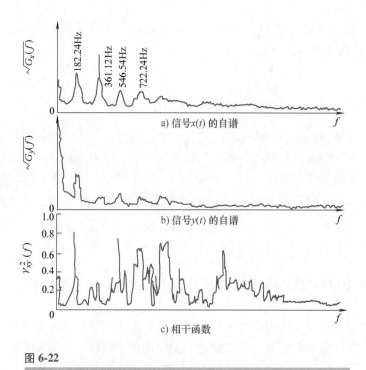

图 6-22

油压脉动与油管振动的相干分析

6.5　现代信号分析方法简介

本节简单介绍一些现代信号分析和处理方法，详细内容请参考有关书籍。

6.5.1　功率谱估计的现代方法

1. 非参数方法

（1）多窗口法（MultiTaper Methool MTM）　MTM 是使用多个正交窗口以获取相互独立

的谱估计，然后把它们合成为最终的谱估计。这种估计方法比经典非参数谱估计法具有更大的自由度和较高的精度。

（2）子空间方法　子空间方法又称为高分辨率方法。这种方法在相关矩阵特征分析或特征分解的基础上，产生信号的频率分量估计。如多重信号分类法（Multiple Signal Classification MUSIC）或特征向量法（EV）。此法检测埋藏在噪声中的正弦信号（特别是信噪比低时）是有效的。

2. 参数方法

参数方法是选择一个接近实际样本的随机过程的模型，在此模型的基础上，从观测数据中估计出模型的参数，进而得到一个较好的谱估计值。此方法与经典功率谱估计方法相比，特别是对短信号，可以获得更高的频率分辨率。参数方法主要包括 AR 模型、MA 模型、ARMA 模型和最小方差功率谱估计等。通过模型分析的方法来做谱估计，预先要解决的是模型的参数估计问题。

6.5.2　时频分析

时域分析可以使我们了解信号随时间变化的特征，频域分析体现的是信号随频率变化的特征，两者都不能同时描述信号的时间和频率特征，这时就要用到时频分析。

对于工程中存在的非平稳信号，在不同的时刻，信号具有不同的谱特征，时频分析是非常有效的分析方法。时频分析的目的是建立一个时间-频率二维函数，要求这个函数不仅能够同时用时间和频率描述信号的能量分布密度，还能够体现信号的其他一些特征量。

1. 短时傅里叶变换（STFT）

短时傅里叶变换的基本思想：把非平稳的长信号划分成若干段小的时间间隔，信号在每一个小的时间间隔内可以近似为平稳信号，用傅里叶变换分析这些信号，就可以得到在那个时间间隔的相对精确的频率描述。

短时傅里叶变换的时间间隔划分并不是越细越好，因为划分就相当于加窗，这会降低频率分辨率并引起谱泄漏。由于短时傅里叶变换的基础仍是傅里叶变换，虽能分析非平稳信号，但更适合分析准平稳信号。

2. 小波变换

小波变换是 20 世纪 80 年代中后期发展起来的一门新兴的应用数学分支，近年来已被引入工程应用领域并得到广泛应用。小波变换具有多分辨特性，通过适当地选择尺度因子和平移因子，可得到一个伸缩窗，只要适当地选择基本小波，就可使小波变换在时域和频域都具有表征信号局部特征的能力，在低频部分具有较高的频率分辨率和较低的时间分辨率，在高频部分具有较高的时间分辨率和较低的频率分辨率，很适合于探测正常信号中夹带的瞬态反常现象并展示其成分。

3. Wigner-Ville 分布

短时傅里叶变换和小波变换本质上都是线性时频表示，它不能描述信号的瞬时功率谱密度，虽然 Wigner-Ville 分布也是被直接定义为时间与频率的二维函数，但它是一种双线性变换。Wigner-Ville 分布是最基本的时频分布，由它可以得到许多其他形式的时频分布。

6.5.3　统计信号处理

在大多数情况下，信号往往混有随机噪声。由于信号和噪声的随机特性，需要采用统计的方法来分析处理，这就使得数学上的概率统计理论方法在信号处理中得以应用，并演化出统计信号处理这一领域。

统计信号处理涉及如何利用概率模型来描述观测信号和噪声的问题，这种信号和噪声的概率模型往往需信息的函数，而信息则由一组参数构成，这组参数是通过某个优化准则从观测数据中得来的。显然，用这种方法从数据中得到的所需信息的精确程度，取决于所采用的概率模型和优化原理。在统计信号处理中，常用的信号处理模型包括高斯随机过程模型、马尔可夫随机过程模型和 α 稳定分布随机信号模型等。而常用的优化准则包括最小二乘（LS）准则、最小均方（LMS）准则、最大似然（ML）准则和最大后验概率（MAP）准则等。在上述概率模型和优化准则的基础上，出现了许多统计信号处理算法，包括维纳滤波器、卡尔曼滤波器、最大熵谱估计算法和最小均方自适应滤波器等。

 思考题与习题

6-1　求 $h(t)$ 的自相关函数。

$$h(t)=\begin{cases}\mathrm{e}^{-at} & (t\geqslant0,a>0)\\ 0 & (t<0)\end{cases}$$

6-2　假定有一个信号 $x(t)$，它由两个频率、相角均不相等的余弦函数叠加而成。其数学表达式为

$$x(t)=A_1\cos(\omega_1 t+\varphi_1)+A_2\cos(\omega_2 t+\varphi_2)$$

求该信号的自相关函数。

6-3　求方波和正弦波（见图6-23）的互相关函数。

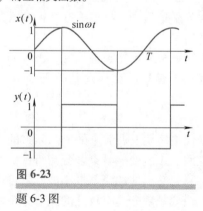

图 6-23

题 6-3 图

6-4　某一系统的输入信号为 $x(t)$（见图6-24），若输出 $y(t)$ 与输入 $x(t)$ 相同，输入的自相关函数 $R_x(\tau)$ 和输入—输出的互相关函数 $R_{xy}(\tau)$ 之间的关系为 $R_x(\tau)=R_{xy}(\tau+T)$，试说明该系统起什么作用。

6-5　试根据一个信号的自相关函数图形，讨论如何确定该信号中的常值分量和周期成分。

6-6　已知信号的自相关函数为 $A\cos\omega\tau$，请确定该信号的均方值 ψ_x^2 和均方根值 x_{rms}。

6-7　应用帕塞瓦尔定理求 $\int_{-\infty}^{\infty}\mathrm{sinc}^2(t)\mathrm{d}t$ 的积分值。

6-8　对三个正弦信号 $x_1(t)=\cos2\pi t$、$x_2(t)=\cos6\pi t$、$x_3(t)=\cos10\pi t$ 进行采样，采样频率 $f_s=4\mathrm{Hz}$，求三个采样输出序列，比较这三个结果，画出 $x_1(t)$、$x_2(t)$、$x_3(t)$ 的波形及采样点位置，并解释频率混叠现象。

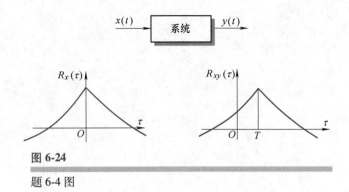

图 6-24

题 6-4 图

第 7 章
测量仪器与数字接口

7.1 概述

测量仪器是"单独地或连同辅助设备一起，用来进行测量的器具"（国家计量技术规范：JJF1001《通用计量术语及定义》）。即测量仪器是用来测量并能得到被测对象量值的一种技术工具或装置。如体温计、电压表、直尺等可以单独地用于完成某项测量；砝码、热电偶、标准电阻等需与其他测量仪器或辅助设备一起使用才能完成测量。

测量仪器按其结构特点和计量用途可分为测量用的仪器仪表、实物量具、标准物质及测量系统（或装置）。本书所述的"测量仪器"主要是指仪器仪表类测量装置，特别是电子测量仪器。

20 世纪 80 年代，计算机技术开始应用到仪器当中。随着计算机技术、大规模集成电路技术和通信技术的飞速发展，传感器技术、通信技术和计算机技术的结合，使得计算机与测试技术的关系发生了根本性的变化，计算机已成为现代测试和测量系统的基础。随着微处理器的广泛应用，出现了以微处理器为核心的智能仪器，并对仪器仪表的发展产生了深远的影响。

基于计算机的测量仪器的发展大致可以分为三个阶段：

第一阶段：利用计算机增强传统仪器的功能。由于 GPIB（General Purpose Interface Bus）总线标准确立，计算机和仪器的通信成为可能，只需要把传统仪器通过 GPIB 和 RS-232 同计算机连接起来，用户就可以用计算机控制仪器。随着计算机系统性价比的不断提高，用计算机控制测量仪器已成为一种发展趋势。

第二阶段：开放式的仪器构成。仪器硬件上出现了两大技术进步：一是插入式计算机数据采集卡的出现；二是 VXI 仪器总线标准的确立。这些新的技术使仪器的构成得以开放，消除了第一阶段内在的由用户定义和供应商定义的仪器功能的区别。

第三阶段：虚拟仪器（Virtual Instrument，VI）框架得到了广泛认同和采用。软件领域面向对象技术把任何用户构建 VI 需要知道的东西封装起来。许多行业标准在硬件和软件领域产生，几个 VI 平台已经得到认可并逐渐成为 VI 行业的标准工具。发展到这一阶段，人们认识到了 VI 软件框架才是数据采集和仪器控制系统实现自动化的关键。

　　智能仪器的整个测量过程，如键盘扫描、量程选择、开关启动闭合、数据采集、传输与处理以及显示、打印等都用单片机或微控制器来控制操作，实现测量过程的全自动化。其主要功能有：

　　1）具有自测功能，包括自动调零、量程自动转换、自动故障与状态检验、自动校准、自诊断等。智能仪表能自动检测出故障的部位甚至故障的原因。这种自测试可以在仪器启动时运行，同时也可以在仪器工作中运行，极大地方便了仪器的使用和维护。

　　2）具有数据处理功能，这是智能仪器的主要优点之一。智能仪器由于采用了单片机或微控制器，使得许多原来用硬件逻辑难以解决或根本无法解决的问题，通过软件非常灵活地加以解决。例如，传统的数字万用表只能测量电阻、交直流电压、电流等，而智能型的数字万用表不仅能进行上述测量，而且还具有对测量结果进行诸如零点平移、取平均值、求极值、统计分析等复杂的数据处理功能。于是不仅使用户从繁重的数据处理中解放出来，也有效地提高了仪器的测量精度。

　　3）具有友好的人机对话能力。智能仪器使用键盘代替传统仪器中的切换开关，操作人员只需通过键盘输入命令，就能实现某种测量功能。与此同时，智能仪器还通过显示屏将仪器的运行情况、工作状态以及对测量数据的处理结果及时告诉操作人员，使仪器的操作更加方便直观。

　　4）具有可程控操作能力。一般智能仪器都配有 GPIB、RS-232C、RS-485 等标准的通信接口，可以很方便地与微机和其他仪器一起组成用户所需要的多种功能的自动测量系统，以完成更复杂的测试任务。

7.2　测试信号采集的基本原理与装置

7.2.1　信号采集的意义和任务

　　信号采集是指把传感器和其他测试设备中采集的非电量或者电量信号转换为数字量，然后送入计算机，再由计算机进行分析、处理的过程。完成这个过程的相应系统称为信号采集系统。

　　信号采集系统的任务是采集传感器输出的模拟信号并转换成计算机能识别的数字信号，根据不同的需要由计算机进行相应的计算和处理，得出所需的数据。与此同时，将计算得到的数据进行存储、显示或打印，以便实现对某些物理量的监视，其中一部分数据还将被生产过程中的计算机控制系统用来控制某些物理量。数据采集系统是结合基于计算机或者其他专用测试平台的测量软硬件产品来实现灵活的、用户自定义的测量功能。

　　被采集数据是已被转换为电信号的各种物理量，如温度、压力、流量、位移等，可以是模拟量，也可以是数字量。采集一般是采样方式，即隔一定时间（称采样周期）对同一点数据重复采集。采集的数据大多是瞬时值，也可是某段时间内的一个特征值。准确的数据量测是数据采集的基础。数据量测方法有接触式和非接触式，检测元件多种多样。不论哪种方法和元件，均以不影响被测对象状态和测量环境为前提，以保证数据的正确性。数据采集含义很广，包括对连续物理量的采集。在计算机辅助制图、测图、设计中，对图形或图像数字化过程也可称为数据采集，此时被采集的是几何量（或包括物理量，如灰度）数据。

随着互联网行业的快速发展，数据采集已经被广泛应用于互联网及分布式领域，数据采集领域已经发生了重要的变化。国内外分布式控制应用场合中的智能数据采集系统已经取得了长足的发展，总线兼容型数据采集插件的数量不断增加，与个人计算机兼容的数据采集系统的数量也在增加，从而将数据采集带入了一个全新的时代。

7.2.2　信号采集系统的组成原理

图 7-1 是一个典型的多通道信号采集系统原理框图。大多数的传感器输出信号都是模拟信号，包括电压和电流，对它们的采集过程通常包括模拟量的选通、信号调理、采样保持、A–D 转换等环节。

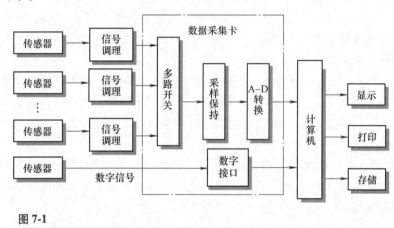

图 7-1

典型的多通道信号采集系统原理框图

1. 模拟通道选通

数据采集系统有时需要进行多路和多参数的采集与控制，如果每一路都单独采用各自的输入回路，即每一路都采用放大、滤波、采样/保持（S/H）、A–D 转换等环节，不仅成本比单路成倍增加，而且会导致系统体积庞大，且由于模拟器件、阻容元件参数特性不一致，给系统的校准带来很大困难。对于多路巡检如 128 路信号采集情况，每路单独采用一个回路几乎是不可能的。因此，除特殊情况下采用多路独立的放大和 A–D 转换外，通常采用公共的采样保持和 A–D 转换电路（有时甚至可将某些放大电路共用），利用多路模拟开关，可以方便实现共用。

多路选择器是数据选择器的别称。在多路数据传输过程中，能够根据需要将其中任一选出的电路选通。它也称多路选择器或多路开关，其原理如图 7-2 所示。

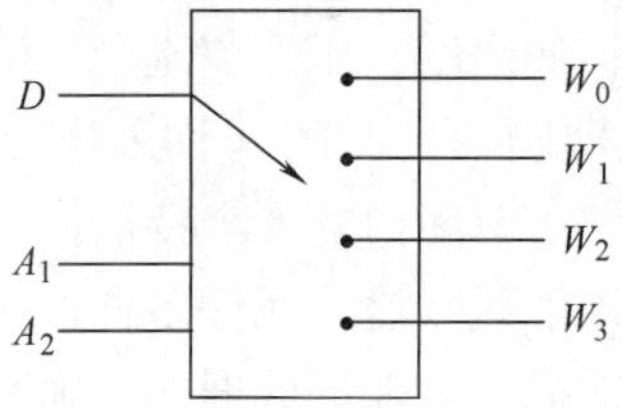

A_0	A_1	D	W
0	0	D	$W_0 = D$
0	1	D	$W_1 = D$
1	0	D	$W_2 = D$
1	1	D	$W_3 = D$

图 7-2

多路选择器原理

2. 信号调理

实际应用中，传感器信号需要经过信号调理电路，才能与基于计算机的数据采集系统的输入相匹配，获取有效、准确的信号（参见本书第 5 章信号的调理与记录）。前端信号调理系统可以包括如信号放大、衰减、滤波、电气隔离等功能。此外，许多传感器还需要提供激励电流或电压、线性化处理等。因此，大多数基于计算机的测量系统包括某种形式的信号调理。在第 5 章中介绍了几种信号调理方法。典型的信号调理功能有以下几种。

（1）放大　放大器提高输入信号电平，以便更好地匹配模拟-数字转换器（ADC）的输入范围，从而提高测量精度和灵敏度。此外，使用放置在更接近信号源或转换器的外部信号调理装置，可以通过在信号被环境噪声影响之前提高信号电平，来提高测量的信噪比。

（2）衰减　衰减即与放大相反的过程，这在电压超过数字化仪输入范围时，是十分必要的。这种形式的信号调理降低了输入信号的幅度，以使经调理的信号处于 ADC 范围之内。衰减对于测量高电压是十分必要的。

（3）隔离　隔离的信号调理设备通过使用变压器、光或电容性的耦合技术，无需物理连接即可将信号从它的源传输至测量设备。除了切断接地回路之外，隔离也阻隔了高电压浪涌以及较高的共模电压，既保护了操作人员，也保护了昂贵的测量设备。

（4）过滤　从传感器或其他接收设备获得的电信号，由于传输过程中的各种噪声干扰，如工作现场的电磁干扰、前段电路本身的影响等，往往会有多种频率成分的噪声信号，严重情况下，这种噪声信号甚至会淹没有效输入信号，致使测试无法正常进行。为了减少噪声对测控过程的影响，需采取滤波措施，滤除干扰噪声，提高系统的信噪比（S/N）。

过去常用模拟滤波电路实现滤波，模拟滤波技术较为成熟。模拟滤波可分为有源滤波和无源滤波。设计有源滤波器，首先根据所要求的幅频特性，寻找可实现的有理数进行逼近设计。常用的逼近函数有 Butterworth、Chebyshev、Besel 等，然后计算电路参数，完成设计。

（5）激励　激励对于一些转换器是必需的。例如，应变计、电热调节器和热电阻（RTD）等，需要外部电压或电流激励信号。通常热电阻（RTD）和电热调节器测量都使用一个电流源来完成，这个电流源将电阻的变化转换成一个可测量的电压。应变计是一种低电阻传感器，通常使用单个或多个应变计与测量电阻一起作为惠斯通（Wheatstone）电桥配置，使用直流或交流电压激励。

（6）冷端补偿　冷端补偿是一种用于精确热电偶测量的技术。任何时候，一个热电偶连接至一个数据采集系统时，用户必须知道在连接点的温度（因为这个连接点代表测量路径上另一个"热电偶"，并且通常在测量中引入一个偏移）来计算热电偶正在测量的真实温度。

（7）电流电压的转换　电压信号可以经由 A-D 转换器件转换成数字信号，然后采集，但是电流不能直接由 A-D 转换器转换。在应用中，先将电流转变成电压信号，然后进行转换。电流-电压转换在工业控制中应用非常广泛。

电流-电压转换最简单的方法是在被测电路中串入精密电阻，通过直接采集电阻两端的电压来获得电流。A-D 转换器件只能转换一定范围的电压信号，所以在电流-电压转换过程中，需要选择合适阻值的精密电阻。如果电流的动态范围较大，还必须在后端加入放大器进行二次处理。必须注意的是：经过多次处理，测量精度将会降低。

（8）电压频率的转换　频率接口有以下特点：

1）接口简单、占用硬件资源少。频率信号通过任一根 I/O 口线或作为中断源及计数时钟输入系统。

2）抗干扰性能好。V/F 转换本身是一个积分过程，且用 V/F 转换器实现 A-D 转换，就是频率计数过程，相当于在计数时间内对频率信号进行积分，因而有较强的抗干扰能力。另外可采用光电耦合连接 V/F 转换器与单片机之间的通道，实现隔离。

3）便于远距离传输。可通过调制进行无线传输或光传输。

基于以上特点，V/F 转换器适用于一些非快速而需进行远距离信号传输的 A-D 转换过程。利用 V/F 变换，还可以简化电路、降低成本、提高性价比。

3. 保持电路

保持电路的作用是采集模拟输入电压在某一时刻的瞬时值，并在 A-D 转换器进行转换期间保持输出电压不变，以完成 A-D 转换过程。这是因为 A-D 转换需要一定时间，在转换过程中，如果送给 ADC 的模拟量发生变化，则不能保证精度。采样保持电路有两种工作状态：采样状态或保持状态，其电路及原理如图 7-3 所示。

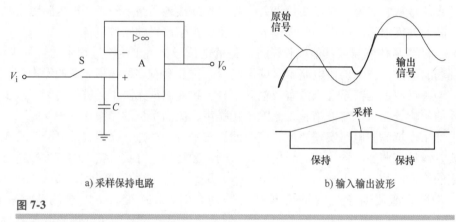

a) 采样保持电路   b) 输入输出波形

图 7-3

采样保持电路及其输入输出波形

4. A-D 转换

模-数转换器（即 A-D 转换器）简称 ADC，是指一个将模拟信号转变为数字信号的电子器件。A-D 转换是指将模拟输入信号转换成 N 位二进制数字输出信号的过程。由于数字信号本身仅仅表示其相对大小，故任何一个 A-D 转换器都需要一个参考模拟量作为转换标准。比较常见的参考标准为最大的可转换信号大小，而输出的数字量则表示输入信号相对于参考信号的大小。

A-D 转换器最重要的参数是转换的精度与转换速率，通常用输出的数字信号的二进制位数的多少表示精度，用每秒转换的次数来表示速率。转换器能够准确输出的数字信号的位数越多，表示转换器能够分辨输入信号的能力越强，转换器的性能也就越好。伴随半导体技术、数字信号处理技术及通信技术的飞速发展，A-D 转换器近年来也呈现高速发展的趋势。自 1973 年第一个集成 A-D 转换器问世至今，A-D、D-A 转换器在加工工艺、精度、采样速率上都有了长足的发展。现在的 A-D 转换器的精度可达 26 位，采样速度可达 1Gbit/s，今后的 A-D 转换器将向超高速、超高精度、集成化、单片化发展。

　　A-D 转换器的分辨率是指，对于允许范围内的模拟信号，它能输出离散数字信号值的个数。这些信号值通常用二进制数来存储，因此分辨率经常用位（bit）作为单位，且这些离散值的个数是 2 的幂指数。例如，一个具有 8 位分辨率的模拟数字转换器可以将模拟信号编码成 256 个不同的离散值（因为 $2^8 = 256$），即 $0 \sim 255$（即无符号整数）或 $-128 \sim 127$（即带符号整数），至于使用哪一种，则取决于具体的应用。

　　分辨率同时可以用电气性质来描述，使用单位伏特。使得输出离散信号产生一个变化所需的最小输入电压的差值被称作最低有效位（Least Significant Bit，LSB）电压。这样，模拟数字转换器的分辨率 Q 等于 LSB 电压。A-D 转换器的电压分辨率等于它总的电压测量范围除以离散电压间隔数，即

$$Q = \frac{V_{Ran}}{N}$$

式中　　　N——离散电压间隔数，是总的电压测量范围；
$V_{Ran} = V_{Hi} - V_{Low}$——量程，$V_{Hi}$ 和 V_{Low} 是转换过程允许电压的上下限。

5. 采样

　　根据采样定理，最低采样频率必须是信号最高频率的两倍。反过来说，如果给定了采样频率，那么能够正确显示信号而不发生畸变的最大频率是采样频率的一半，也被称作奈奎斯特频率。如果信号中包含频率高于奈奎斯特频率的成分，信号将发生混叠畸变。

　　采样频率过低的结果是还原的信号频率看上去与原始信号不同。这种信号畸变叫作混叠（alias）。出现的混叠偏差（alias frequency）是输入信号的频率和最靠近的采样频率整数倍的差的绝对值。

　　为了避免这种情况的发生，通常在信号被采集（A-D 转换）之前，经过一个低通滤波器，将信号中高于奈奎斯特频率的信号成分滤去。这个滤波器称为抗混叠滤波器。

　　采样频率的设置，首先可以考虑用采集卡支持的最大频率。但是，较长时间使用很高的采样频率可能会导致没有足够的内存或者硬盘存储速度太慢。理论上设置采样频率为被采集信号最高频率成分的 2 倍就够了，但实际上一般选用 5 ~ 10 倍。有时为了较好地还原波形，甚至选择更高一些的采样频率。

　　通常，信号采集后都要去做适当的信号处理，例如 FFT 等。这里对样本数又有一个要求，一般不能只提供一个信号周期的数据样本，希望有 5 ~ 10 个周期，甚至更多的样本，并且希望所提供的样本总数是整周期个数的。这里又发生一个困难，即并不知道，或不确切知道被采集信号的频率，因此不但采样率不一定是信号频率的整倍数，也不能保证提供整周期数的样本。所有的仅仅是一个时间序列的离散函数 $x(n)$ 和采样频率。这是测量与分析的唯一依据。

　　数据采集系统除了上述数据采集、模拟信号处理及 A-D 转换等环节外，一般还包含数字信号处理、开关信号处理、二次数据计算（如求平均、累积、变化率、差值、最大值、最小值）等功能。另外系统还具有屏幕显示、数据存储、打印输出、网络通信和人机交互能力等。

7.2.3 信号采集系统组成结构的分类

1. 以采集方式划分

实际的数据采集系统往往需要同时测量多种物理量（多参数测量）或多个测量点（多点巡回测量）的同一种物理量。因此，多路模拟输入通道更具普遍性。按照系统中数据采集电路是各路共用一个还是每路各用一个，多路模拟输入通道可分为集中采集式（简称集中式）和分散采集式（简称分布式）两大类型。

（1）集中采集式　集中采集式多路模拟输入通道的典型结构有分时采集型和同步采集型两种。

分时采集型如图 7-1 所示，多路被测信号分别由各自的传感器和模拟信号调理电路组成的通道经多路转换开关切换，进入公用的采样/保持（S/H）器和 A-D 转换器进行数据采集。它的特点是共同使用一个 S/H 和 A-D 转换器，简化了电路结构，降低了成本。但是它对信号的采集是由模拟多路切换器转换开关分时切换、轮流选通的，因而相邻两路信号在时间上是依次被采集的，不能获得同一时刻的数据，这样就产生了时间偏斜误差。尽管这种时间偏斜很短，但对于要求多路信号严格同步采集的测试系统是不适用的，而对于多数中速和低速测试系统，仍是一种应用广泛的结构。

同步采集型的特点是在多路转换开关之前，给每路信号通路各加一个采样/保持器，使多路信号的采样在同一时刻进行，即同步采样。然后由各自的保持器保持着采样信号幅值，等待多路转换开关分时切入公用的 A-D 转换器，将保持的采样幅值转换成数据输入计算机。这样可以消除分时采集型结构的时间偏斜误差，这种结构既能满足同步采集的要求，又比较简单。但它仍有不足之处，特别是在被测信号路数较多的情况下，同步采得的信号在保持器保持的时间会加长，而保持器总会有一些泄漏，使信号有所衰减，由于各路信号保持时间不同，致使各个保持信号的衰减量不同。因此，严格地说，这种结构还是不能获得真正的同步输入。

（2）分散（分布）采集式　分散采集式的特点是每一路信号一般都有一个 S/H 和 A-D 转换器，因而不再需要模拟多路切换器。每一个 S/H 和 A-D 转换器只对本路模拟信号进行 A-D 转换。采集的数据按一定顺序或随机地输入计算机。根据采集系统中计算机控制结构的差异可以分为分布式单机采集系统和网络式数据采集系统，如图 7-4a、b 所示。

由图 7-4a 可见，分布式单机采集系统由单 CPU 单元实现无相差并行数据采集控制，系统实时响应性好，能够满足中、小规模并行数据的要求，但在稍大规模的应用场合，对计算机系统的硬件要求较高。

网络式数据采集系统是计算机网络技术发展的产物，它由若干个"数据采集站"和一台上位机和通信线路组成，如图 7-4b 所示。数据采集站一般由单片机数据采集装置组成，位于生产设备附近，可独立完成数据采集和预处理任务，还可以数字信号的形式传送给上位机。该系统适应能力强、可靠性高，若某个采集站出现故障，只会影响单项的数据采集，而不会对系统其他部分造成任何影响。而采用该结构的多机并行处理方式，每一个单片机仅完成有限的数据采集和数据处理任务，故对计算机硬件要求不高，从而可用低档的硬件组成高性能的系统，这是其他数据采集系统不可比拟的。另外，这种数据采集系统用数字传输代替模拟信号传输，有效地避免了模拟信号长线传输过程中的衰减，有利于克服差模干扰和共模干扰，可充分提高采集系统的信噪比。因此该系统特别适合于在恶劣的环境下工作。

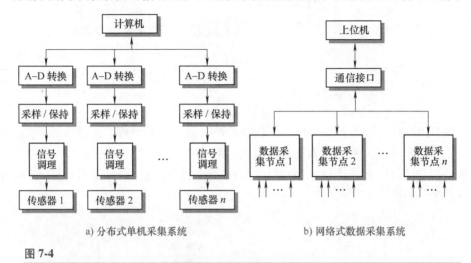

图 7-4

分布式单机采集系统与网络式数据采集系统的典型结构

2. 以接口方式划分

计算机测试系统一般由四部分组成：第一是微机或微处理器，第二是被控制的测量仪器或设备，第三是接口，第四是软件。

微机或微处理器是整个测试系统的核心。在软件控制下，以微处理器为核心的测试仪器控制数据采集，上位计算机可以控制多个数据采集通道，并对测量数据进行处理，如计算、变换、数据处理、误差分析等。最后，将测量结果存储、打印、显示或输出。测量仪器或系统的工作，如测量功能、工作频段、输出电平、量程等的选择和调节都是在微机所发控制指令的控制下完成的。这种能接受程序控制并据之改变内部电路工作状态，以及完成特定任务的测量仪器称为仪器的可编程控制，或称程控仪器。各仪器系统之间通过适当的接口用各种总线相连。显然，接口是使测试系统各仪器和设备之间进行有效通信，以实现自动测试的重要环节。接口的主要任务是提供机械兼容、逻辑电平方面的匹配，并能通过数据线交换电信号信息。

在一些计算机测试系统中，数据分析和显示完全由计算机的软件来完成。因此，只要提供所需数量的数据采集硬件，就可以与计算机组成测量仪器。这种基于计算机的测量仪器称为虚拟仪器。

测试技术与计算机技术几乎是同步、协调向前发展的，计算机技术成为测试的核心，若脱离计算机、软件、网络、通信发展的轨道，测试技术的进步是不可思议的。目前，基于计算机的测试系统可分为三种类型：第一种是计算机插卡式测试系统，即在计算机的扩展槽（通常是 PCI、ISA 等总线槽，也可设计成便携式计算机专用的 PCMCIA 卡）中插入信号调理、模拟信号采集、数字输入输出、数字信号处理（DSP）芯片等测试与分析板卡，构成通用或专用的测试系统，如图 7-5 所示。

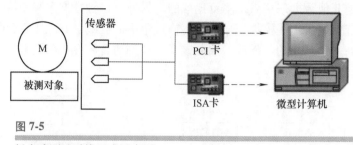

图 7-5

插卡式测试系统组成示意图

第二种是由仪器前端与计算机组合。仪器前端一般由信号调理、模拟信号采集、数字输入输出、数字信号处理、测试控制等模块组成。由 VXI、PXI 等专用仪器总线连接在一起构成独立机箱，并通过以太网接口、1394口、并行接口等通信接口与计算机相连，构成通用或专用测试系统，如图 7-6 所示。

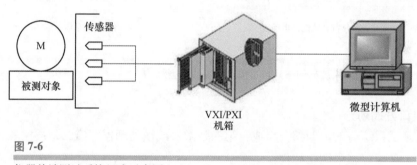

图 7-6

仪器前端测试系统组成示意图

第三种是由各种独立的可编程仪器（具有参数设置和控制功能的计算机接口）与计算机连接所组成的测试系统，这类系统又称为仪器控制测试系统，如图 7-7 所示。这类测试系统与前两类测试系统的最大区别在于程控仪器本身能够脱离计算机运行，完成一定的测量任务。

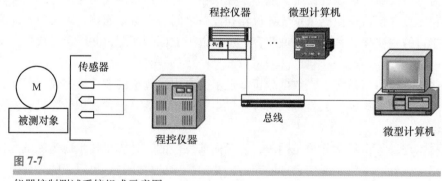

图 7-7

仪器控制测试系统组成示意图

上述三类计算机测试系统可以采用一般的测试分析软件构成计算机测试系统，也可以利用专门的软件系统构成虚拟仪器。

随着微电子技术的不断发展，集成了 CPU、存储器、定时器/计数器、并行和串行接口、接口上的加密模块、前置放大器甚至 A-D、D-A 转换器等电路在一块芯片上的超大规模集成电路芯片（即单片机）不断地出现了。以单片机为主体，将计算机技术与测量控制技术结合在一起，又组成了所谓的"智能化测量控制系统"，也就是智能仪器。

7.3　插卡式测试系统

计算机技术特别是计算机总线标准的发展直接导致了仪器仪表的飞速发展。20 世纪 80 年代以来，出现了基于个人计算机总线的插卡式仪器并得到快速发展，这种仪器称为个人仪器（Personal Instrument）或 PC 仪器，亦称为 PC 卡式仪器（Personal Computer Card Instrument，PCCI）。PCCI 充分利用 PC 的软硬件资源，使仪器设计灵活快捷。仪器的软硬件随着 PC 的发展而快速发展，其代表性产品分别是 ISA、EISA、PCI 总线卡式仪器。这类仪器的计算机软硬件资源得到充分利用，但更换或添加插卡时需要打开机箱，携带并不方便（笔记本式计算机无法使用这种仪器）。为了克服这些缺点，人们研制开发了外接式的专用 PC 仪器，主要基于 RS-232C/RS-485 串行总线和并行端口（打印机）来实现数据通信和命令传输。为了克服 PCCI 机箱内噪声水平高、扩展能力不足、电源功率小、可靠性差等缺点，1987 年出现了一种专用于测量仪器领域高性能 VXI 卡式仪器（VME Bus eXtensions for Instrumentation），这种仪器具有稳定的电源、强有力的冷却能力和严格的 RFI 和 EMI 屏蔽。VXI 卡式仪器具有标准开放、结构紧凑、数据吞吐能力强、定时和同步精度高、模块可重复利用、有众多仪器厂家支持等优点，成为大型高精度测试系统的发展主流。1997 年，为克服 PCI 总线仪器性能上的某些不足，并且降低 VXI 总线仪器的成本，出现了 PXI 总线仪器。1999 年，为了克服 PC 插卡式仪器不能热拔插以及外接式专用 PC 仪器的吞吐率受总线速度限制等缺点，出现了基于 USB 总线的虚拟仪器，这种仪器能够实现即插即用，方便灵活。

传统仪器主要由控制面板和内部处理电路组成，而插卡式仪器自身不带仪器面板，它必须借助计算机强大的图形环境，建立图形化的虚拟面板，完成对仪器的控制、数据分析和显示。以数据采集卡为例，它通常具有 A-D 转换、D-A 转换、数字 I/O 和计数器/定时器等功能，有些还具有数字滤波和数字信号处理的功能。现在的多功能数据采集卡多采用了"虚拟硬件（Virtual Hardware，VH）"技术。它的思想源于可编程器件，使用户通过程序能够方便地改变硬件的功能或性能参数，从而依靠硬件设备的柔性来增强其适用性和灵活性。

基于通用微机硬件，组建成灵活的虚拟仪器，是现在比较流行的思路。这种方式借助于插入微机或工控机内的数据采集卡与专用的软件相结合，完成测试任务。它充分利用计算机的总线、机箱、电源及系统软件的便利，这类系统性能好坏的关键在于 A-D 转换技术。

插卡类型有 ISA 卡、PCMCIA 卡和 PCI 卡等。随着计算机的发展，ISA 型插卡已经逐渐退出舞台。PCMCIA 卡由于受到结构连接强度太弱的限制，影响了它的工业应用。而 PCI 总线目前正在广泛使用，已经成为微机事实上的标准。它是一种同步的独立于 CPU 的 32 位或 64 位局部总线，时钟频率为 33MHz，数据传输速度高达 132~264Mbit/s。PCI 总线技术的无限读写突发方式，可在一瞬间发送大量数据。PCI 总线上的外设可与 CPU 并发工作，从而提高了整体性能。PCI 总线还有自动配置功能，从而使所有与 PCI 兼容的设备实现真正的"即插即用"（plug & play）。

由于插卡式仪器多数没有抗混滤波器，且分时采样，特别需要注意混叠现象和通道间相位差。

因个人计算机数量非常庞大，插卡式仪器价格最便宜，因此得到广泛的应用，特别适合于教学部门和各种实验室使用。

虽然基于 PCI 总线的测试仪器具有诸多优点，但是也存在一些弊端。首先，在插入数据采集卡（DAQ）时都需要打开机箱等，操作不便，并且主机上的 PCI 插槽有限；其次，现场测试信号直接进入计算机，对计算机的安全造成很大的威胁；第三，计算机内部的强电磁干扰对被测信号也会造成大的影响。因此，以串行接口总线方式的外挂式仪器系统就成为廉价的虚拟仪器测试系统的主流。

此类测试仪器系统采用的总线包括传统的 RS-232 串行总线、通用串行总线（USB）和 IEEE 1394 总线。RS-232 总线是微机早期采用的串行总线，技术成熟，应用广泛，至今仍然适用于要求较低的虚拟仪器或测试系统。近年来，USB 得到广泛的支持，微软的全系列操作系统均支持 USB，但 USB 也只限于用在较简单的测试系统中。用于组建自动测试系统，更有前途的是采用 IEEE 1394 串行总线，这是因为 IEEE 1394 是一种高速串行总线，能够以 100Mbit/s、200Mbit/s 或 400Mbit/s 的速率传送数据。目前国际上测试仪器所用 IEEE 1394 总线的传输速度已经达到 100Mbit/s。

利用微机的各种串口通信，可把硬件集成在一个采集盒里或一个探头上，软件装在微机上，通常可以完成各种仪器的功能。它们的最大好处是可以与笔记本式计算机相连，方便野外作业，又可与台式微机或工控机相连，实现台式和便携式两用，非常方便。特别是 USB 口和 1394 口具有传输速度快、可以热插拔、联机使用方便等特点，将成为有巨大发展前景和广泛市场的虚拟仪器主流接口。通过各种不同的接口总线，可以组建不同规模的自动测试系统，它可以借助不同的接口总线的沟通，将虚拟仪器、带接口总线的各种电子仪器或各种插件单元，调配并组建成为中小型甚至大型的自动测试系统。

很多公司（如美国 NI 公司）为使测试仪器能够适应上述各种总线的配置，开发了大量软件以及适应要求的硬件。主要的模块化硬件如用于数据采集、仪器控制和机器视觉的 PXI 模块化仪器，可以灵活地组建不同复杂程度的自动测试系统（见图 7-8）。

图 7-8

NI 公司的 PXI 模块化仪器

奥地利 DEWETRON 公司生产的 DEWE-5000 系列（见图 7-9）是完整的微机测量仪器。该系统是由一台坚固的工业计算机，配上 DEWETRON 的信号调理模块和 A-D 板，以及专用的 DEWESoft 数据采集软件组成。采用坚固的全金属设计，配有专用的运输箱，以确保系统的可靠性。系统安装了可折叠的 17in 液晶显示屏，单个系统就能够实现采集、分析、显示、保存及回放等所有功能。DEWE-5000 有多种不同配置，如配置 16 路 DAQ/ PAD 模块插槽或 32 路 MDAQ 模块。连接外置机箱还可以进一步扩展通道。

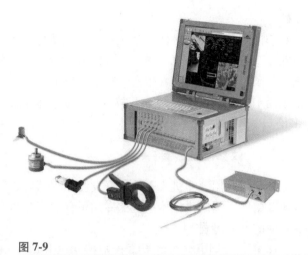

图 7-9

DEWE-5000 数据采集系统

7.4　仪器前端及控制

7.4.1　仪器控制的概念

"仪器控制"是指这样一个操作：通过微机上的软件控制仪器总线上的一台仪器。通常，仪器自身支持一种或多种总线选择，以通过这些总线控制该仪器，微机通常也提供多种用于仪器控制的总线选择。如果微机本身不支持仪器可用的总线，可以增加一个插卡或一个外部转换器。

对可编程仪器的控制需要从软、硬件两方面综合考虑。就硬件而言，标准的仪器控制总线提供了仪器与计算机以及其他设备的连接，这是构成大型测试系统的基本条件。可用于仪器控制的总线有很多种，它们可以分为如下两大类：

1）独立总线，用于架式和堆式仪器的通信。独立总线包括专用总线（如 GPIB）和微机标准总线（如串行总线 RS-232、以太网、USB、无线和 IEEE 1394）。一些独立总线可用作其他独立总线的中介，如 USB 到 GPIB 的转换器。

2）模块化总线，将接口总线合并到仪器中。模块化总线包括 PCI、PCI Express、VXI 和 PXI。这些总线也可用作为不包括该总线的微机增加一个独立总线的中介，如 PCI-GPIB 控制卡。

不论是直接通过 GPIB 或 RS-232 与仪器通信，还是通过总线转换器与仪器相连，或是在软件支持下通过微机总线与仪器直接连接，模块化总线都能将通信总线与测量硬件组合构成一台设备。

对于独立总线，可以通过插卡连接基于 GPIB 的仪器和微机。这些插卡包括 PCI-GPIB、PCIe-GPIB 和 PCMCIA-GPIB。也可以通过微机上的可用串行端口连接基于串行总线的仪器。为了直接通过总线连接以太网或 USB 仪器，还可以使用微机上现成可用的端口和相应的通信软件。

对于模块化总线，可使用 PCI 和 PXI 模块化仪器。这些仪器综合了独立仪器的测量能力和高性能总线的优点。这些紧凑、高性能测量硬件设备集成了定时和同步资源，它们包括数字化仪、函数和任意波形发生器、高速数字 I/O 设备、数字万用表和射频测量硬件等。PXI平台是用于测量和自动化的、开放的、多厂商标准，它的性能优于旧式测量和自动化结构10 多倍。

7.4.2 仪器控制总线

除了利用通用计算机或工控机开发测试仪器外，专用的仪器总线系统也在不断发展，成为构建高精度、集成化仪器系统的专用平台。高精度集成系统架构经历了 GPIB→VXI→PXI仪器总线的发展过程。

1975 年，美国电气与电子工程师协会（IEEE）采纳了惠普（HP）公司设计的 HP-IB仪器接口总线技术，并将其定为 IEEE 488-1975 标准加以推广，同时正式提出将其改称作通用接口总线（General Purpose Interface Bus，GPIB）。IEEE 488-1975 标准定义了连接器和电缆的机械和电气接口，同时还有握手、寻址和传送字节流的通用协议。从此，不同厂商生产的可编程仪器可以通过标准的 GPIB 连接在一起。

GPIB 系统的连接基本配置要求为：

1）设备间最大距离不超过 4m，平均距离不超过 2m。

2）总长度不超过 20m。

3）系统中设备的个数不能多于 15，且要有不少于 2/3 的设备通电运行。

如果上面的基本配置要求得不到满足，信号可能产生畸变，从而使数据传输的可靠性下降。此情况下可以采取扩展措施，借助专用的距离扩展器，GPIB 的传输距离可以达到1000m 以上。

通用接口总线（GPIB）是计算机和仪器间的标准通信协议。GPIB 的硬件规格和软件协议已纳入国际工业标准——IEEE 488.1 和 IEEE 488.2。它是最早的仪器总线，目前多数仪器都配置了遵循 IEEE 488 的 GPIB 接口。典型的 GPIB 测试系统包括一台计算机、一块 GPIB接口卡和若干台 GPIB 仪器。每台 GPIB 仪器有单独的地址，由计算机控制操作。系统中的仪器可以增加、减少或更换，只需对计算机的控制软件进行相应改动。这种概念已被应用于仪器的内部设计。在价格上，GPIB 仪器覆盖了从比较便宜的仪器到异常昂贵的仪器。但是GPIB 的数据传输速度一般低于 500kbit/s（标准接口总线在 20m 距离内，若每 2m 等效的标准负载相当于使用 48mA 的集电极开路式发送器，则最高工作速率是 250kbit/s，若采用三态门发送器，一般速率为 500kbit/s，最高可达 1000kbit/s），不适合对系统速度要求较高的应用。作为早期仪器发展的产物，GPIB 系统目前已经逐步退出市场。

VXI 总线（即 IEEE 1155 总线）是一种高速计算机总线——VME 总线在仪器领域的扩展。VXI 总线具有标准开放、结构紧凑、数据吞吐能力强，最高可达 40Mbit/s，定时和同步精确、模块可重复利用、众多仪器厂商支持的特点，因此得到了广泛的应用。经过多年的发展，VXI 系统的组建和使用越来越方便，尤其适用于组建大、中规模的自动测量系统以及对速度、精度要求高的场合。然而，组建 VXI 总线要求有机箱、零槽管理器及嵌入式控制器，造价比较高，其推广应用受到一定限制，主要应用集中在航空、航天等国防军工领域。目前这种类型也有逐渐退出市场的趋势。

　　VXI 总线最多可以包含 256 个设备，并且每一个设备都有唯一的逻辑地址单元。这是系统的基本逻辑成分。VXI 总线系统的模块和特制的主机箱，多可按从小到大分为四种尺寸，各个模块分别插入主机箱的插槽中。以一个主机箱为单位构成了一个 VXI 子系统，每个子系统最多可以放置 13 个模块。VXI 总线的控制方式有两种：一种是在主机箱内嵌入内部控制器，以获得较高的传输速率；另一种是采用 GPIB、RS-232、VME 或以太网等与外部控制器（如计算机）相连。这样，在控制器看来，与其连接的并非是 VXI 仪器而是其他总线的仪器，这样会造成传输性能下降，所以一般不用于大数据量传输，只用于仪器调试和控制命令的传递。VXI 总线系统中淘汰了复杂的仪器前面板构造，其控制器通过外部控制器实现。VXI 仪器的主机箱除了提供插槽和总线电路背板外，还提供了子系统所需的电源和冷却系统。

　　现在所说的 PXI 总线是以 Compact PCI 为基础，由 NI 公司于 1997 年提出的具有开放性的 PXI 总线扩展而来。PXI 总线符合工业标准，在机械、电气和软件特性方面充分发挥了 PCI 总线的全部优点。PXI 构造类似于 VXI 结构，但它的设备成本更低，运行速度更快，结构更紧凑。目前基于 PCI 总线的软硬件均可应用于 PXI 系统中，从而使 PXI 系统具有良好的兼容性。PXI 还有高度的可扩展性，它有 8 个扩展槽，而台式 PCI 系统只有 3~4 个扩展槽。PXI 系统通过使用 PCI-PCI 桥接器，可扩展到 256 个扩展槽。PXI 总线的传输速率已经达到 132Mbit/s（最高为 500Mbit/s），是目前已经发布的最高传输速率。

　　PXI 作为一种标准的测试平台，与传统测试仪器相比，除在价位上具有绝对竞争优势外，还具有众多其他优点。首先，随着产品的复杂度增加，被测项目也相应增加，利用 PXI 模块可以灵活配置成综合的自动化测试平台，将多种功能测试同时进行，有效节省了系统测试时间和成本；第二，PXI 集定时与触发、更高带宽及更优的性价比于一身，从而成为测试平台的首选；此外，PXI 提供了一种清晰的混合解决方案，即 PXI 能很轻松地将硬件和软件，包括上一代 VXI、GPIB 及串口设备与 PXI 新产品、USB 及以太网设备集成在一起。

　　相对于 VXI，PXI 机箱体积较小，对于很多功能复杂的大型综合系统，它所能提供的模块有效，因而只能配合用于某些单元测试环节；其次，PXI 由于缺少 VXI 系统中每个模块的屏蔽盒，因而其电磁兼容性较差，对于某些可靠性要求较高的场合，不太适用。此外，与传统仪器相比，PXI 由于采用的都是通用芯片和技术，在采样精度等技术指标上与拥有专利技术的传统仪器厂商的产品存在差距，因而借鉴传统仪器厂商的经验、加强和他们的合作成为 PXI 技术快速发展的一条捷径。

7.4.3　仪器控制软件

　　基于计算机技术的控制器通过仪器总线连接分立仪器，可对分立仪器参数进行配置和控制，并获取分立仪器的测量数据。其关键技术除总线技术外，最重要的是控制软件。仪器前端与控制计算机通过某种总线方式连接，并不能完成任何数据采集或处理任务，只有通过编制和执行相应的软件才能实现测量目标。图 7-10 是典型的仪器控制软件层次结构。

　　软件开发环境其实可以直接通过各种接口硬件驱动来与分立仪器通信，但是 VISA 可以使该过程简化；而如果针对某一特定仪器已经有了专用的仪器驱动程序，则可进一步简化仪器控制的过程。仪器驱动用于控制系统中的仪器硬件，并与之通信。仪器驱动简化了仪器控制，并减少了开发测试程序所需的时间，而无需学习各种仪器底层的复杂编程命令。

图 7-10

仪器控制软件层次结构示意图

在虚拟仪器软件架构（VISA）出现之前，针对每一种总线接口，必须编制不同的仪器通信程序。VISA 的出现改变了这一状况。采用 VISA 库的测试程序完全做到了与接口无关。而且 VISA 还可以对新出现的接口形式提供支持，从而使原有的旧的测试程序可以直接应用到新的接口上去。VISA 虽然向测试程序编写者屏蔽了仪器连接接口的不同（或者说提供了仪器总线接口的互换性），但测试程序编写者的工作量仍然比较大。为了把测试程序模块化、标准化，减少重复劳动，VXI 即插即用系统联盟提出了建立在 VISA 基础上的完整的仪器驱动程序开发标准。这样，测试应用程序直接调用仪器驱动程序中的子程序，就可以完成仪器控制功能。然而，这种仪器驱动程序只提供了比较规范的外部接口，其内部实现细节并没有统一标准，从而遗留下更换不同型号的同种类仪器时，测试程序还必须进行一定修改的麻烦。为了克服这些缺点，人们又提出了开发仪器驱动程序的 IVI 规范。IVI 规范把驱动程序分为类驱动程序和仪器特定驱动程序两个层次，与测试程序直接交互的是上层的完全统一的类驱动程序。这样，按照 IVI 规范开发出的仪器驱动程序，使得以其为基础的测试程序实现了同类型仪器的互换性；同时，IVI 仪器驱动程序在 IVI 引擎的帮助下，用软件的办法提供了一些特有的优点，即高性能（状态缓存）以及可仿真等。

使用 VISA 对仪器进行编程是很方便的。测试程序设计者可以忽略接口的具体细节。无论连接介质或总线如何变化，只要该接口被 VISA 所支持，测试程序就可以不加修改地应用到这些接口上。所以可以说，VISA 在接口级别上实现了可互换性（interchangeability）。在测试程序模块重用方面，VISA 为开发人员提供了极大便利。

VISA 只解决了仪器接口的可互换（即改变接口或总线方式不必修改测试程序），但并没有解决更高层次的针对不同仪器的可互换性。

仪器驱动程序通常是一组应用层次上的软件模块。在构建实际的仪器测控程序时，可以按功能调用这组软件模块，而无需了解和掌握底层的仪器命令集。也就是说，仪器驱动程序对应用程序开发人员隐藏了仪器的细节，只对其调用程序提供了比较简单高层的接口，而且每一个对外接口都实现了一个相对完整的功能。

欲使经 PCI 插槽与计算机连接的 GPIB 卡和串口正常工作，也都需要设备驱动程序加以驱动。只不过很多硬件设备的驱动程序已内嵌于操作系统之中，不再需要另外安装。

仪器驱动程序是在一个更高的软件层次上进行展开的。尽管有了 GPIB 卡或者 RS-232 串口的设备驱动程序可使之启动工作，但若仅是如此，则还没有实现目标仪器的任何操控功能。仪器驱动程序内含操控仪器的具体命令，显然位于一个比较高级的层次之上。

仪器控制系统，例如：丹麦 B&K 公司生产的 PULSE 3560 系列多分析仪系统（见图 7-11），是一个通用的、面向任务的分析系统，它基于 Windows XP 的平台，带局域网（LAN）接口的 PULSE 系统，包括微机、PULSE 软件、Windows XP、Microsoft Office 接口，便携式数据采集前端硬件和分析引擎，系统配置最多可扩充至 220 个通道，16 个信号发生器输出通道。

图 7-11

B&K 公司的 PULSE 3560 系列多分析系统

PULSE 3560 系列多分析仪配有 B&K 7700 型噪声和振动软件。该软件配合不同的前端可进行实时的 1/1、1/3、1/12、1/24 倍频程及 FFT 分析，实时读取任何频谱和 FFT 值，自动生成报告等，还可以 6400 线高分辨力显示 FFT，实时显示噪声和振动的准确数据，非实时的分辨力可达到几万线；7700 型软件还可进行固有频率、简单的传递函数、共振频率、阻尼值的测试，同时显示共振频率的模态振形、实时的瀑布谱等。

比利时 LMS 公司生产的 LMS SCADAS Ⅲ 是一种多通道数据采集的前端设备（如图 7-12）。这一采用模块化设计的设备可在不影响性能的情况下从四通道扩展至数百通道。每四通道输入模块上有一个高性能的 DSP 芯片，可以进行 FFT 谱、整体方均根值，以及实时倍频程分析。LMS SCADAS Ⅲ 机箱的不同尺寸可以很好地满足对移动式试验系统的需要。LMS SCADAS Ⅲ 是一个全数字化系统，可以完全通过计算机以模块为单位进行标定，并且与 LMS Test. Lab 及 LMS CADA-X 试验分析软件系统集成一体。它具备高性能的信号调理功能，支持多种传感器。第一个扩展机箱可置于主机箱 50m 之外，且不会对测量质量产生影响。低噪声冷却系统设计可以满足敏感的声学试验的要求。每个主机箱包括一个系统控制器，它通过 SCSI 接口与计算机主机相连，一个主/扩展机箱接口以及一个标定模块。通过一个 D-SCSI 接口允许将主机箱置于计算机 25m 以外。

图 7-12

LMS SCADAS Ⅲ 数据采集前端设备

再如，Data Physics 公司生产的 ABACUS 高性能测试硬件，以 ABACUS 为硬件前端可构成两种动态信号分析仪。

SignalCalc Mobilyzer Ⅱ：一个 ABACUS 外接主机，最大可扩展到 32 个测量通道、8 个信

号源、8 个转速测量通道；SignalCalc Savant（也称 DP750，见图 7-13）：多个 ABACUS 外接主机（通过以太网可同时连接多个 ABACUS 机箱），测量通道数不受限制，可扩展到 1024 个通道，甚至更多。

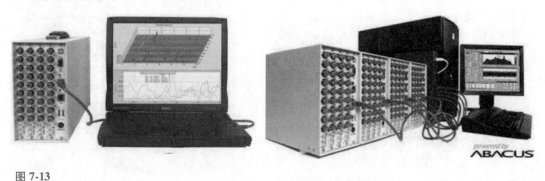

图 7-13

DP750 动态信号分析仪

7.5　测量系统的数字接口

总线，英文叫作"Bus"，即中文的"公共汽车"，这是非常形象的。比如，公共汽车走的路线是一定的，任何人都可以乘坐公共汽车去该条公共汽车路线的任意一个站点。如果把人比作是电子信号，这就是为什么英文叫它为"Bus"而不是"Car"的真正用意。当然，从专业上来说，总线是一种描述电子信号传输线路的结构形式，是一类信号线的集合，是子系统间传输信息的公共通道。通过总线能使整个系统内各部件之间的信息进行传输、交换、共享和逻辑控制等。

一款仪器通常会提供一个或更多个总线选择，用于仪器的控制；PC 通常也会为仪器控制提供多种总线选择。如果 PC 上没有自带连接到某种仪器的总线，也可以通过一个插件板或者外部转换器来添加总线。用于仪器控制的总线类型很多，大体可以分为以下几类：

1）用于与机架式仪器连接的独立总线，包括测试与测量专用总线，如 GPIB，以及其他 PC 标准总线，如串行总线（RS-232）、以太网总线和 USB。用户也可以使用一些独立总线作为与其他独立总线转接的媒介，例如 USB 至 GPIB 转换器。

2）内嵌于模块化仪器的接口总线，包括 PCI、PCI Express、VXI 和 PXI。用户也可以使用这些总线作为一个媒介，为不具备独立总线的 PC 添加独立总线，例如：使用 NI PCI-GPIB 控制器板卡。

影响总线性能的三个主要因素包括：带宽、延迟和仪器实现方式。

带宽是数据传输的速率，它通常以百万比特每秒（Mbit/s）为单位测量。

延迟是数据传输的时间，通常以秒为单位。例如，通过以太网传输时，大的数据块被分解为小片段，然后以多个数据报的方式发送。延迟就是其中一个数据报的传输时间。

总线软件、固件和硬件的仪器实现方式将影响总线性能。并不是所有的仪器都是生来一致的，无论是用户定义的虚拟仪器还是厂商设计的传统仪器，在仪器具体实现过程中所采用的折中措施，都将影响仪器的性能。

在开发一个仪器控制系统的应用总线时，充分考虑其部署环境是很重要的。需要考虑的主要因素包括仪器到 PC 之间的距离，以及接口和电缆的坚固性。这两个因素在为仪器控制系统选择总线时至关重要。

1）仪器到 PC 之间的距离：如果仪器离 PC 很近（<5m），就可以灵活地选择任意一种总线类型；如果仪器远离 PC，例如，在另一个房间内或另一幢大楼里，那么应该考虑分布式仪器控制系统的体系架构。分布式仪器控制系统中可能包括扩展器、中继器、LAN/LXI 或者 LAN 转换器（例如，以太网至 GPIB 转换器）。

2）接口和电缆的坚固性：如果仪器处在充满噪声干扰的环境中，例如工业环境，那么可以考虑使用提供保护的接口总线，隔离环境干扰。例如，在一个生产车间里，GPIB 或者 USB 将是一个更加合适的选择，因为它的电缆锁定牢靠，具有坚固耐用的屏蔽指标。

表 7-1 罗列了一些常用接口总线的相关特性。

表 7-1		不同接口总线的性能比较			
总　　线	带宽/（Mbit/s）	延迟/μs	通信距离/m	设置与安装	连接器坚固性
GPIB	1.8（488.1） 8（HS488）	30	20	良好	最佳
串口	0.02（RS-232） <10（RS-485）	—	15 1219	良好	良好
USB	60（高速）	1000（USB） 125（高速）	5	最佳	良好
以太网	12.5（快速） 125（G 比特）	1000（快速） 1000（G 比特）	100	良好	良好
PCI	132	1.7	内部总线	较好	较好 最佳（PXI）
PCI Express	250（×1） 4000（×4）	0.7（×1） 1.7（×4）	内部总线	较好	较好 最佳（PXI）

1. GPIB

通用接口总线（GPIB）在独立仪器中是一种最常见的 I/O 接口。GPIB 是 8 位并行数字通信接口，数据传输速率高达 8Mbit/s。一个 GPIB 控制器总线可以最多连接 14 个仪器，并且其布线距离小于 20m。但是可以通过使用 GPIB 扩展器和延长器克服这些限制。GPIB 电缆和连接器种类丰富，并且是工业等级的，可以用于任何环境中。

GPIB 不是一个 PC 工业总线，很少用于 PC 上。但是，可以使用一个插件板，如 PCI-GPIB，或者外部转换器，如 NI GPIB-USB，将 GPIB 仪器控制功能添加到 PC 上。

2. 串行总线

串行通信的概念很简单。串行端口每次发送和接收 1bit 的信息。虽然它比每次传输整个字节的并行通信慢，但是串行总线更简单，而且使用距离更长。串行总线是一种设备通信协议，主要用于连接老式台式机和笔记本式计算机，不要将其与通用串行总线（USB）混淆。在很多设备连接应用中，串行总线是最常见的设备通信协议，而且很多与 GPIB 兼容的设备还具有 EIA232 端口。

因为串行通信是异步的，端口可以在一条线路上传输数据，而在另一条线路上接收数据。其他线路可用于信号交换，但并不是必需的。串行通信的关键指标是波特率、数据位、停止位和奇偶校验位。两个串行端口若要进行通信，这些参数必须匹配。在计算机网络以及分布式工业控制系统中，经常需要使用串行通信来实现数据交换。目前，有 RS-232、RS-422、RS-485 几种接口标准用于串行通信。

RS-232 串口标准是在低速率串行通信增加通信距离的单端标准。RS-232 采取不平衡传输方式，即单端通信。其收发端的数据信号都是相对于地信号的，其传输距离最大约为15m，最高速率为 20kbit/s，且其只能支持点对点通信。

针对 RS-232 串口标准的局限性，人们又提出了 RS-422、RS-485 接口标准。由于传输线通常使用双绞线，又是差分传输，所以有极强的抗共模干扰能力，总线收发器灵敏度很高，可以检测到低至 200mV 的电压，故传输信号在千米之外都是可以恢复的。RS-485/422 最大的通信距离约为 1219m，最大传输速率为 10Mbit/s，传输速率与传输距离成反比，在100kbit/s 的传输速率下，才可以达到最大的通信距离。如果要传输更长的距离，需要增加485 中继器。RS-485 采用半双工工作方式，支持多点数据通信。RS-485/422 总线一般最大支持 32 个节点，如果使用特制的 485 芯片，可以达到 128 个或者 256 个节点，最多的可以支持 400 个节点。

3. USB

在各种计算机外围接口不断推陈出新的今天，通用串行总线（Universal Serial Bus, USB）接口现已渐渐成为 PC 上最重要的接口之一，其发展与应用也越来越广泛，甚至成为一般消费性电子产品不可或缺的接口。USB 是 1995 年由 Compaq、Microsoft、IBM、DEC 等公司联合推出的一种新型的通信标准。USB 总线在 PC 内部通过 PCI 总线与 PC 系统相连，外设通过 USB 电缆连到主机上。同时 USB 又是一种通信协议，支持主系统与其外设之间的数据传输。该总线具有安装方便、高带宽、易于扩展等优点，已逐渐成为现代微机数据传输的重要方式。通用串行总线（USB）主要用于与 PC 连接的外设，例如键盘、鼠标、扫描仪和磁盘驱动器等。在过去的几年中，支持 USB 连接的设备数量急剧增加。USB 是一种即插即用技术，当添加一个新设备时，USB 主机自动检测该设备，发出询问，以识别该设备，并为其配置合适的设备驱动。

USB2.0 对于低速和全速设备是完全兼容的。其高速模式的数据传输速率能够高达480Mbit/s（60MB/s）。最新的 USB3.0 规范具有超高速模式，其理论数据传输速率可高达5.0Gbit/s，USB3.1 更可高达 10Gbit/s。

虽然 USB 的设计初衷是针对 PC 外设，但是它的速度、广泛的适用性以及易用性，令其在仪器控制应用中具有很大的吸引力。然而 USB 在仪器控制中也存在一些不足。首先，USB线缆不是工业级标准的，可能在充满噪声的环境中丢失数据；另外，USB 线缆没有锁紧装置，线缆可以很轻易地被拔出 PC；而且即便使用了中继器，USB 线缆的最长传输距离也只有 30m。

4. 以太网

以太网是一种成熟的技术，广泛应用于测量系统中，可以进行通用的网络连接以及远程数据存储。目前，全世界拥有超过一亿套配置以太网接口的计算机。而且，以太网还提供了用于仪器控制的功能选项。以太网是基于 IEEE 802.3 标准定义的，理论上可支持 10Mbit/s（10BASE-T）、100Mbit/s（100BASE-T）和 1Gbit/s（1000BASE-T）的数据传输速率。其中，最常见的就是 100Mbit/s（100BASE-T）以太网。

基于以太网的仪器控制应用充分利用了以太网总线的特点，包括远程仪器控制、简便的仪器共享方式以及易于使用的数据结果的发布功能等。此外，用户还可以充分利用公司或者实验室中现有的以太网络。然而，对于某些公司来说，以太网的这种特点还会带来一些麻烦，例如，公司网络管理员可能需要介入仪器应用的开发之中。

基于以太网总线的仪器控制还有其他缺点，例如可能存在实际传输速率、传输确定性以及安全性方面的问题。虽然以太网总线可以实现高达 1Gbit/s 的理论传输速率，但在实际使用中，由于网络同时也被其他应用占用，而且存在数据传输失效等问题，这种理论传输速率很少能够真正实现。此外，由于传输速率不稳定，以太网很难保证数据传输的确定性。最后，对于一些敏感的数据，用户需要采取额外的安全措施，以确保数据完整与保密。

5. PCI

PCI 总线通常不直接用于仪器控制，而是作为一种外设总线，通过连接 GPIB 或者串行通信总线来实现仪器控制。此外，由于其带宽较大，常用作模块化仪器的背板总线。此时，I/O 总线内置于测量设备中。

6. PCI Express

PCI Express 与 PCI 相似，通常不会直接用于仪器控制，而是作为一种 PC 外设总线，用于连接 GPIB 设备进行仪器控制。但是，由于 PCI Express 总线速度极高，可以用作模块化仪器的背板总线。

7. PXI

PXI（面向仪器系统的 PCI 扩展）基于 PCI 平台，是一种用于测量和自动化系统的坚固总线。PXI 结合了 PCI 的电气总线特性与 CompactPCI 的坚固性、模块化及 Eurocard 机械封装的特性，并添加了专门的同步总线和重要的软件特性。这些技术使得 PXI 总线成为测量和自动化系统的高性能、低成本部署平台，应用于诸如生产线测试、军工与航空航天、机器状态监控、汽车以及工业测试领域。PXI 在 1997 年完成开发，并在 1998 年正式推出，它是为了满足日益增加的对复杂仪器系统的需求而推出的一种开放式工业标准。如今，PXI 标准由 PXI 系统联盟（PXISA）所管理。该联盟由超过 65 家公司组成，共同推广 PXI 标准，确保 PXI 的互换性，并维护 PXI 规范。PXI 在模块化仪器平台得到了广泛使用。这种平台基于紧凑、高性能测量硬件，并集成了定时和同步资源，对于传统的独立仪器来说是理想的替代产品。

8. VXI

VXI（面向仪器系统的 VME 扩展）总线是针对多厂商工业仪器标准的首次尝试。VXI 最初在 1987 年推出，接着被定义为 IEEE 1155 标准。VXI 总线的缺点包括：缺乏软件标准，无法显著提升系统吞吐率；而且由于 VXI 不使用标准的商用 PC 技术，无法降低系统成本。

除上述几类接口方式外，目前无线数据传输技术不断提高，其应用也越来越受到人们重视。无线传感器网络（WSN）由三部分组成：节点、网关和软件。空间分布的测量节点和传感器连接，监测系统状态和运行环境。采集到的数据通过无线传输至网关。网关可以是独立运行的，也可以连接至一台可采集、处理、分析和显示数据的主机。无线网络的节点数从十个到上百个不等，可无缝集成至现有的测量和控制系统。WSN 设备提供与有线测量系统相同的质量和精度，灵活性更好，价格更低。无线测量系统打破了有线测量的束缚，可轻易地将测量节点转移到新的测量位置，或根据应用的实际变化添加新的测量节点。除此之外，无线监测系统用于户外严苛环境，可用来监测系统状态和运行环境。

无线通信设备的最大优点就是环境适应能力强，不需要受线缆的限制，具有一定的移动性，可以在移动状态下通过无线连接进行通信，施工难度低，成本低；但无线通信设备抗干扰能力较弱，传输速率较慢，带宽有限，传输距离也有限制。但是无线通信正在改变相应的技术，让传输速率更高（802.11n 的速率能到达 100Mbit/s，不低于有线通信），更稳定方便，所以无线通信设备将是发展趋势。

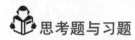 思考题与习题

7-1 简述电子测量仪器的信号采集原理。

7-2 试述 A-D 和 D-A 转换原理。

7-3 试比较集中式采集系统与分布式采集系统的优缺点。

7-4 请综述插卡式仪器仪表的最新进展情况。

7-5 什么是"仪器控制"？仪器前端与控制计算机之间如何通信？

7-6 请列举常用的测量仪器数字接口，并简述各自的特点。

7-7 随着网络技术、计算机技术、微电子技术和微传感器技术等现代信息技术的发展，请展望测控仪器的未来。

第8章
智能仪器与虚拟仪器

8.1 概述

仪器仪表的发展可以简单地划分为三代。第一代为指针式（或模拟式）仪器仪表，如指针式万用表、功率表等，它们的结构是电磁式的，基于电磁测量原理采用指针来实现最终的测量结果指示。第二代为数字式仪器仪表，如数字电压表、数字功率计、数字频率计等，它们的基本结构离不开 A-D 转换环节，并以数字方式指示或打印测量结果。第二代仪器响应速度较快，测量准确度较高。第三代就是本书要讨论的智能式仪器仪表（简称为智能仪器）。

随着微电子技术的发展，20 世纪 70 年代初出现了世界上第一个微处理器芯片。由微处理器芯片所构成的微型计算机（简称为"微机"），不仅具有计算机通常所具有的运算、判断、记忆、控制等功能，而且还具有功耗低、体积小、可靠性高、价格低廉等优点，因此，微机的发展非常迅速。随着微机性能的日益强大，其使用领域也越来越广泛。作为微机渗透到仪器科学与技术领域并得到充分应用的结果，在该领域出现了完全突破传统概念的新一代仪器——智能仪器，从而开创了仪器仪表的崭新时代。智能仪器是计算机技术与测量相结合的产物，是含有微机或微处理器的测量（或检测）仪器。由于它拥有对数据的存储、运算、逻辑判断及自动化操作等功能，具有一定智能的作用（表现为智能的延伸或加强等），因而被称为智能仪器。这一观点已逐渐被国内外学术界所接受。近年来，智能仪器已开始从较为成熟的数据处理向知识处理发展。它体现为模糊判断、故障诊断、容错技术、传感器融合、机件寿命预测等，使智能仪器的功能向更高的层次发展。智能仪器的出现对仪器仪表的发展以及科学实验研究产生了深远影响，是仪器设计的里程碑。

智能仪器除了在传统仪器的改进方面取得了巨大的成就外，还开辟了许多新的应用领域，出现了许多新型仪器。近 20 年来，制造业（汽车制造，VISI 制造，各种电子设备如计算机、电视机等）的高速发展，使计算机辅助制造（Computer Aided Manufacturing，CAM）达到了很高水平，对人类生产力的发展起到巨大的推动作用。为了对 CAM 的工作质量进行及时监督，使成品或半成品的质量得到保证，要求实现对整个加工工艺过程中各重要环节或工位的在线检测。因此，在生产线上或检验室内涌现了大量的应用各种计算机辅助测试

（Computer Aided Test，CAT）技术的仪器。

由于微机内存容量不断增加，工作速度不断提高，其数据处理能力有了极大的改善，这样就可把信号分析技术引入智能仪器中。这些信号分析往往以数字滤波或快速傅里叶变换（FFT）为主体，配之以各种不同的分析软件，如智能化的医学诊断仪及机器故障诊断仪等。这类仪器的进一步发展就是测试诊断专家系统，其社会效益及经济效益都是十分巨大的。

作为智能仪器的重要分支，虚拟仪器技术是利用高性能的模块化硬件，结合高效灵活的软件来完成各种测试、测量和自动化的应用。灵活高效的软件能创建完全自定义的人机对话界面，模块化的硬件能方便地提供全方位的系统集成，标准的软硬件平台能满足对同步和定时应用的需求。只有同时拥有高效的软件、模块化 I/O 硬件和用于集成的软硬件平台这三大组成部分，才能充分发挥虚拟仪器技术性能好、扩展性强、开发时间少以及出色的集成这四大优势。

8.2 智能仪器简介

所谓智能仪器是用以形容新的一代测量仪器，这类仪器仪表中含有微处理器、单片计算机或体积很小的微机，有时亦称为内含微处理器的仪器或基于微机的仪器。这类仪器因为功能丰富又很灵巧，国外书刊中常将其简称为智能仪器。智能仪器的出现，极大地扩充了传统仪器的应用范围。智能仪器凭借其体积小、功能强、功耗低等优势，迅速地在家用电器、科研单位和工业企业中得到了广泛的应用。

智能仪器的工作过程为：传感器拾取被测参量的信息并转换成电信号，经滤波去除干扰后送入多路模拟开关；由单片机逐路选通模拟开关将各输入通道的信号逐一送入程控增益放大器，放大后的信号经 A-D 转换器转换成相应的脉冲信号，再送入单片机中；单片机根据仪器所设定的初值进行相应的数据运算和处理（如非线性校正等）；运算的结果被转换为相应的数据进行显示和打印；同时单片机把运算结果与存储于片内闪速存储器（FlashROM）或电可擦除存储器（E^2PROM）内的设定参数进行运算比较后，根据运算结果和控制要求，输出相应的控制信号（如报警装置触发、继电器触点等）。此外，智能仪器还可以与微机组成分布式测控系统，由单片机作为下位机采集各种测量信号与数据，将信息传输给上位机——PC，由 PC 进行全局管理。

与传统的仪器仪表相比，智能仪器具有以下功能特点：

1）仪器的整个测量过程，如键盘扫描、量程选择、开关启动闭合、数据的采集、传输与处理以及显示打印等都用单片机或微控制器来控制操作，实现了测量过程的全部自动化。

2）具有自测功能，包括自动调零、自动故障与状态检验、自动校准、自诊断及量程自动转换等。智能仪表能自动检测出故障的部位甚至故障的原因。这种自测试可以在仪器启动时运行，同时也可在仪器工作中运行，极大地方便了仪器的维护。

3）具有数据处理功能，·这是智能仪器的主要优点之一。智能仪器由于采用了单片机或微控制器，使得许多原来用硬件逻辑难以解决或根本无法解决的问题，现在可以用软件非常灵活地加以解决。例如，传统的数字万用表只能测量电阻、交直流电压、电流等，而智能型的数字万用表不仅能进行上述测量，而且还具有对测量结果进行诸如零点平移、取平均值、求极值、统计分析等复杂的数据处理功能，不仅使用户从繁重的数据处理中解放出来，也有效地提高了仪器的测量精度。

4）具有友好的人机对话能力。智能仪器使用键盘来代替传统仪器中的切换开关，操作人员只需通过键盘输入命令，就能实现某种测量功能。与此同时，智能仪器还通过显示屏将仪器的运行情况、工作状态以及对测量数据的处理结果及时告诉操作人员，使仪器的操作更加方便直观。

5）具有可程控操作能力。一般智能仪器都配有 GPIB、RS-232C、RS-485 等标准的通信接口，可以很方便地与微机和其他仪器一起组成用户所需要的多种功能的自动测量系统，来完成更复杂的测试任务。

智能仪器和虚拟仪器的区别在于它们所用的微机是否与仪器测量部分融合在一起，也即采用专门设计的微处理器、存储器、接口芯片组成的系统，还是用现成的微机配以一定的硬件及仪器测量部分组合而成的系统。

8.2.1　智能仪器的细致分类

从信息学角度来看，信息系统大致分为三个层次：数字化、自动化、智能化。含有微机或微处理器的测量（或检测）仪器，称为智能仪器，但不同的智能仪器的智能化程度和层次有较大的区别。图 8-1 给出了智能仪器细致分类的示意图。由图可知，智能仪器可分成聪敏（Smart）仪器、初级智能（Primary Intelligent）仪器、模型化（Model-based）仪器和高级智能（High-level Intelligent）仪器。这四类仪器以不同的技术作为支持。这种分类方法

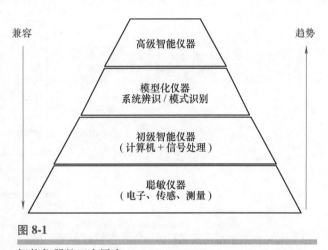

图 8-1

智能仪器的四个层次

具有兼容性、相关性、方向性的特点。这种细致分类方法是有向的，高一级类别向下兼容，低一级类别向高一级发展，相近两类之间有重叠（即交叉）。

聪敏仪器是以电子、传感、测量技术作为基础（也可能应用计算机技术和信号处理技术）的。这类仪器的特点是通过巧妙的设计而获得某一有特色的功能。聪敏传感器（Smart Sensors）是很典型的例子。在这一类仪器中，虽然可能应用计算机技术，但并不强调这一点。聪敏类是智能仪器分类中最低级的类别。

初级智能仪器除了应用电子、传感、测量技术外，主要特点是应用了计算机及信号处理技术，更严格些讲，应包括测量数学。这类仪器已具有拟人的记忆、存储、运算、判断、简单决策等功能，但没有自学习、自适应功能。初级智能仪器从使用角度看，已有自校准、自诊断、人机对话等功能。目前绝大多数智能仪器应归于这一类。

模型化仪器是在初级智能仪器基础上又应用了建模技术和方法，它是以建模的数学方法及系统辨识技术作为支持的。这类仪器可以对被测对象状态或行为做出估计，可以建立对环

境、干扰、仪器参数变化做出自适应反应的数学建模，并对测量误差（静态活动态误差）进行补偿。模式识别可以作为状态估计的方法而得到应用。这类仪器应具有一定的自适应、自学习能力。目前这类仪器的技术与方法、工程实现问题正在研究之中。

高级智能仪器是智能仪器的最高级类别。人工智能的应用是这类仪器的显著特征。这类仪器可能是自主测量仪器（Autonomous Measurement Machine）。人们只要告诉仪器要做什么，而不必告诉它如何做。这类仪器应有较强的自适应、自学习、自组织、自决策、自推论的能力，从而使仪器工作在最佳状态。

8.2.2 智能仪器的基本结构

从智能仪器发展的状况来看，其结构有两种基本类型，即微机内嵌式和微机扩展式。微机内嵌式为将单片或多片的微处理器与仪器有机地结合在一起形成的单机。微处理器在其中起控制和数据处理作用。其特点主要是：专用或多功能；采用小型化、便携式或手持式结构；干电池供电；易于密封，适应恶劣环境，成本较低。目前微机内嵌式智能仪器在工业控制、科学研究、军工企业、家用电器等方面广为应用。图 8-2 为其结构图。

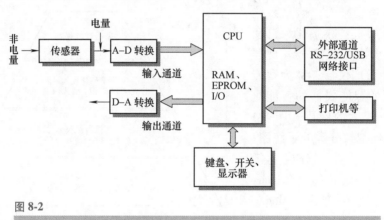

图 8-2

微机内嵌式智能仪器的基本结构

由图 8-2 可知，微机内嵌式智能仪器由单片机或 DSP 等 CPU 为核心，扩展必要的 RAM、EPROM、I/O 接口，构成"最小系统"，它通过总线及接口电路与输入通道、输出通道、仪器面板及仪器内存相连。EPROM 及 RAM 组成的仪器内存可保存仪器所用的监控程序、应用程序及数据。中断申请可使仪器能够灵活反应外部事件。仪器的输入信号要经过输入通道（预处理部分）才可以进入微机。输入通道包括输入放大器、抗混叠滤波器、多路转换器、采样/保持器、低通滤波器等部分。仪器的数字输出可与 LCD 等显示器相接，也可与打字机相接，获得测量信息。外部接通信接口负责本仪器与外系统的联系。

微机扩展式智能仪器是以个人计算机（PC）为核心的应用扩展型测量仪器。由于 PC 的应用已十分普遍，其价格不断下降，因此从 20 世纪 80 年代起就开始有人给 PC 配上不同的模拟通道，让它能够符合测量仪器的要求，并把它取名为个人计算机仪器（PCI）或称微机卡式仪器。PCI 的优点是使用灵活、应用范围广泛，可以方便地利用 PC 已有的磁盘、打印机及绘图仪等获取硬拷贝。更重要的是 PC 的数据处理功能强，内存容量远大于微机内嵌式仪器，因而 PCI 可以用于复杂的、高性能的信息处理。此外，还可以利用 PC 本身已有的各种软件包，获得很大的方便。如果将仪器的面板及各种操作按钮的图形生成在 CRT 上就可得到"软面板"。在软面板上就可以用鼠标或触摸屏操作 PCI。

与 PCI 相配的模拟通道有两种类型。一种是插卡式，即将所用用的模拟量输入通道以印制电路板的插板形式直接插入 PC 箱内的空槽中，此法最方便。但空槽有限，很难有大的作为，因而发展了插件箱式。此法将各种功能插件集中在一个专用的机箱中，机箱备有专用的电源，必要时也可有自己的微机控制器。这种结构适用于多通道、高速数据采集或一些特殊要求的仪器。随着硬件的完善，标准化插件的不断增多，组成 PCI 的硬件工作量有可能减小。从虚拟仪器的角度来看，不同的测量仪器，其区别仅在于应用软件不同。

PC 是大批量生产的成熟产品，功能强而价格便宜；个人仪器插件是 PC 的扩展部件，设计相对简便并有各种标准化插件可供选用。因此，在许多场合，采用个人仪器结构的智能仪器比采用内嵌式的智能仪器具有更高的性价比，且研制周期短。个人仪器可选用厂商开发的专用软件（这种软件往往比用户精心开发的软件完善得多），即使自行开发软件，由于基于 PC 平台，因此开发环境良好，开发十分方便。另外，个人仪器可通过 CRT 向用户提供功能菜单，用户可通过键盘和鼠标进行功能、量程的选择；个人仪器还可通过 CRT 显示数据，通过高档打印机打印测试结果（而显示和打印的控制软件也是现成的，不必用户操心），因此使用十分方便。随着便携式 PC 的广泛使用，各种便携式 PCI 也随之出现，便携式 PCI 克服了早期便携式仪器功能较弱、性能较差的弱点。总之，PCI 既能充分运用 PC 的软硬件资源，发挥 PC 的巨大潜力，又能大大提高设备的性价比。因此，个人仪器发展迅速。

8.2.3　智能仪器的主要特点

计算机技术与测量仪器的结合产生了智能仪器，它所具有的软件功能已使仪器呈现出某种智能的作用，其发展潜力十分巨大，这已被多年来智能仪器发展的历史所证实。智能仪器具有以下特点：

1. 测量过程的软件控制

测量过程的软件控制起源于数字化仪器测量过程的时序控制。20 世纪 60 年代末，数字化仪器的自动化程度已经很高，如实现自稳零放大、自动极性判断、自动量程切换、自动报警、过载保护、非线性补偿、多功能测试、数百点巡回检测等。但随着上述功能的增加，使硬件结构越来越复杂，而导致体积及重量增大、成本上升、可靠性降低，给进一步发展造成很大困难。但当引入微机技术，使测量过程改用软件控制之后，上述困难即得到很好的解决。它不仅简化了硬件结构，缩小了体积及功耗，提高了可靠性，增加了灵活性，而且使仪器的自动化程度更高，如实现人机对话、自检测、自诊断、自校准以及 CRT 显示及输出打印和制图等。这就是人们常说的"以软件代硬件"的效果。

在进行软件控制时，仪器在 CPU 的指挥下，按照软件流程，进行各种转换、逻辑判断，驱动某一执行元件完成某一动作，使仪器的工作按一定顺序进行下去。在这里，基本操作是以软件形式完成的逻辑转换，它与硬件的工作方式有很大的区别。软件转换带来很大的方便，灵活性很强，当需改变功能时，只改变程序即可，并不需要转变硬件结构。随着微机时钟频率的大幅度提高，与全硬件实时控制的差距越来越小。

2. 数据处理

对测量数据进行存储及运算的数据处理功能是智能仪器的最突出的特点，它主要表现在改善测量的精确度及测量结果的再加工两个方面。在提高测量精确度方面，大量的工作是对随机误差及系统误差进行处理。过去传统的方法是用手工对测量结果进行事后处理，不仅工作量大，效率低，而且往往会受到一些主观因素的影响，使处理的结果不理想。在智能仪器中采用软件对测量结果进行及时的、在线的处理可收到很好的效果，不仅方便、快速，而且可以避免主观因素的影响，使测量的精确度及处理结果的质量都大为提高。由于可以实现多种算法，不仅可实现各种误差的计算补偿，而且使测量仪器中常遇到的诸如非线性校准等问题也易于解决。

对测量结果的再加工，可使智能仪器提供更多高质量的信息。例如，一些信号分析仪器在微机的控制下，不仅可以实时采集信号的实际波形，在CRT上复现，并可在时间轴上进行展开或压缩，可对所采集的样本进行数字滤波，将淹没于干扰中的信号提取出来，也可对样本进行时域的（如相关分析、卷积、反卷积、传递函数等）或频域的（如幅值谱、相位谱、功率谱等）分析。这样就可以从原有的测量结果中提取更多的信息。这类智能仪器在生物医疗、语音分析、模式识别和故障诊断等各个方面都有广泛的应用。一台智能仪器也是信号分析仪器。

3. 多功能化

智能仪器的测量过程、软件控制及数据处理功能使一机多用的多功能化易于实现，从而多功能化成为这类仪器的又一特点。例如，用于电力系统电能管理的一种智能化电力需求分析仪，可以测量单相或三相电源的有功功率、无功功率、视在功率、电能、频率、各相电压、电流、功率因数等，还可测量出电能利用的峰值、峰时、谷值、谷时及各项超界时间，可以预置用电量需求计划、自备时钟及日历，具有自动记录、打印、报警及控制等多种功能。这样多的功能如果不用微机控制，在一台仪器中是不能实现的。

8.3　虚拟仪器与软件

20世纪70年代，随着微处理器的广泛应用，出现了以微处理器为核心的智能仪器，它的出现与飞速发展对于仪器仪表的发展以及科学实验研究产生了深远的影响。但是智能仪器还没有摆脱独立使用的模式，对于较为复杂的、测试参数较多的场合，使用起来仍不方便，且受到一定的限制。

计算机技术特别是计算机总线标准的发展直接导致了仪器仪表的飞速发展。为了克服PC插卡式仪器不能热拔插以及外接式专用PC仪器的吞吐率总受总线速度限制等缺点，出现了"虚拟仪器（Virtual Instrument，VI）"，这种仪器能够实现即插即用，方便灵活。

测量仪器的主要功能都是由数据采集、数据分析和数据显示等三大部分组成的。在虚拟仪器系统中，数据分析和数据显示完全用微机的软件来完成。因此，只要额外提供一定的数据采集硬件，就可以与微机组成测量仪器。这种基于微机的测量仪器称为虚拟仪器。在虚拟仪器中，使用同一个硬件系统，只要应用不同的软件编程，就可得到功能完全不同的测量仪器。

1986年，美国国家仪器公司（National Instruments Corporation，简称NI公司）首先提出了虚拟仪器的概念，认为虚拟仪器是由计算机硬件资源、模块化仪器硬件和用于数据分析、过程通信以及图形用户界面的软件组成的测控系统，是一种由计算机操纵的模块化仪器系统。它充分利用了计算机独具的运算、存储、回放、调用、显示及文件管理功能,同时把传统仪器的专业化功能和面板软件化,这样便构成了从外观到功能都完全与传统仪器相同,甚至更优越的仪器系统。

虚拟仪器的图形化数据流语言和程序框图能自然地显示数据流,同时地图化的用户界面直观地显示数据,能够轻松地查看、修改数据或控制输入。

NI 公司提出的虚拟仪器概念,引发了传统仪器领域的一场重大变革,使得计算机和网络技术得以长驱直入仪器领域,和仪器技术结合起来,从而开创了"软件即是仪器"的先河。

虚拟仪器技术引入到当今计算机辅助测试领域,使数据采集和工业控制自动化技术产生了重大变革。全世界的科学家和工程师都已经认识到:使用工业标准计算机的硬件和软件技术来构建虚拟仪器系统,将会获得前所未有的工作效率。虚拟仪器的国内外发展呈现两条主线:一是 GPIB→VXI→PXI 总线方式(适合大型高精度集成系统),二是微机插卡式→LPT 并行口式→串口 USB 方式→IEEE 标准的 1394 口方式(适合于普及型的廉价系统,具有广阔的应用发展前景)。

8.3.1　虚拟仪器的特点

无论是传统的还是虚拟的仪器所实现的功能都非常相似,都可以进行数据采集、数据分析,并且显示最终数据结果。而虚拟仪器与传统仪器最大的不同之处,就在于其具有开放性的构成方式,即具有灵活性和功能的可重构性。

虚拟仪器是用户根据需要自己定义、自行组合的。用户可以灵活地将各种计算机平台、硬件、软件和各种附件结合起来,形成自己所需要的各种特定设备,可以是一台数字多用表,也可以是一台示波器,还有可能是一台信号发生器,或者它同时具有这些设备的所有功能甚至更多的功能。计算机是构建虚拟仪器的基础,对于工业控制自动化来讲,计算机已成为一种功能强大、价格低廉的运行平台。当各种与计算机有关的新技术出现时,将同时把虚拟仪器的便携性和强大的功能推向一个新水平。

同其他技术相比,虚拟仪器技术具有以下特点:

(1)性能好　虚拟仪器技术是在 PC 技术的基础上发展起来的,所以完全"继承"了以现成即用的 PC 技术为主导的最新商业技术的优点,包括功能卓越的处理器和文件 I/O,使用户在数据高速导入磁盘的同时就能实时地进行复杂的分析。此外,不断发展的因特网和越来越快的计算机网络使得虚拟仪器技术展现了更强大的优势。

(2)扩展性强　虚拟仪器的软硬件工具使得人们不再受限于当前的技术。只需更新计算机或测量硬件,就能以最少的硬件投资和极少的、甚至无需软件升级即可改进整个系统。在利用最新科技时,人们可以把它们集成到现有的测量设备中。

(3)无缝集成　虚拟仪器技术从本质上说是一个集成的软硬件概念。随着产品在功能上不断地趋于复杂,测量人员通常需要集成多个测量设备来满足完整的测试需求,而连接和集成这些不同设备总是要耗费大量的时间。虚拟仪器软件提供了标准接口,以帮助开发者轻松地将多个测量设备集成到单个系统,减少了任务的复杂性。

(4)具有良好的人机界面　测量结果是通过由软件在计算机屏幕上生成的、与传统仪器面板相似的图形界面软面板来实现的。因此,用户可根据自己的爱好,利用 PC 强大的图形环境和在线帮助功能，通过编制软件来定义自己所喜爱的面板形式。

（5）性价比高　在测试精度、速度和可重复性等方面优于传统仪器。当测试系统需要增加新的测量功能和提高其性能时，用户只需要增加软件来执行新的功能或增加或更换一个通用模块即可，亦削减了费用。

（6）具有和其他设备互联的能力　具有同 VXI 总线和现场总线等的接口能力。此外，还可将 VI 接入网络，如因特网等，以实现对现场生产的监控和管理。作为新型仪器，VI 在诸多方面是传统仪器所无法比拟的，这使得它在很多领域得到了广泛应用。在 21 世纪初，我国就有 50% 左右的仪器为虚拟仪器。

虚拟仪器与传统仪器相比，其优势见表 8-1。

表 8-1　　　　　　　　　　　　　　虚拟仪器与传统仪器的性能特点比较

仪器类别 性能指标	虚 拟 仪 器	传 统 仪 器
开放性	系统开放、灵活，可与计算机技术同步发展	系统封闭，且仪器间的相互配合性较差
集成性	硬件平台为 I/O 接口设备提供了标准化接口，实现了软硬件的无缝集成	集成困难，只能连接有限的独立设备
关键部件	软件	硬件
价格	价格低廉，仪器间资源可重复，利用率高	价格昂贵，仪器间一般无法相互利用
功能及升级	功能多样、强大，用户可自定义仪器功能；系统性能升级方便，通过更新升级程序即可	仪器功能单一，且功能由厂家定义，用户无法更改；功能部件均为硬件，不容易升级
开发维护	开发维护时间较少，费用较低	开发维护时间较长，费用较高
技术更新周期	较短	较长
远程检测	通过网络技术，可以实现单台仪器同时对多个不同对象进行远程实时检测	单台仪器不能对多个目标进行远程实时检测

8.3.2　虚拟仪器的构成方法

从构成要素来讲，VI 是由计算机、应用软件和专用仪器硬件所组成的；从构成方式来讲，VI 有以 DAQ 板和信号调理部分为硬件来组成的 PC-DAQ 测试系统，以 GPIB、VXI、串行总线、现场总线等标准总线为硬件组成的 GPIB 系统、VXI 系统、串口系统和现场总线系统等多种形式。无论哪种 VI 系统都是将硬件仪器搭载到笔记本式计算机、台式计算机或工作站等各种计算机平台上，再加上应用软件而构成的。因此 VI 的发展已经与计算机技术的发展完全同步。

1. 虚拟仪器的硬件系统构成

虚拟仪器的硬件系统一般分为计算机硬件平台和测控功能硬件。计算机硬件平台可以是各种类型的计算机，如台式计算机、便携式计算机、工作站、嵌入式计算机等。它管理着虚拟仪器的软件资源，是虚拟仪器的硬件基础。因此，计算机技术在显示、存储能力、处理器性能、网络、总线标准等方面的发展，导致了虚拟仪器系统的快速发展。按照测控功能硬件的不同，VI 可分为 DAQ、GPIB、VXI、PXI 和串口总线五种标准体系结构，它们主要完成被测输入信号的采集、放大、A–D 转换。

虚拟仪器通常由硬件设备与接口、设备驱动软件和虚拟仪器面板组成，其结构如图 8-3 所示。其中，硬件设备与接口可以是各种以计算机为基础的内置功能插卡、通用接口总线 GPIB 卡、串行接口卡、VXI 总线仪器接口等设备，或者是其他各种可程控的外置测试设备；设备驱动软件是直接控制各种硬件接口的驱动程序，虚拟仪器通过底层设备驱动软件与真实的仪器系统进行通信，并以虚拟仪器面板的形式在计算机屏幕上显示与真实仪器面板操作元素相对应的各种控件。在这些控件中预先集成了对应仪器的程控信息，所以用户使用鼠标操作虚拟仪器的面板，就如同操作真实仪器一样真实、方便。

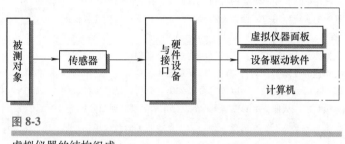

图 8-3

虚拟仪器的结构组成

2. 虚拟仪器的软件系统构成

给定计算机运算能力和必要的仪器硬件之后，构造和使用 VI 的关键在于应用软件。NI 公司研制的 VI 软件开发平台提供了测控仪器图形化编程环境，在这个软件环境中提供了一种像数据流一样的编程模式，用户只需连接各个逻辑框即可构成程序，利用软件平台可大大缩短 VI 控制软件的开发时间，而且，用户可以建立自己的措施方案。

虚拟仪器的软件框架从低层到顶层包括三部分：VISA 库、仪器驱动程序、应用软件。

（1）VISA 库　虚拟仪器软件体系结构（Virtual Instrumentation Software Architecture，VI-SA），实质就是标准的 I/O 函数库及其相关规范的总称。一般称这个 I/O 函数库为 VISA 库。它驻留于计算机系统之中，执行仪器总线的特殊功能，是计算机与仪器之间的软件层连接，以实现对仪器的程控。它对于仪器驱动程序开发者来说是一个个可调用的操作函数集。

（2）仪器驱动程序　仪器驱动程序是完成对某一特定仪器控制与通信的软件程序集。它是应用程序实现仪器控制的桥梁。每个仪器模块都有自己的仪器驱动程序，仪器厂商以源码的形式提供给用户。

（3）应用软件　应用软件建立在仪器驱动程序之上，直接面对操作用户，通过提供直观友好的测控操作界面、丰富的数据分析与处理功能，来完成自动测试任务。

虚拟仪器应用软件的编写大致可分为两种方式：

1）用通用编程软件进行编写，主要有 Microsoft 公司的 Visual Studio、Borland 公司的 Delphi、Sybase 公司的 PowerBuilder 等。

2）用专业图形化编程软件进行开发，如 HP 公司的 VEE、NI 公司的 LabVIEW 和 Lab windows/CVI 以及工控组态软件等。

应用软件还包括通用数字处理软件。通用数字处理软件包括用于数字信号处理的各种功能函数，如频域分析的功率谱估计、FFT、FHT、逆FFT、逆FHT和细化分析等；时域分析的相关分析、卷积运算、反卷运算、方均根估计、差分积分运算和排序等；以及数字滤波等。这些功能函数为用户进一步扩展虚拟仪器的功能提供了基础。表8-2为各类虚拟仪器编程软件的比较。

表 8-2   各类虚拟仪器编程软件的比较

软 件	特　点	支持系统	性价比
Visual Studio Delphi	易学、使用简单；面向对象的可视化编程软件；它的图形控件工具能生成复杂的多窗口用户界面而不必编写复杂的代码；可创建自己的ActiveX控件，以及多线程和线程安全ActiveX部件	Windows UNIX	价格适中，开发周期长
HP VEE	用于仪器控制、测量处理和测试报告的图形化编程语言；自动寻找与计算机相连的仪器，自动管理所有的寻址操作；具有直观、丰富的显示界面；不必编写代码就可以进行数据采集与分析；具有多种数学运算和分析功能，从最基本的数学运算到数字信号处理和回归分析	Windows UNIX	价格适中
LabVIEW	仪器控制与数据采集的图形化编程环境；直观明了的前面板用户界面和流程图式的编程风格；内置的编译器可加快执行速度；内置GPIB、VXI、串口和插入式DAQ板的库函数；内容丰富的高级分析库，可进行信号处理、统计、曲线拟合以及复杂的分析工作；利用ActiveX、DDE以及TCP/IP进行网络连接和进程通信；可在目前常用的各类计算机操作系统中运行，如Windows、Apple系统等	Windows DOS	价格较低，通用性强
DasyLab	一个数据采集、过程控制和分析系统的有力工具，功能强大且易于使用，通过图形界面选择和连接模块元素，并支持多种通信方式，例如RS-232、IEEE USB、Parallel port、ISA bus及PIC等；DasyLab提供大量多样化的测量控制和分析功能，能有效地结合各类设备开发设计出功能完整的系统；提供模拟功能用于测试与训练	Windows	价格较低，通用性好
组态软件	利用系统软件提供的工具，通过简单形象的组态工作，实现所需的软件功能。具有数据采集和处理、动态数据显示、报警、自动控制、历史数据库、报表、图形、宏调用等功能以及专用程序开发环境。提供支持3000点的控制点。一般对硬件的要求相对严格，程序逻辑相对固定。但实现相对容易，可靠性高	Windows NT以上	根据系统规模的大小，价格差别较大

经过几十年的发展，从引进消化国外的虚拟仪器产品开始，虚拟仪器在我国的研究和应用都得到长足的发展：成都电子科技大学开发出具有自主知识产权的VISA库；哈尔滨工业大学电气工程系开发的虚拟仪器软件开发平台ATS95可以实现对VXI、GPIB等总线接口的控制；成都某研究所在引进PAWS平台的同时也对面向信号的驱动器设计和平台开发做了一定研究；吉林大学构建了"图形化虚拟仪器开发平台"等。但由于我国介入虚拟仪器研究比较晚，在硬件模拟方面没有上规模、成系列的产品，导致测试软件没有全面发展，很多关键技术仍处于起步阶段，在驱动器设计方面没有自主知识产权的技术规范和相关产品，因此还有很长的路要走。今后国内虚拟仪器技术的研究应在以下方面进行努力：①开发自己的总线控制器，占领虚拟仪器技术的心脏地带；②设计各种仪器模块产品并形成系列化，降低虚拟仪器系统的集成成本；③设计完备成熟的VISA库，把握自己的知识产权；④开展面向信号的驱动器技术研究，与国际接轨，深入研究虚拟仪器的核心技术。

8.3.3　LabVIEW 虚拟仪器软件简介及应用举例

LabVIEW（Laboratory Virtual Instrument Engineering Workbench）是一种用图标代替文本行创建应用程序的图形化编程语言。由美国国家仪器（NI）公司研制开发，类似于 C 和 BASIC 开发环境，但是 LabVIEW 与其他计算机语言的显著区别是：其他计算机语言都是采用基于文本的语言产生代码，而 LabVIEW 使用的是图形化编辑语言编写程序，产生的程序是框图形式。

LabVIEW 提供很多外观与传统仪器（如示波器、万用表）类似的控件，可用来方便地创建用户界面。用户界面在 LabVIEW 中被称为前面板。使用图标和连线，可以通过编程对前面板上的对象进行控制。传统文本编程语言根据语句和指令的先后顺序决定程序的执行顺序，而 LabVIEW 则采用数据流编程方式，程序框图中节点之间的数据流向决定了 VI 及函数的执行顺序。VI 指虚拟仪器，是 LabVIEW 的程序模块。使用这种语言编程时，基本上不写程序代码，取而代之的是流程图或框图。它尽可能利用了技术人员所熟悉的术语、图标和概念，是一个面向最终用户的工具。它可以增强构建自己的科学和工程系统的能力，提供了实现仪器编程和数据采集系统的便捷途径。使用它进行原理研究、设计、测试并实现仪器系统时，可以大大提高工作效率。

1. LabVIEW 操作面板简介

使用 LabVIEW 开发平台编制的程序称为虚拟仪器程序，简称为 VI。VI 包括三部分：程序前面板、框图程序和图标/连接器。

（1）程序前面板　程序前面板用于设置输入数值和观察输出量，用于模拟真实仪表的前面板。在程序前面板上，输入量被称为控制（Controls），输出量被称为显示（Indicators）。控制和显示是以各种图标形式出现在前面板上，如旋钮、开关、按钮、图表、图形等，这使得前面板直观易懂。图 8-4 是一个温度显示程序的前面板。

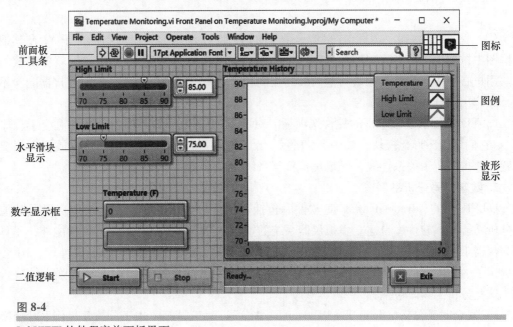

图 8-4

LabVIEW 软件程序前面板界面

（2）框图程序　每一个程序前面板都对应着一段框图程序。框图程序用 LabVIEW 图形编程语言编写，可以把它理解成传统程序的源代码。框图程序由端口、节点、图框和连线所构成。其中端口被用来给程序前面板的控制和显示传递数据，节点被用来实现函数和功能调用，图框被用来实现结构化程序控制命令，而连线代表程序执行过程中的数据流，定义了框图内的数据流动方向。上述温度显示程序的框图界面（部分）如图 8-5 所示。

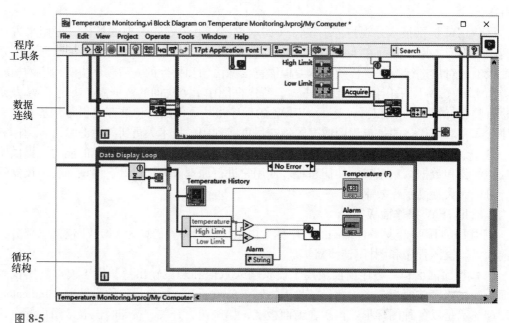

图 8-5

LabVIEW 软件程序框图界面

（3）图标/连接器　图标/连接器是子 VI 被其他 VI 调用的接口。图标是子 VI 在其他程序框图中被调用的节点表现形式，而连接器则表示节点数据的输入/输出口，就像函数的参数。用户必须指定连接器端口与前面板的控制和显示一一对应。一般情况下连接器隐含不显示，除非用户选择打开观察它。

LabVIEW 提供了较丰富的控件选项板（对应于前面板）和函数选项板（对应于程序框图），它们均为图形化模块，如图 8-6 所示。设计时可随时拖拽控件或函数，放置在想要的位置，并按照逻辑关系连线，形成虚拟仪器系统。

2. 数字信号分析举例

LabVIEW 的 Advanced Analysis 软件库包括数值分析、信号处理、曲线拟合以及其他软件分析功能。该软件库是建立虚拟仪器系统的重要工具，除了具有数学处理功能外，还具有专为仪器工业设计的独特的信号处理与测量功能。除了 Advanced Analysis 软件库，NI 公司还提供了一些附加的分析工具库，借助这些分析软件包，使 LabVIEW 具有更强大的分析功能。这些分析工具库包括：

1）联合时频分析（Joint Time Frequency Analysis）工具箱：用于分析常规傅里叶变换不易处理的时—频特性。

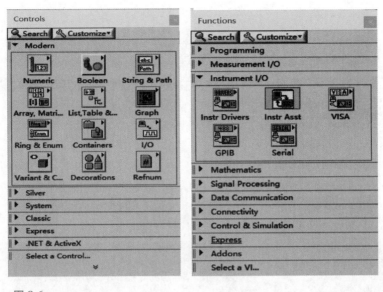

图 8-6

LabVIEW 的控件选项板和函数选项板

2）G Math 工具箱：提供了扩展的数学功能，如公式分析、求根值、画轮廓线等。

3）数字滤波器设计工具箱。

示例：用数字滤波器消除不需要的频率分量。

数字滤波器用于消除不需要的频率成分，是应用最广泛的信号处理工具之一。两种数字滤波器分别是有限脉冲响应（FIR）和无限脉冲响应（IIR）滤波器。FIR 滤波器可以看成一般移动平均值，它也可以被设计成线性相位滤波器。IIR 滤波器有很好的幅值响应，但是无线性相位响应。

下面的例子使用了中值滤波在噪声存在时的脉冲分析。这个例子产生了一个被高斯噪声污染的脉冲，并应用中值滤波器。

（1）前面板（见图 8-7）

1）打开 Median Filter. vi 程序。这个程序设计应用中值滤波器，将一个被高斯噪声污染的脉冲还原。

2）转换到框图程序。

（2）框图程序（见图 8-8）

1）验证主框图程序，它使用了下面的子程序：Median Filter VI 子程序（在 Analysis→Filters 子目录）。在本例中，采用中值滤波器，可通过调整输入脉冲宽度、延迟时间、放大倍数以及高斯噪声的强弱来验证滤波效果，并把干扰噪声与输出波形在同一屏幕上显示。

2）运行该程序，改变滤波器不同参数，观察滤波器的效果。

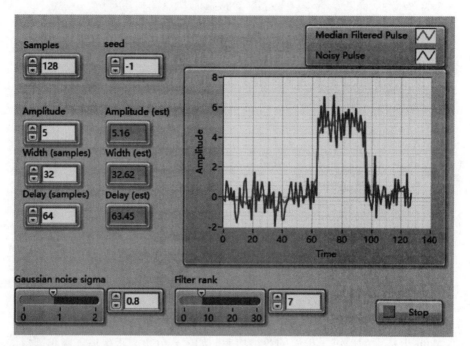

图 8-7

中值滤波器应用前面板

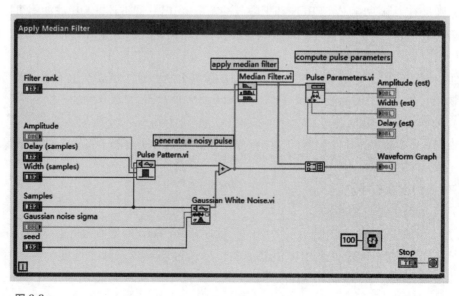

图 8-8

中值滤波器应用程序框图

思考题与习题

8-1　智能仪器分为哪几个层次？如何区分？

8-2　与传统仪器相比，智能仪器有哪些主要特点？

8-3　在仪器开发中为什么要用虚拟仪器软件开发平台？请举例说明其优越性。

8-4　简述虚拟仪器的软硬件组成。

8-5　LabVIEW 软件开发平台有哪些主要特点？简述采用 LabVIEW 进行虚拟仪器软件开发的方法和步骤。

第9章
位移测量

9.1 概述

位移测量是线位移和角位移测量的统称。测量时应根据具体的测量对象,来选择或设计测量系统。在组成系统的各环节中,传感器性能特点的差异对测量的影响最为突出,应给予特别注意。表 9-1 介绍了一些常用的位移传感器及其性能特点,通过该表可以对位移传感器有一个总体的了解。

表 9-1   位移传感器

类 型		测量范围	精确度	性 能 特 点
滑线电阻式	线位移	$1 \sim 300$mm	±0.1%	结构简单、使用方便、输出大、性能稳定
	角位移	$0° \sim 360°$	±0.1%	分辨率较低、输出信号的噪声大,不宜用于频率较高时的动态测量
电阻应变片式	直线式	±250μm	±2%	结构牢固、性能稳定、动态特性好
	摆角式	±12°		
电感式	变气隙型	±0.2mm		结构简单、可靠,仅用于小位移测量的场合
	差动变压器型	$0.08 \sim 300$mm	±3%	分辨力较好、输出大,但动态特性不是很好
	电涡流型	$0 \sim 5000$μm	±3%	非接触式、使用简便、灵敏度高、动态特性好
电容式	变面积型	$10^{-3} \sim 100$mm	±0.005%	结构非常简单,动态特性好,易受温度、湿度等因素的影响
	变间隙型	$0.01 \sim 200$μm	±0.1%	分辨力很好,但线性范围小,其他特点同变面积型
霍尔元件型		±1.5mm	±0.5%	结构简单、动态特性好、温度稳定性较差
感应同步器型		$10^{-3} \sim 10^2$m	2.5μm/250mm	数字式,结构简单,接线方便,适合大位移静动态测量,用于自动检测和数控机床

（续）

类　　型		测量范围	精确度	性　能　特　点
计 量 光 栅	长光栅	$10^{-3} \sim 10^{2}$ m	0.001μm ~ 0.1mm	数字式，测量精度高，适合大位移静动态测量，用于自动检测和数控机床
	圆光栅	$0° \sim 360°$	±0.1 脉冲周期	
角度编 码器	接触式	$0° \sim 360°$	10^{-6} rad	分辨率好、可靠性高
	光电式	$0° \sim 360°$	10^{-8} rad	

由于在不同场合下对位移测量的精度要求不同，位移参量本身的量值特征、频率特征不同，自然地形成了多种多样的位移传感器及其相应的测量电路或系统。

9.2　常用的位移传感器

9.2.1　滑线电阻式位移传感器

滑线电阻式或电位计式位移传感器的工作原理已在第4章中做了介绍。这里介绍一种测量电路（见图9-1）。由图可见，当滑动触点随被测元件产生位移 x 或角位移 α 时，均可改变触点与任一接点间的电阻值 R_x，且 $R_x \propto x/l$，即阻值与位移 x（或 α）成正比。

图9-1c 为桥式测量电路，供桥电源为具有一定精度的直流稳压电源，电桥的输出直接用光线示波器显示。

由于电桥必须输出一定的电流驱动光线示波器的振子工作，同时又要求输出在一定的范围内是线性的，因此桥路中接入了电阻 R_0。为了保证电桥输出的线性，要求桥臂值的相对改变量 $\Delta R/R$ 控制在10%以下。电阻阻值的大小就是按此条件来选取的，但 R_0 也不宜过大，否则会降低电桥的输出功率。为了提高电桥的灵敏度，还要求各桥臂的阻值相等，即组成全等臂电桥。电位器 R_H 是用于预调平衡的。

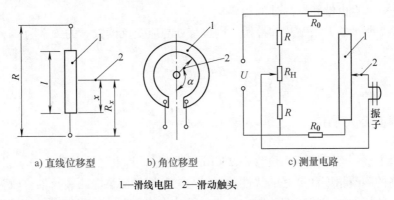

a) 直线位移型　　　　b) 角位移型　　　　c) 测量电路

1—滑线电阻　2—滑动触头

图 9-1

滑线电阻式位移传感器和测量电路

滑线电阻的结构形式有缠绕式和单丝式。缠绕式是用电阻丝缠绕在绝缘骨架上制成。骨架的材料常用电木或塑料，其形状可根据需要而定。缠绕时应保证一定的张力，且缠绕均匀。单丝式是用单根电阻丝张紧后固定在绝缘骨架的槽中而成。除自制的滑线电阻外，可利用现有的产品，如滑线变阻器、多圈电位器等。

滑线电阻式位移传感器具有结构简单、使用方便、输出大、性能稳定等优点，但由于触头运动时有机械摩擦，其使用寿命受限、分辨率较低、输出信号噪声大，故不宜用于频率较高时的动态测量。

9.2.2 应变片式位移传感器

这种传感器的测量原理是利用一弹性元件把位移量转换成应变量，然后用应变片、应变仪等测量记录。测量位移的弹性元件和应变片的组成，称为应变片式位移传感器。它的种类也有多种，其差别就在于弹性元件的结构形式。常用的弹性元件有悬臂梁、圆环和半圆环等。

图 9-2 所示的悬臂梁弹性元件，若在其自由端有位移 δ，则梁的表面会产生弯曲应变 ε，其值与 δ 成正比。通过图示的贴片测出应变 ε，就可测得位移量 δ。位移 δ 与应变 ε 间的关系随梁的结构形式不同而异。

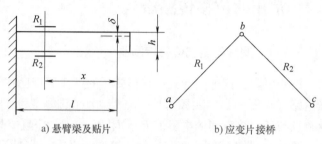

a) 悬臂梁及贴片   b) 应变片接桥

图 9-2

应变片式位移传感器

对于等截面梁，贴片处的应变 ε 与位移 δ 间的关系为

$$\varepsilon = \frac{3}{2}\frac{hx}{l^3}\delta \quad \text{或} \quad \delta = \frac{2}{3}\frac{l^3}{hx}\varepsilon$$

式中 l、h——梁的长度、厚度；

x——从自由端到贴片处的距离。

若按图 9-2 所示的方法贴片和接桥，则位移 δ 与应变仪读数 $\hat{\varepsilon}$ 的关系为

$$\delta = \frac{1}{3}\frac{l^3}{hx}\hat{\varepsilon} \tag{9-1}$$

对于等强度梁，则有

$$\delta = \frac{l^3}{h} \qquad \varepsilon = \frac{l^3}{h}\frac{\hat{\varepsilon}}{2} \tag{9-2}$$

这种测量方法一般只用于小位移 $\delta < 250\mu m$ 的情况。其主要特点是结构牢固、性能稳定、可靠，有较高的测量精度和良好的线性关系，与之配用的测量电路和仪器也较为成熟。

悬臂梁一般用弹簧钢或磷铜片制成。梁的尺寸应按所测的位移来选择。给定 ε（一般取 500~1000），根据所测位移量 δ，就可由式（9-1）或式（9-2）选择合适的 l 与 h。为了尽量减小对被测对象的影响，设计弹性梁时，应根据具体情况，将变形梁的刚度限制在一定的范围。

图 9-3 所示的圆环或半圆环弹性元件，它在被测位移 δ 的作用下，会产生弯曲应力和应变，其应变值与位移成正比。圆环的贴片和接桥如图 9-3a、b 所示。半圆环的贴片、接桥如

图 9-3c、d 所示。

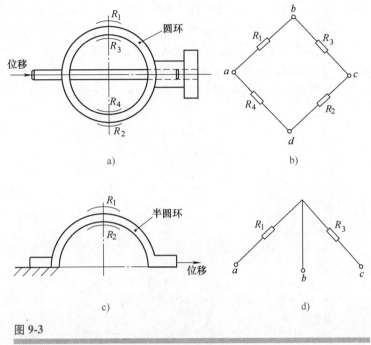

图 9-3

圆环和半圆环弹性元件及其贴片和接桥

　　由于这种方法直接测量的位移量较小，为了扩大其量程，可通过一些装置将小位移进行变换。图 9-4 所示就是用一斜面将小位移变换成大位移的装置。

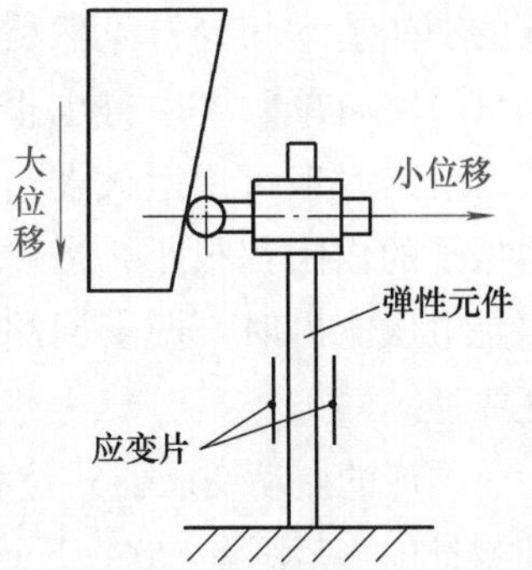

9.2.3　差动变压器式位移传感器

　　图 9-5 示出了差动变压器的结构和接线情况，其基本工作原理在前文中已有说明，现就其输出再做如下分析。

　　设一次侧、二次侧的互感系数分别为 M_1、M_2，因互感 M 是和铁心的搭接长度 Δl 成正比的，则两个二次绕组的感应电动势可表示为

$$e_1 = K_1 e \Delta l_1 \qquad e_2 = K_2 e \Delta l_2$$

式中　K_1、K_2——比例系数；

　　　Δl_1、Δl_2——铁心与两个二次绕组搭接长度的变化量；

　　　　　e—— 一次绕组交流电源。

　　由于结构的对称性，有 $K_1 = K_2$，$\Delta l_1 = -\Delta l_2$。这样，W_1、W_2 两线圈反相串联后的总输出电压可表示为

$$e_0 = e_1 - e_2 = 2Ke\Delta l \tag{9-3}$$

　　结构一旦确定，则式（9-3）中的 $2K$ 为一常数，输出信号 e_0 是一个交流信号，其幅值

图 9-4

扩大位移量程装置

与位移 Δl 成正比，而频率等于交流电源 e 的频率（当 Δl 是常量时）或与之有一定的关系。

显然，e_0 是调频输出，载波是 e，调制信号是位移变化量 Δl。差动变压器也是一种调制器。对于这样一个调制信号，在后续的测量环节中一般要设置一个典型的测量电路——相敏检测电路，目的是既能检测位移的大小，又能分辨位移的方向。

差动变压器式位移传感器的测量系统及其组成中各环节的工作原理可参阅本书的有关内容。下面再介绍一种可与差动变压器配用的测量电路——差动整流电路。

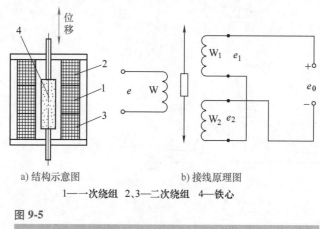

a) 结构示意图　　　　　b) 接线原理图

1——一次绕组　2、3——二次绕组　4——铁心

图 9-5

差动变压器的组成和接线

如图 9-6 所示，差动整流电路与相敏检测电路的功能基本相同，虽然检波效率低，但因其测量线路简单，故用得也很多，差动变压器的最后输出一般可用示波器直接显示。由于示波器振子的内阻都很小，当差动变压器的测量电路是电压输出时，振子回路应接入电阻，以保证线性。

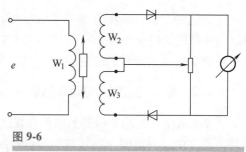

图 9-6

差动变压器的差动整流电路

国产的差动变压器式位移传感器已有多种，其测量位移范围有：$0\sim\pm5\mathrm{mm}$，$0\sim10\mathrm{mm}$，…，$0\sim300\mathrm{mm}$ 等。

差动变压器式位移测量系统具有精度较高、性能稳定、线性范围大、输出大、使用方便等优点。由于可动铁心具有一定的质量，系统的动态特性较差。

9.2.4　光电脉冲式位移传感器

光电脉冲式位移传感器实际上是一个位移-数字编码器，工作时可将机械位移转换成定数量的电脉冲信号输出，其工作原理如图 9-7 所示。

图 9-7a 是测量角位移的透射式光电脉冲转换器。圆盘 1 与被测轴 2 一起转动时，照射到光敏二极管 4 上的光线就会时有时无，通过光敏二极管的光电效应以及测量电路的变换就输出电脉冲；电脉冲的数目与光线的通断次数成正比，根据脉冲数目就可测出被测轴的转角。

　　图 9-7b 是测量线位移的反射式光电脉冲转换器。工作原理与透射式的基本相同，不同点仅在于照射光敏二极管的光是靠反射光。根据平板 5 上画有黑白相间的等距反光条带，当平板与被测件一起运动时，反射到光敏二极管 4 上的光线就会时有时无，同理就可输出电脉冲信号，其电脉冲数目与位移成正比。光电脉冲式位移传感器的后续测量电路和显示记录装置如图 9-8 的框图所示。输出的电脉冲信号用计数器和数字打印机打印（计算机处理和显示）。

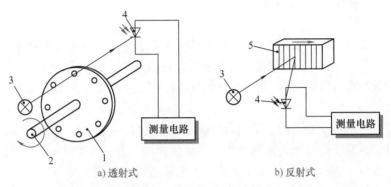

a) 透射式　　　　　　　　　　b) 反射式

1—圆盘　2—被测轴　3—光源　4—光敏二极管　5—平板

图 9-7

光电脉冲式位移传感器的组成

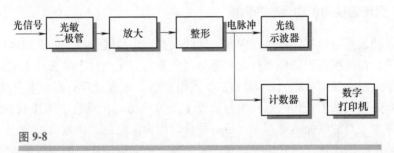

图 9-8

测量电路及其系统组成

　　用上述方法，无法判断位移的正负方向，在需要判断方向的场合，需要多加一个光敏二极管和一套测量电路。两光敏二极管的装设位置如图 9-9 所示。采用两个光敏二极管后，当圆盘顺时针转动时，光敏二极管 2 比 1 先感光；当逆时针转动时，光敏二极管 1 比 2 先感光；我们可通过光敏二极管感光先后次序的不同，来判断其转动方向。所以它的测量电路有两路，经逻辑电路对信号做出比较判断后给出方向信号，其测量线路框图如图 9-10 所示。

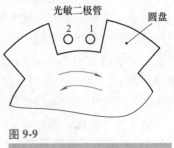

图 9-9

光敏二极管位置示意图

　　其输出信号有方向信号与脉冲信号。当用示波器记录时，可用两个或三个振子分别记录方向信号和脉冲信号，处理数据时进行加减处理，才得真

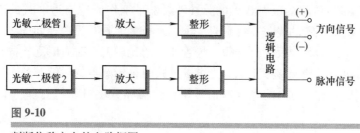

图 9-10

判断位移方向的电路框图

实位移。用计数器计数时，要用可逆计数器、方向信号（＋）、（－）控制计数器的"加"、"减"法运算、脉冲信号作为计数器的计数脉冲，计数器所记录的脉冲数就与实际位移成正比。如再增加脉冲数-位移转换电路，则可制成各种数字式仪表，在 LED 等显示器上直接读出待测位移量。

这种测量方法的两个显著特征是测量的非接触和信号的数字化。由此而带来的优点是不影响被测对象，易于信号的传输和处理，测量装置的安装、使用方便，测量范围大，长度可达数米，角度可在 360° 范围内进行测量等。当采用普通光源和器件时，分辨率较低，因此这种测量方法常用于精度要求一般的大位移测量和简易数控机械系统中。

9.3 位移测量的应用

9.3.1 回转轴径向运动误差的测量

回转轴运动误差是指在回转过程中回转轴线偏离理想位置而出现的附加运动。回转轴运动误差的测量，在机械工程的许多行业中都是很重要的。无论对于精密机床主轴的运动精确度，还是对于大型、高速机组（例如汽轮机-发电机组）的安全运行都有重要意义。

运动误差是回转轴上任何一点发生与轴线平行的移动和在垂直于轴线的平面内的移动。前一种移动称为该点的端面运动误差，后一种移动称为该点的径向运动误差。

端面运动误差因测量点所在半径位置不同而异，径向运动误差则因测量点所在的轴向位置不同而异。所以在讨论运动误差时，应指明测量点的位置。

下面介绍径向运动误差的常用测量方法。

测量一根通用的回转轴的径向运动误差时，可将参考坐标选在轴承支承孔上。这时运动误差所表示的是回转过程中回转轴线对于支承孔的相对位移，它主要反映轴承的回转质量。任意径向截面上的径向误差运动可采用置于 x、y 方向的两只位移传感器来分别检测径向运动误差在 x、y 方向的分量。在任何时刻两分量的矢量和就是该时刻径向运动误差矢量。这种测量方式称为双向测量法（见图 9-11）。

由于种种原因，有时不必测量总的径向运动误差，而只需测量它在某个方向上的分量（例如分析机床主轴的运动误差对加工形状的影响就属于这种情况），则可将一只传感器置于该方向来检测。这种方式称为单向测量法（见图 9-12）。

在测量时，两种方法都必须利用基准面来"体现"回转轴线。通常是选用具有高圆度的圆球或圆环来作为基准面。直接采用回转轴上的某一回转表面来作为基准面虽然可行，但由于该表面的形状误差不易满足测量要求，测量精度较差。

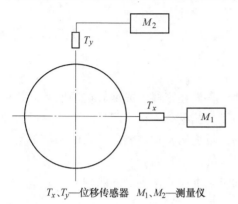

T_x、T_y—位移传感器　M_1、M_2—测量仪

图 9-11

双向测量法

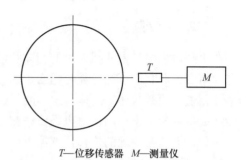

T—位移传感器　M—测量仪

图 9-12

单向测量法

实际上，传感器所检测到的位移信号是很复杂的。现以双向测量法为例（见图 9-13）来说明其复杂性。设 O_0 为理想回转中心，O_m 为基准球的几何中心，O_r 为瞬时回转中心，e 为基准球的安装偏心，θ 为转角，并令 e 与 x 轴平行时 $\theta = 0$，$r(\theta)$ 为径向运动误差。若基准球半径 R_m 远远大于偏心 e 和径向运动误差 $r(\theta)$，则两传感器检测到的位移信号 $\mathrm{d}x$ 和 $\mathrm{d}y$ 分别为

$$\mathrm{d}x = e\cos\theta + r_x(\theta) + S_x(\theta) \tag{9-4}$$

$$\mathrm{d}y = e\sin\theta + r_y(\theta) + S_y(\theta) \tag{9-5}$$

等号右侧第一、二项分别为偏心 e 和运动误差 $r(\theta)$ 在 x、y 方向上的投影，而第三项则为基准球上相差 $90°$ 的两对应点处的形状误差。由此可见：

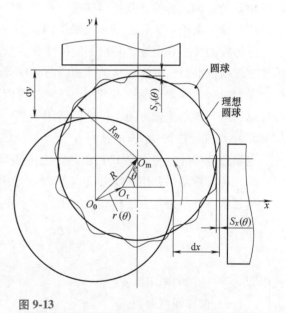

图 9-13

位移信号分析

1）在一般情况下 $\mathrm{d}x + \mathrm{d}y = r(\theta)$，而只有当 $S_x(\theta)$ 和 $S_y(\theta)$ 均趋于零或已确知，由 $\mathrm{d}x$ 和 $\mathrm{d}y$ 才能确定 $r(\theta)$。因此，如何消除或分离偏心 e 和基准球的形状误差 S 就成为研究测量方法的重要任务。目前常采用形状误差远小于回转运动误差的圆球来作为基准球，力求减小它对测量结果的影响。当圆球形状误差和运动误差大小属于同一数量级时，则必须采用误差分离技术来消除其影响。

2）在圆球形状误差可忽略的情况下，$\mathrm{d}x$ 和 $\mathrm{d}y$ 是圆球中心的位移在 x、y 两方向上的分量。换言之，由于偏心 e 的存在，由 $\mathrm{d}x$、$\mathrm{d}y$ 可以确定的是圆球几何中心的轨迹而不是回转轴心的轨迹。实际上，在同一根轴上，以相同条件运行（而 $r(\theta)$ 应一样），由于偏心 e 的大小和方位不同，测量的 $\mathrm{d}x$ 和 $\mathrm{d}y$ 亦不同。为了尽量减小偏心对 $\mathrm{d}x$、$\mathrm{d}y$ 的影响，使得测量结

果更能真实地反映 $r(\theta)$，就必须尽量减小或消除 e 值。如果这样做有困难，那么只有在同一偏心大小和方位的条件下，测定的结果彼此间才有可比性。

3）通常通过适当的机械装置和精细调整来减小安装偏心，或采用滤波法来减弱偏心的影响。

9.3.2 物位测量

在生产过程中经常遇到大量的固体和液体物料，存放在容器中或堆放在场地上，并占有一定的高度，此高度可能是随时间变化的。对此高度的测量称为物位测量。液位测量、固体的料位测量、两种液体或液体与固体间界面位置的测量均属于物位测量。物位测量多是将物位转换成位移量来进行的，这也是位移测量应用较多的一个方面。

多种不同转换原理的位移传感器可用于物位测量。下面介绍其中的两种。

1. 沉筒式液位变送器

带有差动变压器的沉筒式液位变送器（见图 9-14）的沉筒由固定段 1 和浮力段 2 两部分组成。调换浮力段可使变送器适应于不同的介质和量程。沉筒所反映的浮力变化（即液位变化）通过测量弹簧 3 线性地转换为衔铁 5 的位移。衔铁位移由差动变压器 4 转换成与之成正比的输出电压 u_o，因此输出反映了液位的变化。

浮力段的长度和质量，是根据液位变化满量程时所受浮力变化与其质量相等而算出的。因此在现场校准时，只需在接上浮力段时，使弹簧 3 和衔铁 5 占有相当于液位为零的位置；取下浮力段时，弹簧及衔铁占有相当于液位为满量程的位置即可。它不必用液位来校准和进行计算，因而使用比较方便，但这只适用于某一特定的介质和压力的情况。

2. 电阻式液位计

电阻式液位计（见图 9-15）由两根大电阻率的极棒 1 组成，两根极棒的材料和截面完全一样，两端拉紧，并用绝缘套 2 与容器 3 绝缘。假如被测的是导电介质，因其电阻率很小，可忽略不计，再略去连接导线电阻，则整个传感器的电阻 R 为

$$R = \frac{2\rho}{A}(L'-h) = \frac{2\rho}{A}L' - \frac{2\rho}{A}h \tag{9-6}$$

式中 ρ——极棒的电阻率；

   A——极棒横截面积；

   L'——极棒全长；

   h——被测液面高度。

令 $K_1 = \dfrac{2\rho}{A}L'$，$K_2 = \dfrac{2\rho}{A}$，则有

$$R = K_1 - K_2 h \tag{9-7}$$

式中，K_1、K_2 都是常量，可以通过测量 R 值的变化来得知液位高度 h 的变化。电阻值 R 可以用电桥 4（或其他测量电路）测得。温度变化所引起的误差可以在电路中进行补偿。但这种液位计的最大缺点是电极表面如发生生锈、表面极化、结垢、腐蚀等情况，都会引起表面接触电阻的变化，从而直接引入测量误差。

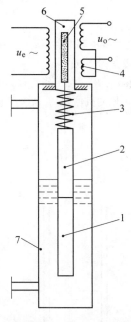

1—沉筒固定段 2—沉筒浮力段
3—测量弹簧 4—差动变压器 5—衔铁
6—密封隔离筒 7—沉筒室壳体

图 9-14

带差动变压器的沉筒式液位变
送器

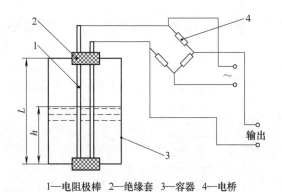

1—电阻极棒 2—绝缘套 3—容器 4—电桥

图 9-15

电阻式液位计

 思考题与习题

9-1 简述差动变压器的工作原理。

9-2 电容式位移传感器有几种类型？它们是如何实现位移测量的？主要特点是什么？

9-3 图 9-16 给出了某电位器式位移传感器的检测电路。$U_i = 12V$，$R_0 = 10k\Omega$，AB 为线性电位计，总长度为 150mm，总电阻为 30$k\Omega$，C 点为电刷位置。问：

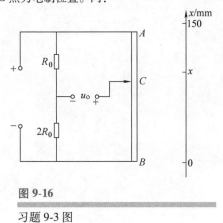

图 9-16

习题 9-3 图

1）输出电压 $U_o = 0V$ 时，位移 $x = $？

2）当位移 x 的变化范围在 10~140mm 时，输出电压 U_o 的范围是多少？

9-4　图 9-17 给出了一差动变极距型电容式传感器的结构示意图及其电桥检测电路。$u_i = U_m \sin\omega t$ 为激励电压。试建立输出电压 u_o 与被测位移 $\Delta\delta$ 的关系，并说明该检测方案的特点。

9-5　某位移测量装置采用了两个相同的线性电位计。电位计的总电阻为 R_0，总工作行程为 L_0。当被测位移变化时，带动这两个电位计一起滑动（见图 9-18，虚线表示电刷的机械臂），若采用电桥检测方式，电桥的激励电压为 U_i。

1）设计电桥的连接方式。

2）被测位移的测量范围为 $0 \sim L_0$ 时，电桥的输出电压范围是多少？

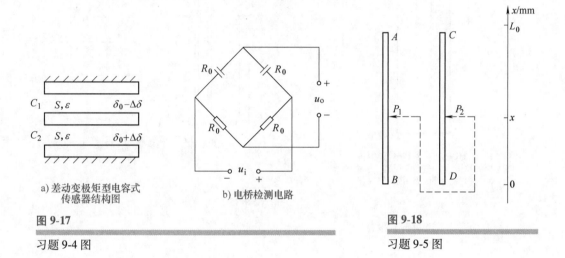

a) 差动变极矩型电容式
传感器结构图

b) 电桥检测电路

图 9-17

习题 9-4 图

图 9-18

习题 9-5 图

第 10 章

振动测试

10.1 概述

机械振动是工业生产和日常生活中极为常见的现象。许多机械设备和装置内部都安装着各种运动的机构和零部件（都是弹性体），在运行时由于负载不均匀、结构刚度各向不等、表面质量不够理想等原因，使得工作时不可避免地存在着振动现象。如汽车、火车、飞机、轮船以及各种动力机械在工作时均产生振动。这种振动包括起动时的冲击振动以及平稳工作时的随机振动。在许多情况下，这种振动是有害的。许多设备故障的产生就是由于振动过大，产生有损机械结构的动载荷，而导致系统特性参数发生变化，严重时可能使部件产生裂纹、结构强度下降或使机上设备失灵，其后果严重影响了机器设备的工作性能和寿命，甚至使机器遭受破坏。同时，强烈的振动噪声还对人的生理健康产生极大的危害。近年来，具有大功率、高速度、高效率等性能的大型化、复杂化（多为机、电、液综合系统）的机器正在飞速发展，而影响这些设备发展的振动问题已遍及机械制造工程的各个行业，并引起人们的极大重视。因此如何减小振动的影响，将振动量控制在允许的范围内，是当前急需解决的问题。但在某些情况下，振动也有可被利用的一面，例如利用振动原理研制的振动机械用于运输、夯实、捣固、清洗、脱水、时效等方面，只要设计合理，它们就有着耗能少、效率高、结构简单的特点。

机械振动测试是现代机械振动学科的重要组成部分，它是研究和解决工程技术中许多动力学问题必不可少的手段。在机械结构（尤其是那些承受复杂载荷或本身十分复杂的机械结构）的动力学特性参数（阻尼、固有频率、机械阻抗等）求解方面，目前尚无法用理论公式正确计算，振动测试则是唯一的求解方法。在设计阶段，为了提高结构的抗振能力，往往需要对结构进行种种振动试验、分析和仿真设计，通过对具体结构或相应模型的振动试验，可以验证理论分析的正确性，找出薄弱环节，改善结构的抗振性能。此外，在现代的先进工业生产中，除了要求各种机械具备低振动和低噪声的性能外，还随时需对某运行过程进行监测、诊断和对工作环境进行控制，这些技术措施也都离不开振动的测量。由此可见，振动测试在生产和科研的许多方面都占有重要地位。

机械振动测试，用于不同目的，大致可分为两类：

1）寻找振源，减少或消除振动，即消除被测量设备和结构所存在的振动。例如在工作状态下（如切削过程中），对结构及部件进行测量和分析。测量内容通常是振动强度、频谱，亦即测出被测对象某些点的位移、速度或加速度以及振动频率和一些需要做进一步分析的信息，弄清振动状况并寻找振源，为采取有效对策提供依据，使振动得以消除或减小。或将获得的数据进行分析、处理，并与已有的标准进行比较，用以判断系统内部结构是否存在破坏、磨损、松脱等影响系统正常运行的各种故障，确定系统是否能继续运行和确定相应方案，以进行预知维修。

2）测定结构或部件的动态特性，以便改进结构设计，提高抗振能力。这是对设备或结构施加某种激振力，使其产生振动，同时测出输入（激振力）和输出（被测件）的振动信号，从而确定被测部件的频率响应，然后进行模态分析（Model Analysis）、谱分析和相关分析等，求得各阶模态的振动参数，进而确定被测对象的固有频率、阻尼比、刚度、振型等振动参数。这类试验称为机械模态试验、激振试验，或称频率响应试验。其目的是为了研究设备或结构的力学动态特性。

10.2　惯性式传感器的力学模型

在工程振动理论中，常用理论分析计算法来解决工程振动问题。利用振动系统的质量、阻尼、刚度等物理量描述系统的物理特性，从而构成系统的力学模型。而在对实际工程结构进行振动研究时，一般要将结构简化为某种理想化的力学模型，然后再进行分析研究，通过数学分析，求出在自由振动情况下的模态特性（固有频率、模态质量、模态阻尼、模态刚度和模态矢量等）。单自由度系统是一种最简单的力学模型。该系统的全部质量 m（kg）集中在一点，并由一个刚度为 k（N/m）的弹簧和一个黏性阻尼系数为 c（N·ms）的阻尼器支持着。在讨论中假设系数 m、k 和 c 不随时间而变，系统呈线性。该系统可以用二阶常系数微分方程来表述。单自由度系统的振动研究是多自由度系统的基础。而且一些实际的工程结构可以简化为一个单自由度系统。下面以单自由度振动系统模型来介绍惯性式传感器的特性。

10.2.1　惯性式测振传感器的力学模型与特性分析

1. 质量块受力所引起的受迫振动

典型的单自由度系统如图 10-1 所示。其质量块 m 在外力 $f(t)$ 作用下的运动方程为

$$m\frac{\mathrm{d}^2z}{\mathrm{d}t^2}+c\frac{\mathrm{d}z}{\mathrm{d}t}+kz=f(t) \tag{10-1}$$

式中 c——黏性阻尼系数；

      k——弹簧刚度；

  $f(t)$——激振力，为系统的输入；

      z——振动位移，为系统的输出。

其频率响应 $H(\omega)$、幅频特性 $A(\omega)$ 和相频特性 $\varphi(\omega)$ 为

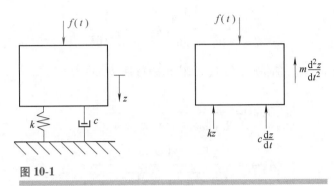

图 10-1

单自由度系统在质量块受力时所引起的受迫振动

$$H(\omega) = \frac{\dfrac{1}{k}}{\left[1-\left(\dfrac{\omega}{\omega_n}\right)^2\right]+2\mathrm{j}\zeta\,\dfrac{\omega}{\omega_n}}$$

$$A(\omega) = \frac{\dfrac{1}{k}}{\sqrt{\left[1-\left(\dfrac{\omega}{\omega_n}\right)^2\right]^2+\left(2\zeta\,\dfrac{\omega}{\omega_n}\right)^2}}$$　　　　　　（10-2）

$$\varphi(\omega) = -\arctan\frac{2\zeta\omega/\omega_n}{1-(\omega/\omega_n)^2}$$

式中　ζ——振动系统的阻尼比，$\zeta=\dfrac{c}{2\sqrt{km}}$；

　　　ω_n——振动系统的固有频率，$\omega_n=\sqrt{k/m}$。

显然，这就是本书"第 3 章　测试装置的基本特性"中所述的二阶系统，其幅频和相频特性曲线可参阅图 3-15。

2. 基础运动所引起的受迫振动

在许多情况下，振动系统的受迫振动是由基础运动所引起的。设基础的绝对位移为 z_1，质量 m 的绝对位移为 z_0，作力的分析。由图 10-2 可知，自由体上所受的力为

$$m\,\frac{\mathrm{d}^2 z_0}{\mathrm{d}t^2}+c\,\frac{\mathrm{d}}{\mathrm{d}t}(z_0-z_1)+k(z_0-z_1)=0$$　　　　　　（10-3）

当质量块 m 对基础发生相对运动，则 m 的相对位移为

$$z_{01}=z_0-z_1$$　　　　　　（10-4）

将其代入式（10-3），则有

$$m\frac{\mathrm{d}^2 z_{01}}{\mathrm{d}t^2}+c\frac{\mathrm{d}z_{01}}{\mathrm{d}t}+kz_{01}=-m\frac{\mathrm{d}^2 z_1}{\mathrm{d}t^2} \tag{10-5}$$

则可得其频率响应 $H(\omega)$、幅频特性 $A(\omega)$ 和相频特性 $\varphi(\omega)$ 为

$$H(\omega)=\frac{(\omega/\omega_n)^2}{1-(\omega/\omega_n)^2+2\mathrm{j}\zeta\omega/\omega_n}$$

$$A(\omega)=\frac{(\omega/\omega_n)^2}{\sqrt{[1-(\omega/\omega_n)^2]^2+(2\zeta\omega/\omega_n)^2}} \tag{10-6}$$

$$\varphi(\omega)=-\arctan\frac{2\zeta\omega/\omega_n}{1-(\omega/\omega_n)^2}$$

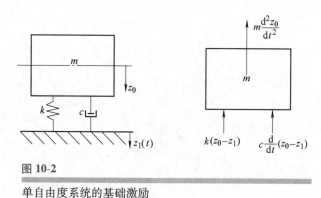

图 10-2

单自由度系统的基础激励

其幅频特性、相频特性曲线如图 10-3 所示。

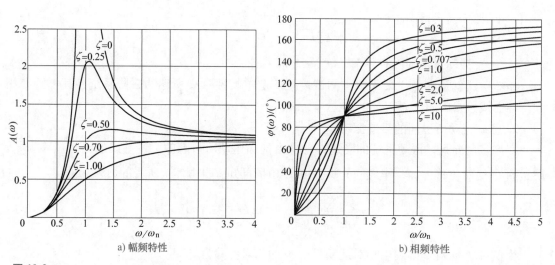

a) 幅频特性   b) 相频特性

图 10-3

基础激振时，以质量块对基础的相对位移为响应时的频率响应特性

从图中可看出当激振频率远小于系统的固有频率（$\omega \leqslant \omega_n$）时，质量块相对基础的振动幅值为零，意味着质量块几乎跟随着基础一起振动，两者相对运动极小。而当激振频率远高于固有频率（$\omega \geqslant \omega_n$）时，$A(\omega)$ 接近于 1，这表明质量块和壳体之间的相对运动（输出）和基础的振动（输入）近乎相等。这表明质量块在惯性坐标中几乎处于静止状态。该现象被广泛应用于测振仪器中。从图中还可看出，就高频和低频两频率区域而言，系统的响应特性类似于"高通"滤波器，但在共振频率附近的频率区域，则根本不同于"高通"滤波器，输出位移对频率、阻尼的变化都十分敏感。

特性分析如下：

1）在使用时，一般取 $\omega/\omega_n \gg (3 \sim 5)$，即传感器惯性系统的固有频率远低于被测振动的下限频率。此时其幅值 $A(\omega) \approx 1$，不产生畸变，$\varphi(\omega) \approx 180°$。

2）若选择适当阻尼，可抑制 $\omega/\omega_n = 1$ 处的共振峰，使幅频特性平坦部分扩展，从而扩大下限的频率。例如，当取 $\zeta = 0.7$ 时，若允许误差为 ±2%，下限频率可为 $2.13\omega_n$；若允许误差为 ±5%，下限频率则可扩展到 $1.68\omega_n$。增大阻尼，能迅速衰减固有振动，对测量冲击和瞬态过程较为重要，但不适当地选择阻尼会使相频特性恶化，引起波形失真。当 $\zeta = 0.6 \sim 0.7$ 时，相频曲线 $\omega/\omega_n = 1$ 附近接近直线，称为最佳阻尼。

3）该种传感器测量上限频率在理论上是无限的，但在实际应用中要受到具体仪器结构和元器件的限制，因此上限不能太高，下限频率则受弹性元件的强度和惯性块尺寸、质量的限制，使 ω_n 不能过小。因此该种传感器的频率范围是有限的。

此外通常把图 10-3 所示幅频曲线上幅值比最大处的频率 ω_r 称为位移共振频率。当令式 (10-6) 对（ω/ω_n）的一阶导数为零时，可求得

$$\omega_r = \omega_n \sqrt{1-2\zeta^2} \tag{10-7}$$

从式（10-7）上可看出位移的共振频率随着阻尼的减少而向固有频率 ω_n 靠近。所以在小阻尼时，ω_r 很接近 ω_n 的估计值。若输入为力，输出为振动速度时，则系统幅频特性的最大值处的频率称为速度共振频率，用 ω_v 表示。速度共振频率始终与固有频率相等。而对于加速度响应的共振频率 ω_a，它总是大于系统的固有频率。位移共振频率 ω_r、速度共振频率 ω_v 和加速度共振频率 ω_a 与固有频率 ω_n 的关系分别为

$$\omega_r = \omega_n \sqrt{1-2\zeta^2} \qquad \omega_v = \omega_n \qquad \omega_a = \omega_n \sqrt{1+2\zeta^2}$$

可见，只有当阻尼比 $\zeta = 0$ 时，它们才完全相等；当 ζ 很小时，$\omega_r \approx \omega_v \approx \omega_a$。

可见位移传感器的工作范围在频率比 $\omega/\omega_n \leqslant 1$ 的区域，速度传感器的工作范围在 $\omega/\omega_n = 1$ 的区域，加速度传感器的工作范围在 $\omega/\omega_n \geqslant 1$ 的区域。

10.2.2　单自由度振动系统受迫振动小结

在测试工作中，经常遇到实际的工程问题，往往可简化成弹簧-阻尼-质量块构成的单自由度振动系统来描述。由于在不同场合下所处理的输入量、输出量是不相同的，从而其频率响应函数及幅频、相频特性也不相同。根据上述原理，将其归纳成表 10-1。

表 10-1　　　　　　　　　　　　　单自由度振动系统的频率响应

输入 ＼ 频率响应 ＼ 输出			绝　对　运　动			相　对　运　动		
			位移 $z_0(t)$	速度 $\dot{z}_0(t)$	加速度 $\ddot{z}_0(t)$	位移 $z_{01}(t)$	速度 $\dot{z}_{01}(t)$	加速度 $\ddot{z}_{01}(t)$
基础运动	位移 $z_1(t)$	频率响应	$\dfrac{D_4}{D_3}$	$\dfrac{j\omega D_4}{D_3}$	$-\dfrac{\omega^2 D_4}{D_3}$	$\dfrac{\omega^2}{\omega_n^2 D_3}$	$\dfrac{j\omega^3}{\omega_n^2 D_3}$	$-\dfrac{\omega^4}{\omega_n^2 D_3}$
		幅频特性	$\dfrac{D_1}{D_2}$	$\dfrac{\omega D_1}{D_2}$	$\dfrac{\omega^2 D_1}{D_2}$	$\dfrac{\omega^2}{\omega_n^2 D_2}$	$\dfrac{\omega^3}{\omega_n^2 D_2}$	$\dfrac{\omega^4}{\omega_n^2 D_2}$
		相频特性	φ_1	$\varphi_1+\dfrac{\pi}{2}$	$\varphi_1+\pi$	φ_2	$\varphi_2+\dfrac{\pi}{2}$	$\varphi_2+\pi$
	速度 $\dot{z}_1(t)$	频率响应	$\dfrac{D_4}{j\omega D_3}$	$\dfrac{D_4}{D_3}$	$\dfrac{j\omega D_4}{D_3}$	$-\dfrac{j\omega}{\omega_n^2 D_3}$	$\dfrac{\omega^2}{\omega_n^2 D_3}$	$\dfrac{j\omega^3}{\omega_n^2 D_3}$
		幅频特性	$\dfrac{D_1}{\omega D_2}$	$\dfrac{D_1}{D_2}$	$\dfrac{\omega D_1}{D_2}$	$\dfrac{\omega}{\omega_n^2 D_2}$	$\dfrac{\omega^2}{\omega_n^2 D_2}$	$\dfrac{\omega^3}{\omega_n^2 D_2}$
		相频特性	$\varphi_1-\dfrac{\pi}{2}$	φ_1	$\varphi_1+\dfrac{\pi}{2}$	$\varphi_2-\dfrac{\pi}{2}$	φ_2	$\varphi_2+\dfrac{\pi}{2}$
	加速度 $\ddot{z}_1(t)$	频率响应	$-\dfrac{D_4}{\omega^2 D_3}$	$\dfrac{D_4}{j\omega D_3}$	$\dfrac{D_4}{D_3}$	$\dfrac{1}{\omega_n^2 D_3}$	$\dfrac{j\omega}{\omega_n^2 D_3}$	$\dfrac{\omega^2}{\omega_n^2 D_3}$
		幅频特性	$\dfrac{D_1}{\omega^2 D_2}$	$\dfrac{D_1}{\omega D_2}$	$\dfrac{D_1}{D_2}$	$\dfrac{1}{\omega_n^2 D_2}$	$\dfrac{\omega}{\omega_n^2 D_2}$	$\dfrac{\omega^2}{\omega_n^2 D_2}$
		相频特性	$\varphi_1-\pi$	$\varphi_1-\dfrac{\pi}{2}$	φ_1	$\varphi_2-\pi$	$\varphi_2-\dfrac{\pi}{2}$	φ_2
力 $f(t)$		频率响应	$\dfrac{1}{kD_3}$	$\dfrac{j\omega}{kD_3}$	$-\dfrac{\omega^2}{kD_3}$			
		幅频特性	$\dfrac{1}{kD_2}$	$\dfrac{\omega}{kD_2}$	$\dfrac{\omega^2}{kD_2}$			
		相频特性	φ_2	$\varphi_2+\dfrac{\pi}{2}$	$\varphi_2+\pi$			

$$\omega_n=\sqrt{\frac{k}{m}}\ ;\quad \zeta=\frac{c}{2\sqrt{km}};\quad D_1=\sqrt{1+(2\zeta\omega/\omega_n)^2}\ ;$$

$$D_2=\sqrt{(1-\omega/\omega_n^2)^2+(2\zeta\omega/\omega_n)^2}\ ;$$

$$D_3=[1-(\omega/\omega_n)^2]+2j\zeta\omega/\omega_n\ ;\quad D_4=2j\zeta\omega/\omega_n+1\ ;$$

$$\varphi_1=-\arctan\frac{2\zeta(\omega/\omega_n)^3}{[1-(\omega/\omega_n)^2]+[2\zeta\omega/\omega_n]^2}\ ;\quad \varphi_2=-\arctan\frac{2\zeta\omega/\omega_n}{1-(\omega/\omega_n)^2}$$

10.3　振动测量传感器

在工程振动测试领域中，测试手段与方法多种多样，目前广泛使用的振动测量方法是电测法。它是将工程振动的参量经传感器拾取后，转换成电信号，再经电子线路进行放大传输处理，从而得到所要测量的机械量。

所选用的测振传感器按是否与被测件接触可将其分为两类：接触式传感器和非接触式传感器。接触式传感器中有磁电式速度传感器和压电式加速度计等，其机电转换较为方便，因而用得最多。而电容传感器、涡流传感器常用于振动位移的非接触测量中。

按所测的振动性质可将传感器分为绝对式传感器和相对式传感器。绝对式传感器的输出描述被测物体的绝对振动。绝对式传感器的壳体固定在被测物体上，其内部利用弹簧-质量系统来感受振动。测振时，壳体和被测物体固接，壳体的振动视同于被测物体的振动，也即传感器的输入。壳体对传感器内质量块的相对运动量用来描述被测物体的绝对振动量并作为力学模型的输出，供有关的机-电转换元件转换成电量，成为传感器的输出，其频率响应可由表 10-1 查得。使用相对式传感器时，壳体和测量体分别与不同被测物体联系，其输出是描述此两试件间的相对振动。

由于传感器是振动测试中的第一个环节，除了要求它具有较高的灵敏度和在测量的频率范围内有平坦的幅频特性曲线，以及与频率呈线性关系的相频特性曲线外，还要求惯性式传感器（见图 10-4）的质量小，这是因为固定在被测对象上的惯性式传感器将作为附加质量使整个系统的振动特性发生变化，这些变化可近似地用下列两式表示为

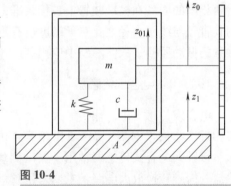

图 10-4

惯性式传感器的力学模型

$$a' = \frac{m}{m+m_t}a \tag{10-8}$$

$$\omega_n' = \sqrt{\frac{m}{m+m_t}}\omega_n \tag{10-9}$$

式中　ω_n、ω_n'——装上传感器之前、后被测系统的固有频率；

　　　　a、a'——装上传感器之前、后被测系统的加速度；

　　　　m——被测系统原有质量；

　　　　m_t——被测系统附加质量。

显然，只有当 $m_t \ll m$ 时，m_t 的影响才可忽略。在对轻小结构测振或做模态实验时，由于 m_t 占 m 的相当比例，需要对附加质量加以特别考虑。

振动的位移、速度、加速度之间保持简单的微积分关系，所以在许多测振仪器中往往带有简单的微积分网络，根据需要可进行位移、速度、加速度之间的切换。以下是关于这些传感器的介绍。

10.3.1 涡流式位移传感器

涡流式位移传感器是一种相对式非接触式传感器，它是通过传感器端部与被测物体之间的距离变化来测量物体的振动位移和幅值的。实验表明，传感器线圈的厚度越小，灵敏度越高。涡流式位移传感器是由固定在聚四氟乙烯或陶瓷框架中的扁平线圈组成，结构简单，如图 10-5 所示。这种传感器已成系列，测量范围从 $\pm(0.5 \sim 10)$ mm 不等，灵敏阈约为测量范围的 0.1%。例如外径 8mm 的传感器与工件安

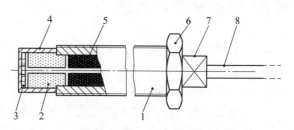

1—壳体 2—框架 3—线圈 4—保护套
5—添料 6—螺母 7—引线套 8—电缆

图 10-5

涡流式位移传感器

装间隙约为 1mm，在 ±0.5mm 的测量范围内有良好的线性，灵敏度为 8mV/μm。这类传感器具有线性范围大、灵敏度高、频率范围宽、抗干扰能力强、不受油污等介质影响以及非接触测量等特点。涡流式传感器属于相对式传感器，它能方便地测量运动部件与静止部件之间的间隙变化（例如转轴相对于轴承座的振动等）。实验证明：表面粗糙度对测量几乎无影响，但表面微裂缝和被测材料的电导率和磁导率对灵敏度有影响。所以在测试前，最好用和试件材料相同的样件在校准装置上直接校准，以取得特性曲线。此外，如被测物体是小圆柱体，则其直径与线圈直径之比对灵敏度也有影响。这类传感器在汽轮机组、空气压缩机组等回转轴系的振动监测、故障诊断中应用甚广。

10.3.2 电容或传感器

电容或传感器中，非接触式电容式传感器常用于位移测量。其测量内容与涡流位移传感器相近（参阅本书第 4 章 4.3 节电容式传感器的内容）。

接触式电容式传感器常用于振动测量，其结构外观如图 10-6 所示。该类型的电容式传感器的信号转换放大电路，主要采用频率调制型，目的在于增加电路的灵敏度和可靠性。这种电容式传感器的工作频率范围，低频可以从 0Hz 开始，上限可到 300Hz，可实现超低频振动测量。例如：K-Beam 电容式加速度计（见图 10-7）是由硅敏感元件、模拟专用集成电路（ASIC）、调节器、放大器、滤波器、供电系统、信号调节电路及外壳、插头电缆等组成。

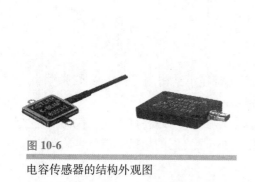

图 10-6

电容传感器的结构外观图

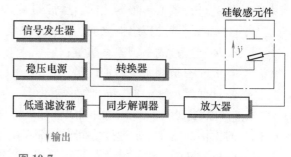

图 10-7

K-Beam 电容式加速度计的工作原理图

硅敏感元件与上、下极板构成两个电容器，传感器内部封装的气体（氮气）起阻尼作用。质量—弹簧系统对振动的响应取决于它相对两个电极的位置。测量信号经解调后，输出对应正比于加速度的电压信号。图 10-8 为电容式传感器输出信号示意图。这种电容式加速度传感器量程至 $50g(g=9.8\,\mathrm{m/s^2})$，其频响范围 $0\sim300\mathrm{Hz}$（$\pm50\%$），属于真正的 DC 响应。传感器质量小（小于 8.0g）并与地绝缘。连接方式为螺栓或粘接。其性能为低噪声，分辨率达 0.1mg。

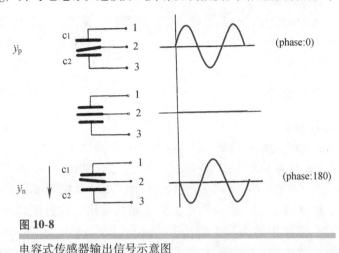

图 10-8

电容式传感器输出信号示意图

10.3.3　磁电式速度计

磁电式速度计是利用电磁感应原理工作的传感器（见图 10-9），将传感器中的线圈作为质量块，当传感器运动时，线圈在磁场中做切割磁力线的运动，其产生的电动势大小与输入的速度成正比。

如果将壳体 7 固定在一试件上，通过压缩弹簧片 2，使顶杆 1 以 F 力顶住另一试件，则线圈 4 在磁场中的运动速度就是两试件的相对速度，速度计的输出电压与两试件的相对速度成比例。图 10-9 就是按这种原理工作的磁电式相对速度计的简图。该传感器由固定部分、可动部分以及三组拱形弹簧片组

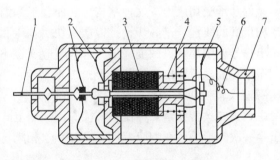

1—顶杆　2、5—弹簧片　3—磁铁
4—线圈　6—引出线　7—壳体

图 10-9

磁电式速度计

成。三组拱形弹簧片的安装方向是一致的。在测量振动时，必须先将顶杆 1 压在被测物体上，并应注意满足传感器的跟随条件。设振动系统的质量为 M，弹性刚度为 K，则当传感器顶杆跟随被测物体运动时，顶杆质量 m 和弹簧刚度 k 附属于被测物体上，如图 10-9 所示，它成了被测振动系统的一部分，因此在测量时应注意满足 $M\gg m$、$K\gg k$ 的条件，这样传感器可动部分的运动才能主要取决于被测物体系统的运动。

根据电磁感应定律，磁电式速度计所产生的感应电动势 e 为

$$e = -Bl\dot{x}_\mathrm{r}$$

式中　B——磁感应强度；

　　　l——线圈在磁场内的有效长度；

　　　$\dot{x}_r$——线圈在磁场内的相对速度。

由于在机电变换原理中应用的是电磁感应定律，产生的电动势同被测振动速度成正比，所以它实际上是一个速度传感器。

磁电式速度计的结构较简单，使用方便，输出阻抗低，从外部引入的电噪声很小，输出信号较大，灵敏度较大，有时可不加放大器，适用于测量低频信号。主要缺点是体积大、笨重、不能测量高频信号。

10.3.4　压电式加速度计

1. 压电式加速度计的结构

常用的压电式加速度计的结构形式如图 10-10 所示。图中 S 是弹簧，M 是质量块，B 是基座，P 是压电元件，R 是夹持环。图 10-10a 是中央安装压缩型，压电元件-质量块-弹簧系统装在圆形中心支柱上，支柱与基座连接，这种结构有高的共振频率。然而基座 B 与测试对象连接时，如果基座 B 有变形，则将直接影响传感器输出。此外测试对象和环境温度变化将影响压电元件片，并使预紧力发生变化，易引起温度漂移。图 10-10b 为环形剪切型，结构简单，能做成极小型、高共振频率的加速度计，环形质量块粘到装在中心支柱上的环形压电元件上。由于黏结剂会随温度的增高而变软，因此最高工作温度受到限制。图 10-10c 为三角剪切型，压电元件片由夹持环夹牢在三角形中心柱上。加速度计感受轴向振动时，压电元件片承受切应力。这种结构对底座变形和温度变化有极好的隔离作用，有较高的共振频率和良好的线性。其剪切设计使质量块、基座和敏感元件之间的摩擦力产生正比于加速度的输出信号，则温度灵敏度降低，对基座应变也不敏感。压电式加速度计由绝对加速度输入，到压电片的电荷输出，实际上经过二次转换。首先按图 10-4 所示的传感器力学模型，将加速度输入转换成质量对壳体的相对位移 z_{01}。其次将与 z_{01} 成正比的弹簧力转换成电荷输出。考虑到第二次转换是一种比例转换，因而压电式加速度计的频率响应特性在很大程度上取决于第一次转换的频率响应特性。其幅频、相频特性可由表 10-1 查得。

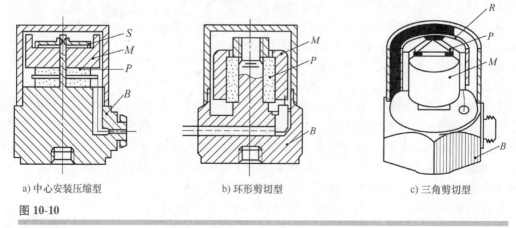

a) 中心安装压缩型　　　　　　　　b) 环形剪切型　　　　　　　　c) 三角剪切型

图 10-10

压电式加速度计

如果加速度传感器的固有频率是 ω_n，显然 $\omega_n = \sqrt{\dfrac{k}{m}}$ ，式中 k 是弹簧板、压电元件片和基座螺栓的组合刚度系数，m 是惯性质量块的质量。为了使加速度传感器正常工作，被测振动的频率 ω 应该远低于加速度传感器的固有频率，即 $\omega \ll \omega_n$。很明显，由于输入和惯性质量块与基座之间的相对运动 z_{01} 成比例，加速度传感器的压电元件片受到交变压力后，z_{01} 将与加速度成正比。所以加速度传感器就能输出与被测振动加速度成比例的电荷。这就是压电式加速度传感器的工作原理。

2. 压电式加速度传感器的灵敏度

压电式加速度传感器的灵敏度有两种表示方法，一个是电压灵敏度 S_V；另一个是电荷灵敏度 S_q。传感器的电学特性等效电路如图 10-11b 所示。

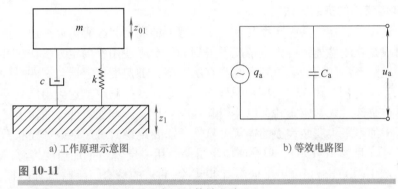

a) 工作原理示意图　　　　　　　　b) 等效电路图

图 10-11

加速度传感器的工作原理示意图及等效电路

（1）电荷灵敏度　已知压电片上承受的压力为 $F = ma$，在压电片的工作表面上产生的电荷 q_a 与被测振动的加速度 a 成正比，即 $q_a = S_q a$。式中，比例系数 S_q 就是压电式加速度传感器的电荷灵敏度，量纲是 $\mathrm{pC/(m \cdot s^{-2})}$。

（2）电压灵敏度　由图 10-11b 可知，传感器的开路电压 $u_a = \dfrac{q_a}{C_a}$。式中，C_a 为传感器的内部电容量，对于一个特定的传感器来说，C_a 为一个确定值。所以 $u_a = \dfrac{S_q}{C_a} a$，即 $u_a = S_V a$。

也就是说，加速度传感器的开路电压 u_a 也与被测加速度 a 成正比，比例系数 S_V 就是压电式加速度传感器的电压灵敏度，量纲是 $\mathrm{mV/(m \cdot s^{-2})}$。对给定的压电材料而言，灵敏度随质量块的增大或压电片的增多而增大。一般来说加速度计尺寸越大，其固有频率越低。因此选用加速度计时应当权衡灵敏度和结构尺寸、附加质量影响和频率响应特性之间的利弊。

压电晶体加速度计的横向灵敏度表示它对横向（垂直于加速度计轴线）振动的敏感程度。横向灵敏度常以主灵敏度（即加速度计的电压灵敏度或电荷灵敏度）的百分比表示。一般在壳体上用小红点标出最小横向灵敏度方向，一个优良的加速度计的横向灵敏度应小于主灵敏度的 3%。

3. 压电式加速度计的频率特性

实际的压电式加速度计，由于电荷泄漏，其幅频特性如图 10-12 所示，从图中可以看出压电式加速度计工作频率范围很宽，只有在加速度传感器的固有频率 ω_n 附近灵敏度才发生急剧变化。加速度传感器的使用上限频率取决于幅频曲线中的共振频率。一般小阻尼（$\zeta \leqslant 0.1$）的加速度传感器，上限频率若取为共振频率的 1/3，便可保证幅值误差低于 1dB（即 12%）；若取为共振频率的 1/5，则可保证幅值误差小于 0.5dB（即 6%），相移小于 3°。

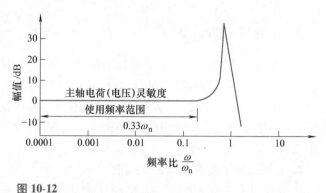

图 10-12

压电式加速度计的幅频特性

4. 加速度传感器的安装方法

压电式加速度传感器的共振频率与加速度传感器的固定状况有关，加速度传感器出厂时给出的幅频曲线是在刚性连接的固定情况下得到的。实际使用的固定方法往往难以达到刚性连接，因而共振频率和使用的上限频率都会有所下降。加速度传感器与试件的各种固定方法如图 10-13 所示。其中图 10-13a 采用钢螺栓固定，是使共振频率能达到出厂共振频率的最好方法。螺栓不得全部拧入基座螺孔，以免引起基座变形，影响加速度计的输出。在安装面上涂一层硅脂可增加不平整安装表面的连接可靠性。需要绝缘时可用绝缘螺栓和云母垫片来固定加速度传感器（见图 10-13b），但垫圈应尽量薄。用一层薄蜡把加速度传感器粘在试件平整表面上（见图 10-13c），亦可用于低温（40°C 以下）的场合。手持探针测振方法（见图 10-13d）在多点测试时使用特别方便，但测量误差较大，重复性差，使用上限频率一般不高于 1000Hz。用专用永久磁铁固定加速度传感器（见图 10-13e），使用方便，多在低频测量中使用。此法也可使加速度传感器与试件绝缘。用硬性黏结螺栓（见图 10-13f）或黏结剂（见图 10-13g）的固定方法也常使用。软性黏结剂会显著降低共振频率，不宜采用。某种典型的加速度传感器采用上述各种固定方法的共振频率分别为：刚螺栓固定法 31kHz、云母垫片法 28kHz、涂薄蜡层法 29kHz、手持法 2kHz、永久磁铁固定法 7kHz。

5. 压电式加速度计的前置放大器

压电片受力后产生的电荷量极其微弱，电荷使压电片边界面和接在边界面上的导体充电到电压 $u=q/C_a$（这里 C_a 是加速度计的内电容）。要测定这样微弱的电荷（或电压）的关键是防止导线、测量电路和加速度传感器本身的电荷泄漏。换句话讲，压电加速度传感器所用的前置放大器应具有极高的输入阻抗，把泄漏减少到测量准确度所要求的限度以内。

用于压电式加速度计的前置放大器有两类：电压放大器和电荷放大器。所用电压放大器就是高输入阻抗的比例放大器。其电路比较简单，但输出受连接电缆对地电容的影响，适用于一般振动测量。电荷放大器以电容作为负反馈，使用中基本不受电缆电容的影响。在电荷放大器中，通常用高质量的元器件，输入阻抗更高，但价格也比较昂贵。

从压电式加速度计的力学模型看，它具有"低通"特性，故可测量极低的振动。但实际上由于低频，尤其是以小振幅振动时，加速度值小，传感器的灵敏度有限，因此输出信号将很微弱，信噪比很差；另外电荷的泄漏、积分电路的漂移（用于测量振动的速度和位移）、器件的噪声都是不可避免的，所以实际低频端也出现"截止频率"，为 0.1～1Hz。若配用好的电荷放大器，则可降低到 0.1mHz。

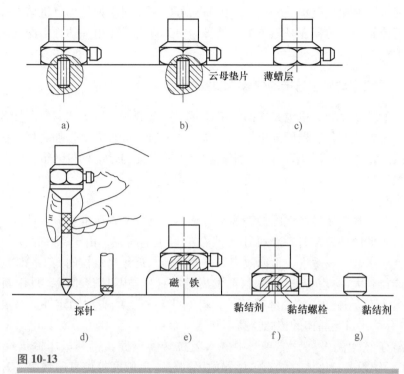

图 10-13

固定加速度计的方法

微电子技术的发展，已提供了体积很小、能装在压电式加速度计壳体内的集成放大器，由它来完成阻抗变换的功能。这类内装集成放大器的加速度传感器可使用长电缆而无衰减，并可直接与大多数通用的输出仪器（如示波器、记录仪、数字电压表）连接。

10.3.5　阻抗头

在激振试验中还常用一种名为阻抗头的装置，它集压电式力传感器和压电式加速度传感器为一体。其作用是在力传递点同时测量激振力和该点的运动响应，因此阻抗头由两部分组成，一部分是力传感器，另一部分是加速度传感器，如图 10-14 所示。它装在激振器顶杆和试件之间。阻抗头前端是力传感器，后面为测量激振点响应的加速度传感器。在结构上应当使两者尽量接近。它的优点是，保证测量点的响应就是激振点的响应。使用时将小头（测力端）连向结构，将大头（测量加速度端）与激振器的施力杆相连。从力信号输出端有"测量激振力的信号"，从加速度信号输出端有"测量加速度的响应信号"。

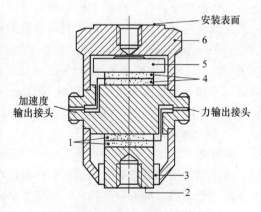

1、4—压电片　2—激振平台　3—橡胶
5—质量块　6—钛质壳体

图 10-14

阻抗头

注意，阻抗头一般只能承受轻载荷，因而只可以用于对轻型结构、机械部件以及材料试样的测量。无论是力传感器还是阻抗头，信号转换元件都是压电晶体，因而其测量电路均应是电压放大器或电荷放大器。

10.3.6　现代振动测量与振动传感器的发展

大型装备的动态设计、机电系统的故障诊断、主动振动控制等均需要测量各种装备的振动，并且对测量方法和传感器的要求愈来愈高。为了适应这种需要，加之材料科学、电子技术与计算机的迅速发展，近年来振动传感器和仪器的功能与性能均得到很大的改善，并发展了一些新的振动测量方法，下面予以简要介绍。

1. 压电加速度计

压电加速度计是应用最广泛的振动测量传感器，近年来在压电材料、结构和性能上均有很大改善。过去惯性加速度计广泛使用天然石英与压电陶瓷，由于存在杂质或性能上的问题，使其温度稳定性、灵敏度、横向效应等方面欠佳。近年来培植的人工晶体应用于加速度计，使其性能得到大幅度提高。例如目前发展的一种压电晶体传感器，采用新型晶体材料 K185，具有与石英晶体同样的晶体对称性，有 $600°C$ 以上的高温稳定性，高灵敏度，纵向灵敏度（pC/N）比石英晶体的传感器高 3.9 倍，熔点以下无相变、无热电效应，频响范围宽。随着微电子技术的发展，传感器中嵌入阻抗转换电路，得到电压输出（即电压灵敏度），简化了后续设备；嵌入存储有传感器的序列号、灵敏度等信息的数字芯片，与相应的测量仪器连接，仪器开机后可自动读入这些信息。

近年来惯性式加速度计在结构设计上也有很大改进。例如剪切设计的加速度计利用质量块 2 和敏感元件 3 之间的摩擦力产生正比于加速度的输出信号，具有温度灵敏度低、对其座应变不敏感等优点（见图 10-15）。

传统的三轴加速度计由三个单独的单轴加速度计安装在一个壳体中构成。这种结构限制了加速度计尺寸的减小，同时三个惯性质量意味着有不同的参考点，造成测点加速度误差。此外，传感器是由三个单独的传感器组合而成，所以总重量较大。若要满足轻型结构的测量要求，减轻重量，则要减轻每个惯性质量的重量，降低测量灵敏度，减小动态范围。近年发展了一种新型的三向加速度计，这种加速度计的三向共享一个共同的惯性质量和压电环（PZ 环），因而大大减小了重量/灵敏度比，消除了多参考点造成的测量误差，减小了传感器的尺寸和基座弯曲灵敏度。图 10-16 为三向传感器中心部分结构图。图 10-17 分别为三向传感器 X、Y、Z 三个方向的主振型图。图 10-18 为三向传感器的照片。

2. 激光多普勒振动测量系统

通常振动测量是在被测物体上安装惯性加速度计的接触式测量，对于小型物体或轻型结构，传感器的附加质量要影响被测物体的振动状态，从而造成很大的测量误差。对于特殊状态下的测量对象，例如高温物体，根本无法安装加速度计。在这种情况下，激光全息方法、激光多普勒测量等非接触测量就是很好的振动测量方法。这里介绍激光多普勒振动测量方法。

激光多普勒效应是当波源向着接收器移动时，波源和接收器之间传递的波将发生变化，波长缩短，频率升高；反之，当波源背着接收器移动时，波源和接收器之间传递的波长将变长，频率会降低。发生多普勒效应的波可以是声波，也可以是电磁波。利用激光多普勒效应，不仅能测量固体的振动速度，还可以测量流体（液体和气体）的流动速度。

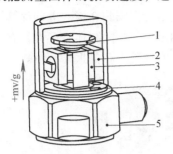

1—阻抗变换器　2—质量块
3—敏感元件　4—底座　5—外壳

图 10-15

剪切设计的加速度计结构

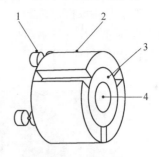

1—支承座　2—臂
3—PZ 陶瓷　4—惯性质量

图 10-16

三向传感器中心部分
结构图

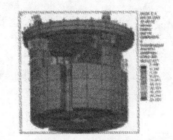
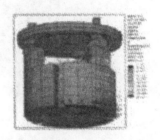

图 10-17

三向传感器 X、Y、Z 三个方向的主振型图

　　目前激光多普勒速度计产品已有很好的性能，具有很高的空间分辨率、测量精度和测量效率。激光多普勒速度计有单点测量型和扫描型两种，图 10-19 为使用单点激光多普勒速度计测量发动机的振动。这种测量是激光束直接照射到被测物体上，利用被测物体表面的反射实现测量。

图 10-18

三向传感器照片

图 10-19

单点激光多普勒速度计

图 10-20 为扫描型激光多普勒速度计。图 10-21 为使用扫描型激光多普勒速度计实现汽车车身多点振动测量或模态试验。扫描型激光多普勒速度计有安装在镜架上的计算机控制的镜片，激光束通过镜片的反射照射在被测物体上实现测量。将被测物体上多测量点的几何造型送入控制镜片旋转的计算机中，通过镜片的步进旋转实现逐点扫描振动测量。

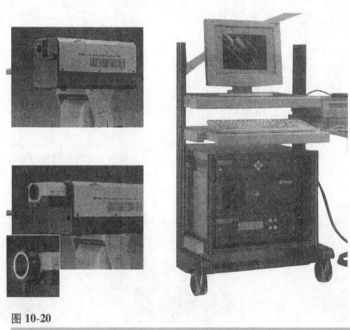

图 10-20

扫描型激光多普勒速度计

图 10-21

车身和车轮的多点振动测量与模态试验

10.4 振动测量系统及其标定

10.4.1 振动测量系统的组成

机械结构的振动测量主要是指测定振动体（或振动体上某一点）的位移、速度、加速度大小以及振动频率、周期、相位、振型、频谱等，在工程实践中有时还要通过试验来测定（或确定）振动系统的动态特性参数，如固有频率、阻尼、动刚度、动质量等。振动测量的方法多种多样，这里简要介绍如下。

振动测量广泛采用电测法，这种方法灵敏度高，频率范围及线性范围宽，便于遥测和运用电子仪器，还可以用计算机分析处理数据。测量时，用传感器将被测振动量转换成电量，而后再通过对电量的处理获取对应的振动量。振动测量系统就是按照这个原理，针对不同的测量类型组成的。

根据前面的讨论，如果知道了系统的输入（激励）和输出（响应），就可以求出系统的动态特性，振动系统测试就是求取系统输入和输出的一种试验方法。根据测试的对象和任务不同，一般可将其分为两种类型，下面分别予以介绍。

1. 仅测量系统的输出（响应）

这类测试主要发生在两种情况之下。第一种情况是系统在一定的初始条件下发生自由振动，此时只要测得自由振动的时间历程，即可求出系统的动态特性；第二种情况是系统在自然激励（例如环境激励或工作激励）作用下发生强迫振动，系统的输入一般难以测量或不可测量，此时主要通过测出系统的输出，求出其相关函数或功率谱密度函数来确定系统的动态特性或找出引起振动的原因。

2. 同时测量输入和输出

这类测试是典型的实验室方法，被测系统通常在人为激励（例如脉冲锤击激励）作用下发生强迫振动，同时测出系统的输入和输出，求取系统的动态特性。

图 10-22 所示系统是一种最简单的振动测量系统，它用于第一类测试。加速度计将被测的机械振动量转换成电量，从振动计上可以直接读出振动量的位移、速度和加速度的量值，用于现场测量很方便。

图 10-23 所示系统能把现场的振动信号记录下来，供分析时反复使

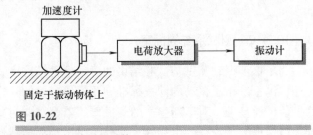

图 10-22

最简单的振动测量系统

用。若配上适当的滤波器组成图 10-24 所示系统，不仅在现场可以读出振动的量级，还可以对振动信号作频率分析，用记录仪画振动信号的时间历程曲线和频谱图。图 10-25 所示为频响函数测量系统。系统中，若采用低阻加速度计，则不用电荷放大器，而使用前置放大器（即电压放大器）。

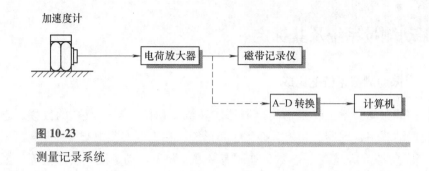

图 10-23

测量记录系统

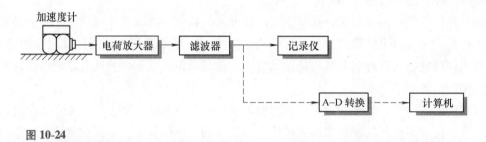

图 10-24

加滤波器的测量系统

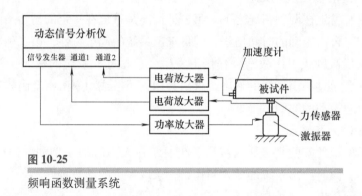

图 10-25

频响函数测量系统

10.4.2 测试系统的标定

为了保证振动测试与试验结果的可靠性与精确度，也即为了保证机械振动测量的统一和传递，国家发布了振动的计量标准和测振传感器的检定标准，并设有标准测振装置和仪器作为量值传递基准。对于新生产的测振传感器都需要对其灵敏度、频率响应、线性度等进行校准，以保证测量数据的可靠性。此外，由于测振传感器的某些电气性能和机械性能会因使用程度和随时间而变化，传感器使用一段时间后灵敏度会有所改变，像压电材料的老化会使灵敏度每年降低 2%~5%，因此测试仪器必须定期按它的技术指标进行全面严格的标定和校准。使用中还经常碰到各类型的拾振器和放大器、记录设备配套问题，进行重大测试工作之前常常需要进行现场校准或某些特性校准，以保证获得满意的结果。所以灵敏度和使用范围的各项参数指标需要重新确定，也即重新标定。标定的过程一般分为三级精度：中国计量科学研究院进行的标定是一级精度的标准传递。在此处标定出的传感器叫作标准传感器，它具有二级精度。用标准传感器可以对出厂的传感器和其他方式使用的传感器进行标定，得到的传感器具有三级精度，也就是我们在试验现场所用的传感器。

传感器进行标定时，应有一个对传感器产生激振信号，并知其振源输出大小的标准振源设备。标准振源设备主要是振动台和激振器。激振器可安装在被测物体上并直接产生一个激振力作用于被测物体。而振动台则把被测物体安装在振动平台上，振动台产生一个变化的位移而对被测物体施加激振。振源设备可以产生振幅和频率可调的振动，是测振传感器校准不可缺少的工具。常用的灵敏度标定方法有绝对法、相对法和校准器法。下面对前两者进行介绍。

1. 绝对法

这一般是由中国计量科学研究院实行一级标定所用的方法，用来标定二级精度的标准传感器。标定时，将被标定的传感器固定在标定振动台上，用激光干涉测振仪直接测量振动台的振幅，再和被标定的传感器的输出比较，以确定被标定传感器的灵敏度。这种用激光干涉测振仪的绝对校准法，其校准误差是 $0.5\% \sim 1\%$。此法同时也可测量传感器的频率响应。例如用我国的 BZD—1 中频校准振动台，配上 GDZ—1 光电激光干涉测振仪，在 $10 \sim 1000Hz$ 之间有 $0.5\% \sim 1\%$ 的校准误差，在 $1 \sim 4kHz$ 之间有 $0.5\% \sim 1.5\%$ 的校准误差。此法设备复杂，操作和环境要求高，只适合计量单位和测振仪器制造厂使用。其原理如图 10-26 所示，其中正弦信号发生器的输出，一路经功率放大后去推动振动台，另一路送频率测量仪作为频率测量的参考信号，被校准的压电加速度计的输出经电荷放大器后用高精确度数字电压表读出。激光干涉测振干涉仪的工作台台体移动 $\lambda/2$（常用的氦–氖激光波长 $\lambda = 0.6328\mu m$），光程差变化一个波长 λ，干涉条纹移动一条。所以根据移动条纹的计数可以测出台面振幅，再根据实测的频率可以算出传感器所经受的速度或加速度。

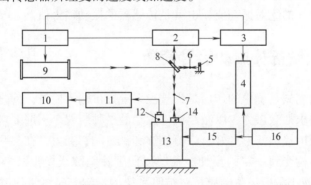

1—电源　2—光电倍增管　3—放大器　4—频率测量仪　5—参考反射镜
6—参考光束　7—测量光束　8—分束器　9—氦氖激光器　10—数字电压表
11—电荷放大器　12—拾振器　13—振动台　14—测量反射镜
15—功率放大器　16—正弦信号发生器

图 10-26

利用振动台和激光干涉测振仪的绝对校准法

在进行频率响应测试时，使信号发生器做慢速的频率扫描，同时用反馈电路使振动台的振动速度或加速度幅值保持不变，并测量传感器的输出，便可给出被校速度或加速度传感器的频响曲线。在振动台功率受限时，高频段台面的振幅相应较小，振幅测量的相对误差就会有所增加。

2. 相对法

相对法又称为背靠背比较标定法。将待标定的传感器和经过国家计量等部门严格标定过的标准传感器背靠背地（或仔细地、并排地）安装在振动台上承受相同的振动。将两个传感器的输出进行比较，就可以计算出在该频率点被校准传感器的灵敏度。这时，标准传感器起着传递"振动标准"的作用，通常称为参考传感器。图 10-27 是这种相对校准加速度计简图。这时被校准传感器的灵敏度为

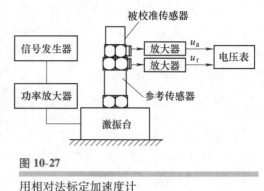

图 10-27

用相对法标定加速度计

$$S_a = S_r \frac{u_a}{u_r} \tag{10-10}$$

式中　S_r——参考传感器的灵敏度；

u_a、u_r——被校准传感器和参考传感器的输出或放大器的输出电压（当放大倍数相同时）。

振动传感器应定期校准。任何外界干扰，包括地基振动，都会影响校准工作，带来误差。因此高精度的校准工作应在隔振基座上进行。对于工业现场来说，这是很难办到的事情。而实际校准工作却又要求在模拟现场工作环境（温度、湿度、电磁干扰）下进行。考虑到工业中用于振动工况监测的传感器首先追求的是可靠性，而不是很高的精确度等级，所以一个可行的办法是测量振动台基座的绝对振动，同时再测量台面对基座的相对振动，经过信号叠加处理获得台面的绝对振动值，也就是传感器的振动输入值。

10.5　激振试验设备及振动信号简介

激振设备在振动测试系统中的作用是为被测系统提供输入能量，使之发生振动，也即对试件施加某种预定要求的激振力，以激起试件振动的一种装置。一般要求激振设备应当能够在所要求的频率范围内提供波形良好、幅值足够和稳定的交变力，在某些情况下还需施加稳定力。稳定力能使结构受到一定的预加载荷，以便消除间隙或模拟某种稳定力（如切削力的不变成分）。为了减小激振设备的质量对被测系统的影响，应尽量使激振设备体积小、重量轻。目前最常用的激振设备是振动台、激振器和力锤三种，它直接为振动试验提供振动源。

10.5.1　振动台

振动台通常分为机械式振动台、电磁式振动台和电-液伺服振动台三种。

电-液伺服振动台是将高压油液的流动转换成振动台台面往复运动的一种机械设备，其原理如图 10-28 所示。其中台体由电液控制阀、液压缸、高压油路（供油管路）、低压油路（回油管路）等主要部件组成。电液控制阀的驱动线圈由信号发生器、功率放大器供给驱动电信号，从而驱动控制阀工作。

　　电-液伺服振动台的工作原理如图 10-28a 所示，振动台处于平衡位置时，即控制阀的滑阀正好关闭了所有的进出油孔，使高压油不能通过控制阀而进入液压缸，于是活塞处于静止平衡位置。当给驱动线圈加一驱动信号使可动部分向上移动时，控制阀即离开平衡位置向上运动，如图 10-28b 所示，从而打开控制阀的高压油孔，高压油经油路从下面进入液压缸，并推动活塞向上运动，这样振动台台面就向上运动，而处在控制阀和活塞上端的油经回油管流入油箱中；当外加驱动信号使驱动线圈的可动部分向下运动时，控制阀即向下运动，如图 10-28c 所示，高压油从上面进入液压缸而推动活塞向下运动，这样振动台台面就向下运动。不难看出，液压振动台就是利用控制阀控制高压油流入液压缸的流量和方向来实现台面的振动，台面振动的频率和驱动线圈的振动频率相同。振动台台面由活塞杆推动，其上的位移传感器测量台面和缸体之间的运动，它的输出通过截止频率极低（1.5Hz）的低通滤波器反馈给伺服放大器，作用是保持活塞在调定零点附近振动。振动台的工作原理是：信号发生器的信号，经过放大后操纵由电动激振器、操纵阀、功率阀所组成的电液伺服阀以控制油路，使活塞做往复运动。活塞台面上的加速度传感器经过前置放大器，由 A-D 转换接口进入计算机，以计算机作为控制器，其输出经 D-A 转换转去激振被试件。活塞端部输入一定压力的油液，以形成静压力 $p_{静}$，对被试件加上预载。

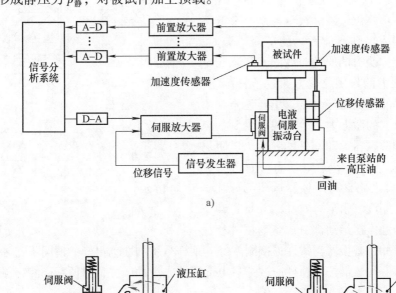

a)

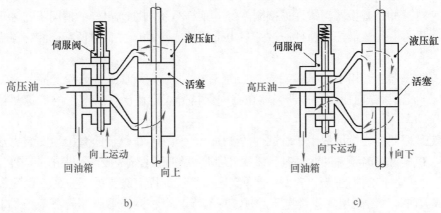

b)　　　　　　　　　　　　　　　　　　c)

图 10-28

电-液伺服振动台

由于电-液伺服振动台可比较方便地提供大的激振力，台面能承受大的负载，因此，一般都做成大型设备加以使用，以便适应大型结构的模拟试验。它的工作频率段下限可低至零赫兹，上限可达几百赫兹。由于台面由高压油推动，因而避免了漏磁对台面的影响。但台面的波形直接受油压及油的性能的影响。因此，压力的脉动、油液受温度的影响等都将直接影响台面的振动波形。所以，与电磁式振动台相比，它的波形失真度相对来说要大一些。此外，它的结构复杂、制造精度要求高，并且需要一套液压系统。

10.5.2 激振器

常用的激振器有电动式、电磁式。这里主要介绍电动式激振器。

电动式激振器按其磁场的形成方法有永磁式和励磁式两种。前者多用于小型激振器，而后者多用于较大型的激振器，也即激振台中。

电动式激振器的结构如图 10-29 所示。驱动线圈 6 固装在顶杆 12 上，支承弹簧 11 支承在壳体 8 中。线圈 6 正好位于磁极板 7 与铁心 9 的气隙中。线圈 6 通入经功率放大后的交变电流时，根据磁场中载流体受力的原理，线圈 6 受到与电流成正比的电动力的作用，此力通过顶杆 12 传到试件上，便是所需的激振力。这里要注意，由顶杆施加到试件上的激振力不等于线圈受到的电动力。激振力和激振器运动部件的弹性力、阻尼力及惯性力的矢量和才等于电动力。而传力比（电动力与激振力之比）与激振器运动部分和试件本身的质量、刚度、阻尼等有关，并且是频率的函数。只有当激振器运动部分质量与试件相比

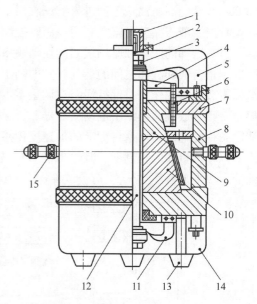

1—保护罩　2—连接杆　3—螺母　4—连接骨架
5—上罩　6—线圈　7—磁极板　8—壳体　9—铁心
10—磁钢　11—支承弹簧　12—顶杆　13—底脚
14—下罩　15—手柄

图 10-29

电动式激振器

可忽略不计时，并且激振器与试件连接刚度好、顶杆系统刚性也很好的情况下，才可认为电动力等于激振力。一般最好使顶杆通过一只力传感器去激励试件，以便精确测出激振力的大小和相位。

电动式激振器主要用于使试验对象产生绝对振动（以大地作为参考坐标，习惯上称为绝对振动），因而激振时应使激振器壳体在空中保持静止，使激振器产生的能量尽量用于试验对象的振动。

为了使激振器的能量尽量用于对试件的激励上，图 10-30 所示的激振器安装方法能满足这一要求。在进行较高频率的激振时，激振器都用软弹簧（如橡胶绳）悬挂起来，如图 10-30a 所示，并可加上必要的配重，以尽量降低悬挂系统的固有频率，至少使它低至激振频率的 1/3。试验时，通常是用软弹簧绳 3（例如旧 V 带）套在激振器壳体的两个把手上，将它悬挂在空中对试验对象 2 进行激振。这时因为激振器本身自重大，软弹簧绳刚度低，当激振力频率不太低时，激振器壳体在空中近于静止。激振器悬挂于空中做水平方向的激振时，为降低悬挂系统的固有频率，应有足够的悬挂长度和配重。为了产生一定的预加载荷，激振器

需要倾斜 α 角悬挂，如图 10-30b 所示，这样一方面可对试验对象 2 施加固定的预加载荷，也可使激振器的弹簧工作于水平段。低频激振时，要维持上述条件的悬挂是办不到的，因而都将激振器刚性地安装在地面，或刚性很好的架子上，如图 10-30c 所示，让安装的激振器的固有频率比激振频率高 3 倍以上。

10.5.3　力锤

力锤是一种产生瞬态激励力的激振器，它也是目前试验模态分析中经常采用的一种激励设备。它由锤体 3、手柄和可以调换的锤头 1 和配重 4 组成（见图 10-31），通常在锤体和锤头之间装有一个力传感器 2，以测量被测系统所受锤击力的大小。一般来说，锤击力的大小是由锤击质量和锤击被测系统时的运动速度所决定的。操作者往往是控制速度而不是控制力的大小。

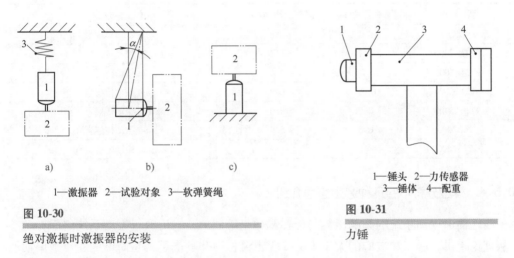

1—激振器　2—试验对象　3—软弹簧绳

图 10-30

绝对激振时激振器的安装

1—锤头　2—力传感器
3—锤体　4—配重

图 10-31

力锤

脉冲激振是指在极短的时间内对被侧对象施加一作用力使其产生振动的激振方式。工程测试中，常用力锤敲击被测对象，实现脉冲激振。激励谱的形状由所选锤头材料和锤头总重量决定。使用锤头附加质量可以增加激励能量。它对被测对象作用力的变化近似半正弦波，激振力的频谱在一定频率范围内接近平直谱（见图 10-32）。激振力的大小及有效频率范围取决于脉冲锤的质量及敲击时接触时间的长短。由表 10-2 可见，随着锤头质量增加，激励频宽降低；激励频谱随锤头材料软硬不同而变化。当脉冲锤质量一定时，就取决于锤头垫（锤头与试件接触部分）材料的软、硬程度。锤头垫越硬，则敲击时接触的时间越短，激振力越大，有效作用频带越宽；反之，锤头越软，敲击接触时间越长，激振力越小，有效作用频带越窄。因此，只要选择合适的锤头垫材料就可获得希望的激振频率范围。常用的锤头垫材料有钢、黄铜、铝合金、橡胶等。敲击力的大小可调节脉冲锤配重和敲击加速度来改变。其额定频率范围由力脉冲宽度 T_c 决定。而 T_c 又由硬度不同的锤头材料控制。锤头材料越硬，T_c 越窄，敲击激振力的波形就越尖，说明它含较高的频率成分。例如在 Kistler 振动传感器中，型号为 9912 型的锤头垫最软，脉冲宽度宽，能量以窄带分布；9902A 最硬，脉冲宽度窄，能量以宽带分布。脉冲激振的主要缺点是：力的大小不易控制，过小会降低信噪比，过大会引起非线性；敲击时间也不易掌握，它影响敲击激振力的频谱形状。

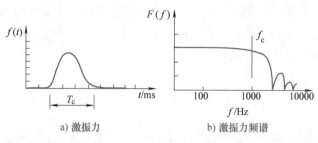

a) 激振力   b) 激振力频谱

图 10-32

敲击激振力及其频谱

表 10-2   敲击激振力频谱与锤头质量、材料的关系

序号	型 号	锤头质量/kg	频率上限/kHz	备 注
1	9722A500	0.1	≈8.2	Kistler 振动传感器
2	9722A2000	0.1	≈9.3	Kistler 振动传感器
3	9724A2000	0.25	≈6.6	Kistler 振动传感器
4	9724A5000	0.25	≈6.9	Kistler 振动传感器
5	9726A5000	0.5	≈5.0	Kistler 振动传感器
6	9726A20000	0.5	≈5.4	Kistler 振动传感器
7	9728A20000	1.5	≈1	Kistler 振动传感器

10.5.4 模态分析中的几种激励信号介绍

由于线性简谐振动系统的频响函数与传递函数是等同的，它反映了振动系统的固有动态特性，从理论上讲，激振和响应的大小无关，无论激振力和响应是否是简谐的、负载周期性的、瞬态的还是随机的，所求得的频率响应函数都应该是一样的。但是对于动态特性不同的测试对象，采用不同的激励信号，测试结果的优劣则有区别。因此，通过实验方法获得频率响应函数的激励信号进行测量的方法很多，根据激励信号的特性和测试对象的目的、要求，激振信号有如下几种：

1. 稳态正弦激励

稳态正弦激励是一种测量频率响应函数的经典方法。在选定的频率范围内，从最低频到最高频选定足够数目的离散频率值，每次用单一频率信号激励被测系统，经适当延时，测出该激励下的稳定响应后，再转到下一个频率点进行同样的测量，直到在所有预先设定的离散频率点上都测量完毕。假如设定的频率点共有 N 个，在测量到第 i 个点时，力信号为 $f_i = F_i \sin\omega_i t$，其稳定响应信号为 $x_i = X_i \sin(\omega_i t + \varphi_i)$，经过 N 个点的测量，即可得到在这一频段的频率响应函数曲线，即 $H(\omega_i) = \dfrac{X_i}{F_i} e^{j\varphi_i}$。

2. 自动正弦扫描激励

这一方法是用自动控制的方法使激励信号的频率缓慢而连续地变化，从低到高扫过所关心的频率范围。在测量前需做预扫描，以便确定能获得稳定响应的扫描速度。如果以某一速度进行由低频到高频和由高频到低频扫描所得到的曲线相同，那么这个速度就是合适的速度。

从理论上讲，扫描法是不能得到稳定响应的，因为无论扫描速度多么慢，对于响应来说都是太快了。但在实际应用时，根据不同的结构，总可以找出一个合理的速率，使正弦慢扫描法所得的结果在一定允许的误差范围内。

3. 瞬态激励

用瞬态力信号来激励振动系统进行频率响应函数测量，是一种常用的方法。用力锤敲击结构来提供激励，每次敲击都可以看作一次瞬态激励。对一线性系统，如果用任一瞬态函数激励，只要它的傅里叶变换在感兴趣的频带内均有值，则可以用它的傅里叶变换求取频率响应函数。根据一次瞬态激励及其响应来确定频率响应函数必然会有较大的误差。只要有可能，应采用多次激励，用平均的办法来消除误差。

4. 随机激励

运用随机信号激励有两大优点，其一是它比瞬态激励更易于控制；其二是应用功率谱的总体平均可以消除噪声和结构动特性中的非线性影响。

在随机激励的模态试验中，对激励和响应信号的自相关和互相关函数进行傅里叶变换，求得激励和响应信号的自功率谱密度和互功率谱密度函数，然后由这些谱密度函数数据求得频率响应函数。

 思考题与习题

10-1　在稳态正弦振动中，是否可以用只测位移，再对位移进行微分的方法，求速度和加速度？或者只测加速度，再用对其进行积分的方法求得速度和位移？为什么？

10-2　分析惯性传感器的工作原理。

10-3　有一个压电加速度测量系统，用其测量信号的最高频率 $f=30\mathrm{kHz}$，欲使幅值测量误差小于 5%，传感器的固有频率为何值？用 50kHz 的传感器能否测量？为什么？

10-4　压电加速度传感器有哪几种安装方法？安装时有哪些注意事项？

10-5　如何对测振传感器进行校准？请简述方法。

10-6　选择测振传感器的主要事项是什么？

10-7　用压电加速度传感器和电荷放大器测量振动加速度，如果加速度传感器的灵敏度为 $80\mathrm{pC}/g$，电荷放大器的灵敏度为 $20\mathrm{mV/pC}$，当振动加速度为 $5g$ 时，电荷放大器的输出电压为多少？此电荷放大器的反馈电容为多少？

第 11 章
声学测量

11.1 概述

声音是广泛存在于人们日常生活中的一种客观物理现象。人们通常可以听到的声主要有语声、乐声和环境声等，如人们说话的声音、乐器演奏的声音、小河的流水声和机器的轰鸣声等。

声学是研究声的产生、传播、接收和效应的科学。声学测量是对声学现象进行客观度量的一项专门技术，它既是声学学科的重要组成部分，又是声学理论和声学技术应用与发展的基础。

从声学测量信号中提取出的多种声学参量，可以满足各类声学工程的需要，所以声学测量对于低噪声机器和设备的开发、机械故障诊断、水下目标定位、声音记录与复现设备的设计、医学诊断及环境噪声的治理等都是非常重要的。传统的声学测量传感器和仪器有测量麦克风、声级计等，如今一些新的测量仪器不断出现，如声强探头、声学照相机、声学显微镜和声学刷等。

11.1.1 声的产生和传播

声与振动是紧密相连的，如说话的声音来源于声带的振动，弦乐器发出的乐声来源于琴弦的振动，机械噪声来源于机器零部件的振动。可发声的物体都称为声源。声源既可以是固体，也可以是液体和气体。

声源诱发的振动在介质中传播，形成声波。若声波通过空气传入人耳，则引起耳内鼓膜的振动，刺激听觉神经，就产生声音的感觉。通常把频率范围在 20～20000Hz 之间能引起人类听觉的声音称为音频声；频率高于 20000Hz 的声音称为超声；低于 20Hz 的声音称为次声。超声及次声一般不能引起人听觉器官的感觉，但可借助一些仪器设备进行观察和测量。

声波不仅可以在空气中传播，也可以在固体和液体中传播，即一切弹性介质都可以传播声波。声波的传播与介质本身的弹性及惯性有关。由于声波的传播总是与某种介质相联系的，因此声波不能在真空中传播。

图 11-1 为声波在介质中传播过程的示意图。把发射器周围介质分成无穷多个薄片。当发射器的发射面（振动表面）振动时，贴近它的介质薄片产生振动，并受到压缩。由于介质具有弹性，所以压缩后表现出弹性力，此力的作用使离发射面较远处的介质薄片依次振动。由于介质具有质量，因而具有惯性，这就使得各介质薄片的振动依次落后一定时间。通过介质的弹性和惯性的作用，介质中局部的振动或变形就传递到介质的另一点。介质质点的振动状态在介质中的传播过程，即声波的传播过程。

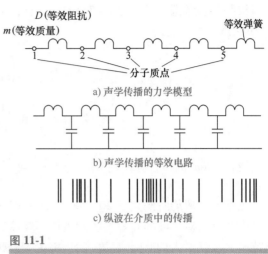

a) 声学传播的力学模型

b) 声学传播的等效电路

c) 纵波在介质中的传播

图 11-1

声波传播过程示意图

当声波在气体和液体中传播时，形成压缩和伸张交替运动现象，所以声波在流体介质中表现为压缩波的传播，即纵波。在固体中由于存在切应力，所以除有纵波外还有横波。在介质中，声波所及区域统称为声场。

11.1.2　工程声学测量的有关概念

1. 声音的波长、频率和声速

声源完成一周的振动过程声波所传播的距离，或者是具有相同运动状态的两相邻空气层之间的距离，称为声波的波长 λ（单位为 m）。

声音的频率 f（单位为 Hz）是声源每秒振动的次数。如果声源每秒振动 80 次，那么，这一声源或所产生声波的频率为 80Hz；如果每秒振动 250 次，则频率为 250Hz。

介质中声波传播过程有时间滞后，即声波在介质中传播有一定速度，称为声波的传播速度，简称为声速 c（单位为 m/s）。

声速与温度有关，随大气温度的升高而增大。声波在空气中的传播速度 c 与温度 t（单位为℃）的关系为

$$c = 331.4 + 0.6t \tag{11-1}$$

0℃时的声速是 331.4m/s。在一般室温 23℃时，根据式（11-1）可算出声速为 345m/s。在做一般计算时，如果没有特别指明空气温度，则常取室温时的声速 345m/s。

声速除与温度有关外，还随介质的变化而变化，其传播速度差别很大。如在钢中为 6300m/s，在 20℃的水中为 1481m/s。

频率 f 是每秒振动的次数，而波长 λ 是每振动一次声波传播的距离，那么 $f\lambda$ 应该是声波每秒传播的距离，即声速 c 的表达式为

$$c = f\lambda \tag{11-2}$$

可见频率 f 与波长 λ 成反比关系，即频率越高波长越短。频率的倒数 $T = 1/f$ 称为振动的周期。

按照一般常温时的声速 $c = 345\mathrm{m/s}$ 计算，从式（11-2）中，可以很容易地得出 100Hz 和 8000Hz 声音的波长依次为

$$\lambda_{100} = \frac{c}{f} = \frac{345}{100}\mathrm{m} = 3.45\mathrm{m}$$

$$\lambda_{8000} = \frac{c}{f} = \frac{345}{8000}\mathrm{m} = 0.043\mathrm{m} = 4.3\mathrm{cm}$$

波长 69cm 的声音频率则为 $f = \frac{c}{\lambda} = \frac{345}{0.69}\mathrm{Hz} = 500\mathrm{Hz}$

正常人一般能听到频率 20~20000Hz 的声音，最低到最高相差 1000 倍，适应范围很广。但是许多材料对声波的有效吸收和隔声等频率特性适应较窄，因此声音的这一广泛的频率变化范围，也就给人们对噪声的控制带来很大麻烦。

但一般声音，都是由许多频率组成的复合声。声音不同，其组成频率和能量分布也不相同。正因如此，才能区别各种各样的声音。声音的这些组成频率和能量分布的关系，称为这一声音的频谱。不同的声音具有不同的频谱。

2. 声压和声压级

在声波作用下，某一点上气压和平均气压的瞬时差称为声压。声压的大小反映了声波的强弱。声压的测量单位是帕斯卡（Pa），最为常用的是 μPa。

均方声压定义为

$$p_{\mathrm{rms}}^2 = \frac{1}{t}\int_0^t p(t)^2 \mathrm{d}t \tag{11-3}$$

式中 p（t）——某一点上的瞬时声压（Pa）；

   p_{rms}——方均根声压（Pa）；

   t——测量平均时间（s）。

纯音声波为

$$p = P\sin\omega\left(\frac{x}{c} - t\right) \tag{11-4}$$

式中 $\omega = 2\pi f$。

对于纯音声波可以给出任一点上的均方声压为

$$p_{\mathrm{rms}}^2 = \frac{P^2}{t}\int_0^t \sin^2\omega\left(\frac{x}{c} - t\right)\mathrm{d}t \tag{11-5}$$

如果选择 $t = 2\pi/\omega$，则 $p_{\mathrm{rms}} = \frac{P}{\sqrt{2}}$ \tag{11-6}

式中 P——该纯音声波的幅值。

在典型的测量中，声压为一段时间内的平均值，该段时间内应尽量多地包含人们感兴趣的频率成分的周期数量，这样其他不感兴趣的声音就不会对该方均根值产生很大的

影响。

一个听觉正常的人，能够忍受的最大声压与能够辨别的最小声压之比，约为 87：1（见图 11-2）。由于其数量范围很大，通常采用分贝数来度量声音和噪声。分贝是功率比的量度，其定义式为

$$dB = 10\lg \frac{W_1}{W_2} \tag{11-7}$$

式中　W_1、W_2——测量功率和参考功率。

又因为功率正比于声压的二次方，式（11-7）可以写为

$$dB = 10\lg \frac{p_1^2}{p_0^2} = 20\lg \frac{p_1}{p_0} \tag{11-8}$$

分贝表示的是一个相对量。

实际上采用敏锐听力阈值（$p_0 = 0.00002\text{Pa} = 20\mu\text{Pa}$）作为声压级的参考声压，因此声压级表示为

$$L_p = 20\lg \frac{p}{0.00002} \tag{11-9}$$

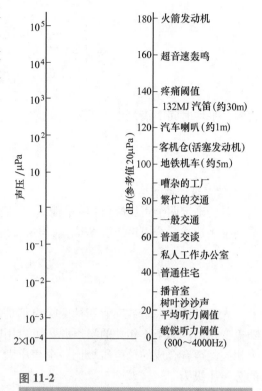

图 11-2

典型声压和声压源

式中　L_p——声压级（dB）；

　　　p——声源的方均根压力（Pa）。

例如，可以求得方均根声压 1Pa 的声压级为

$$L_p = 20\lg \frac{1}{0.00002}\text{dB} \approx 94\text{dB}$$

当两个纯音同一时间发生时，其合成效应取决于接收器处的声压幅值、频率和相位。考虑空间某点有如下的两个声波

$$p_1 = P_1\cos(\omega_1 t + \varphi_1) \tag{11-10}$$

$$p_2 = P_2\cos(\omega_2 t + \varphi_2) \tag{11-10a}$$

式中　p——瞬时声压；

　　　P——声压幅值；

　　　$\omega = 2\pi f$——圆频率；

　　　φ——相位角。

由这两个波产生的瞬时声压是这两个瞬时声压之和。合成纯音的均方声压为

$$p_{\text{rms}}^2 = \frac{1}{T}\int_0^T (p_1 + p_2)^2 \text{d}t \tag{11-10b}$$

将式（11-10）和式（11-10a）代入式（11-10b）并积分，得

$$p_{\mathrm{rms}}^2 = \begin{cases} \dfrac{p_1^2 + p_2^2}{2} = p_{\mathrm{rms}1}^2 + p_{\mathrm{rms}2}^2 & \omega_1 \neq \omega_2 \\[2mm] \dfrac{p_1^2 + p_2^2}{2} + P_1 P_2 \cos(\varphi_1 - \varphi_2) & \omega_1 = \omega_2 \end{cases} \tag{11-10c}$$

式中，平均时间 T 满足以下关系，即

$$T \gg \frac{1}{f_{\min}}$$

其中，$f_{\min}$ 是最低频率。

若要确定两个声压幅值相等但频率不等的纯音相加的结果，应该使用式（11-10c）中的第一个表达式。合成声压级 SPL_{COMB} 与单个纯音的声压级之差为

$$SPL_{\mathrm{COMB}} - L_{\mathrm{p}1} = 20\lg\frac{\sqrt{2}\,p_{\mathrm{rms}1}}{p_0} - 20\lg\frac{p_{\mathrm{rms}1}}{p_0} = 20\lg\sqrt{2}\,\mathrm{dB} = 3.01\mathrm{dB}$$

人们经历的大多数工业和社区噪声都是无关联声源的组合。它们的振幅和频率可能都是随机变化的。对于不相关的噪声源，可应用式（11-10c）中的第一个表达式。由此可知，两个相同的声音合成的总声压级比一个声压大 3dB。进而可以推出在一点 n 个相同声压级合成的总声压级为

$$SPL_{\mathrm{COMB}} = L_{\mathrm{p}1} + 10\lg n \tag{11-11}$$

对于两个或两个以上不同的声压级，为了简化，可以利用图 11-3 计算。图中，横坐标为两个声压级之差 $L_{\mathrm{p}1} - L_{\mathrm{p}2}$，$L_{\mathrm{p}1}$ 是两个声压级中较大的一个，$L_{\mathrm{p}2}$ 是较小的一个；纵坐标附加值 ΔL 是两声压级合成的总声压级增加的数值。因此总声压级为

$$SPL_{\mathrm{COMB}} = L_{\mathrm{p}1} + \Delta L$$

如有两个声音在某点的声压级为 95dB 和 98dB，求出这一点的两个声音合成的总声压级。

根据上述要求，先得出两声压级分贝的差值，$L_{\mathrm{p}1} - L_{\mathrm{p}2} = (98 - 95)\mathrm{dB} = 3\mathrm{dB}$，然后在图 11-3 中的横坐标上 3dB 处沿垂直线向上找到交于曲线的一点，再从该点作水平线交于纵坐标上一点，该点的数值为 1.8，即 $\Delta L = 1.8\mathrm{dB}$，将此值加在最大的一个声压级上，即得总声压级

$$SPL_{\mathrm{COMB}} = (98 + 1.8)\mathrm{dB} = 99.8\mathrm{dB}$$

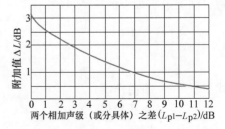

图 11-3

从两个噪声级查总声压级的附加值

对由两个以上声压级合成的总声压级，可以利用图 11-3 将其中的两个先合成，再将此总声压级与第三个声压级合成。依此类推，就可得到任何一个声压级的合成。

3. 声功率、声强和声功率级

声源的声功率指在单位时间内声源向空间辐射的总能量,常用单位是瓦特(W)。当声音从一个理想点源向外传播时,它将不断地扩展到越来越大的空间。

在任何位置上的声强用"瓦特每单位面积"来表示。对于一个平面波或球面波,在传播方向上的声强 I(见图 11-4)为

$$I = \frac{p_{\text{rms}}^2}{\rho_0 c} = \frac{W}{A} \tag{11-12}$$

式中　ρ_0——介质的平均质量密度;

　　　W——声功率(W);

　　　A——面积。

声功率级(L_W)用分贝表示,给定参考声压 10^{-12}W。因此声功率级定义为

$$L_W = 10\lg(W/10^{-12})\,\text{dB} \tag{11-13}$$

4. 响度和响度级

以上所讲的是声音的一些客观物理量以及客观的量度,而人耳对声音的主观感觉与客观量度是不一样的。对于不同频率的声音,用仪器测出的声压级分贝数即便一样,但听起来却不一样,频率高的声音感觉比频率低的声音响,随频率变化而有很大的差异,而且这一差异还与声压级有关。图 11-5 是以 1000Hz 的声音为标准,将其他频率的声音与之比较试听。经过对大量听觉正常的人试验得出的一系列等响曲线,在同一曲线上各频率声音听起来感觉同样响,但各频率声音的声压级却各不相同。

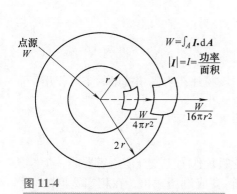

图 11-4

球面波的声功率和声强之间的关系

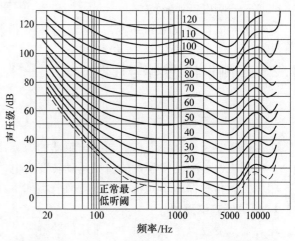

图 11-5

自由场等响曲线

例如,要使人耳对 50Hz 的声音听起来和 200Hz、30dB 的声音同样响,就必须是同频率的近 60dB 的声音;而对于高到 2000~6000Hz 的声音,则不需要 30dB 就能和 800Hz、30dB 的声音一样响。所以说人耳的灵敏度对低频率差,对 800~6000Hz 之间的声音最为灵敏。但

还必须注意另一特性，即随着声压级的升高，这一差别逐渐减小。

例如，当1000Hz的声音高到100dB，200Hz的声音要98dB，50Hz声音要110dB，就能感觉到这三者一样响了。

对于各等响曲线，习惯上以1000Hz的声音的分贝数 n 作为级别的序号，称其为 n "phon"（方），各曲线相应称之为响度级。phon就是响度级的单位，所以响度级的单位phon数对于1000Hz的声音来说就是分贝数，而对于其他各频率却不是原来声压级的分贝数。例如，800Hz的声音50dB为50phon，4000Hz的声音只有43dB便达到50phon了，从这里得到了客观量的声压级与主观量的响度级phon的关系，可以看出这两者有很大的差别。

人类的听觉是很复杂的，具有多种属性，其中包括区分声调高低、声音强弱两种属性。听觉判断声音的强弱用响度来表示。响度的单位为sone（宋）。当频率为1000Hz，声压级比听阈声压级大40dB的纯音的响度定义为1sone。同时还规定，当声压级每升高10dB，响度随之增加一倍，即声压级40dB，响度为1sone；声压级50dB，响度为2sone；声压级60dB，响度为3sone等等。

以sone为单位的响度和以phon为单位的响度级都是人们对纯音的主观反应，两者之间的关系为

$$L_N = 40 + 10 \log_2 N \qquad (11\text{-}14)$$

式中　L_N——响度级（phon）；

　　　N——响度（sone）。

这一关系式已绘成图11-6。

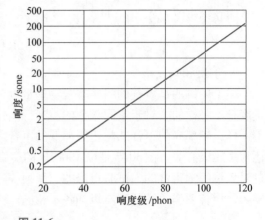

图 11-6

响度级与响度的关系曲线

11.2　声测量传感器与仪器

11.2.1　麦克风

大多数麦克风包括一个作为初级传感器的薄膜片，该膜片在与其相接触的空气作用下而振动。利用二次传感器将膜片的机械运动转变为电信号输出。

根据二次传感器的不同将普通麦克风分类如下：

1. 电容器式麦克风

电容器式麦克风是声测量中最常用的一种。其中的膜片作为空气介质电容器的一个极板（见图11-7）。由于声压的冲击，导致膜片振动，而后转变成电压输出，在相当宽广的频率范围内，电容器式麦克风具有平坦的幅频特性和近于0°的相频特性。

驻极体传声器是电容器式麦克风的一种特殊形式。普通电容器式麦克风需要一个外部极化电压，但驻极体式是自极化的。其膜片由一个塑料薄片组成，该薄片的一面具有导电涂层，该涂层作为电容器的一个极板。

2. 压电晶体式麦克风

压电晶体式麦克风使用压电类元件，一般通过弯曲作用来激活。为了得到最高的灵敏

度，将一个悬臂梁式元件机械地连接到膜片上。其他结构采用膜片和元件直接接触，或通过粘接（元件弯曲放置），或用直接支承（元件受压）。压电晶体式麦克风广泛用于要求精确的声音测量中。

3. 电动式麦克风

电动式麦克风应用的是磁场中运动导体的原理。该磁场一般由一个永磁铁提供，从而将该传感器列为可变磁阻范畴。随着膜片移动，所感应的电压正比于线圈相对于磁场的速度，这样就提供了一个模拟电压信号输出。电动式麦克风有动圈式（见图 11-8）和带式两种不同结构。后一种类型的感应部件由一个形状为金属带的单一元件组成，该元件担当"线圈"和膜片的双重作用。

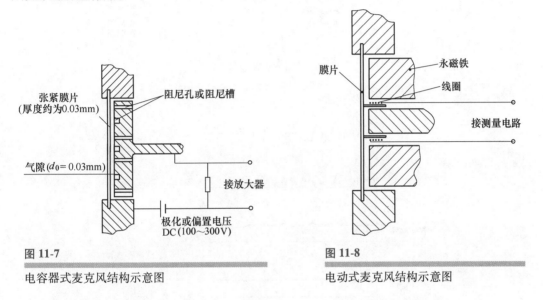

图 11-7
电容器式麦克风结构示意图

图 11-8
电动式麦克风结构示意图

4. 炭精式麦克风

炭精式麦克风的二次传感器由一小盒炭粒组成，该炭粒的电阻随着膜片所感应到的声压而变化。其有限的高频和低频响应使之不能用于严格的声音测量。

11.2.2　声级计

声级计是噪声测量中最常用的便携式测量仪器。该测量系统由大量的互连部件所组成，图 11-9a 所示即为一个典型的布置。声压 p_i 由麦克风转换为电压 u_0，麦克风通常用毛细管连接在薄膜的两侧形成的"慢泄漏"来补偿平均压力（大气压）和避免薄膜冲裂。对于麦克风，每时每刻都必须响应的大气压力变化要比声压波动大得多。这种泄漏的存在，使得麦克风不会响应常压或缓慢变化的压力。由于许多测量包含了人类对声音的响应，与此相应麦克风的频率响应仅需要达到 10~20Hz，而不是 0。

麦克风的输出电压一般非常小，且阻抗很高，因此需要连接高输入阻抗和高增益的放大器，这可能是一种相对简单的交流放大器，因为它的下限频率只需达到 10~20Hz。通常将场效应晶体管输入放大器装入麦克风的壳体作为电容器式麦克风的第一级放大器。在高阻抗末端，取消电缆连接，降低电容漂移的影响。

　　第一级放大器后面连接着计权网络。它们是电子滤波器，其频率响应与平均人耳的频率响应相近似。由于声级计的主要应用不是压力的精确测量，而是确定人类所感觉的响度，仪器平直的频率响应不是实际所期望的。图 10-9a 所示的计权网络是对三种不同响度级人耳响应相近似而设计的电子滤波器，因此仪器的读数将反映所感觉的响度。通常为三种滤波器，它们是 A（近似 40phon 耳响应）、B（70phon）和 C（100phon）。

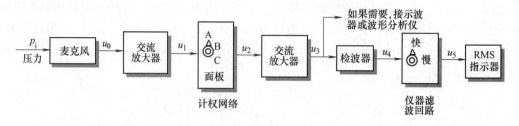

a) 声级计测量系统

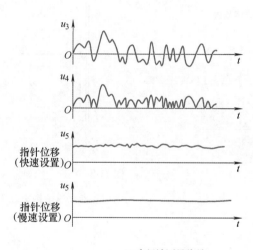

b) 声级计测量信号

图 11-9

声级计原理框图

　　计权网络输出被进一步放大，且可将此信号接入示波器（如果希望观察波形）或接入频谱分析仪（如果需要确定声音的频率内容）。如果仅期望得到全部声音大小，就必须得出 u_3 的方均根值。价格高昂的方均根真值电压计仅适用于高级的声级计。更适宜的是由滤波和整流所确定的 u_3 的平均值，而后将仪表的刻度标为方均根值来读。由于正弦波的平均值和方均根值具有精确的对应关系，因此可用来精确描述纯正弦波。滤波由两个简单的低通 RC 滤波器和低通仪表动态完成。有些声级计由快-慢响应转换开关来变换滤波。开关"慢"则指针位置稳定、容易读数、滤除了信号的短时变化。如果对这些短时变化感兴趣，开关旋至"快"速响应位置，就可以在仪表上观察。仪表上读出的是 u_3 的方均根值，其标度为 dB 值。

　　根据测量精度和用途，声级计可分为：普通声级计，如国产 SJ-1 型，测量误差不大于 ±3dB；精密声级计，如国产 ND1 型、ND2 型，丹麦 B&K 公司的 2250 型声级计，测量误差小于±1dB；脉冲声级计，供测量冲击等瞬态声音用。

由于 A 网络使声学测量仪器对高频反应灵敏，对低频反应迟钝，与人耳对声音的感觉较为接近，所以国际标准化组织推荐使用 A 声级测量与评价噪声（ISO R495，1966），国际电声学会也规定凡测量对人有害的噪声，一般使用 A 声级。

利用 A、B、C 三种声级的读数和图 11-10 所示的计权网络的频率特性曲线可以粗略估计噪声的频率特性。

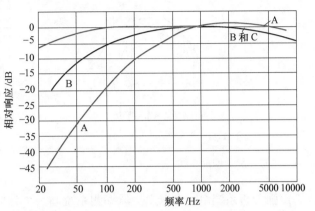

11.2.3　声强测量

当一个空气微粒偏离其平衡位置时，就有一个压力的临时增加。压力增加表现为两种方式：使微粒恢复其原始位置，将扰动传递给下一个微粒。压力增加和降低的周期像声波一样传播。在传播过程中有两个重要参数：空气微粒的压力和速度围绕固定位置振荡。声强是压力和微粒速度的乘积，即

图 11-10

计权网络的频率特性

$$声强 = 压力 \times 微粒速度 = \frac{力}{面积} \times \frac{距离}{时间} = \frac{能量}{面积 \times 时间} = \frac{功率}{面积}$$

在一个主动场中，压力和速度同时变化，并且压力和微粒速度是同相的。只有在这种情况下，强度的时间平均值才不等于零。声强可以定义为

$$I_r = \frac{1}{T} \int_0^T p v_r \mathrm{d}t \tag{11-15}$$

式中　p——某一点的瞬时压力；

　　　v_r——在 r 方向上的空气微粒速度；

　　　T——平均时间。

某一点的空气微粒速度可以根据该点的压力梯度表示为

$$u_r = -\frac{1}{\rho} \int_{-\infty}^t \frac{\partial p}{\partial r} \mathrm{d}\tau = -\frac{1}{\rho} \int_0^t \frac{p_B - p_A}{\Delta r} \mathrm{d}\tau \tag{11-16}$$

式中　ρ——空气质量密度；

　　　Δr——点 A 和点 B 的间距；

　　　p_A、p_B——点 A 和点 B 各自的瞬时压力。

声强用双麦克风方法测定。这两个麦克风相对放置，并用一个隔离器隔开距离 Δr，如图 11-11a 所示。图 11-11b 示出声强测量系统的方向特性。需要注意的是，如果角度 $\theta = 90°$，则声强分量是零，因为被测的压力信号间没有差别。这一特征使这种测量在定位复杂声场中的噪声源时非常有用。

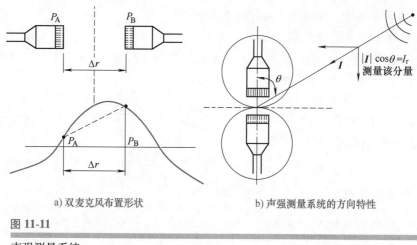

a) 双麦克风布置形状　　　　　b) 声强测量系统的方向特性

图 11-11

声强测量系统

声强分析系统由一个双麦克风探测系统和一个分析器组成。麦克风探测系统测量两个压力 p_A 和 p_B，而分析器进行集成以得出声强。典型的商用系统是丹麦 B&K 公司的 3360 型声强分析系统。

11.3 声发射测量传感器与仪器

11.3.1 概述

材料中局域源快速释放能量产生瞬态弹性波的现象称为声发射（Acoustic Emission，AE）。声发射是一种常见的物理现象，大多数材料变形、断裂或摩擦时都有声发射发生，但许多材料的声发射信号强度很弱，人耳不能直接听见，需要借助灵敏的电子仪器才能检测出来。用仪器探测、记录、分析声发射信号和利用声发射信号推断声发射源的技术称为声发射技术。

现代声发射技术的开始，是以 20 世纪 50 年代初恺撒（Kaiser）在德国所做的研究工作为标志的。他观察到铜、锌、铝、铅、锡、黄铜、铸铁和钢等金属和合金在形变过程中都有声发射现象。他最有意义的发现是材料形变声发射的不可逆效应，即"材料被重新加载期间，在应力值达到上次加载最大应力之前不产生声发射信号"。现在人们将材料的这种不可逆现象称为"Kaiser 效应"。Kaiser 同时提出了连续型和突发型声发射信号的概念。

如图 11-12 所示，声发射信号的频率达到 MHz 级，属于超声波范围（20kHz 以上）。在初期研究的岩体测量中，采用了几千赫兹频率范围的加速度计，随着金属材料用途的扩大，频率范围随之扩大到兆赫兹的频带，测量的波形含有如上所述的复杂波动成分，输出包含数千赫兹到数兆赫兹的频率成分。对于物体内发生的 AE 波，由 AE 探头变换并记录。记录下来的波形取决于 AE 探头的变换能力，可能有不同的频率成分。

材料存在突发型和连续型两种 AE 波形。金属材料 AE 的衰减小、AE 持续时间长，塑性变形时发生持续 AE，看到的不是突发和间隙，而是连续的 AE 波；对于混凝土和岩石材料，AE 的衰减大，一般可观测到突发型的 AE 波。

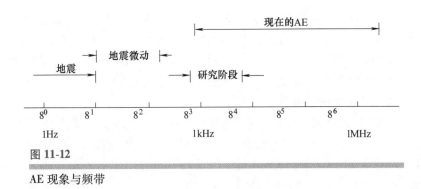

图 11-12

AE 现象与频带

利用声发射测量与分析，可以确定结构损伤（或缺陷）产生的位置，并且也可以对损伤程度进行有效的估计。

11.3.2   声发射测量传感器

目前使用最普遍的声发射测量传感器是压电式传感器，它们大都具有很小的阻尼，在谐振时具有很高的灵敏度，使用时可根据不同的检测目的和环境条件进行选用。按原理不同分类主要有以下几种。

1. 谐振式传感器

谐振式高灵敏度传感器是声发射检测中使用最多的一种。单端谐振式传感器结构简单，如图 11-13 所示。将压敏元件的负电极面用导电胶粘贴在底座上，另一面焊出细引线与高频插座的芯线连接。不加背衬阻尼，外壳接地。

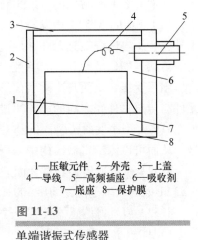

1—压敏元件 2—外壳 3—上盖
4—导线 5—高频插座 6—吸收剂
7—底座 8—保护膜

图 11-13

单端谐振式传感器

2. 宽频带传感器

宽频带传感器的幅频特性与压敏元件的厚度有关，它可由多个不同厚度的压敏元件组成，也可以采用凹球形或楔形压敏元件来达到展宽频带的目的。假如凹球面压敏元件的厚度不变，则球面深度直接影响频率特性。

3. 差动传感器

差动传感器由两只正负极差接的压敏元件组成。输出为相应变化的差动信号。信号因叠加而增大。差动传感器结构对称，信号正负对称，输出也对称，所以抗共模干扰能力强，适于噪声来源复杂的现场使用。差动传感器对两只压敏元件的性能要求一致（尤其谐振频率和机电耦合系数），往往在同一规格、同一批产品中选择配对，或者将同一压敏元件沿轴线剖成两半。

4. 电容传感器

电容传感器是一种直流偏置的静电式位移传感器。由于这种传感器在很宽的频率范围内具有平坦的响应特性，因此，可用于声发射频谱分析和传感器标定。

为取得良好的检测效果，传感器安装表面必须平整，以保证有效耦合。安装面上的污垢和锈斑必须清除干净。

用油、油脂或高效的镁尘糊块，可将安装面与传感器之间的空隙填满，以确保应力波能有效地传到传感器上。若需要长期安装，还可使用多种黏结剂。在传感器和流体耦合处，必须采用胶带、橡筋绳、弹簧等加以固定。可以用计算频率响应的方法来计算通过耦合层的平面波。一般来说，要想获得高灵敏度，必须使耦合层越薄越好。

5. 非接触式光纤声发射传感器

目前常用的 AE 传感器大都采用压电陶瓷晶体（PZT）来实现，利用 PZT 的压电效应把机械量变为电量后进行检测。这种传感器的主要缺点是：①传感器必须与被测物体接触，破坏了声发射场的边界条件，影响其测量精度；②PZT 的工作频带较窄，约为 500kHz，且带内幅频特性的波动较大，可至 30dB；③易受电磁干扰。

采用光纤 Fabry-Perot 干涉仪原理研制出的高性能 AE 传感器，其频带上限至 1.4MHz，带内的幅频特性波动不大于 3dB，振幅的分辨率为 0.18nm，且实现了非接触测量。

下面介绍两种常用的声发射传感器。

（1）Kistler 8152A 声发射传感器　瑞士奇石乐（Kistler）公司的 8152A 型声发射传感器由外壳、压电陶瓷敏感元件和内装阻抗变换器组成。敏感元件安装在钢质膜片上，其结构决定了传感器的灵敏度和频响特性。焊在壳体内的膜片耦合表面稍微凸出，使其在一定的安装力作用下受压，从而与测量表面形成稳定的、重复性好的传递声发射的耦合。设计上对敏感元件与传感器外壳之间的声隔离进行了精心处理，外界噪声对传感器无影响。

8152A 型声发射传感器的体积很小，易于安装在接近声发射源处，以便最佳地拾取信号，从而可以测量机械结构中因微小缺陷产生的声发射信号。

8152A 声发射传感器对表面波（瑞利波）和纵波在很宽的频率范围内有很高的灵敏度。8152A1 型的频率范围是 50~400kHz，8152A2 型的频率范围是 80~900kHz。

8152A 声发射传感器具有下述特点：

1）体积小、易于应用。

2）对电磁干扰不敏感。

3）灵敏度高、频率范围宽。

4）设计坚固，适于工业应用。

5）固有的高通特性。

6）与地绝缘，避免地回路。

（2）美国物理声学公司（PAC）的声发射传感器　美国物理声学公司（PAC）研制生产的各种类型的声发射传感器能满足用户不同的要求。

PAC 公司的声发射产品被广泛用于压力容器、管道、各种材料、机电设备，以及水泥构件、岩石等的检测。

11.3.3　声发射测量仪器

声发射测量常用仪器如图 11-14 所示，它包括以下几部分。

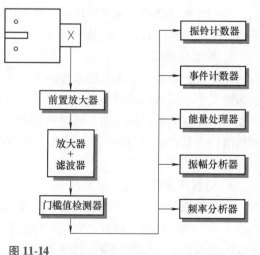

图 11-14
声发射测量常用仪器

1. 传感器

传感器是声发射测量的一个重要环节，它将感受到的声发射信息以电信号的形式输出，其输出值变化范围通常为 $10\mu V \sim 1V$。实践表明，大部分声发射传感器的输出值偏于上述范围较低一端，因此要求处理声发射信号的仪器装置必须能够对小信号有响应以及具有低的内部噪声水平，同时也应能够处理很大的事件而不发生畸变。

2. 前置放大器

前置放大器一方面进行阻抗变换，降低传感器的输出阻抗以减少信号的衰减，另一方面又提供 20dB、40dB 或 60dB 的增益，以提高抗干扰性能。前置放大器后设置带通滤波器，通常工作频率为 $100 \sim 300kHz$，以便信号在进入主放大器前将大部分机械或电噪声除去。

3. 主放大器

主放大器由放大器与滤波器组成。主放大器最大增益可高达 60dB，通常是可调节的，调节增量为 1dB。经前置放大和主放大以后，信号总的增益可达 $80 \sim 100dB$。若原声发射信号是 $10\ \mu V$，则经 100dB 的放大后可产生 1V 的输出电压。

4. 门槛值检测器

门槛值检测器实际上是一种幅度鉴别装置，它把低于门槛值的信号（大部分是噪声信号）遮蔽掉，而把大于门槛值的信号变成一定幅度的脉冲，以供后面计数装置计数之用。

5. 振铃计数器

振铃计数器用来对门槛值检测器送来的脉冲信号进行计数，以获得声发射的计数值。

6. 事件计数器

事件计数器是将一个完整振荡信号变成一个计数脉冲，并进行计数。计数原理与振铃计数器相同。

7. 能量处理器

能量处理器是将放大后的信号经平方电路检波，然后进行数值积分，便可得到反映声发射能量的数据。

8. 振幅分析器

振幅分析器由振幅探测仪和振幅分析仪组成。振幅探测仪仅用来测量声发射信号的振幅，它具有较宽的动态范围。振幅分析仪的功用是将声发射信号按幅度大小分成若干个振幅带，然后进行统计计算。按需要可给出事件分级幅度分布或事件累计幅度分布的数据。

9. 频率分析器

频率分析器用来建立频率与幅度之间的关系。在采用频谱分析法处理声发射信息时，频率分析器只是整个信号处理系统中的最后一个环节。由于检测的要求以及声发射本身的特性，进行频率分析时必须采用宽频带传感器（例如电容式传感器），并配有带宽达 300kHz 的高速磁带记录仪或带宽高达 3MHz 的录像仪，然后将记录到的声发射信号供频率分析器进行分析。现在一般采用 A-D 转换器将声发射信号送入计算机进行分析处理。

上述各个处理装置中获得的数据，可用数字图像进行显示或打印输出。

思考题与习题

11-1 证明：在任何一点上，两声波同时作用的总声压级不会超过其大声压级的 3dB。

11-2 某工作地点有 5 台机器，它们在该地点造成的声压级分别为 95dB、90dB、92dB、88dB 和 82dB。试求：

   1）5 台机器在该地点产生的总声压级；

   2）试比较第 1 号机停机和第 2、3 号机同时停机，对降低该点总声压级的效果。

11-3 测得某噪声倍频程各频带的声压级见表 11-1，试确定其总 A 声级。

表 11-1					题 11-3 表					
中心频率/Hz	31.5	63	125	250	500	1000	2000	4000	8000	16000
声压级/dB	79	76	84	84	92	90	96	98	81	76

11-4 一个用来测量没有消音器的发动机声压级的声级计给出的读数是 120dB。安装上消音器后，同一个声级计给出的读数是 90dB。试求：

   1）安装消音器前的方均根声压；

   2）使用消音器时，方均根声压幅度的缩减百分比。

11-5 简述声发射的特点。声发射测量仪器主要包括哪几种？

第 12 章
应变、力与扭矩测量

在机械工程中，应变、力和扭矩的测量非常重要，通过这些测量可以分析零件或结构的受力状态及工作状态的可靠性程度，验证设计计算结果的正确性，确定整机在实际工作时负载情况等。由于这些测量是研究某些物理现象机理的重要手段之一，因此它对发展设计理论，保证设备的安全运行，以及实现自动检测、自动控制等都具有重要的意义。而且其他与应变、力及扭矩有密切关系的量，如应力、功率、力矩、压力等，其测试方法与应变和力及扭矩的测量也有共同之处，多数情况下可先将其转变成应变或力的测试，然后再转换成诸如功率、压力等物理量。

12.1 应变与应力的测量

应变测量在工程中常见的测量方法之一是应变电测法。它是通过电阻应变片，先测出构件表面的应变，再根据应力、应变的关系式来确定构件表面应力状态的一种试验应力分析方法。这种方法的主要特点是测量精度高，变换后得到的电信号可以很方便地进行传输和各种变换处理，并可进行连续的测量和记录或直接和计算机数据处理系统相连接等。

12.1.1 应变的测量

1. 应变测量原理

应变电测法的测量系统主要由电阻应变片、测量电路、显示与记录仪器或计算机等设备组成，如图 12-1 所示。

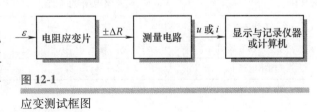

图 12-1

应变测试框图

它的基本原理是：把所使用的应变片按构件的受力情况，合理地粘贴在被测构件变形的位置上，当构件受力产生变形时，应变片敏感栅也随之变形，敏感栅的电阻值就发生相应的变化。其变化量的大小与构件变形成一定的比例关系，通过测量电路（如电阻应变测量装置）转换为与应变成比例的模拟信号，经过分析处理，最后得到受力后的应力、应变值或其他的物理量。因此任何物理量只要能设法转变为应变，都可利用应变片进行间接测量。

2. 应变测量装置

应变测量装置也称为电阻应变仪。一般采用调幅放大电路，它由电桥、前置放大器、功率放大器、相敏检波器、低通滤波器、振荡器、稳压电源（图上未标注）组成（见第5章图5-18）。电阻应变仪将应变片的电阻变化转换为电压（或电流）的变化，然后通过放大器将此微弱的电压（或电流）信号进行放大，以便指示和记录。

电阻应变仪中的电桥是将电阻、电感、电容等参量的变化变为电压或电流输出的一种测量电路。其输出既可用指示仪表直接测量，也可以送入放大器进行放大。桥式测量电路简单，具有较高的精确度和灵敏度，在测量装置中被广泛应用。

通常使用的交流电桥应变仪，其电桥由振荡器产生的数千赫兹的正弦交流作为供桥电压（载波）。在电桥中，载波信号被应变信号所调制，电桥输出的调幅信号经交流放大器放大、相敏检波器解调和滤波器滤波后输出。这种应变仪能较容易地解决仪器的稳定问题，结构简单，对元件的要求稍低。目前我国生产的应变仪基本上属于这种类型。

根据被测应变的性质和工作频率的不同，可采用不同的应变仪。对于静态载荷作用下的应变，以及变化十分缓慢或变化后能很快稳定下来的应变，可采用静态电阻应变仪。以静态应变测量为主，兼作200Hz以下的低频动态测量可采用静动态低电阻应变仪。0~2kHz范围的动态应变，采用动态电阻应变仪，这类应变仪通常具有4~8个通道。测量0~20kHz的动态过程和爆炸、冲击等瞬态变化过程，则采用超动态电阻应变仪。

3. 应变仪的电桥特性

应变仪中多采用交流电桥，电源以载波频率供电，4个桥臂均为电阻组成，由可调电容来平衡分布电容。电桥输出电压可用式（5-11）来计算，即

$$u_o = \frac{u_e}{4}\left(\frac{\Delta R_1}{R} - \frac{\Delta R_2}{R} + \frac{\Delta R_3}{R} - \frac{\Delta R_4}{R}\right)$$

当各桥臂应变片的灵敏度 S 相同时，则上式可改写为

$$u_o = \frac{u_e}{4}S(\varepsilon_1 - \varepsilon_2 + \varepsilon_3 - \varepsilon_4) \tag{12-1}$$

这就是电桥的和差特性。应变仪电桥的工作方式和输出电压见表12-1。

表12-1 应变仪电桥的工作方式和输出电压

工作方式	单　臂	双　臂	四　臂
应变片所在桥臂	R_1	R_1, R_2	R_1, R_3, R_2, R_4
输出电压 u_o	$(u_e S \varepsilon)/4$	$(u_e S \varepsilon)/2$	$u_e S \varepsilon$

注：若 R_1 或 R_1、R_3 产生+ΔR，则 R_2 或 R_2、R_4 产生-ΔR。

4. 应变片的布置与接桥方法

由于应变片粘贴于试件后，所感受的是试件表面的拉应变或压应变，应变片的布置和电桥的连接方式应根据测量的目的、对载荷分布的估计而定，这样才能便于利用电桥的和差特性达到只测出所需测的应变而排除其他因素干扰的目的。例如在测量复合载荷作用下的应变

时，就需应用应变片的布置和接桥方法来消除相互影响的因素。因此，布片和接桥应符合下列原则：

1）在分析试件受力的基础上选择主应力最大点为贴片位置。

2）充分合理地应用电桥和差特性，只使需要测的应变影响电桥的输出，且有足够的灵敏度和线性度。

3）使试件贴片位置的应变与外载荷呈线性关系。

表 12-2 列举了在轴向拉伸（或压缩）载荷下应变测试的应变片的布置和接桥方法。从表中可以看出，应变片不同的布置和接桥方法对灵敏度、温度补偿情况和消除弯矩影响是不同的。一般应优先选用输出信号大、能实现温度补偿、贴片方便和便于分析的方案。

表 12-2　　　　轴向拉伸（或压缩）载荷下应变测试的应变片的布置和接桥方法图例

序号	受力状态简图	应变片的数量	电桥组合形式 电桥形式	电桥接法	温度补偿情况	电桥输出电压	测量项目及应变值	特点
1		2	半桥式		另设补偿片	$u_o = \frac{1}{4}u_e S\varepsilon$	拉（压）应变 $\varepsilon = \varepsilon_i$	不能消除弯矩的影响
2					互为补偿	$u_o = \frac{1}{4}u_e S\varepsilon(1+\nu)$	拉（压）应变 $\varepsilon = \frac{\varepsilon_i}{1+\nu}$	输出电压提高到（1+ν）倍，不能消除弯矩的影响
3		4	半桥式		另设补偿片	$u_o = \frac{1}{4}u_e S\varepsilon$	拉（压）应变 $\varepsilon = \varepsilon_i$	可以消除弯矩的影响
4		4	全桥式			$u_o = \frac{1}{2}u_e S\varepsilon$	拉（压）应变 $\varepsilon = \frac{\varepsilon_i}{2}$	输出电压提高一倍，且可消除弯矩的影响
5		4	半桥式		互为补偿	$u_o = \frac{1}{4}u_e S\varepsilon(1+\nu)$	拉（压）应变 $\varepsilon = \frac{\varepsilon_i}{1+\nu}$	输出电压提高到（1+ν）倍，且能消除弯矩的影响
6		4	全桥式			$u_o = \frac{1}{2}u_e S\varepsilon(1+\nu)$	拉（压）应变 $\varepsilon = \frac{\varepsilon_i}{2(1+\nu)}$	输出电压提高到2(1+ν)倍，且能消除弯矩的影响

注：S—应变片的灵敏度；　u_e—供桥电压；　ν—被测件的泊松比；　ε_i—应变仪测读的应变值，即指示应变；　u_o—输出电压；　ε—所要测量的机械应变值。

关于在弯曲、扭转和拉（压）、弯、扭复合等其他典型载荷下，应变片的布置和接桥方法可参阅有关专著。

5. 应变片的选择及应用

应变片是应变测试中最重要的传感器，应用时应根据试件的测试要求及其状况、试验环境等因素来选择和粘贴应变片。

（1）试件的测试要求　应变片的选择应从满足测试精度、所测应变的性质等方面考虑。例如，动态应变的测试一般应选用阻值大、疲劳寿命长、频响特性好的应变片。同时，由于应变片实际测得的是栅长范围内分布应变的均值，要使其均值接近测点的真实应变，在应变梯度较大的测试中应尽量选用短基长的应变片。而对于小应变的测试宜选用高灵敏度的半导体应变片，测大应变时应采用康铜丝制成的应变片。为保证测试精度，一般以采用胶基、康铜丝制成敏感栅的应变片为好。当测试线路中有各种使电阻值易发生变化的开关、继电器等器件时，则应选用高阻值的应变片以减少接触电阻变化引起的测试误差。

（2）试验环境与试件的状况　试验环境对应变测试的影响主要是通过温度、湿度等因素起作用。因此，选用具有温度自动补偿功能的应变片显得十分重要。湿度过大会使应变片受潮，导致绝缘电阻下降，产生漂移等。在湿度较大的环境中测试，应选用防潮性能较好的胶膜应变片。试件本身的状况同样是选用应变片的重要依据之一。对材质不均匀的试件，如铸铝、混凝土等，由于其变形极不均匀，应选用大基长的应变片。对于薄壁构件则最好选用双层应变片（一种特殊结构的应变片）。

（3）应变片的粘贴　应变片的粘贴是应变式传感器或直接用应变片作为传感器的成败关键。粘贴工艺一般包括清理试件、上胶、黏合、加压、固化和检验等。黏合时，一般在应变片上盖上一层薄滤纸，先用手指加压挤出部分胶液，然后用左手的中指及食指通过滤纸紧按应变片的引出线域，同时用右手的食指像滚子一样沿应变片纵向挤压，迫使气泡及多余的胶液逸出，以保证黏合的紧密性，达到黏合胶层薄、无气泡、黏结牢固、绝缘好的要求。粘贴的各具体工艺及黏合剂的选择必须根据应变片基底材料及测试环境等条件决定。

12.1.2　应力的测量

1. 应力测量原理

在研究机器零件的刚度、强度、设备的力能关系以及工艺参数时都要进行应力应变的测量。应力测量原理实际上就是先测量受力物体的变形量，然后根据胡克定律换算出待测力的大小。显然，这种测力方法只能用于被测构件（材料）在弹性范围内的条件下。又由于应变片只能粘贴于构件表面，所以它的应用被限定于单向或双向应力状态下构件的受力研究。尽管如此，由于该方法具有结构简单、性能稳定等优点，所以它仍是当前技术最成熟、应用最多的一种测力方法，能够满足机械工程中大多数情况下对应力应变测试的需要。

2. 应力状态与应力计算

力学理论表明，某一测点的应变和应力间的量值关系是和该点的应力状态有关的，根据测点所处应力状态的不同分述如下。

（1）单向应力状态　该应力状态下的应力 σ 与应变 ε 的关系甚为简单，由胡克定律确定为

$$\sigma = E\varepsilon \tag{12-2}$$

式中　E——被测件材料的弹性模量。

　　显然，测得应变值 ε 后，就可由式（12-2）计算出应力值，进而可根据零件的几何形状和截面尺寸计算出所受载荷的大小。在实际中，多数测点的状态都为单向应力状态或可简化为单向应力状态来处理，如受拉的二力杆、压床立柱及许多零件的边缘处。

　　（2）平面应力状态　在实际工作中，常常需要测量一般平面应力场内的主应力，其主应力方向可能是已知的，也可能是未知的。因此在平面应力状态下通过测试应变来确定主应力有两种情况。

　　1）已知主应力方向。例如承受内压的薄壁圆筒形容器的筒体，它处于平面应力状态下，其主应力方向是已知的。这时只需沿两个相互垂直的主应力方向各贴一片应变片 R_1 和 R_2（见图 12-2a），另外再设置一片温度补偿片 R_t，分别与 R_1、R_2 接成相邻半桥（见图 12-2b），就可测得主应变 ε_1 和 ε_2，然后根据下式计算主应力 σ：

$$\sigma_1 = \frac{E}{1-\nu^2}(\varepsilon_1 + \nu\varepsilon_2) \tag{12-3}$$

$$\sigma_2 = \frac{E}{1-\nu^2}(\varepsilon_2 + \nu\varepsilon_1) \tag{12-4}$$

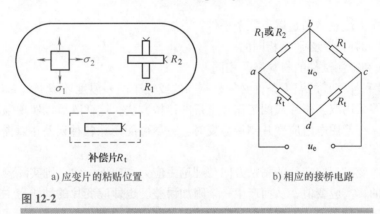

a) 应变片的粘贴位置　　　　b) 相应的接桥电路

图 12-2

用半桥单点测量薄壁压力容器的主应变

　　2）主应力方向未知。一般采用贴应变花的办法进行测试。对于平面应力状态，如能测出某点三个方向的应变 ε_1、ε_2 和 ε_3，就可以计算出该点主应力的大小和方向。应变花是由三个或多个按一定角度关系排列的应变片组成（见图 12-3），用它可测试某点三个方向的应变，然后按有关实验应力分析资料中查得的主应力计算公式求出其大小及方向。目前市场上已有多种复杂图案的应变花供应，可根据测试要求选购，例如直角形应变花和三角形应变花。

12.1.3　影响测量的因素及其消除方法

　　在实际测试中，为了保证测量结果的有效性，还必须对影响测量精度的各因素有所了解，并采取有针对性的措施来消除它们的影响。否则，测量将可能产生较大误差甚至失去意义。

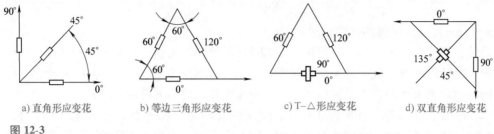

a) 直角形应变花　　　b) 等边三角形应变花　　　c) T–△形应变花　　　d) 双直角形应变花

图 12-3

常用的应变花

1. 温度的影响及温度补偿

测试实践表明，温度对测量的影响很大，一般来说必须考虑消除其影响。在一般情况下，温度变化总是同时作用到应变片和试件上的。消除由温度引起的影响，或者对它进行修正，以求出仅由载荷作用下引起的真实应变的方法，称为温度补偿法。其主要方法是采用温度自补偿应变片，或采用电路补偿片，即利用电桥的和差特性，用两个同样应变片，一片为工作片，贴在试件上需要测量应变的地方，另一片为补偿片，贴在与试件同材料、同温度条件但不受力的补偿件上。由于工作片和补偿片处于相同的温度——膨胀状态下，产生相等的 ε_T，当分别接到电桥电路的相邻两桥臂上，温度变化所引起的电桥输出等于零，起到了温度补偿的作用。

在测试操作中注意需满足以下三个条件：

1）工作片和补偿片必须是相同的。

2）补偿板和待测试件的材料必须相同。

3）工作片和补偿片的温度条件必须是相同的或位于同一温度环境下。

应用中，多采用双工作片或四工作片全桥的接桥方法，这样既可以实现温度互补又能提高电桥的输出。在使用电阻应变片测量应变时，应尽可能消除各种误差，以提高测试精度。

2. 减少贴片误差

测量单向应变时，应变片的粘贴方向与理论主应力方向不一致，则实际测得应变值，不是主应力方向的真实应变值，从而产生一个附加误差。也即应变片的轴线与主应变方向有偏差时，就会产生测量误差，因此在粘贴应变片时对此应给予充分的注意。

3. 力求应变片实际工作条件和额定条件的一致

当应变片的灵敏度标定时的试件材料与被测材料不同和应变片名义电阻值与应变仪桥臂电阻不同时，都会引起误差。一定基长的应变片，有一定的允许极限频率。例如，要求测量误差不大于 1% 时，基长为 5mm，允许的极限频率为 77Hz，而基长为 20mm 时，则极限频率只能达到 19Hz。

4. 排除测量现场的电磁干扰

在测量时仪表示值抖动，大多由电磁干扰所引起，如接地不良、导线间互感、漏电、静电感应、现场附近有电焊机等强磁场干扰及雷击干扰等，应想办法排除。

5. 测点的选择

测点的选择和布置对能否正确了解结构的受力情况和实现正确的测量影响很大。测点越多，越能了解结构的应力分布状况，然而却增加了测试和数据处理的工作量和贴片误差。因此，应根据以最少的测点达到足够真实地反映结构受力状态的原则来选择测点，为此，一般应做如下考虑：

1）预先对结构进行大致的受力分析，预测其变形形式，找出危险断面及危险位置。这些地方一般是处在应力最大或变形最大的部位。而最大应力一般又是在弯矩、剪力或扭矩最大的截面上。然后根据受力分析和测试要求，结合实际经验最后选定测点。

2）截面尺寸急剧变化的部位或因孔、槽导致应力集中的部位，应适当多布置一些测点，以便了解这些区域的应力梯度情况。

3）如果最大应力点的位置难以确定，或者为了了解截面应力分布规律和曲线轮廓段应力过渡的情况，可在截面上或过渡段上比较均匀地布置5~7个测点。

4）利用结构与载荷的对称性，以及对结构边界条件的有关知识来布置测点，往往可以减少测点数目，减轻工作量。

5）可以在不受力或已知应变、应力的位置上安排一个测点，以便在测试时进行监视和比较，有利于检查测试结果的正确性。

6）防止干扰：由于现场测试时存在接地不良，导线分布电容、互感，电焊机等强磁场干扰或雷击等原因，会导致测试结果的改变，应采取措施排除。

7）动态测试时，要注意应变片的频响特性，由于很难保证同时满足结构对称和受载情况对称，因此一般情况下多为单片半桥测量。

12.2　力的测量

在机械工程中，力学参数的测量是最常碰到的问题之一。由于机械设备中多数零件或构件的工作载荷属于随机载荷，要精确地计算这些载荷及所产生的影响是十分困难的。而通过对其力学参数的测量则可以分析和研究机械零件、机构或整体结构的受力情况和工作状态，验证设计计算的正确性，确定整机工作过程中载荷谱和某些物理现象的机理。因此力学参数测量对发展设计理论、保证安全运行，以及实现自动检测和自动控制等都具有重要的作用。

当力施加于某一物体后，将产生两种效应，一是使物体变形的效应，二是使物体的运动状态改变的效应。由胡克定律可知：弹性物体在力的作用下产生变形时，若在弹性范围内，物体所产生的变形量与所受的力值成正比。因此只需通过一定手段测出物体的弹性变形量，就可间接确定物体所受力的大小，如本章第一节所述可知利用物体变形效应测力是间接测量测力传感器中"弹性元件"的变形量。物体受到力的作用时，产生相应的加速度。由牛顿第二定律可知：当物体质量确定后，该物体所受的力和所产生的加速度，两者之间具有确定的对应关系。只需测出物体的加速度，就可间接测得力值。故通过测量力传感器中质量块的加速度便可间接获得力值。一般而言在机械工程当中，大部分测力方法都是基于物体受力变形效应。

12.2.1　几种常用力传感器的介绍

1. 弹性变形式力传感器

该传感器的特点是首先把被测力转变成弹性元件的应变，再利用电阻应变效应测出应变，从而间接地测出力的大小。所以弹性敏感元件是这类传感器的基础，应变片是其核心。弹性元件的性能好坏是保证测力传感器使用质量的关键。为保证一定的测量精度，必须合理选择弹性元件的结构尺寸、形式和材料，仔细进行加工和热处理；并需保证小的表面粗糙度值等。衡量弹性元件性能的主要指标有非线性、弹性滞后、弹性模量的温度系数、热膨胀系数、刚度、强度和固有频率等。力传感器所用的弹性敏感元件有柱式、环式、梁式和S形几大类。

（1）圆柱式电阻应变式力传感器　图12-4是一种用于测量压缩力的应变式测力头的典型构造。受力弹性元件是一个由圆柱加工成的方柱体，应变片粘贴在四侧面上。在不减小柱体的稳定性和应变片粘贴面积的情况下，为了提高灵敏度，可采用内圆外方的空心柱。侧向加强板用来增大弹性元件在 x-y 平面中的刚度，减小侧向力对输出的影响。加强板的 z 向刚度很小，以免影响传感器的灵敏度。应变片按图示粘贴并采用全桥接法，这样既能消除弯矩的影响，也有温度补偿的功能。对于精确度要求特别高的力传感器，可在电桥某一臂上串接一个热敏电阻 RT_1，以补偿4个应变片电阻温度系数的微小差异。用另一热敏电阻 RT_2 和电桥串接，可改变电桥的激励电压，以补偿弹性元件弹性模量随温度而变化的影响。这两个电阻都应装在力传感器内部，以保证和应变片处于相同的温度环境。

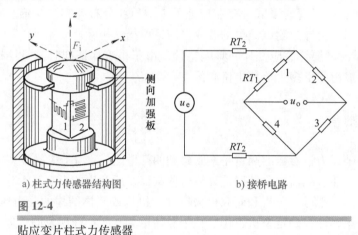

a) 柱式力传感器结构图　　　　　　b) 接桥电路

图 12-4

贴应变片柱式力传感器

（2）梁式拉压力传感器　为了获得较大的灵敏度，可采用梁式结构。图12-5所示是用来测量拉/压力传感器的典型弹性元件。显然，刚度和固有频率都会相应地降低。如果结构和粘贴都对称，应变片参数也相同，则这种传感器具有较高的灵敏度，并能实现温度补偿和消除 x 和 y 方向的干扰。

2. 差动变压器式力传感器

如图12-6所示是一种差动变压器式力传感器的结构示意图，该传感器采用一个薄壁圆筒1作为弹性元件。弹性圆筒受力发生变形

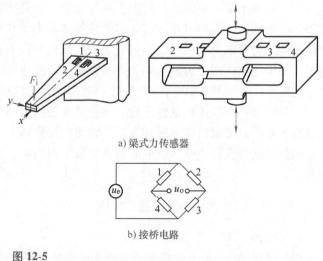

a) 梁式力传感器

b) 接桥电路

图 12-5

贴应变片梁式力传感器

时，带动铁心 2 在线圈 3 中移动，两者的相对位移量即反映了被测力的大小。该类力传感器是通过弹性元件来实现力和位移间的转换。弹性元器件的变形由差动变压器转换成电信号，其工作温度范围比较宽（-54~93℃），在长、径比较小时，受横向偏心力的影响较小。

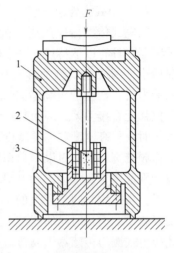

1—弹性圆筒　2—铁心
3—差动变压器绕组

图 12-6

差动变压器式测力传感器

3. 压磁式力传感器

压磁式力传感器的工作基础是基于铁磁材料的压磁效应。它是指某些铁磁材料（如正磁致伸缩材料），受压时，其磁导率沿应力方向下降，而沿着与应力垂直的方向则增加。材料受拉时，磁导率变化正好相反。通过材料中孔槽的载流导线，如无外力作用下材料中的磁力线成为以导线为中心的同心圆分布。在外力作用下，磁力线则成椭圆分布。当外力为拉力时，椭圆长轴与外力方向一致；当外力为压力时，则与外力方向垂直。若该铁磁材料开有 4 个对称的通孔，如图 12-7 所示，在 1、2 和 3、4 孔中分别绕着互相垂直的两绕组，其中 1-2 绕组通过交流电流 I，作为励磁绕组；3-4 绕组作为测量绕组。在无外力作用下，励磁绕组所产生的磁力线在测量绕组两侧对称分布，合成磁场强度与测量绕组平面平行，磁力线不和测量绕组交链，从而不使后者产生感应电感。一旦受到外力作用，磁力线分布发生变化，部分磁力线和测量绕组交链，在该绕组中产生感应电动势。作用力越大，感应电动势越大。

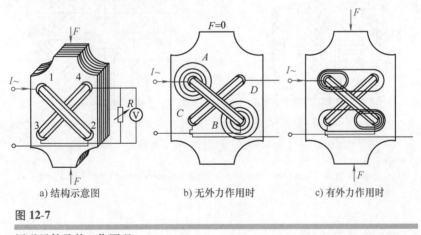

a) 结构示意图　　　　b) 无外力作用时　　　　c) 有外力作用时

图 12-7

压磁元件及其工作原理

图 12-8 所示为一种典型的压磁式力传感器结构，弹性梁 3 的作用是对压磁元件施加预压力和减少横向力和弯矩的干扰，钢球 4 则是用来保证力 F 沿垂直方向作用，压磁元件和基座的连接表面应十分平整密合。

压磁式力传感器具有输出功率大、抗干扰能力强、精度较高、线性好、寿命长、维护方便等优点。同时，这类力传感器的输出电动势较大，一般不必经过放大，但需经过滤波和整流处理。它适用于冶金、矿山、造纸、印刷、运输等行业，有较好的发展前景。

4. 压电式力传感器

压电式传感器应用压电效应，将力转换成电量。作为测力传感器它具有以下特点：静态特性良好，即灵敏度、线性度好、滞后小，因压电式测力传感器中的敏感元件自身的刚度很高，而受力后，产生的电荷量（输出）仅与力值有关而与变形元件的位移无直接关系，因而其刚度的提高基本不受灵敏度的限制，可同时获得高刚度和高灵敏度；动态特性亦好，即固有频率高、工作频带宽幅值相对误差和相位误差小、瞬态响应上升时间短，故特别适用于测量动态力和瞬态冲击力；稳定性好、抗干扰能力强；当采用时间常数大的电荷放大器时，可以测量静态力和准静态力，但长时间的连续测量静态力将产生较大的误差。因此压电式测力传感器已成为动态力测量中的十分重要的部件。

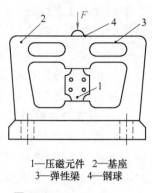

1—压磁元件 2—基座
3—弹性梁 4—钢球

图 12-8

压磁式力传感器

选择不同切型的压电晶片，按照一定的规律组合，则可构成各种类型的测力传感器。图 12-9 所示是两种压电式力传感器的构造图，图 12-9a 所示的力传感器的内部加有恒定预压载荷，使之在 1000N 的拉伸力到 5000N 的压缩力范围内工作时，不致出现内部元件的松弛。图 12-9b 所示的力传感器，带有一个外部预紧螺母，可以用来调整预紧力，以保证力传感器在 4000N 拉伸力到 16000N 压缩力的范围中正常工作。

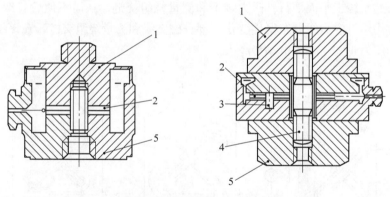

1—承力头 2—压电晶体片 3—导销 4—预紧螺栓 5—基座

图 12-9

压电式力传感器的构造图

12.2.2 空间力系测量装置

一般空间力系包括三个互相垂直的分力和三个互相垂直的力矩分量。对未知作用方向的作用力，如需完全测定它，也需按空间力系来处理。

在空间力系测量工作中，巧妙地设计受力的弹性元件和布置应变片或选择压电晶体片的敏感方向是成功的关键。图 12-10 所示为压电式三向测力传感器元件组合方式的示意图，其传感元件由三对不同切型的压电石英片组成，其中一对为 X_0 型切片，具有纵向压电效应，用它测量 z 向力 F_z，另外两对为 Y_0 型切片，具有横向压电效应，两者互成90°安装，分别测

y 向力 F_y 和 x 向力 F_x。此种传感器可以同时测出空间任意方向的作用力在 x、y、z 三个方向上的分力。多向测力传感器的优点是简化了测力仪的结构，同时又提高了测力系统的刚度。

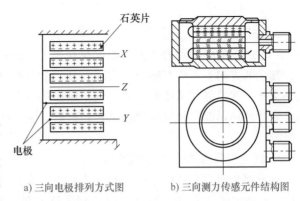

a) 三向电极排列方式图　　b) 三向测力传感元件结构图

图 12-10

用于三向测力的传感元件的组合图

12.2.3　动态测力装置的使用特点

动态测力装置除了在灵敏度、线性误差、频率范围等方面应满足预定要求外，使用时还应考虑动力学方面的一些特点。

1. 动态测力装置的动态误差

如前所述，近代测力装置基本上都是以某一弹性元件所产生的弹性变形（或与之成比例的弹性力）作为测力基础的，因而大多数测力装置可以近似抽象如图 7-1 所示的单自由度振动系统。但是在测量过程中，它与被测系统以及它的支承系统组成非常复杂的多自由度振动系统。这样在动态力作用下，该弹性元件的弹性变形（或弹性力）同动态力的关系也就相当复杂，两者在幅值、相位方面都有较大的差异，这些差异和测力装置的动态特性、支承系统、负载效应都有密切关系。以弹性元件的弹性变形（或弹性力）为基础的力学测力装置，应保证该弹性力和被测力成比例、同相位。然而一旦将测力装置和被测系统相接，由于负载效应，将使被测力发生变化，使作用于测力装置的施加力和原来被测力不一样。要完全消除这种差别唯有取被测系统的构件作为测力装置的弹性元件。其次，作为时间矢量，实际作用力 F 和测力装置的阻尼力 F_c、惯性力 F_m 以及弹性元件的弹性力 F_k 之间的关系如图 12-11 所示。显然，弹性力和实际作用力在幅值和相位两方面都不一样。最后，即使可以用二阶系统的响应特性来近似描述这类装置，也只有在一定频率范围内，即其工作频率 ω 远小于其固有频率 ω_n 的情

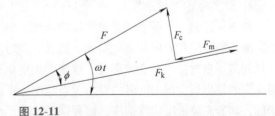

图 12-11

实际作用力和测量测力装置的惯性力、阻尼力以及弹性力的关系

况下，才能近似满足不失真的测量条件。如果支承系统的刚性不好，情况会更加恶化，与不失真测量条件相差更远。

总之，在一般情况下，由于上述三方面的原因，测力弹性元件的弹性力（或弹性变形）和被测力总有幅值和相位的差异。因此在实际使用条件下，在整个工作频率范围内进行全面的标定和校准是一件必不可少的工作。

此外，从图中还可看出，如果能测出阻尼力 F_c 和惯性力 F_m，将它们与弹性力 F_k 相加，就可以得出实际作用力 F 来，从而消除了测量的方法误差。由于 F_k、F_c 和 F_m 分别和测力装置的位移、速度和加速度成正比，但方向相反，若用一个质量甚小的加速度计来测量测力装置的加速度，用微分电路由弹性位移信号求得速度信号，然后用运算放大器将这两项信号按适当比例加进位移信号中，对 F_k 进行补偿，便可得到实际作用力 F，消除了测量方法

误差。

2. 注意减小交叉干扰

一个理想的多向测力装置，要求在互相垂直的三个方向中的任何一个方向受到力的作用时，其余两方向上不应有输出。实际上却常常会有微小输出，这种现象称为交叉干扰。为了减小交叉干扰，必须采用相应的措施，例如精心设计弹性元件，使其受力变形合理；正确选择应变片的粘贴部位并准确地粘贴之；最后，还往往利用测力装置标定结果来修正交叉干扰的影响。

3. 测力装置频率特性的测定

确定整个测力装置频率特性的具体办法与确定某一系统，特别是机械系统的频率响应特性的方法没有原则差别。但是必须特别强调的是，动态特性测定必须在实际工作条件下进行。常用的激励是正弦激励和冲击激励。对于后者，在测得激励力 $x(t)$ 和测力装置的响应 $y(t)$ 之后，一般采用

$$S_{xy}(f) = S_{xx}(f) = H(f)S_x(f) \tag{12-5}$$

来确定其频率响应函数 $H(f)$。

12.2.4 测力传感器的标定

为确保力测试的正确性和准确性，使用前必须对测力传感器进行标定。标定的精度将直接影响传感器的测试精度。测力传感器在出厂时，尽管已对其性能指标逐项进行过标定和校准，但在使用过程中还应定期进行校准，以保证测试精度。此外，由于测试环境的变化，使得系统的灵敏度亦发生变化。因此必须对整个测试系统的灵敏度等有关性能指标重新标定。测力传感器的标定分静态标定和动态标定两个方面。

1. 静态标定

静态标定最主要的目的是确定标定曲线、灵敏度和各向交叉干扰度。为此，标定时所施加的标准力的量值和方向都必须精确。加载方向对确定交叉干扰度有着重大影响，力的作用方向一旦偏离指定方向，就会使交叉干扰度产生变化。标定时对测力传感器施加一系列标准力，测得相应的输出后，根据两者的对应关系绘制标定曲线，再求出表征传感器静态特性的各项性能指标，如静态灵敏度、线性度、回程误差、重复性、稳定性以及横向干扰等。

静态标定通常在特制的标定台上进行。所施加的标准力的大小和方向都应十分精确，其力值必须符合计量部门有关量值传递的规定和要求。通常标准力的量值用砝码或标准测力环来度量。标定时采用砝码-杠杆加载系统、螺杆-标准测力环加载系统、标准测力机加载等。

2. 动态标定

动态标定使用于瞬变力和交变力等动态测试的传感器。对于用于动态测量的传感器，仅做静态标定是不够的，有时还需进行动态标定。动态标定的目的在于获取传感器的动态特性曲线，再由动态特性曲线求得测力传感器的固有频率、阻尼比、工作频带、动态误差等反映动态特性的参数。对测力传感器或整个测力系统进行动态标定的方法就是输入一个动态激励力，测出相应的输出，然后确定出传感器的频率响应特性等。

冲击法也是获取测力系统动态特性的方法之一。冲击法可获得半正弦波瞬变激励力，此法简单易行。如图 12-12a 所示，将待定的测力传感器安放在有足够质量的基础上，用一个质量为 m 的钢球从确定的高度 h 自由落下，当钢球冲击传感器时，由传感器所测得的冲击

力信号经放大后输入瞬态波形存储器，或直接输入信号分析仪，即可得到如图 12-12b 所示的波形。图中，$0 \sim t_1$ 为冲击力作用时间，点画线为冲击力波形，实线为实际的输出波形，$t_1 \sim t$ 段为自由衰减振荡信号，它和 $0 \sim t_1$ 段中叠加在冲击力波形上的高频分量反映了传感器的固有特性，对其做进一步分析处理，可获得测力传感器的动态特性。

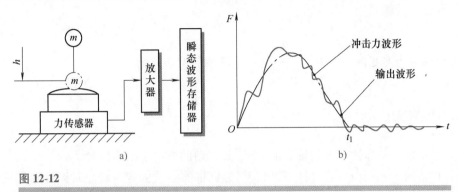

图 12-12

冲击标定系统及冲击力波形

12.3　扭矩的测量

旋转轴上的扭矩是改变物体转动状态的物理量，是力和力臂的乘积。扭矩的单位是 N·m。测量扭矩的方法甚多，其中通过转轴的应变、应力、扭角来测量扭矩的方法最常用，也即根据弹性元件在传递扭矩时所产生物理参数的变化（变形、应力或应变）来测量扭矩。例如在被测机器的轴上或是在装于机器上的弹性元件上粘贴应变片，然后测量其应变。其中装于机器上的弹性元件属扭矩传感器的一部分。这种传感器就是专用于测量轴的扭矩。

12.3.1　应变式扭矩传感器的工作原理

扭矩的测量以测量转轴应变和测量转轴两横截面相对扭转角的方法最常用。应变式扭矩传感器所测得的是在扭矩作用下转轴表面的主应变 ε。从材料力学得知，该主应变和所受到的扭矩成正比关系。也可利用弹性体把转矩转换为角位移，再由角位移转换成电信号输出。

图 12-13 给出了一种用于扭矩传感器的扭矩弹性元件。把这种弹性轴连接在驱动源和负载之间，弹性轴就会产生扭转，所产生的扭转角为

$$\varphi = \frac{32l}{\pi G D^4} M \qquad (12\text{-}6)$$

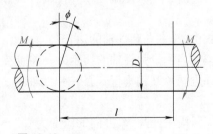

图 12-13

用于测量扭矩的弹性轴

式中　φ——弹性轴的扭转角（rad）；

　　l——弹性轴的测量长度（m）；

　　D——弹性轴的直径（m）；

　　M——扭矩（N·m）；

　　G——弹性轴材料的切变模量（Pa）。

由于扭角与扭矩 M 成正比，在实际测量中，常在弹性轴圆轴上安装两个齿轮盘，齿轮盘之间的扭角即为弹性轴的扭角，通过电磁耦合将扭角信号耦合成电信号，再经标定得到输出扭矩值。

按弹性轴变形测量时
$$M = \frac{\pi G D^4 \varphi}{32l} \tag{12-7}$$

按弹性轴应力测量时　　$M = \frac{\pi D^3 \sigma}{16}$ （σ 为转轴的剪切应力）$\tag{12-8}$

按弹性轴应变测量时
$$M = \frac{\pi G D^3 \varepsilon_{45°}}{16} = \frac{\pi G D^3 \varepsilon_{135°}}{16} \tag{12-9}$$

式中　$\varepsilon_{45°}$、$\varepsilon_{135°}$——弹性轴上与轴线成 45°、135° 角的方向上的主应变。

从式（12-6）~式（12-9）可以看出，当弹性轴的参数固定，转矩对弹性轴作用时，产生的扭转角或应力、应变与转矩成正比关系。因此只要测得扭转角或应力、应变，便可知扭矩的大小。按扭矩信号的产生方式可以设计为光电式、光学式、磁电式、电容式、电阻应变式、振弦式、压磁式等各种扭矩仪器。

12.3.2　应变片式扭矩传感器

当作为扭矩传感器上的弹性轴发生扭转时，在相对于轴中心线 45° 方向上会产生压缩或拉伸力，从而将力加在旋转轴上。如果在弹性轴上或直接在被测轴上，沿轴线的 45° 或 135° 方向将应变片粘贴上，当传感器的弹性轴受转矩 M 作用时，应变片产生应变，其应变量 ε 与转矩 M 呈线性关系。

对于空心圆柱形弹性轴
$$\varepsilon_{45°} = -\varepsilon_{135°} = \frac{8M}{\pi D^3 G} \frac{1}{1 - d^4/D^4} \tag{12-10}$$

式中　G——弹性轴的弹性模量；
　　d、D——空心转轴的内径和外径。

对于正方形截面积弹性轴　　$\varepsilon_{45°} = -\varepsilon_{135°} = 2.4 \frac{M}{a^3 G}$ $\tag{12-11}$

式中　a——弹性轴的边长。

当测量弹性轴的扭矩时，将应变片 R_1，R_2 按图 12-14a 所示的方向（与轴线成 45° 角，并且两片互相垂直）贴在弹性轴上，则

沿应变片 R_1 方向的应变为
$$\varepsilon_1 = \frac{\sigma_1}{E} - \nu \frac{\sigma_3}{E}$$

沿应变片 R_2 方向的应变为
$$\varepsilon_3 = \frac{\sigma_3}{E} - \nu \frac{\sigma_1}{E}$$

式中　E——弹性轴材料的弹性模量（N/m^2）。

因 $\sigma_1=-\sigma_3$，故 $\varepsilon_1=-\varepsilon_3$。

图 12-14a 所示的半桥，不但能使测量灵敏度比贴一片 45° 方向的应变片时高一倍，而且还能消除由于弹性轴安装不善所产生的附加弯矩和轴向力的影响，但这种贴片的接桥方式不能消除附加横向剪力的影响。如果在弹性轴上粘贴 4 片应变片并将它们接成半桥或全桥，就能消除附加横向剪力的影响（见图 12-14b）。这种在弹性轴的适当部位按图粘贴 4 片应变片后，作为全桥连接构成的扭矩传感器，若能保证应变片粘贴位置准确、应变片特性匹配，则这种装置就具有良好的温度补偿和消除弯曲应力、轴向应力影响的功能。粘贴后的应变片必须准确地与轴线成 45°，应变片 1 和 3、2 和 4 应在同一直径的两端。采用应变花可以简化粘贴并易于获得准确的位置。在用应变片直接粘贴在弹性轴上的情况下，有时为了提高灵敏度，将机器弹性轴的一部分设计成空心轴，以提高应变量。对于专用的扭矩传感器的弹性元件可以设计的应变量较大，以提高测量灵敏度。

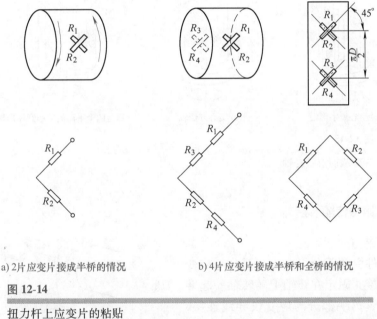

a) 2 片应变片接成半桥的情况　　b) 4 片应变片接成半桥和全桥的情况

图 12-14

扭力杆上应变片的粘贴

弹性轴截面最常用的是圆柱形，如图 12-15 所示。但对于测量小转矩的弹性轴，考虑到抗弯曲强度、临界转速、电阻应变片尺寸及粘贴工艺等因素，多采用空心结构。大量程转矩测量一般多采用实心方形截面弹性轴，应该注意应变片的中心线必须准确地粘贴在表面的 45° 及 135° 螺旋线上，否则弹性轴在正、反向力矩作用下的输出灵敏度将有差别，造成方向误差。一般允许粘贴角度的误差的范围为 ±0.5°。

图 12-16 是这种传感器的工作原理图。为了给旋转的应变片输入电压和从电桥中检测出信号，在整个检测系统上安装有集流环和电刷。扭矩传感器由弹性轴和贴在其上的应变片组成，并成为扭矩传递系统的一个环节，和转轴一起旋转。为了给旋转着的应变片输入电压和从电桥中取出检测信号，采用由电环和电刷组成的集流环部件来完成传递。通过此旋转元件（电环，固定在转轴上）和静止元件（电刷，固定在机架上）的接触，将传感器所需的激励电压输入和检测信号的输出。或者采用发射器件和接收器件之间电磁场的耦合方式，无接触

地将传感器的信号耦合到接收端。

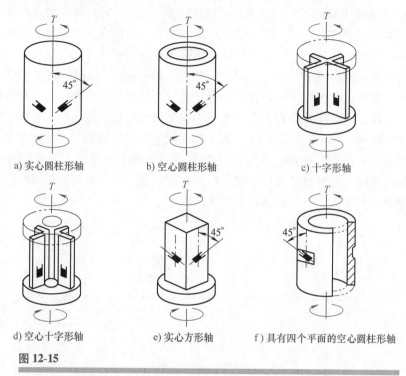

图 12-15

各种截面形状转轴

12.3.3 信号传输

1. 集流环装置

集流环部件由两部分组成：一部分与应变片的引出线连接并固定在转轴上随转轴一起转动，称为转子；另一部分与应变仪导线连接，静止不动，称为定子。转子与定子能够相对运动，从而既用来输出构件上应变片转换的电信号和输出热电偶等各种传感器的电信号，亦可用来输入外部对传感器的激励电压。集流环的

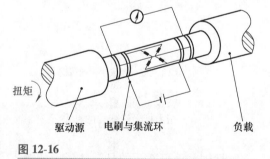

图 12-16

应变式扭矩传感器工作原理

优劣直接影响测量精度，质量低劣或维护不当的集流环所产生的电噪声甚至能淹没扭矩信号，使测量无法进行。因此对集流环的要求是：接触电阻变化要小，一般希望接触电阻的变化小到应变片电阻变化的 $1/50 \sim 1/100$。

测量电路的接法对应变式扭矩传感器的测量精度也有很大的影响，若像图 12-17a 所示，扭力轴上的应变片组成半桥，在 A、B、C 三点通过集流环引出，接到应变仪的测量电路上去。在这种情况下集流环的接触电阻是串入桥臂的，因此接触电阻的变化和扭矩变化一样，也要引起应变仪输出的变化，从而给测量造成误差。而像图 12-17b 所示弹性轴上粘 4 个应变片，接成全桥，其 4 个结点通过 4 个集电环-电刷引出，那么各接触电阻就不在桥臂之内，

因此由接触电阻的变化所引起的测量误差就大大减小了。

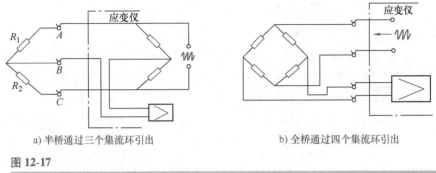

a) 半桥通过三个集流环引出　　　　　　　　　b) 全桥通过四个集流环引出

图 12-17

测量电路的接法

2. 无线传输方式

无线传输方式可以克服有线传输的缺点，因而得到越来越多的应用。它分为电波收发方式和光电脉冲传输方式。这两种方式从使用的角度来看都取消了中间接触环节、导线和专门的集流装置。电波收发方式测量系统要求可靠的发射、接收和遥测装置，且其信号容易受到干扰；而光电脉冲测量抗干扰能力较强，它是把测试数据数字化后以光信号的形式从转动的测量盘传送到固定的接收器上，然后经解码器后还原为所需的信号。

12.3.4　其他类型的扭矩传感器

转轴受扭矩作用后，产生扭转变形，两横截面的相对扭转角与扭矩成正比。利用光电式、感应式等传感器可以测得相对扭转角，从而测得扭矩。

感应式扭矩传感器是在转轴上固定两个齿轮，它们的材质、尺寸、齿形和齿数均相同。由永久磁铁和线圈组成的磁电式检测头对着齿顶安装。在转轴不承受扭矩时，两线圈输出信号有一初始相位差。承载后，该相位差将随两齿轮所在横截面之间的相对扭转角的增加而加大，其大小与相对扭转角、扭矩成正比。

光电式扭矩传感器是在转轴上固定两圆盘光栅，光栅圆盘外侧放置有光源和光敏元件，可通过两光栅圆盘之间的相对扭转角来测量扭矩。如图 12-18 所示，在未承受扭矩时，两光栅的明暗区正好互相遮挡，没有光线透过光栅照射到光敏元件，也无输出。当转轴受扭矩后，扭转变形将两光栅相对转过一角度，使部分光线透过光栅照射到光敏元件上而产生输出，扭矩越大，扭转角越大，穿过光栅的光量越多，输出越大，从而可测得扭矩。

压磁式扭矩传感器是利用铁磁材料制成的转轴，在受扭矩作用后，应力变化导致磁阻变化的现象来测量扭矩的。如图 12-19 所示，两个绕有线圈的⊓型铁心 A 和 B，其中 $A—A$ 沿轴线、$B—B$ 沿垂直与轴线方向放置，两者相互垂直。其开口端和被测表面保持 $1\sim2mm$ 的空隙。当 $A—A$ 线圈通过交流电流，形成通过转轴的交变磁场。在转轴不受扭矩时，磁力线和 $B—B$ 线圈不交链。当转轴受扭矩作用后，转轴材料磁阻沿正应力方向减小，沿负应力方向增大，从而改变了磁力线分布状况，使部分磁力线与 $B—B$ 线圈交链，并在其中产生感应电动势，感应电动势将随扭矩增大而增大，并在一定范围内两者呈线性关系。此种传感器是一种非接触测量方式，使用方便。

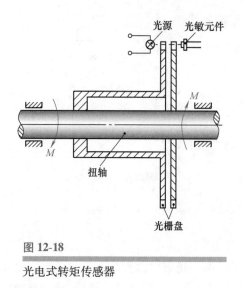

图 12-18

光电式转矩传感器

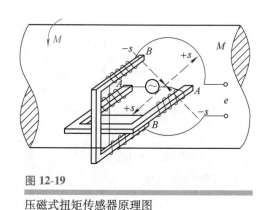

图 12-19

压磁式扭矩传感器原理图

12.3.5　国内外扭矩传感器介绍

　　常用扭矩传感器的使用见表 12-3 所示。扭矩传感器主要有两大类，第一类是通过磁电感应获取信号的磁（齿）栅式传感器，这类传感器的输出信号的本质是两路相角位移信号，需要对信号进行组合处理才能得到扭矩信息。它是非接触式传感器，无磨损、无摩擦，可用于长期测量。但体积大、不易安装、不能测静止扭矩，转速过低时，须用小电动机补偿转速，操作复杂等。第二类是以电阻应变片为敏感元件组成的扭矩传感器，它在转轴或与转轴串接的弹性轴上安装了4片精密电阻应变片，并把它们连成一片平衡电桥。输出信号与扭矩成比例。桥的激励电压和测量信号的传送方式有两种：一种是接触式传送，通过集电环和电刷传送激励电压和测量信号，电刷寿命可达到一亿转次；另一种是非接触式传送，包括传感器感应方式传送，或微电池供电、无线电传送。这类传感器具有可测量静态和动态扭矩、高频冲击和振动信息，体积小、重量轻、输出信号易于计算机处理等特点，正逐渐得到越来越多的应用。

表 12-3　　　　　　　　　　　国内外扭矩传感器

敏 感 元 件	信号传输形式	国家及代表产品
电阻应变片	接触式:通过滑环和电刷传送激励电压和测量信号	德国 HBM 公司 T1、T2 系列传感器
	非接触式: 1)通过变压器形式传送激励电压和测量信号 2)用变压器或电池供电、以调频/发射机遥控测计来传送数据	德国 HBM 公司 T30FN 日本小野公司 中国北京三晶集团
磁(齿)栅式位移传感器	非接触测量:磁(齿)栅磁电感应信号	日本小野测齿栅式扭矩传感器 德国 HBM 公司 中国湘西仪表厂
其他元件如:光栅、电容、齿轮等	非接触测量:用光栅、电容、齿轮等感应信号	

关于详细有关的扭矩传感器的介绍，可参阅有关专著。

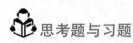
思考题与习题

12-1　说明应变式压力和力传感器的基本原理。

12-2　有一个应变式力传感器，弹性元件为实心圆柱，直径 $D=40\text{mm}$，在其上沿轴向和周向各贴两片应变片（灵敏度系数 $S=2$），组成全桥电路，桥压为 10V。已知材料弹性模量 $E=2.0×10^{11}\text{Pa}$，泊松比 $\nu=0.3$，试求该力传感器的灵敏度，单位用 μV/kN 表示。

12-3　有一电阻应变片如图 12-20 所示，其灵敏度 $S=2$，$R=120\Omega$，设工作时其应变为 $1000\mu\varepsilon$（注：$\mu\varepsilon$ 为微应变），问 $\Delta R=?$ 设将此应变片接成如图所示的电路。试求：1）无应变时电流表示值；2）有应变时电流表示值；3）电流表指示值相对变化量；4）试分析这个变动量能否从表中读出。

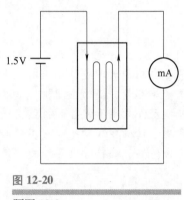

图 12-20

题图 12-3

第 13 章
流体参量测量

压力和流量等流体参量的测量，在工业生产等众多工程领域中都具有十分重要的意义。

各种压力和流量测量装置尽管在测量原理或结构上有很大差别，但共同特点都是通过中间转换元件，把流体的压力、流量等参量转换为中间机械量，然后再用相应的传感器将中间机械量转换成电量输出。中间转换元件对测量装置的性能有着重要的影响。另一个特点是在压力和流量测量中，测量装置的测量精确度和动态响应不仅与传感器本身及由它所组成的测量系统的特性有关，而且还与由传感器、连接管道等组成的流体系统的特性有关。

13.1 压力的测量

压力的测量一般用于液体、蒸汽或气体等流体。物理学中将单位面积上所受到的流体作用力定义为流体的压强，而工程上则习惯于称其为"压力"，本书将采用"压力"这个名词。在国际单位制中，压力是由质量、长度和时间三个基本量得出的导出量，其单位为 Pa（帕斯卡），$1Pa = 1N/m^2$。虽然已经有非常精确的压力表来提供压力的基准量，但是这些基准量最终必须依靠上述三个基本量的基准量来保证其精确度。

由于参照点的不同，在工程中流体的压力有以下几种表示方法：绝对压力——相对于完全真空（绝对压力零位）所测得的压力；大气压力——由地球表面大气层空气柱重力所形成的压力；差压（压差）——任意两个压力之间的差值；表压力——以大气压力为参考点，高于或低于大气压力的压力，高于大气压力的压力称为正压，低于大气压力的压力称为负压。压力测量装置大多采用表压力作为指示值，而很少采用绝对压力。

压力按其与时间的关系可分为静态压力和动态压力。静态压力指不随时间变化或随时间变化缓慢的压力；动态压力指随时间作快速变化的压力。

作用在确定面积上的流体压力能够很容易地转换成力，因此压力测量和力测量有许多共同之处。常用的两种压力测量方法是静重比较法和弹性变形法。前者多用于各种压力测量装置的静态校准，而后者则是构成各种压力计和压力传感器的基础。

13.1.1 弹性式压力敏感元件

指针式压力计（压力表）和压力传感器主要是基于弹性变形原理工作的。某种特定形式的弹性元件，在被测流体压力的作用下，将产生与被测压力成一定函数关系的机械变位（或应变）。这种中间机械量可通过各种放大杠杆或齿轮副等转换成指针的偏转，从而直接指示被测压力的大小。中间机械量也可通过各种位移传感器（以应变为中间机械量时，则可通过应变片）及相应的测量电路转换成电量输出。由此可见，感受压力的弹性敏感元件是压力计和压力传感器的关键元件。

通常采用的弹性式压力敏感元件有波登管、膜片和波纹管三类（见图 13-1）。

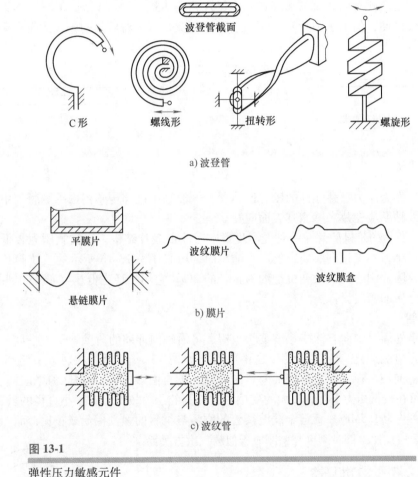

a) 波登管

b) 膜片

c) 波纹管

图 13-1

弹性压力敏感元件

1. 波登管

波登管是大多数指针式压力计的弹性敏感元件，同时也被广泛用于压力变送器（用于稳态压力测量，其输出量为电量的压力测量装置）中。图 13-1a 所示的各种结构形式的波登管，都是横截面为椭圆形或平椭圆形的空心金属管子。当这种弹性管一侧通入有一定压力的流体时，由于内外侧的压力差（外侧一般为大气压力），迫使管子截面发生由椭圆形截面向圆形变化的变形。这种变形导致 C 形、螺线形和螺旋形波登管的自由端产生变位，而对于扭转型波登管来说，其输出运动则是自由端的角位移。

虽然采用波登管作为压力敏感元件可以得到较高的测量精确度，但由于其尺寸较大、固有频率较低以及有较大的滞后，故不宜作为动态压力传感器的敏感元件。

2. 膜片和膜盒

膜片是用金属或非金属材料制成的圆形薄片（见图 13-1b）。若膜片的断面是平的，称其为平膜片；若膜片的断面呈波纹状的，称其为波纹膜片。将两个膜片边缘对焊起来，就构成膜盒；将几个膜盒连接起来，就组成膜盒组。平膜片比波纹膜片具有较高的抗振和抗冲击能力，在压力测量中使用得较多。

中、低压压力传感器多采用平膜片作为压力敏感元件。这种敏感元件是周边固定的圆形平膜片，其固定方式有周边机械夹固式、焊接式和整体式三种（见图 13-2）。尽管机械夹固式的制造比较简便，但由于膜片和夹紧环之间的摩擦要产生滞后等问题，故较少采用。

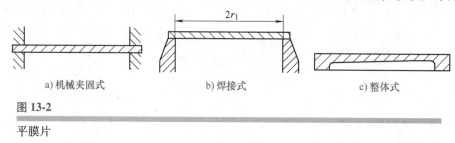

a) 机械夹固式　　　　b) 焊接式　　　　c) 整体式

图 13-2

平膜片

以平膜片作为压力敏感元件的压力传感器，一般采用位移传感器来感测膜片中心的变位或在膜片表面粘贴应变片来感测其表面应变。

图 13-1b 所示的悬链膜片是一种受温度影响较小的膜片结构。当被测压力较低，平膜片产生的变位过小，不能达到所要求的最小输出时，可采用图 13-1b 所示的波纹膜片和波纹膜盒。一般波纹膜片中心的最大变位量约为直径的 2%，它用于稳态低压（低于几兆帕）测量或作为流体介质的密封元件。

3. 波纹管

波纹管是外周沿轴向有深槽形波纹状皱褶、可沿轴向伸缩的薄壁管子，一端开口，另一端封闭。将开口端固定，封闭端处于自由状态，如图 13-1c 所示。在通入一定压力的流体后，波纹管将伸长，在一定压力范围内其伸长量（即自由端位移）与压力成正比。

波纹管可在较低压力下得到较大的变位。它可测的压力较低，对于小直径的黄铜波纹管，最大允许压力约为 1.5MPa。无缝金属波纹管的刚度与材料的弹性模量成正比，而与波纹管的外径和波纹数成反比，同时刚度与壁厚成近似的三次方关系。

13.1.2　常用压力传感器

1. 应变式压力传感器

目前常用的应变式压力传感器有平膜片式、圆筒式和组合式等。它们的共同特点是利用粘贴在弹性敏感元件上的应变片，感测其受压后的局部应变，从而测得流体的压力。

（1）平膜片式压力传感器　图 13-3 为平膜片式压力传感器结构示意图。它利用粘贴在平膜片表面的应变片，感测膜片在流体压力作用下的局部应变，从而确定被测压力值的大小。

对于周边固定、一侧受均匀压力 p 作用的平膜片，若膜片应变值很小，则可近似地认为膜片的应力（或应变）与被测压

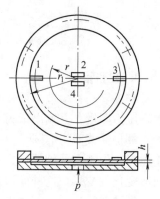

图 13-3

平膜片式压力传感器

力呈线性关系。在压力 p 作用下，膜片产生径向应变和切向应变，一般在中心贴片，并在边缘沿径向贴片，也可使用适应膜片应变分布的专用箔式应变花。

平膜片式压力传感器的优点是：结构简单、体积小、质量小、性能价格比高等；缺点是：输出信号小、抗干扰能力差、受温度影响大等。

(2) 圆筒式压力传感器　如图 13-4 所示，它一端密封并具有实心端头，另一端开口并有法兰，以便固定薄壁圆筒。当压力从开口端接入圆柱筒时，筒壁产生应变。

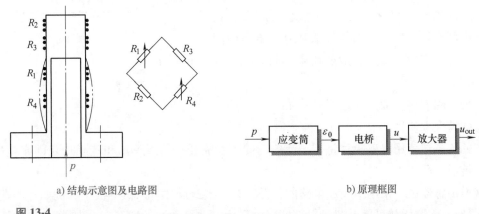

a) 结构示意图及电路图　　　　　　　　　　　　　　b) 原理框图

图 13-4

圆筒式压力传感器

圆筒的外表面粘贴有 4 个相同的应变片 R_1、R_2、R_3、R_4，组成四臂电桥。当筒内外压力相同时，电桥的 4 个桥臂电阻相等，输出电压为零；当筒内压力大于筒外压力时，R_1 和 R_4 发生变化，电桥输出相应的电压信号。这种圆筒式压力传感器常在高压测量时应用。

(3) 组合式压力传感器　此类传感器中的应变片不直接粘贴在压力感受元件上，而是采用某种传递机构将感压元件的位移传递到贴有应变片的其他弹性元件上，如图 13-5 所示。图 13-5a 利用膜片 1 和悬臂梁 2 组合成弹性系统。在压力作用下，膜片产生位移，通过杆件使悬臂梁产生变形。图 13-5b 利用膜片 1 将压力传给弹性圆筒 3，使之发生变形。图 13-5c 利用波登管 4 并在压力的作用下，自由端产生拉力，使悬臂梁 2 产生变形。图 13-5d 利用

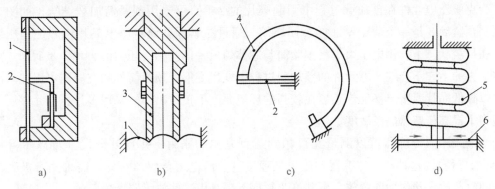

1—膜片　2—悬臂梁　3—弹性圆筒　4—波登管　5—波纹管　6—梁

图 13-5

组合式压力传感器

波纹管 5 产生的轴向力，使梁 6 变形。

2. 压阻式压力传感器

压阻式压力传感器（见图 13-6）是在某一晶
面的单晶硅膜片上，沿一定的晶轴方向扩散上一些
长条形电阻。硅膜片的加厚边缘烧结在有同样膨胀
系数的玻璃基座上，以保证温度变化时硅膜片不受
附加应力。当硅膜片受到流体压力或压差作用时，
硅膜片内部产生应力，从而使扩散在其上的电阻阻
值发生变化。它的灵敏度一般要比金属材料应变片
高 70 倍左右。

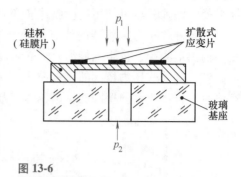

图 13-6

压阻式压力传感器

这种压阻元件一般只在硅膜片中心变位远小于
其厚度的情况下使用。

有的传感器使用隔离膜片将被测流体与硅膜片隔开，隔离膜片和硅膜片之间充填硅油，
用它来传递被测压力。

这类传感器由于采用了集成电路的扩散工艺，因此尺寸可以做得很小。例如有的直径只
有 1.5~3mm，这样就可用来测量局部区域的压力，并且大大改善了动态特性（工作频率可
从 0 到几百千赫）。由于电阻直接扩散到膜片上，没有粘贴层，因此零漂小、灵敏度高、重
复性好。

3. 压电式压力传感器

图 13-7 所示的膜片式压电压力传感器是目前广泛采用的一种结构。3 是承压膜片，有密
封、预压和传递压力的作用。由于膜片的质量很小，而压电晶体的刚度又很大，所以传感器
有很高的固有频率（可高达 100kHz 以上），因此它是动态压力测量中常用的传感器。压电
式压力传感器工作可靠、测量范围宽、体积小、结构简单，并且具有较高的灵敏度和分辨
率。缺点是压电元件的预压缩应力是通过拧紧壳体施加的，这将使膜片产生弯曲变形，导致
传感器的线性度和动态性能变坏。

为克服压电元件在预加载过程中引起膜片的变形，可采用预紧筒加载结构，如图 13-8
所示。预紧筒 8 是一个薄壁厚底的金属圆筒，通过拉紧预紧筒对压电晶片组施加预压缩应
力。在加载状态下，用电子束焊将预紧筒与芯体焊成一体。感受压力的膜片 7 是后来焊接到
壳体上去的，它不会在压电元件的预加载过程中发生变形。预紧筒外的空腔内可以注入冷却
水，以降低晶片温度，保证传感器在较高的环境温度下正常工作。采用多片压电元件层叠结
构是为了提高传感器的灵敏度。

压电式压力传感器可以测量几百帕到几百兆帕的压力，并且外形尺寸可以做得很小
（几毫米直径）。这种压力传感器和压电加速度计、压电力传感器一样，需采用有极高输入
阻抗的电荷放大器作为前置放大，其可测频率下限是由这些放大器所决定的。

由于压电晶体具有一定的质量，故压电压力传感器在有振动的条件下工作时，就会产生
与振动加速度相对应的输出信号，从而造成压力测量误差。特别是在测量较低压力或要求较

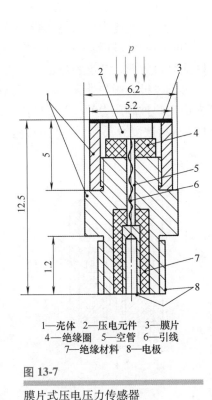

1—壳体　2—压电元件　3—膜片
4—绝缘圈　5—空管　6—引线
7—绝缘材料　8—电极

图 13-7

膜片式压电压力传感器

1—壳体　2—电极　3、4—绝缘体
5—电极　6—压电片堆　7—膜片
8—预紧筒

图 13-8

多片层叠压电晶体压力
传感器

高的测量精确度时，该影响不能忽视。图 13-9 为带加速度补偿的压力传感器。在传感器内部设置一个附加质量和一组极性相反的补偿压电晶体，在振动条件下，附加质量使补偿压电晶片产生的电荷与测量压电晶片因振动产生的电荷相互抵消，从而达到补偿目的。

4. 电容式压力传感器

电容式压力传感器采用变电容测量原理，即被测压力会引起传感器电容极板间的面积或极距发生变化，测出变化的电容量，便可知道被测压力的大小。电容式压力传感器有以下两种：

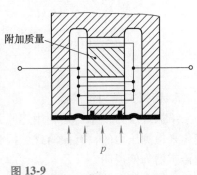

附加质量

图 13-9

用附加质量补偿加速度的影响

（1）差动变极距电容式压力传感器　图 13-10 是一种差动变极距电容式压力传感器的结构示意图。感压元件是一个全焊接的差动电容膜盒。玻璃绝缘层内侧的凹球面形金属镀膜作为固定电极 1，中间被夹紧的弹性测量膜片 2 作为可动电极，从而组成一个差动电容。被测压力 p_1、p_2 分别作用于左右两片隔离膜片 3 上，通过硅油 4 将压力传递给测量膜片 2。在差压的作用下，中心最大位移为 ±0.1mm 左右。当测量膜片 2 在差压作用下向一边鼓起时，它与两个固定电极 1 间的电容量一个增大一个减小。测量这两个电容的变化，便可知道差压的数值。这种传感器结构坚实、灵敏度高、过载能力大；精度高，其精确度可达 ±0.25% ~ ±0.05%；仪表测量范围为 0 ~ 0.00001MPa 至 0 ~ 70MPa。

（2）变面积电容式压力传感器　图 13-11 所示为一种变面积式电容压力传感器。被测压力作用在金属膜片 7 上，通过中心柱 1 和支撑簧片 5，使可动电极 4 随簧片中心位移而动作。可动电极 4 与固定电极 3 均为金属同心多层圆筒，其断面呈梳齿形，其电容量由两电极交错重叠部分的面积所决定。固定电极 3 与外壳之间绝缘，可动电极 4 则与外壳导通。压力引起的极间电容变化由中心柱 1 引至适当的变换电路，转换成反映被测压力的电信号输出。膜片中心位移不超过 3mm，膜片背面为无硅油的封闭空间，不与被测介质接触，可视为恒定的大气压，故仅适用于压力测量，而不能测量压差。

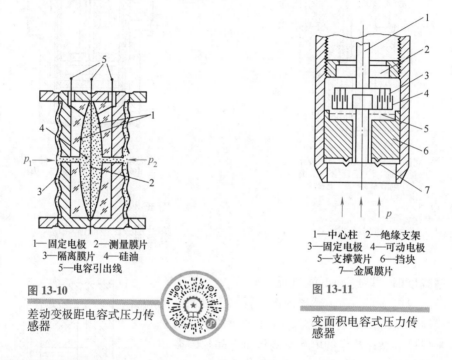

1—固定电极　2—测量膜片
3—隔离膜片　4—硅油
5—电容引出线

图 13-10
差动变极距电容式压力传感器

1—中心柱　2—绝缘支架
3—固定电极　4—可动电极
5—支撑簧片　6—挡块
7—金属膜片

图 13-11
变面积电容式压力传感器

5. 谐振式压力传感器

谐振式压力传感器是利用感压元件本身的谐振频率与压力的关系，通过测量频率信号的变化来检测压力的，有振筒式、振弦式、振膜式、石英谐振式等多种形式。以下以振筒式压力传感器为例说明。

振筒式压力传感器的感压元件是一个薄壁圆筒，圆筒本身具有一定的固有频率，当筒壁受压张紧后，其刚度发生变化，固有频率相应改变。在一定的压力作用下，变化后的振筒频率可以近似地表示为

$$f_p = f_0 \sqrt{1 + \alpha p} \tag{13-1}$$

式中　f_p ——受压后的振筒频率；

　　　f_0 ——固有频率；

　　　α ——结构系数；

　　　p ——被测压力。

传感器由振筒组件和激振电路组成，如图 13-12 所示。振筒用低温度系数的恒弹性材料制成，一端封闭为自由端，开口端固定在基座上，压力由内侧引入。绝缘支架上固定着激振线圈和检测线圈，两者空间位置互相垂直，以减小电磁耦合。激振线圈使振筒按固有的频率振动，受压前后的频率变化可由检测线圈检出。

这种仪表体积小、输出频率信号、重复性好、耐振；精确度为 ±0.1% 和 ±0.01%；测量范围为 0～0.014MPa 至 0～50MPa；适用于气体测量。

6. 位移式压力传感器

位移式压力传感器是将弹性式压力敏感元件与其他元件相连，压力转换为位移等参量，进而转换为电量，常见的有以下几种：

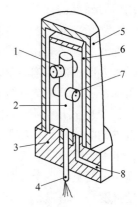

1—激振线圈　2—支柱　3—底座
4—引线　5—外壳　6—振动筒
7—检测线圈　8—压力入口

图 13-12

振筒式压力传感器结构示意图

（1）电感式压力传感器　电感式压力传感器一般由两部分组成，一部分是弹性元件，用来感受压力并把压力转换成位移量，另一部分是由线圈和衔铁 6 组成的电感式传感器。电感式压力传感器可分为自感型和差动变压器型。图 13-13 为其结构原理图。图 13-13a 为膜盒 4 与变气隙式自感传感器构成的压力传感器，流体压力使膜盒 4 变形，从而推动固定在膜盒自由端的衔铁上移而引起电感变化。图 13-13b 为膜盒 4 与差动变压器 2 构成的微压力传感器。衔铁 6 固定在膜盒的自由端。无压力时，衔铁 6 在差动变压器线圈的中部，输出电压为零。当被测压力通过接头输入膜盒 4 后，膜盒 4 变形推动衔铁 6 移动，使差动变压器 2 输出正比于被测压力的电压。

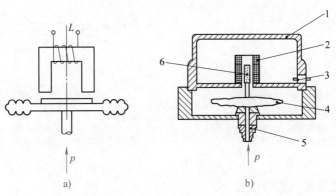

a)　　　　　　　　　　　b)

1—罩壳　2—差动变压器　3—插座　4—膜盒　5—插头　6—衔铁

图 13-13

电感式压力传感器

（2）霍尔式压力传感器　霍尔式压力传感器一般由两部分组成，一部分是弹性元件（波登管、膜盒等），用来感受压力并把压力转换成位移量，另一部分是霍尔元件和磁路系统。通常把霍尔元件固定在弹性元件上，当弹性元件在压力作用下产生位移时，就带动霍尔元件在均匀梯度的磁场中移动，从而产生霍尔电动势。图 13-14 为霍尔式压力传感器的结构原理图。它是用霍尔元件把波登管的自由端位移转换成霍尔电动势输出。霍尔式压力传感器结构简单、灵敏度较高，可配通用的仪表指示，还能远距离传输和记录。

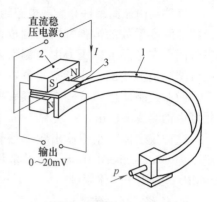

（3）光电式压力传感器 利用弹性元件和光敏元件可组成光电式压力传感器，如图 13-15 所示。当被测压力 p 作用于膜片时，膜片中心处位移引起两遮光板中的狭缝一个变宽，一个变窄，导致折射到两光敏元件上的发光强度一个增强，一个减弱。把两光敏元件接成差动电路，差动输出电压可设计成与压力成正比。

1—波登管 2—磁铁 3—霍尔元件

图 13-14

霍尔式压力传感器

（4）光纤式压力传感器 在压力测量中，微压及微差压力的传感技术一直是一个难题，特别是为获得与其相应的灵敏度及可靠性方面存在一些难点。采用光纤传感器技术可得到较好的效果。图 13-16 所示是一种光纤式压力传感器的原理图。将一个具有一定反射率且质地柔软的反射镜贴在承受压力（压差）的膜片上，当压（差）力使膜片发生微小变形时，便会改变反射镜所反射的入射光的发光强度，从而测得其压（差）力。

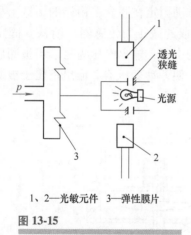

1、2—光敏元件 3—弹性膜片

图 13-15

光电式压力传感器原理图

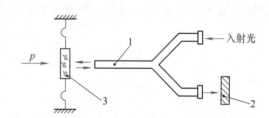

1—光纤 2—探测器 3—反光镜

图 13-16

光纤式压力传感器原理图

13.1.3 压力测量装置的校准

一般用静态校准来确定压力传感器或压力测量系统的静态灵敏度等各种静态性能指标，而用动态校准来确定其动态响应特性。

1. 压力测量装置的静态校准

压力测量装置的静态校准一般采用静重比较法，即标准砝码的重力通过已知直径和质量的柱塞，作用于密闭的液体系统，从而产生的标准压力为

$$p = \frac{4g_n(M_1 + M_2)}{\pi D^2} \tag{13-2}$$

式中　p——标准压力（Pa）；

　　　g_n——当地的重力加速度（m/s^2）；

　　　M_1——标准砝码的质量（kg）；

　　　M_2——柱塞的质量（kg）；

　　　D——柱塞直径（m）。

此标准压力作用于压力传感器的敏感元件上，实现静态校准。

常用的静态压力校准装置为图 13-17 所示的活塞压力计。使用时打开贮油器 6 的进油阀 7，将液压缸的活塞退至最右侧，使整个管道充满油液。然后关闭阀门 7，并分别打开通向被校准压力计和测量缸 3 的阀门，摇动手轮使压力缸 1 的活塞左移，压缩油液 2。当测量柱塞 4 连同标准砝码 5 在压力油的作用下上升到规定的高度后，使砝码 5 和测量柱塞 4 一起旋转，以减小柱塞和缸体之间的摩擦力。此时即产生由式（13-2）所确定的标准压力，增减砝码的数量可改变此压力值。

在进行低压高精确度的静态压力校准时，还要计及砝码所受到的空气浮力。

2. 压力测量装置的动态校准

通常压力测量装置的动态校准有两种目的：一是确定压力测量装置的动态响应，以便估计动

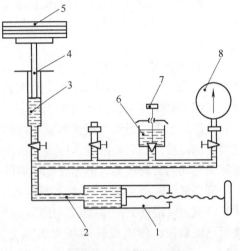

1—压力缸　2—油液　3—测量缸
4—测量柱塞　5—砝码　6—贮油器
7—进油阀　8—被校的压力表

图 13-17

活塞压力计示意图

态误差，必要时可进行动态误差的修正；二是考虑有些压力测量装置的动态灵敏度与静态灵敏度不同，因此必须由动态校准确定灵敏度。

所谓动态压力校准，就是利用波形和幅值均能满足一定要求的压力信号发生装置，向被校准的压力测量装置输入动态压力，通过测量其响应，而得到输入和输出间的动态关系。压力信号发生装置一般有正弦压力信号发生器和瞬态压力信号发生器两类。前者测量及信号处理都比较简单，但它仅适用于低压和低频的情况；后者则是目前应用最广泛的动态压力信号发生装置，这里只讨论这种装置。

瞬态压力信号发生器是指能产生阶跃或脉冲压力信号的装置。对于动态压力校准而言，目前阶跃压力信号发生装置用得较为成功。阶跃压力信号发生装置按其工作原理和结构，可分为快速阀门装置和激波管两类。

（1）快速阀门装置　　快速阀门装置的结构尽管很多，但其基本原理是相同的，就是将压力传感器安装在一个容积很小的容腔壁上，当这个小容腔通过快速阀门与一个高压容腔接通时，作用在传感器上的压力就迅速上升到一个稳定值。反之，如果高压小容腔通过阀门与低压容腔或大气相通时，压力就迅速降低到某个稳定值。为了加快压力跃升或下跃的速度，一方面应尽量减小容腔的容积，另一方面应尽量提高阀门的动作速度。

作为例子，图 13-18 给出了一个预应力杆式阀门装置的原理图。这种动态压力校准装置由充满液体的大小两个容腔所组成，两者的容积比为 1000∶1，长度比为 40∶1，中间用一

个特殊的阀门将它们隔开。被校准的传感器安装在较小的容腔内，通过泄放阀保证其初始压力为大气压，然后将泄放阀关闭。将大容腔的液体加压至所需的压力，由于大小容腔的容积相差甚大，因此在阀门突然开启时，两腔内最终的平衡压力与大容腔的初始压力相差不到1%。该装置是利用长阀杆的弹性变形使阀门快速开启的。

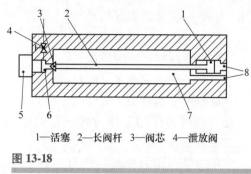

1—活塞　2—长阀杆　3—阀芯　4—泄放阀

图 13-18

预应力杆式阀门装置的原理图

（2）激波管　在气体中，当某处的压力发生突然变化时，压力波以超过音速的速度传播，其速度随压力突然变化的强弱而定，压力突变越大则波速越高。当波阵面到达某处时，该处气体的压力、温度和密度都发生剧烈变化。在波阵面尚未到达的地方，气体则完全不受它的扰动。波阵面后面的气体压力、温度和密度都比波阵面前面的高，而且气体粒子也朝着波阵面运动的方向流动，但速度低于波阵面的速度，这样的波就称为激波。

所谓激波管就是用来产生平面激波的一种装置，如图 13-19 所示，它用薄膜作冲击膜片，将激波管隔离为高压区和低压区，被标定的传感器装于低压区的一端。当薄膜被高压击破后形成激波，使低压区的压力迅速上升，保持一定的时间后下降。压力上升时间约为 $0.2\mu s$，压力保持时间为几至几十毫秒，压力阶跃的幅值取决于激波管的结构和薄膜厚度。激波管常用来标定谐振频率比较高的压力测量设备。

3. 便携式压力校准系统

近年来出现了适合于实验室和现场动态校准和准静态校准的便携式压力校准系统，如图 13-20 所示。利用安装适配接头将被校准传感器和标准传感器安装到压力发生器上，转动手

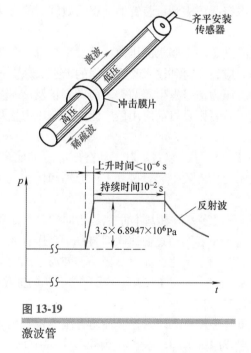

图 13-19

激波管

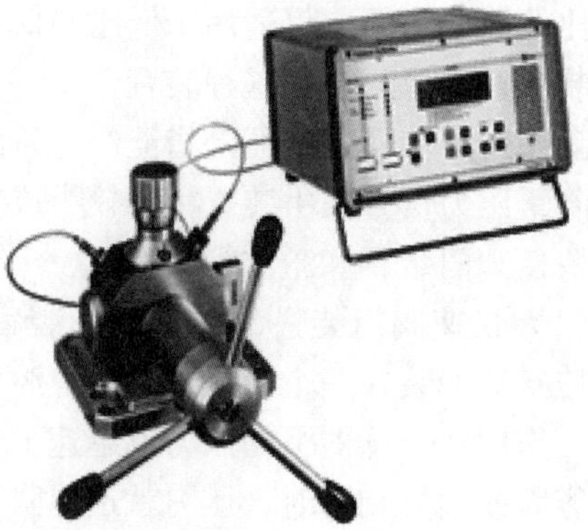

图 13-20

便携式压力校准系统

柄，便产生所需要的压力。压电传感器动态或准静态校准仪内部两通道高精密电荷放大器将被校准传感器和标准传感器输出的电荷信号转换为电压信号，经过 A–D 转换后，由微处理机进行分析和处理。校准仪同时配有计算机串行和并行接口，可连接计算机对校准仪进行远程设置和操作。

13.1.4　动态压力测量的管道效应

当压力传感器安装到测压点上之后，其动态特性自然还要受到被测流体的性质和安装情况的影响。为了使压力测量系统具有最佳的动态性能，传感器与测压点处的连接应该像图 13-21a 那样，即传感器膜片与测压点周围的壁面处于"齐平"状态。传感器膜片与测压点间的任何连接管道及容腔将在不同程度上降低测量系统的动态性能。然而在许多情况下要实现"齐平"安装是困难的，往往要采用图 13-21b 所示的管道—容腔安装方式。

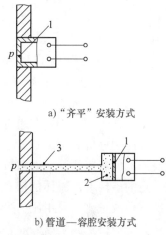

a)"齐平"安装方式

b) 管道—容腔安装方式

图 13-21

传感器的安装方式

感压元件前的引压管道和容腔的存在会引起压力信号的衰减和相位滞后，即动态压力测量的管道效应。管道效应会使整个测量系统的响应速度大大低于传感器的响应速度，造成动态压力测量的失真，因此必须予以重视。

13.2　流量的测量

流体的流量是指单位时间内流体流经管道或明渠某一横截面的数量。若流体以体积表示时，称为体积流量，单位为 m^3/s；若以质量表示时，称为质量流量，单位为 kg/s。

液体体积流量可以用标准容器和秒表（或电子计时装置）来测量，也就是测量液体充满某一确定容积所需的时间。这种方法只能用来测量稳定的流量或平均流量。由于它在测量稳定的流量时可以达到很高的精确度，因此也是各种流量计静态校准的基本方法。

一般工业用或实验室用液体流量计的基本工作原理是通过某种中间转换元件或机构，将管道中流动的液体流量转换成压差、位移、力、转速等参量，然后再将这些参量转换成电量，从而得到与液体流量成一定函数关系（线性或非线性）的电量（模拟或数字）输出。

13.2.1　常用的流量计

1. 差压式流量计

差压式流量计是在流通管道上设置流动阻力件，当液体流过阻力件时，在它前后形成与流量成一定函数关系的压力差，通过测量压力差，即可确定通过的流量。因此，这种流量计主要由产生差压的装置和差压计两部分组成。产生差压的装置有多种形式，包括节流装置（孔板、喷嘴、文杜里管等）、动压管、均速管、弯管等。其他形式的差压式流量计还有转子式流量计、靶式流量计等。

（1）节流式流量计　图 13-22 所示的差压式流量计是使用孔板作为节流元件。在管道中插入一片中心开有锐角孔的圆板（俗称孔板），当液体流过孔板时，流动截面缩小，流动速度加快，根据伯努利方程，压力必定下降。分析表明，若在节流装置前后端面处取静压力 p_1 和 p_2，则流体体积流量为

$$q_V = \alpha A_0 \sqrt{\frac{2}{\rho}(p_1 - p_2)} \qquad (13-3)$$

式中　　q_V——体积流量（m^3/s）；

A_0——孔板的开口面积（m^2）；

ρ——液体的密度（kg/m^3）；

α——流量系数，一个与流道尺寸、取压方式和流速分布状态有关的系数，无量纲量。

上面的分析表明，在管道中设置节流元件就是要造成局部的流速差异，得到与流速成函数关系的压差。在一定的条件下，流体的流量与节流元件前后压差的二次方根成正比，采用压力变送器测出此压差，经开方运算，便得到流量信号。在组合仪表中有各种专门的职能单元。若将节流装置、差压变送器和开方器组合起来，便成为测量流量的差压流量变送器。

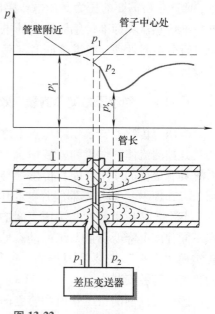

图 13-22

差压流量计原理图

上述流量—压差关系虽然比较简单，但流量系数 α 的确定却十分麻烦。大量的实验表明，只有在流体接近充分紊流时，即雷诺数 Re 大于某一界限值（约为 10^5 数量级）时，α 才是与流动状态无关的常数。

流量系数除了与孔口对管道的面积比及取压方式有关之外，还和所采用的节流装置的形式有着密切关系。目前常用的节流元件还有压力损失较小的文杜里管（见图 13-23c）和喷嘴（见图 13-23b）等。取压方式除上述在孔板前后端面处取压的"角接取压法"外，还有在离孔板前后端面各 1in（$1in = 25.4mm$）处的管壁上取压等。取压方式不同，流量系数也不相同。此外，管壁的粗糙程度、孔口边缘的尖锐度、流体黏度、温度以及可压缩性都对此系

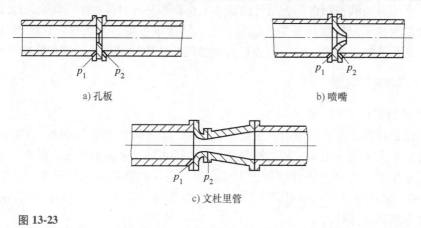

a) 孔板　　　　　　　　　　　　　　　　b) 喷嘴

c) 文杜里管

图 13-23

节流装置

数值有影响。由于工业上应用差压式流量计已有很长的历史，对一些标准的节流装置做过大量的试验研究，积累了一套十分完整的数据资料。使用这种流量计时，只要根据所采用的标准节流元件、安装方式和使用条件，查阅有关手册，便可计算出流量系数，而无须重新校准。

差压式流量计是目前各工业部门应用最广泛的一类流量仪表，约占整个流量仪表的 70%，在较好的情况下测量精确度为±1%～±2%。但实际使用时，由于雷诺数及流体温度、黏度、密度等的变化以及孔板孔口边缘的腐蚀磨损程度不同，精确度常远低于±2%。

（2）弯管流量计　当流体通过管道弯头时，受到角加速度的作用而产生的离心力会在弯头的外半径侧与内半径侧之间形成差压，此差压的二次方根与流体流量成正比。只要测出差压就可得到流量值。弯管流量计如图 13-24 所示。取压口开在 45°角处，两个取压口要对准。弯头的内壁应保证基本光滑，在弯头入口和出口平面各测两次直径，取其平均值作为弯头内径 D。弯头曲率 R 取其外半径与内半径的平均值。弯管流量计的流量方程式为

$$q_v = \frac{\pi}{4}D^2 k \sqrt{\frac{2}{\rho}\Delta p} \tag{13-4}$$

式中　D ——弯头内径；

　　　ρ ——流体密度；

　　　Δp ——差压值；

　　　k ——弯管流量系数。

流量系数 k 与弯管的结构参数有关，也与流体流速有关，需由实验确定。

弯管流量计的特点是结构简单、安装维修方便；在弯管内流动无障碍，没有附加压力损失；对介质条件要求低。其主要缺点是产生的差压非常小。它是一种尚未标准化的仪表。由于许多装置上都有不少的弯头，可用现有的弯头作为测量弯管，所以成本低廉，尤其在管道工艺条件受限制的情况下，可用弯管流量计测量流量，但是其前直管段至少要长 10D。弯头之间的差异限制了测量精度的提高，其精确度为±5%～±10%，但其重复性可达±1%。有些生产厂提供专门加工的弯管流量计，经单独标定，能使精确度提高到±0.5%。

（3）转子流量计　在小流量测量中，经常使用图 13-25 所示的转子流量计。它也是利用

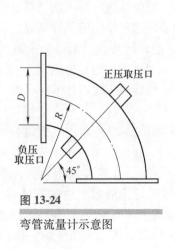

图 13-24

弯管流量计示意图

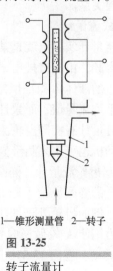

1—锥形测量管　2—转子

图 13-25

转子流量计

流体流动的节流原理工作的流量测量装置。与上述差压流量计的不同之处在于它的压差是恒定的，而节流口的过流面积却是变化的。图中，一个能上下浮动的转子 2 被置于锥形测量管 1 中。当被测流体自下向上流动时，由于转子 2 和管壁之间形成的环形缝隙的节流作用，在转子上、下端出现压差 Δp，此压差对转子产生一个向上的推力，克服转子的重量使其向上移动，这就使得环形缝隙过流截面积增大，压差下降，直至压差产生的向上推力与转子的重量平衡为止。因此通过的流量不同，转子在锥形测量管中悬浮的位置也就不同，测出相应的悬浮高度，便可确定通过的流体流量。节流口的流量公式为式（13-3），式中 $p_1 - p_2$ 为节流口前后的压差（Pa）。

若 Δp、ρ 和 α 均为常数，则流量 q_v 与环形节流口的过流面积 A_0 成正比，对于锥形测量管，面积 A_0 与转子所处的高度成近似的正比关系，故可采用差动变压器式等位移传感器，将流量转化为成比例的电量输出。

实际上流量系数 α 等是随着工作条件而变化的，因此这种流量计对被测流体的黏度或温度也是非常敏感的，并且有较严重的非线性。当被测流体的物性系数（密度、黏度）和状态参数（温度、压力）与流量计标定流体不同时，必须对流量计指示值进行修正。

（4）靶式流量计　图 13-26 为靶式流量计的工作原理图。这种流量计是在管道中装设一圆靶（靶置于管道中央，靶的平面垂直于流体流动方向）作为节流元件。当液体流过时，靶上就受到一个推力作用，其大小与通过的流量成一定函数关系，测量推力 F_1（或测量管外杠杆一端的平衡力 F_2）即可确定流量值。

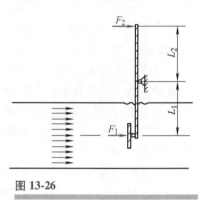

图 13-26

靶式流量计的工作原理图

靶式流量计的流量与检测信号（力）之间的关系是非线性的，这就给使用带来很大的不便，并且限制了流量计的测量范围。近年来出现了一种新型的自补偿靶式流量计，它使用测量控制网络和专门的电控元件，使靶上所受的推力被自动平衡，于是输出的控制电流值与体积流量呈线性关系。

2. 容积式流量计

容积式流量计实际上就是某种形式的容积式液动机。液体从进口进入液动机，经过一定尺寸的工作容腔，由出口排出，使得液动机轴转动。对于一定规格的流量计来说，输出轴每转一周所通过的液体体积是恒定的，此体积称为流量计的每转排量。测量输出轴的平均转速，可得到平均流量值；而累计输出轴的转数，即可得到通过液体的总体积。

容积式流量计有椭圆齿轮流量计、腰形转子流量计、螺旋转子流量计等。另外，符合一定要求的液动机也可用来测量流量。

（1）椭圆齿轮流量计　椭圆齿轮流量计的工作原理如图 13-27 所示。在金属壳体内，有一对精密啮合的椭圆齿轮 A 和 B，当流体自左向右通过时，在压力差的作用下产生转矩，驱动齿轮转动。例如齿轮处于图 13-27a 所示的位置时，$p_1 > p_2$，A 轮左侧压力大，右侧压力小，产生的力矩使 A 轮做逆时针转动，A 轮把它与壳体间月牙形容积内的液体排至出口，并带动 B 轮转动；在图 13-27b 所示的位置上，A 和 B 两轮都产生转矩，于是继续转动，并逐渐将液体封入 B 轮和壳体间的月牙形空腔内；到达图 13-27c 所示的位置时，作用于 A 轮上的转矩为零，而 B 轮左侧的压力大于右侧，产生转矩，使 B 轮成为主动轮，带动 A 轮继续旋转，并将月牙形容积内的液体排至出口。如此继续下去，椭圆齿轮每转一周，向出口排出 4 个月牙形容积的液体。累计齿轮转动的圈数，便可知道流过的液体总量。测定一定时间间隔内通过的液体总量，便可计算出平均流量。

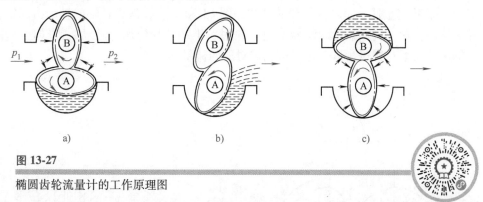

a)　　　　　　　　　　　b)　　　　　　　　　　　c)

图 13-27

椭圆齿轮流量计的工作原理图

　　由于椭圆齿轮流量计是由固定容积来直接计量流量的，故与流体的流态（雷诺数）及黏度无关。然而，黏度变化要引起泄漏量的变化，从而影响测量精确度。椭圆齿轮流量计只要加工精确，配合紧密，并防止使用中腐蚀和磨损，便可得到很高的精确度。一般情况下测量精确度为 0.5%~1%，较好的可达 0.2%。

　　应当指出，当通过流量计的流量恒定时，椭圆齿轮在一周内的转速是变化的，但每周的平均角速度是不变的。在椭圆齿轮的短轴与长轴之比为 0.5 的情况下，转动角速度的脉动率接近 0.65。由于角速度的脉动，测量瞬时转速并不能表示瞬时流量，而只能测量整数圈的平均转速来确定平均流量。

　　椭圆齿轮流量计的外伸轴一般带有机械计数器，由它的读数便可确定通过流量计的液体总量。这种流量计同秒表配合，可测出平均流量。但由于用秒表测量的人为误差大，因此测量精确度很低。有些椭圆齿轮流量计的外伸轴带有测速发电机或光电测速孔盘。前者是模拟电量输出，后者是脉冲输出。采用相应的二次仪表，可读出平均流量和累计流量。

　　（2）腰形转子流量计　图 13-28 为腰形转子流量计的原理图。壳体中装有经过精密加工、表面光滑无齿但能作密切配滚的一对转子，每个转子的转轴上都装有一个同步齿轮，这对处于另外腔室中的同步齿轮相互啮合，以保证两个转子的相对运动关系。在通过流量计的流量恒定的情况下，转子角速度脉动率约为 0.22。但如果采用特殊结构，即两对转子按 45°相位差的关系组合起来，那么这个数值可减小到 0.027。由于转子的各处配合间隙会产生泄漏，从而使这种流量计在小流量测量时误差较大。

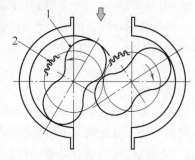

1—腰形转子　2—同步齿轮

图 13-28

腰形转子流量计原理图

　　（3）螺旋转子流量计　图 13-29 所示为四瓣螺旋转子流量计，其转子为对称圆弧齿廓的螺旋齿。一对转子直接啮合驱动，不用同步齿轮，啮合中没有困油现象。在工作过程中压力损失和压力脉动均较小，且在流量恒定的情况下，转子角速度脉动率为零。

3. 速度式流量计

速度式流量计是通过测量管道内流体流动速度来测量流量的，若测得管道截面上的平均流速，则流体的体积流量为平均流速与管道横截面积的乘积。

（1）涡轮流量计 涡轮流量计的结构如图 13-30 所示，涡轮转轴的轴承由固定在壳体上的导流器所支承，流体顺着导流器流过涡轮时，推动叶片使涡轮转动，其转速与流量 q_V 成一定的函数关系，通过测量转速即可确定对应的流量 q_V。

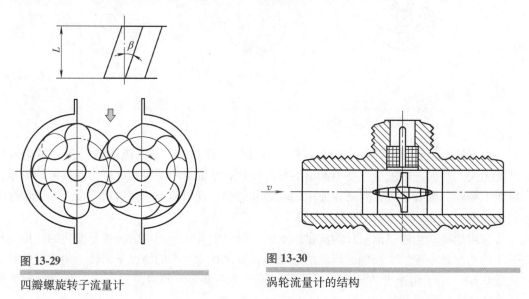

图 13-29

四瓣螺旋转子流量计

图 13-30

涡轮流量计的结构

由于涡轮是被封闭在管道中，因此采用非接触式磁电检测器来测量涡轮的转速。在不导磁的管壳外面安装的检测器是一个套有感应线圈的永久磁铁，涡轮的叶片是用导磁材料制成的。若涡轮转动，叶片每次经过磁铁下面时，都要使磁路的磁阻发生一次变化，从而输出一个电脉冲。显然输出脉冲的频率与转速成正比，测量脉冲频率即可确定瞬时流量。若累计一定时间内的脉冲数，便可得到这段时间内的累计流量。

涡轮流量计出厂时是以水校准的。以水作为工作介质时，每种规格的流量计在规定的测量范围内，以一定的精确度保持这种线性关系。当被测流体的运动黏度小于 $5 \times 10^{-6} \mathrm{m^2/s}$ 时，在规定的流量测量范围内，可直接使用生产厂给出的仪表常数 ξ，而不必另行校准。但是在液压系统的流量测量中，由于被测流体的黏度较大，在生产厂提供的流量测量范围内，上述线性关系不成立（特大口径的流量计除外），仪表常数 ξ 随液体的温度（或黏度）和流量的不同而变化。在此情况下流量计必须重新校准。对每种特定介质，可得到一簇校准曲线，利用这些曲线就可对测量结果进行修正。由于这种曲线以温度为参变量，故在流量测量中必须测量通过流量计的流体温度。当然，也可使用反馈补偿系统来得到线性特性。

就涡轮流量计本身来说，其时间常数为 2~10ms，因此具有较好的响应特性，可用来测量瞬变或脉动流量。涡轮流量计在线性工作范围内的测量精确度为 0.25%~1.0%。

（2）涡街流量计 涡街流量计是利用流体振荡的原理进行流量测量的。当流体流过非流线型阻挡体时会产生稳定的漩涡。漩涡的产生频率与流体流速有着确定的对应关系，测量频率的变化，就可得知流体的流量。

涡街流量计的测量主体是漩涡发生体。漩涡发生体是一个具有非流线型截面的柱体，垂直插于流通截面内。当流体流过漩涡发生体时，在发生体两侧会交替地产生漩涡，并在它的下游形成两列不对称的漩涡列。当每两个漩涡之间的纵向距离 h 和横向距离 L 满足一定的关系，即 $h/L = 0.281$ 时，这两个漩涡列将是稳定的，称之为"卡门涡街"。大量实验证明，在一定的雷诺数范围内，稳定的漩涡产生频率 f 与漩涡发生体处的流速 v 有确定的关系，即

$$f = S_t \frac{v}{d} \tag{13-5}$$

式中　d——漩涡发生体的特征尺寸；

　　　S_t——斯特罗哈尔数。

S_t 与漩涡发生体的形状及流体雷诺数有关，在一定的雷诺数范围内，S_t 数值基本不变。漩涡发生体的形状有圆柱体、三角柱、矩形柱、T 形柱以及由以上简单柱体组合而成的组合柱形，不同柱形的 S_t 不同，如圆柱体为 0.21，三角柱体为 0.16。其中三角柱体产生的漩涡强度较大、稳定性较好、压力损失适中，故应用较多。

当漩涡发生体的形状和尺寸确定后，可通过测量漩涡产生频率来测量流体的流量。其流量方程为

$$q_v = \frac{f}{K} \tag{13-6}$$

式中　K——仪表系数，一般通过实验测得。

检测漩涡频率的方法很多，可分为一体式和分体式两类。一体式检测元件放在漩涡发生体内，如热丝式、热敏电阻式、膜片式；分体式检测元件则装在漩涡发生体下游，如压电式、超声式、光纤式。它们都是利用漩涡产生时引起的波动进行测量的。图 13-31 为三角柱体涡街检测器原理图，用热敏电阻检测漩涡频率。嵌入三角柱体迎流面的两只热敏电阻组成电桥的两臂，且由恒流电源供以微弱的电流对其加热，使其温度稍高于流体。在交替产生的漩涡作用下，两只电阻被周期地冷却，使其阻值改变，并由电桥转变成电压的变化。最终电桥输出与漩涡产生频率相一致的交变电压信号，测得其变化频率，便可得知流体的流量。

涡街流量计的精确度为 ±0.5%～±1%，是一种正在得到广泛应用的流量计。

（3）电磁流量计　电磁流量计是根据电磁感应原理制成的一种流量计，用来测量导电液体的流量。测量原理如图 13-32 所示，它是由产生均匀磁场的磁路系统、用不导磁材料制成的管道及在管道横截面上的导电电极组成。磁场方向、电极连线及管道轴线三者在空间互相垂直。

当被测导电液体流过管道时，切割磁力线，便在和磁场及流动方向垂直的方向上产生感应电动势，其值与被测流体的流速成正比，即

$$E = BDv \tag{13-7}$$

式中　B——磁感应强度（T）；

　　　D——管道内径（m）；

　　　v——液体平均流速（m/s）。

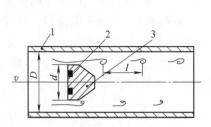

1—管道 2—检测元件 3—漩涡发生体

图 13-31

三角柱体涡街检测器原理图

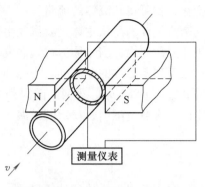

图 13-32

电磁流量计原理图

由式（13-7）可得被测液体的流量为

$$q_V = \frac{\pi D^2}{4} v = \frac{\pi D E}{4 B} = \frac{E}{K} \tag{13-8}$$

式中 K——仪表常数，对于固定的电磁流量计，K 为定值。

电磁流量计的测量管道内没有任何阻力件，适用于有悬浮颗粒的浆流等的流量测量，而且压力损失极小；测量范围宽，可达 100∶1；因感应电动势与被测液体温度、压力、黏度等无关，故其使用范围广；可以测量各种腐蚀性液体的流量；电磁流量计惯性小，可用来测量脉动流量；要求测量介质的导电率大于 $0.002 \sim 0.005 \Omega/m$ 中的某值，因此不能测量气体及石油制品。

（4）超声波流量计   超声波流量计利用超声波在流体中的传播特性实现流量测量。超声波在流体中传播，将受到流体速度的影响，检测接收的超声波信号可测知流速，从而求得流量。测量方法有多种，按作用原理分为传播速度法、多普勒效应法、声束偏移法、相关法等。在工业应用中以传播速度法最为普遍。

传播速度法利用超声波在流体中顺流传播与逆流传播的速度变化来测量流体流速。具体方法有时间差法、频差法（测量原理见图 13-33）和相差法。在管道壁上，从上、下游两个作为发射器的超声换能器 T_1、T_2 发出超声波，各自到达下游和上游作为接收器的超声换能器 R_1、R_2。流体静止时的超声波声速为 c，流体流动时顺流和逆流的声速将不同。超声波从 T_1 到 R_1 和从 T_2 到 R_2 的时间分别为 t_1 和 t_2，可得

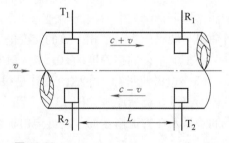

图 13-33

时间差法和频差法原理

$$t_1 = \frac{L}{c + v} \qquad t_2 = \frac{L}{c - v} \tag{13-9}$$

式中 L——两探头间的距离；

v——流体平均流速。

一般情况下，$c \gg v$，则时间差与流速的关系为

$$\Delta t = t_2 - t_1 \approx \frac{2Lv}{c^2} \qquad (13\text{-}10)$$

测得时间差就可知流速。

采用频差法时，列出频率与流速的关系式为

$$f_1 = \frac{1}{t_1} = \frac{c+v}{L} \qquad f_2 = \frac{1}{t_2} = \frac{c-v}{L} \qquad (13\text{-}11)$$

则频率差与流速的关系为

$$\Delta f = f_1 - f_2 = \frac{2v}{L} \qquad (13\text{-}12)$$

采用频差法测量可以不受声速的影响，不必考虑流体温度变化对声速的影响。

超声流量计可夹装在管道外表面，仪表阻力损失极小，还可以做成便携式仪表，探头安装方便，通用性好，可测量各种流体的流量，包括腐蚀性、高黏度、非导电性流体，尤其适合大口径管道的测量。缺点是价格较贵，目前多用在不适于其他流量计的地方。近年来测量气体流量的仪表也已问世。

4. 相关流量计

相关流量测量技术是运用相关函数理论，通过检测流体流动过程中随机产生的浓度、速度或是两相流动的密度不规则分布而产生的信号，测得流体的速度，从而计算流量。

相关流量计实际上是一个流速测量系统，其工作原理如图 13-34 所示。

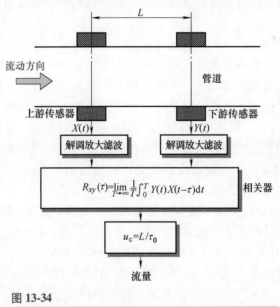

图 13-34

相关流量计测量原理图

两个相同特性的传感器（光学、电学或声学传感器）安装在被测流体的管道上，两者的中心距为 L。当被测流体在管道内流动时，流体内部会产生随机扰动，例如，单相流体中的湍流涡漩的不断产生和衰减，两相流体中离散相的颗粒尺寸和空间分布的随机变化等，将会对传感器所发出的能量束（如光束）或它们所形成的能量场（如电场）产生随机的幅值调制或相位调制，或两者的混合调制作用，并产生相应的物理量（如电压、电流、频率等）的随机变化。通过解调、放大和滤波电路，可以分别取出被测流体在通过上、下游传感器之间的敏感区域时所发出的随机信号 $X(t)$ 和 $Y(t)$。如果上、下游传感器之间的距离 L 足够小，则随机信号 $X(t)$ 和 $Y(t)$ 彼此是基本相似的，仅下游信号 $Y(t)$ 相对于上游信号 $X(t)$ 有一个时间上的滞后。将两者做相关运算，得

$$R_{xy}(\tau) = \lim_{T \to \infty} \frac{1}{T} \int_0^T Y(t) X(t - \tau) \, \mathrm{d}t \tag{13-13}$$

互相关函数 $R_{xy}(\tau)$ 的峰值位置 τ_0 就是该时间滞后值的度量。

在理想的流动情况下，被测流体在上、下游传感器所在的管道截面之间的流动满足泰勒（G. I. Taylor）提出的"凝固"流动图形假设时，相关速度为

$$u_c = L/\tau_0 \tag{13-14}$$

相关速度和被测流体的截面平均速度 u_{cp} 相等，即

$$u_{cp} = q_V/A = u_c = L/\tau_0 \tag{13-15}$$

则被测流体的流量为 $\qquad q_V = AL/\tau_0 \tag{13-16}$

相关流量计既可测洁净的液体和气体的流量，又能测污水及多种气-固和气-液两相流体的流量；管道内无测量元件，没有任何压力损失；随着微电子技术和微处理器的发展，在线流量测量专用的相关流量计价格便宜、功能齐全而且体积小。所以相关流量测量技术将会得到更快的发展。

5. 质量流量检测方法

上面介绍的流量计都是用来测体积流量的，由于流体的体积是流体温度、压力和密度的函数，在流体状态参数变化的情况下，采用体积流量测量方式会产生较大误差。因此，在工业生产过程参数检测和控制中，以及对产品进行质量控制、经济核算等，需要检测流体的质量流量。

质量流量计可分为直接式质量流量计和间接式质量流量计两大类。

（1）直接式质量流量计　直接式质量流量计的输出信号直接反映质量流量，目前用得较多的有科里奥利质量流量计和热式质量流量计。

1）科里奥利质量流量计是通过测量流体流过以一定频率振动的检测管时所受科里奥利力的变化来反映质量流量的仪表。测量精度高、受流体物性参数影响小是其主要特点。

2）热式质量流量计是利用测量加热流体或加热物体被流体冷却的速度与流速之间的关系，或测量加热物体时温度上升一定值所需的能量与流速之间的关系来测量流量的仪表。热式质量流量计一般用来测量气体的质量流量，适用于微小流量测量。当需要测量较大流量时，要采用分流方法，仅测一部分流量，再求得全部流量。它结构简单，压力损失小。缺点是灵敏度低，测量时还要进行温度补偿。

（2）间接式质量流量计　间接式质量流量计是通过不同仪表的组合来间接推知质量流量的量值。它采用密度或温度、压力补偿的方法，在测量体积流量的同时，测量流体的密度或流体的温度、压力值，再通过运算求得质量流量。现在带有微处理器的流量传感器均可实

现这一功能，这类仪表又称为推导式质量流量计。主要有三种：

1）测量体积流量的仪表（体积流量计）和密度计的组合。其计算式为

$$q_m = \rho q_V \tag{13-17}$$

2）反映流体动能（ρq_V^2）的仪表（如差压式流量计）与密度计的组合。其计算式为

$$q_m = \sqrt{\rho q_V^2 \rho} = \rho q_V \tag{13-18}$$

3）反映流体动能（ρq_V^2）的仪表（如差压式流量计）和体积流量计（其他类型的体积流量计）的组合。其计算式为

$$q_m = \frac{\rho q_V^2}{q_V} = \rho q_V \tag{13-19}$$

间接式质量流量计构成复杂，因为包括了其他参数仪表误差和函数误差等，其系统误差通常低于体积流量计。

13.2.2　流量计的校准

流量计在出厂前必须逐个校准。使用单位也需对流量计定期校验，校准仪表的指示值和实际值之间的偏差，以判定其测量误差是否仍在允许范围之内。

流量计的校准一般有直接测量法和间接测量法两种。

1. 直接测量法

直接测量法也称为实流校验法。它是用实际流体流过被校验流量计，再用别的标准装置（标准流量计或流量标准装置）测出流过被校验流量计的实际流量，与被校验流量计所指示的流量值做比较，或将待标定的流量计进行分度。这种校验方法也称为湿式标定法。通过该方法获得的流量值既可靠，又准确，是目前许多流量计校验时所采用的方法。

2. 间接测量法

间接测量法是以测量流量计传感器的结构尺寸或其他与计算流量有关的量，并按规定方法使用，间接地校验其流量值，获得相应的精确度。这种方法也称为干式标定法。通过该方法获得的流量值没有直接测量法准确，但它避免了必须使用流量标准装置特别是大型流量装置所带来的困难，故也有一些流量计采用了间接测量法。如差压式流量计中已经标准化了的孔板、喷嘴、文杜里管等都积累了丰富的试验数据，并有相应的标准，所以通过标准节流装置的流量值就可以采用检验节流件的几何尺寸与校验配套的差压计来间接地进行。但直接测量法始终是最重要的流量校验方法，即使是已经标准化了的标准节流装置，有时使用条件超越了标准规定的范围，或为了获得更高的测量精确度，仍需采用直接测量法进行校验。

液体流量校准是基于容积和时间基准或者质量和时间基准之上的。前者用于体积流量校准，后者则用于质量流量校准。显然，两者之间可通过液体密度的测量值进行换算。流量计校准时，首先要有一个稳定的流量源，然后测量在某个精确的时间间隔内通过流量计的液体体积或质量的实际值，并读出被校准流量计的指示值。由此确定流量计示值与实际值之间的关系。任何精密流量计经这样一次校准后，本身就成为一个二次流量标准，其他精确度较低的流量计就可用它来进行对比校准。与其他测量装置的校准一样，如果使用条件与校准条件相差很大，将使校准结果失去意义。使用条件一般包括所使用流体的性质（密度、黏度和

温度）、工作压力、流量计的安装方向以及流体的流动干扰等。在使用已有的校准数据时，必须注意这些问题。

流量计出厂时常常用水来校准。图13-35为用水作为工作介质的流量计校准装置。一个恒压头水箱使得被校准的流量计保持恒定的进口压力。用流量控制阀将通过流量计的流量调整到所要求的数值。每调定一个流量值，待其稳定之后，切换器突然将液流引入基准容器，同时开始用电子计时器计时。液体充满一定的容积之后，切换器迅速地将液流切换到回贮水池的通道，同时停止计时。已知液体体积（由基准容器测得），并测得充满此体积所需的时间，由此即可计算出实际的流量值，然后再将它与流量计上的读数进行比较。这种校准装置的总流量误差一般为百分之零点几的数量级。

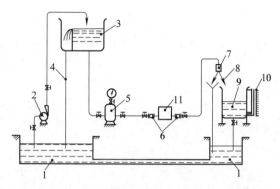

1—贮水池 2—水泵 3—高位水槽 4—溢流管 5—稳压容器
6—接头 7—与计时器同步的切换机构 8—切换挡板
9—标准容积计量槽 10—液位标尺 11—流量计

图13-35

流量计校准装置（以水为工作介质）

以高黏度液体为工作介质的较大规格的流量计，可采用图13-36所示的基准体积管进行流量校准。整个装置由精密的基准管、可在基准管内移动的弹性球、球的发送装置、脉冲计数器和其他辅助装置所组成。三个球中轮流有两个起基准管压力油路与回油路间封闭阀的作用，另一个在基准管内被泵输出的液体推着移动。靠近基准管的两端装有检测器8和2，两者之间的管道容积是已知的。球通过检测器8时开始计时，经过检测器2时计时停止。由于球与基准管内壁之间配合紧密，泄漏极小，故可精确地确定通过流量计的流量值。这种流量校准装置的特点是测量时间短，具有较高的精确度，容易实现校准工作的自动化。

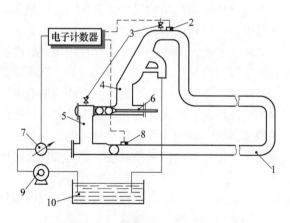

1—基准管 2、8—检测器 3—放气阀 4—上插销
5—下插销 6—推球器 7—被校准的流量计
9—泵 10—油槽

图13-36

基准体积管流量校准装置

📖 思考题与习题

13-1　常用的弹性式压力敏感元件有哪些类型？就其中两种说明使用方式。

13-2　应变式压力传感器和压阻式压力传感器的转换原理有何异同点？

13-3　简述电容式压力传感器的测压原理。

13-4　给出一种压电式压力传感器的结构原理图，并说明其工作过程与特点。

13-5　简述流量测量仪表的基本工作原理及其分类。

13-6　简述几种差压式流量计的工作原理。

13-7　节流式流量计的流量系数与哪些因素有关？

13-8　以椭圆齿轮流量计为例，说明容积式流量计的工作原理。

13-9　分别简述靶式流量计、超声波流量计的工作原理和特点。

13-10　简述电磁流量计的工作原理。这类流量计在使用中有何要求？

13-11　简述涡街流量计的检测原理。常见的漩涡发生体有哪几种？

参 考 文 献

[1] 黄长艺，卢文祥，熊诗波．机械工程测量与实验技术 [M]．北京：机械工业出版社，2000．

[2] 黄长艺，严普强．机械工程测试技术基础 [M]．2 版．北京：机械工业出版社，1995．

[3] 多贝林 E O．测量系统应用与设计 [M]．孙德辉，译．北京：科学出版社，1991．

[4] 王伯雄．测试技术基础 [M]．2 版．北京：清华大学出版社，2012．

[5] THOMAS G B，ROY D M，JOHN H L．机械量测量 [M]．5 版．王伯雄，译．北京：电子工业出版社，2004．

[6] 梁德沛，李宝丽．机械工程参量的动态测试技术 [M]．北京：机械工业出版社，1996．

[7] 樊尚春，周浩敏．信号与测试技术 [M]．2 版．北京：北京航空航天大学出版社，2011．

[8] 余成波．传感器与自动检测技术 [M]．2 版．北京：高等教育出版社，2009．

[9] 赵庆海．测试技术与工程应用 [M]．北京：化学工业出版社，2005．

[10] 刘习军，贾启芬．工程振动理论与测试技术 [M]．北京：高等教育出版社，2004．

[11] 秦树人，等．机械工程测试原理与技术 [M]．重庆：重庆大学出版社，2002．

[12] 杨振江，孙占彪，王曙梅，等．智能仪器与数据采集系统中的新器件及应用 [M]．西安：西安电子科技大学出版社，2001．

[13] 常健生，石要武，常瑞．检测与转换技术 [M]．3 版．北京：机械工业出版社，2011．

[14] 王仲生，万小朋．无损检测诊断现场实用技术 [M]．北京：机械工业出版社，2002．

[15] 陈亚勇，等．MATLAB 信号处理详解 [M]．北京：人民邮电出版社，2001．

[16] 胡昌华，张军波，夏军，等．基于 MATLAB 的系统分析与设计——小波分析 [M]，西安：西安电子科技大学出版社，1999．

[17] 史习智，等．信号处理与软计算 [M]．北京：高等教育出版社，2003．

[18] 邱天爽，张旭秀，李小兵，等．统计信号处理—非高斯信号处理及其应用 [M]．北京：电子工业出版社，2004．

[19] 熊庆国，贺风云．声发射监测仪器的现状及发展展望 [J]．工业安全与防尘，2000（12）．

[20] 戴光，徐彦廷，李伟，等．声发射技术的应用与研究进展 [J]．大庆石油学院学报，2001（3）．

[21] 腾山邦久．声发射（AE）技术的应用 [M]．冯夏庭，译．北京：冶金工业出版社，1996．

[22] 张克勤，赵玉成，田芳．非接触式光纤声发射传感器设计 [J]．自动化仪表，1999，20（5）．

[23] 袁振明，马羽宽，何泽云．声发射技术及其应用 [M]．北京：机械工业出版社．1985．

[24] DOEBELIN E O．测量系统应用与设计：第 5 版：英文 [M]．北京：机械工业出版社，2004．

[25] 孙传友，吴爱平．感测技术基础 [M]．4 版．北京：电子工业出版社，2015．

[26] 梁国伟，蔡武昌．流量测量技术及仪表 [M]．北京：机械工业出版社，2002．

[27] 张发启，等．现代测试技术及应用 [M]．西安：西安电子科技大学出版社，2005．

[28] 张保安，张生元，等．带 A/D 转换的测量系统标定方法 [J]．河北地质学院学报，1996，19（2）．

[29] 孙传友，张一．现代检测技术及仪表 [M]．北京：高等教育出版社，2012．

[30] 戴学装．高压传感器的便携式校准系统 [C]∥全国压力计量测试技术年会论文集．苏州：中国计量测试学会，2001：89-92．

[31] 周杏鹏．现代检测技术 [M]．北京：高等教育出版社，2013．

[32] 吴胜举，张明铎．声学测量原理与方法 [M]．北京：科学出版社，2014．

[33] 陈克安，曾向阳，杨有粮．声学测量 [M]．北京：机械工业出版社，2010．